Chasser les chevaux à la fin du Paléolitique dans le Bassin parisien

Stratégie cynégétique et mode de vie au Magdalénien et à l'Azilien ancien

Olivier Bignon

BAR International Series 1747
2008

Published in 2016 by
BAR Publishing, Oxford

BAR International Series 1747

Chasser les chevaux à la fin du Paléolitique dans le Bassin parisien

ISBN 978 1 4073 0189 1

Graphic and Typographic Design by Anita W Lau

COVER IMAGE *drawing by Gilles Tosello*

BAR Publishing is the trading name of British Archaeological Reports (Oxford) Ltd. British Archaeological Reports was first incorporated in 1974 to publish the BAR Series, International and British. In 1992 Hadrian Books Ltd became part of the BAR group. This volume was originally published by Archaeopress in conjunction with British Archaeological Reports (Oxford) Ltd / Hadrian Books Ltd, the Series principal publisher, in 2008. This present volume is published by BAR Publishing, 2016.

Printed in England

BAR
PUBLISHING

BAR titles are available from:

BAR Publishing
122 Banbury Rd, Oxford, OX2 7BP, UK
EMAIL info@barpublishing.com
PHONE +44 (0)1865 310431
FAX +44 (0)1865 316916
www.barpublishing.com

Résumé

La chasse des chevaux par les Magdaléniens et les Aziliens anciens dans le Bassin parisien n'avait jamais fait l'objet d'une étude approfondie. Notre étude a donc tenté de mettre en évidence les interactions entre ces sociétés humaines et les populations de chevaux, dans le cadre paléoenvironnemental du Tardiglaciaire. L'approche originale développée ici tient en l'élaboration de modèles paléo-écologiques, confrontés à l'étude des pratiques cynégétiques en termes de tactiques et de stratégies de chasse. L'analyse de l'exploitation des chevaux a permis d'appréhender les schémas socio-économiques au Magdalénien et à l'Azilien ancien, et leur intégration dans le paysage tardiglaciaire régional. Au Magdalénien, les modalités d'acquisition, de traitement et de consommation de ces équidés, montrent que cet animal a joué un rôle primordial dans l'organisation socio-économique de ces groupes humains. La complémentarité démontrée de l'exploitation du cheval et du renne est le fondement de la morphologie sociale mise en œuvre par les Magdaléniens du Bassin parisien. Pour l'Azilien ancien, les stratégies d'exploitation du cheval se démarquent de celles des Magdaléniens et semblent pouvoir être mis en rapport avec un mode de vie dans lequel la mobilité résidentielle serait plus grande. La contemporanéité stricte de ces deux entités culturelles dans le Bassin parisien n'est pas démontrable. Cependant, nos études montrent que cette éventualité demeure plausible du fait d'un ajustement spécifique de ces groupes culturels à des milieux distincts du paysage en mosaïque et la présence de grandes populations de chevaux.

Mots clés.– AZILIEN ANCIEN, BASSIN PARISIEN, CHASSE, CHEVAUX, MAGDALÉNIEN.

Abstract

Title.— *Hunt horses at the end of the Palaeolithic in Paris Basin. Hunting Strategy and way of life during the Magdalenian and the Early Azilian*

The hunting of horses by Magdalenians and Early Aziliens in the Paris Basin had never been the object of a detailed study. Our study thus tried to bring to light the interactions between these human societies and the populations of horses, in the palaeoenvironnemental frame of the Late Glacial. The original approach developed here lies in the elaboration of palaeoecological models, confronted with the study of the hunting practices in terms of tactics and strategies of hunting. The analysis of the exploitation of horses allowed to highlight the socioeconomical patterns of Magdalenians and Early Azilians, and their integration in the Late Glacial's regional landscape. During the Magdalénien period, the modalities of acquisition, processing and consumption of these equids, show that this animal played an essential role in the socioeconomical organisation of these human bands. The demonstrated complementarity of the the horse and of the reindeer's exploitation is the foundation of the social morphology adopted by Magdalenians of Paris Basin. In the case of the Early Azilians, the strategies of exploitation of the horse differ from those of the Magdalenians and seem to be able to be put in touch with a way of life in which the residential mobility would be higher. The strict contemporaneousness of these two cultural entities in Paris Basin is not demonstrable. However, our studies show that this eventuality remains plausible because of the specific adjustment of these cultural bands to different areas of the mosaic landscape and the presence of large populations of horses.

Key words.– EARLY AZILIAN, HORSES, HUNT, MAGDALENIAN, PARIS BASIN.

Remerciements

Je voudrais témoigner toute ma reconnaissance à Jean-Denis Vigne pour avoir accepté de diriger mon doctorat et ainsi me faire bénéficier de toute son expérience. Je remercie Catherine Perlès pour m'avoir fait bénéficier de son rayonnement intellectuel et m'avoir orienté vers les recherches paléoenvironnementales, où j'ai trouvé mon chemin.

Je tiens à remercier les membres de l'équipe d'Ethnologie préhistorique (UMR 7041 du CNRS) qui m'ont permis de travailler sur de nombreuses collections du Bassin parisien et leurs proches collaborateurs. Ainsi, je dois saluer l'ouverture d'esprit de Michèle Julien, Monique Olive et Pierre Bodu qui a toujours pris en considération mes recherches. Je souhaite également adressé un grand merci de Francine David, Claudine Karlin, Sylvie Beyries, Marianne Christensen, Nicole Pigeot et Yvette Taborin, pour leur aide ainsi que leurs conseils avisés et amicaux. Je tiens à remercier vivement Pierre Bodu et Boris Valentin pour leur soutien et leur intérêt pour les questions environnementales, notamment dans le cadre du PCR « Habitats et peuplements tardiglaciaires du Bassin parisien ». Je remercie également Anne Bridault pour son soutien, car les axes de recherches développées dans cette étude ont trouvé leur inspiration dans ses propres travaux scientifiques.

J'ai eu le rare privilège de travailler avec Véra Eisenmann. À ses côtés, j'ai pu mesurer que la rigueur pouvait être l'allier efficace d'une modestie lucide, propre aux grands scientifiques. Pour son aide précieuse et décisive morphométrie géométrique, et sa patience sans cesse renouvelée, je voudrais exprimer toute ma gratitude à Michel Baylac. Merci également à Augustin Holl, Éric Boëda et Jacques Pelegrin pour avoir inscrit en moi, la curiosité et la singularité des sociétés humaines de la préhistoire et la manière dont on peut aborder leur évolution. Pour leur aide, si souvent sollicitée, je suis redevable envers la plupart des membres que j'ai eu le plaisir de côtoyer au laboratoire « Archéozoologie, histoire des sociétés humaines et des peuplements animaux » du Muséum national d'Histoire naturelle (UMR 5197 du CNRS).

Merci à Jean-Pierre Fagnart et Paule Coudret pour leur soutien et le développement de collaborations fructueuses. Je suis très reconnaissant envers Françoise Audouze et et Jim Enloe de m'avoir donné la chance d'évoluer dans les meilleures conditions quant à l'étude des niveaux de Verberie. Un grand merci à Céline Bemilli et François Poplin qui ont contribué à la faisabilité de cette étude.Je tiens à saluer le dévouement et la disponibilité, de Jean-Bernard Roy et de Jean-Luc Rieu du Musée de Préhistoire de Nemours, mais aussi de Christophe Degueurce, conservateur du Musée de Fragonard (École vétérinaire de Maisons-Alfort).

Dans le cadre de mes recherches doctorales et post-doctorales, j'ai eu la chance de rencontrer de nombreux collaborateurs qui au-delà de leur ouverture d'esprit, m'honorent de leur amitié. Il en va ainsi Jean-François Tournepiche, de Louis Chaix, de Denise Leesch ainsi que d'autres « neuchâtellois » tels Werner Müller, Jérôme Bullinger, mais aussi Mietje Germonpré, Sabine Gaudzinski, Elaine Turner et Martin Street.

Je suis particulièrement reconnaissant à la Fondation des Treilles qui m'a aidé financièrement à poursuivre le développement de mes axes de recherches sur la paléoécologie des chevaux et leur chasse par les hommes des sociétés tardiglaciaires.

Je veux saluer aussi le combat de ma mère, qui toute son existence aura veillé à m'entourer de son affection et des conditions matérielles les meilleures, au détriment de son propre épanouissement personnel. Je ne veux pas oublier les soutiens et les encouragements constants de tous les membres de ma famille, qui portent ma motivation et me poussent à poursuivre mes recherches. Mes pensées vont également vers mon maître d'arme, Jean-Louis Vaur, pour avoir su me montrer qu'on pouvait enrichir sa vie en unissant la passion au travail.

Enfin, je remercie tout particulièrement Anita W. Lau pour son soutien sans faille tout au long de ces années d'efforts. Je lui dois l'essentiel des illustrations, la relecture et la confection de cet ouvrage, qui n'aurait pu être réalisé sans son énergie, sa force de caractère et sa motivation inépuisable. Infiniment, merci.

Sommaire

INTRODUCTION

Comme l'atteste l'art pariétal, et dans une moindre mesure l'art mobilier, les sociétés humaines du Paléolithique supérieur ont porté un grand intérêt aux chevaux, en France comme ailleurs en Europe (Leroi-Gourhan, 1964 ; Fritz, Tosello, 2001 ; Taborin *et al.*, 2001 ; Pozzi, 2004 ; Azéma, 2006 ; Bignon, 2007a). Ces observations témoignent de leur forte imprégnation dans les représentations sociales chez ces dernières grandes civilisations de chasseurs-cueilleurs. Dès lors, comprendre comment ces équidés ont été chassés doit apporter un éclairage particulièrement instructif sur le plan économique et culturel. Cet ouvrage s'attache à décrire ces stratégies de chasse chez les sociétés du Tardiglaciaire (entre 15 000-10 000 BP) dans le Bassin parisien, et plus spécialement chez les Magdaléniens.

Un autre paramètre a motivé la réalisation d'une telle étude au Magdalénien supérieur (entre 13 000 et 12 000 BP). Lié à l'historique des découvertes dans le Bassin parisien, un déséquilibre s'était constitué entre nos connaissances sur la chasse des rennes et celle des chevaux, au détriment de ces derniers. La forte notoriété des Magdaléniens du Bassin parisien est indissociable des gisements multistratifiés exceptionnels tels que Pincevent, Verberie ou Étiolles. Sur la base de cette richesse documentaire, la modélisation des comportements techniques et sociaux préhistoriques a fait progresser considérablement notre compréhension de ces groupes humains (Leroi-Gourhan, Brézillon, 1972 ; Audouze, 1987 ; Pigeot, 1987 ; Olive, 1988 ; Audouze *et al.*, 1988 ; Julien *et al.*, 1988, Julien, Rieu, 1999 ; Bodu, 1993 ; Valentin, 1995 ; Olive *et al.*, 2000 ; Valentin, Pigeot, 2000 ; Pigeot, 2004).

Néanmoins, la chronologie des découvertes conditionne encore l'image des stratégies de subsistance des Magdaléniens dans le Bassin parisien. Ces stratégies sont encore largement perçues de nos jours comme exclusivement occupées par les chasses en masse du renne, mis en évidence à Verberie et dans le niveau IV20 de Pincevent. Effectivement, ces sites de réputation internationale ont fortement marqué les esprits, en livrant plusieurs niveaux d'occupation dans lesquels le renne (*Rangifer tarandus*) représente plus de 90 % des restes de faune (Leroi-Gourhan, Brézillon, 1972 ; Audouze *et al.*, 1981). La conservation des restes de faune sur ces gisements a révélé une exploitation animale axée essentiellement sur de larges troupeaux de renne au cours de leurs migrations automnales (David *in* Leroi-Gourhan, Brézillon, *ibid.* ; Enloe, David, 1989, 1997 ; Audouze, Enloe, 1991 ; Enloe, 1991, 1997 ; Enloe, Audouze, 1997). Ces abattages en masse ont permis de dégager une forte quantité de produits carnés, destinés à une consommation différée au cours de la saison hivernale et en prévision de la période de soudure. Pendant longtemps, ces pratiques cynégétiques furent les seules disponibles pour les Magdaléniens du Bassin parisien.

Cependant, cette vision devra cependant être révisée à partir de la décennie 1990-2000, à la lumière de nouvelles découvertes. Les travaux d'aménagements de l'autoroute A5 ont mis au jour de grandes occupations magdaléniennes au niveau de l'interfluve Seine-Yonne (Alix *et al.*, 1994 ; Lang, 1998 ; Julien, Rieu, 1999). En dépit d'une conservation des témoins de faune très variable selon les secteurs, les sites du Grand Canton et du Tureau des Gardes montrent que les Magdaléniens avaient chassé les chevaux de façon régulière, voire prépondérante (Bemilli, 1998 ; Bridault *et al.*, 1997, 2003 ; Bridault, Bemilli, 1999). Ainsi, ces découvertes ont bousculé la vision usuelle des pratiques cynégétiques magdaléniennes et l'hypothèse de la chasse des chevaux toute l'année fut dès lors avancée (Bridault, 1997 ; Bridault *et al.*, 1996, 1997 ; Julien, Rieu, *ibid.*).

Parallèlement, les aménagements liés à la construction de l'autoroute A86 ont permis de trouver le site du Closeau (Rueil-Malmaison ; Bodu, 1995, 1998, 2000). La fouille qui s'en suivit de 1994 à 2000, a livré la plus importante séquence d'occupations aziliennes du Nord de la France. Le niveau ancien, relativement contemporain avec l'implantation magdalénienne régionale (entre 12 500 et 12 000 BP ; Olive *et al.*, 2000 ; Valentin, Pigeot, 2000), révèle que le cheval fut alors la proie préférentielle des Aziliens anciens du Closeau (Bemilli, 2000 ; Bignon, Bodu, 2006 ; Bodu *et al.*, 2006a).

Ces nouveaux éléments justifiaient le travail doctoral à la base de cet ouvrage (Bignon, 2003), pour faire progresser nos connaissances sur les modalités techniques de la chasse aux chevaux. Les enseignements qui en découlent, permettent à la fois de mieux envisager les modes de vie des dernières sociétés du Paléolithique du Bassin parisien et de repenser ces problématiques dans leur contexte paléoenvironnemental. La complexité de ces sociétés chasseurs-cueilleurs est en mesure d'être explorée, ainsi que la flexibilité qu'elles expriment dans leur évolution régionale. À ce titre, l'un des projets majeurs de cet ouvrage est de faire le point entre les modèles diachronique et synchronique pour le Magdalénien du Bassin parisien (Olive *et al.*,

2000 ; Valentin, Pigeot, 2000). L'examen critique des données disponibles, auxquels s'ajoutent les arguments de nos recherches sur l'exploitation des chevaux, permettent d'éclairer significativement le débat. Le scénario privilégiant une exploitation synchrone des chevaux et des rennes paraît désormais s'imposer, s'appuyant sur une organisation en partie logistique et des objectifs de chasse saisonniers. Ces avancées sur les groupes magdaléniens rejaillissent par contraste dans les stratégies cynégétiques des sociétés aziliennes. À la lumière de nos conclusions, la variabilité socio-culturelle de ces chasseurs-cueilleurs de la fin du Paléolithique dans le Bassin parisien ressort, au travers des différents dispositifs techno-économiques.

CHAPITRE 1

Le Pléniglaciaire et le Tardiglaciaire du Bassin parisien : climat et environnement

Le premier chapitre de cet ouvrage est consacré aux données climato-environnementales du Tardiglaciaire. Ces facteurs sont en effet un préalable contextuel nécessaire à toute étude des sociétés humaines, notamment en termes de comportements cynégétiques. Nous présenterons donc ici une synthèse des données climatiques et environnementales du Pléniglaciaire (18 000-15 000 BP) et Tardiglaciaire (15 000-10 000 BP) en Europe occidentale, et plus précisément dans le Bassin parisien.

L'instabilité climatique et l'influence des contrastes régionaux et saisonniers à cette période seront particulièrement mises en évidence. Ces phénomènes sont associés à la transition entre le dernier maximum glaciaire (vers 18 000 BP) et l'Holocène (vers 10 000 BP), l'actuelle période interglaciaire. Finalement, les objectifs principaux sont de restituer le plus précisément possible l'évolution des paysages et des peuplements écologiques, de même que la profonde transformation des écosystèmes. En ce sens, cette dimension contextuelle de la fin du Paléolithique se révèle une trame fondamentale pour envisager les chevaux et les dispositifs socioculturelles, sur lesquelles nous reviendrons dans les prochains chapitres.

Contextes climatique et environnemental de la fin du Paléolithique en Europe occidentale

Le Tardiglaciaire : une transition glaciaire-interglacaire mouvementée

Le Tardiglaciaire correspond à la dernière période de transition entre une phase glaciaire (le Würm, atteignant son maximum vers 18 000 BP) et une phase interglaciaire (l'Holocène, débutant vers 10 000 BP). Cette période témoigne d'un système climatique mondial instable, se traduisant par un grand nombre de variations climatiques prenant la forme d'un « phénomène pulsé » (Magny, 1995).

L'instabilité des conditions climatiques semble donc avoir été constante sur toute la période du Tardiglaciaire (Björck *et al.*, 1998 ; *fig. I.1*). Les mécanismes de régulation aboutissant à ce processus instable de déglaciation sont les changements de la circulation thermohaline, mais également les modifications des transports de masses d'air par l'aérojet (Magny, 1995 ; Stuiver *et al.*, 1995). En définitive, deux phases de réchauffement très marquées du climat se sont déroulées au cours du Tardiglaciaire, la première après

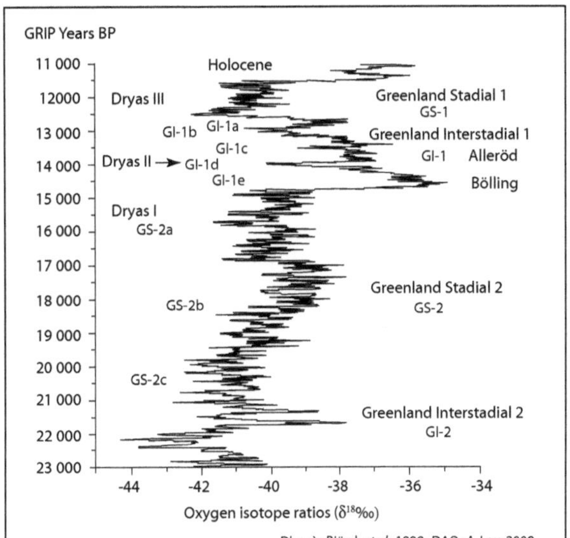

D'après Björck *et al.*, 1998 ; DAO : A. Lau, 2008

Fig. I.1 - Oscillations climatiques mises en évidence par les variations des rapports des isotopes de l'oxygène $^{18}O/^{16}O$

13 000 BP et la seconde vers 10 000 BP. Cette dernière clôt la période du Tardiglaciaire (et du Pléistocène) et marque le début de l'Holocène.

Néanmoins, la transition climatique du Tardiglaciaire peut être décrite comme composée par l'alternance de séquences globalement plus « froides » ou plus « chaudes ». Ces séquences s'expriment de façon synthétique dans la définition des chronozones palynologiques (*fig. I.2* ; représentant la diversité des communautés

Années solaires avant J.-C.	Âge BP	Chronozone	
8 030	9 000	HOLOCÈNE	
9 200	10 000		
		Dryas	TARDIGLACIAIRE
10 970	11 000	Alleröd	
	12 000	Bölling	
13 000	12 700	Dryas I	
	14 000		
16 000	15 000	PLÉNIGLACIAIRE SUPÉRIEUR	
	16 000		
	17 000		
19 500	18 000	Maximum	

D'après Magny, 1995 ; DAO : A. Lau, 2008

Fig. I.2 - Chronozones palynologiques du Tardiglaciaire

végétales), modèle dont la valeur générale peut rencontrer des variations à l'échelle locale ou régionales (au niveau de la composition taxonomique). Toutefois, la chronozone palynologique du Dryas récent (11 000-10 000 BP) correspondant à un retour brutal des conditions glaciaires (Magny, 1995 ; Pastre *et al.*, 2000 ; Leroyer *et al.*, 2005), ne sera pas développé ci-dessous puisqu'aucune occupation humaine de cette période n'est traitée dans cet ouvrage.

Contrastes des conditions climatiques saisonniers et régionaux

Alors que le maximum glaciaire est atteint (vers 18 000 BP), une modification des facteurs orbitaux de la Terre s'est traduite par une augmentation de l'insolation (Magny, 1995). Au Tardiglaciaire, le réchauffement climatique général correspond en réalité à une modification du régime d'insolation saisonnier (*fig. I.3*). Au cours de cette période de bouleversement, l'écart thermique entre les saisons hivernales et estivales ne cesse de s'accroître pour atteindre son maximum au commencement de l'Holocène. L'Europe a donc connu entre 13 000 et 11 000 BP les contrastes saisonniers les plus forts depuis le Pléniglaciaire. Dans le même temps les conditions climatiques furent globalement les plus favorables du Tardiglaciaire (Magny, 1995), si l'on excepte la courte phase froide du Dryas moyen ou Dryas II (vers 12 000-11 800 BP).

Par ailleurs, une confirmation des changements thermiques entre le Pléniglaciaire et le début de l'Holocène a pu être produite par l'analyse des coléoptères fossiles (Atkinson *et al.*, 1987 ; Ponel, Coope, 1990 ; Coope, Elias, 2000 ; *tab. I.1*). Ces cortèges de faune sont considérés comme d'excellents marqueurs en raison des délais très rapide de « réponse » aux changements climatiques. En définitive, les oscillations climatiques sont continues entre 14 000 BP et 10 000 BP : la reconstitution des paléotempératures confirme l'existence d'oscillations rapides faisant alterner des conditions chaudes et froides (bien que les tendances froides à longs termes sont plus lentes à s'instaurer). En outre, les résultats obtenus avec les coléoptères fossiles apparaissent très cohérents avec ceux des isotopes de l'oxygène 18O/16O des carottes de glace polaire (GRIP2), mais des nuances ont pu être apportées quant à l'homogénéité des valeurs thermiques (Atkinson *et al.*, 1987 ; Coope *et al.*, 1998).

La mise en évidence de contrastes régionaux en Europe occidentale a pu être démontrée grâce aux observations sur les mouvements des fronts polaires et de l'inlandsis scandinave et les analyses des coléoptères (Lowe, NASP Members, 1995 ; Walker, 1995 ; Coope *et al.*, 1998 ; Witte *et al.*, 1998). Effectivement, l'élévation du niveau marin a provoqué une remontée des lignes de rivages, particulièrement sensible au nord de l'Europe où de vastes territoires de plaines ont été submergés progressivement par les eaux de l'actuel Manche. Dans le même temps, la libération des stocks de glace sous l'effet des réchauffements climatiques produit l'augmentation de la compétence et la régulation des cours fluviaux. Ces transformations du paysage aboutissent tantôt à une libération de nouveaux espaces pour les communautés végétales (par exemple, dans les vallées alpines), tantôt à une réduction de la surface terrestre (augmentation du niveau marin, régularisation des cours fluviaux).

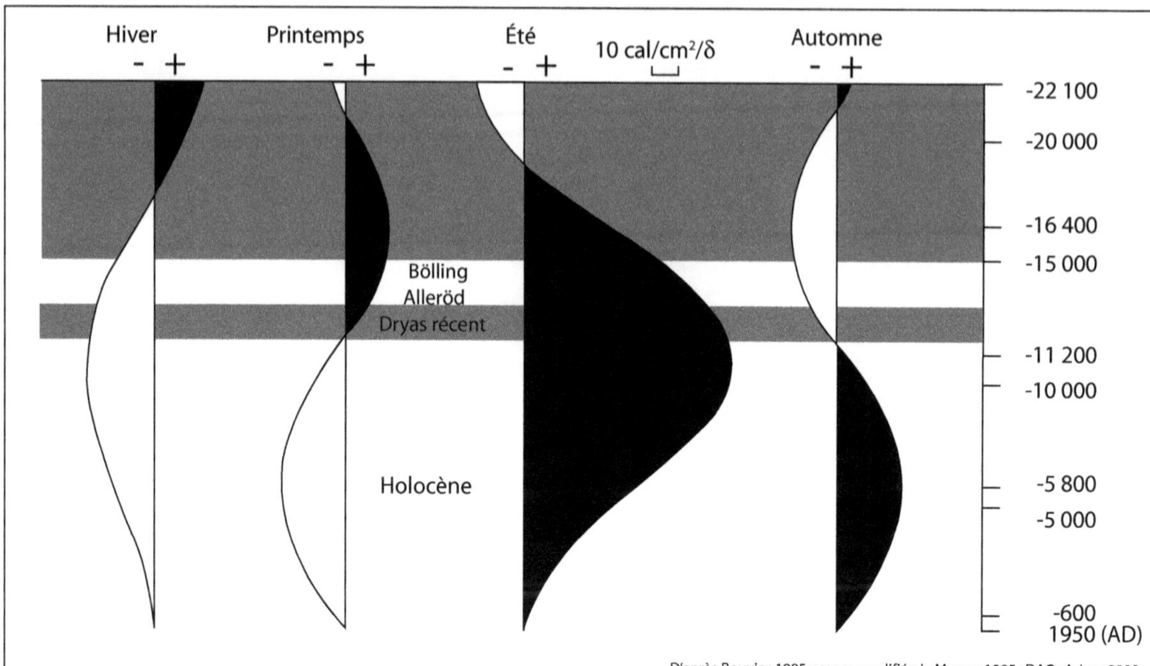

D'après Bouvier, 1985, source modifiée *in* Magny, 1995 ; DAO : A. Lau, 2008

Fig. I.3 – Variations des flux calorifiques depuis le Pléniglaciaire supérieur (45° Nord de latitude)

Tab. I.1 – Reconstitution des températures moyennes d'après les cortèges de coléoptères

Périodes	Températures moyennes d'été	Températures moyennes d'hiver
Pléniglaciaire (22 000-18 000 BP)	10° C	-16° C
Dryas ancien (14 500-13 000 BP)	10° C	-20° à 35° C
Dryas ancien-Bölling (13 000-12 500 BP)	17-18° C	5° à -5° C
Alleröd-début Dryas III (11 500-10 500 BP)	10° C	-17° C
Holocène (9 800 BP)	17°-18° C	5° à -5° C

D'après Atkinson *et al.*, 1987 ; PAO : A. Lau, 2008

Les analyses des coléoptères montrent que les influences océaniques dominent pendant les épisodes froids, alors que le régime climatique est plus continental lors des épisodes chauds. Cette variabilité des conditions climatiques doit être appréhendée comme une réponse dynamique aux facteurs géographiques locaux, aux tendances climatiques tardiglaciaires. Si une relative uniformité des températures en Europe du Nord peut être observée au cours des phases froides (entre 14 500-13 000 BP et 11 000-10 000 BP), il n'en va pas de même au cours du Bölling (Coope *et al.*, 1998). Les contrastes sont le fait des variations micro climatiques liées aux facteurs édaphiques se conjuguant aux effets des gradients altitudinaux, latitudinaux et longitudinaux. Ces phénomènes ont largement contribué à une perception différentielle selon les régions, des oscillations au cours de l'interstade Bölling-Alleröd ou du Dryas moyen (Bravard, Magny, 2002 ; Limondin *et al.*, 2002).

Structuration des paysages et évolution des écosystèmes dans le Bassin parisien

L'environnement physique du Bassin parisien

Le Bassin parisien est une vaste dépression sédimentaire, en partie remodelée au cours du Quaternaire par la Seine et ses affluents (*fig. I.4* ; Cholley, 1960). Il est bordé par des terrains plus anciens (datant de l'ère Primaire) : le Massif armoricain à l'ouest, le Massif central au sud, les Vosges et les Ardennes à l'est et au nord-est. Sur le plan géologique comme géographique, le Bassin parisien se confond avec celui de Londres, communique avec la grande plaine du Nord européenne (Flandres) et avec le Bassin aquitain (par le seuil du Poitou). De grandes analogies traversent ces grands bassins sédimentaires par la nature du sous-sol (successions concentriques de calcaires à silex secondaires et de grès, sables, marnes et craies lacustres tertiaires), comme par les reliefs (formation de cuestas dans les zones de contacts entre étages géologiques du Secondaire et Tertiaire). Sur le plan topographique, le Bassin parisien se caractérise par une alternance de plateaux bas, de côteaux et de fonds de vallées sédimentologiquement actifs.

La perception des phénomènes climatiques au niveau régional est en grande partie appréhendée par les processus de formation des couches géologiques superficielles. Les cours fluviaux entraînent un cycle d'érosion des bassins versants (Roblin-Jouve, 1994) : le réseau hydrographique de la Seine a entaillé une région de bas plateaux par de larges vallées, mais celles-ci peuvent être également encaissées, se présentant alors comme une succession de biefs et de défilés. La topographie des fonds de vallées actuels est donc le résultat de plusieurs cycles successifs de creusement-accumulation. Le dernier grand cycle de ce type s'est produit lors du Tardiglaciaire, principalement à partir de la fin du Dryas ancien et au début du Bölling (Roblin-Jouve, Rodriguez, 1997). Les données environnementales développées ci-dessous synthétisent les derniers travaux effectués dans la vallée de la Seine, le bassin en aval de la Marne, le bassin de l'Oise et le bassin de la Somme. Un éclairage plus particulier sur les communautés animales sera donné dans la sous partie suivante, de façon à mettre en exergue leur rôle dans la structuration des paysages et leur impact au niveau des écosystèmes.

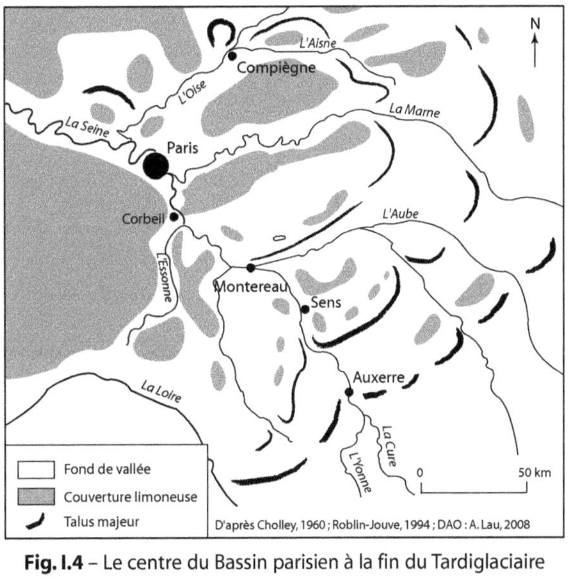

Fig. I.4 – Le centre du Bassin parisien à la fin du Tardiglaciaire

Pléniglaciaire supérieur (18 000 BP-15 000 BP)

Cette période est très mal connue pour le Bassin parisien car les enregistrements paléoenvironnementaux demeurent rares (Pastre *et al.*, 2000). Toutefois, dans toutes les vallées du Bassin parisien, cette phase chronologique correspond à la mise en place d'un cailloutis indifférencié (d'environ 2-3 mètres), s'étendant dans les lits majeurs, mais possédant un toit irrégulier (Pastre *et al.*, 2000). Cette nappe est le résultat d'un remaniement de sables tertiaires, de loess, de craies et d'argiles tertiaires. La fin du Pléniglaciaire voit une végétation ouverte de type steppique avec des conditions climatiques très rigoureuses (Leroyer, 1994) : le paysage devait s'apparenter à un tapis d'herbacées, avec quelques rares bosquets de genévriers, de saules nains ou de pins. Daté d'environ 16 000 ans BP, le site badegoulien de Oisy (Nièvre) témoigne pourtant que le couvert végétal a pu supporter des populations de grands herbivores (Bignon, 2005a). Ainsi, il fut découvert dans ce site les principaux gibiers qui seront retrouvés au Magdalénien quelques millénaires plus tard, c'est-à-dire, le renne et le cheval. À leurs côtés, la présence d'un grand boviné est également attestée, de même qu'un ours brun et un loup, ce qui tend à montrer une communauté animale plus développée que ce qui était supposé du fait de la proximité chronologique avec le dernier maximum glaciaire.

Dryas ancien ou Dryas I (15 000 BP-12 700 BP)

Les conditions environnementales de cette chronozone sont également mal connues par rapport aux phases ultérieures (Pastre *et al.*, 2000). Tout du moins, une activité fluviatile irrégulière a pu être déterminée, prenant la forme d'une chenalisation caractéristique d'un système hydrologique en tresse (*fig. I.5* ; Antoine *et al.*, 2000 ; Pastre *et al.*, 2000). Ce système a recyclé ponctuellement des apports anciens lors de crues estivales. Cette importante sédimentation limono-sableuse avec reprise d'éléments antérieurs témoigne d'une surcharge sédimentaire accompagnée d'écoulement plus ou moins divaguant (Leroyer *et al.*, 1997). D'après les données palynologiques (Leroyer *et al.*, 2005 ; zone Baz 1), le couvert végétal est très ouvert et vraisemblablement morcellé. On assiste à la prédominance des herbacées, les poacées étant progressivement dominées par les espèces steppiques (les rubiacées, les chénopodiacées, devant les hélianthèmes et les armoises). Les espèces ligneuses sont présentes comme le pin, le saule, le genévrier ou le bouleau. Localement, les chenaux ont pu accueillir le développement d'une flore hygrophile, les cypéracées s'y ajoutant plus sensiblement vers la fin de la chronozone. Cependant, en l'état actuel des recherches, cette description de la communauté végétale pourrait être également attribuée à la transition Dryas ancien-Bölling.

Les associations malacologiques témoignent également d'un milieu ouvert en cours de colonisation par la végétation, montrant une grande cohérence avec les données de Grande-Bretagne (Antoine *et al.*, 2000 ; Pastre *et al.*, 2000). Les faibles effectifs des malacofaunes du Dryas ancien se composent d'espèces comme les *Pupilla muscorum*, les *Vallonia pulchella*, les *Vallonia costata*, un cortège de type « à Pupilla » désignant une steppe associée à une température moyenne annuelle très faible (Puisségur, 1976 ; Roblin-Jouve, Rodriguez, 1997 ; Limondin-Louzouet, 1998). La présence de quelques rares taxons mésophiles indique de conditions climatiques légèrement plus favorables qu'au Pléniglaciaire (Pastre *et al.*, 2000).

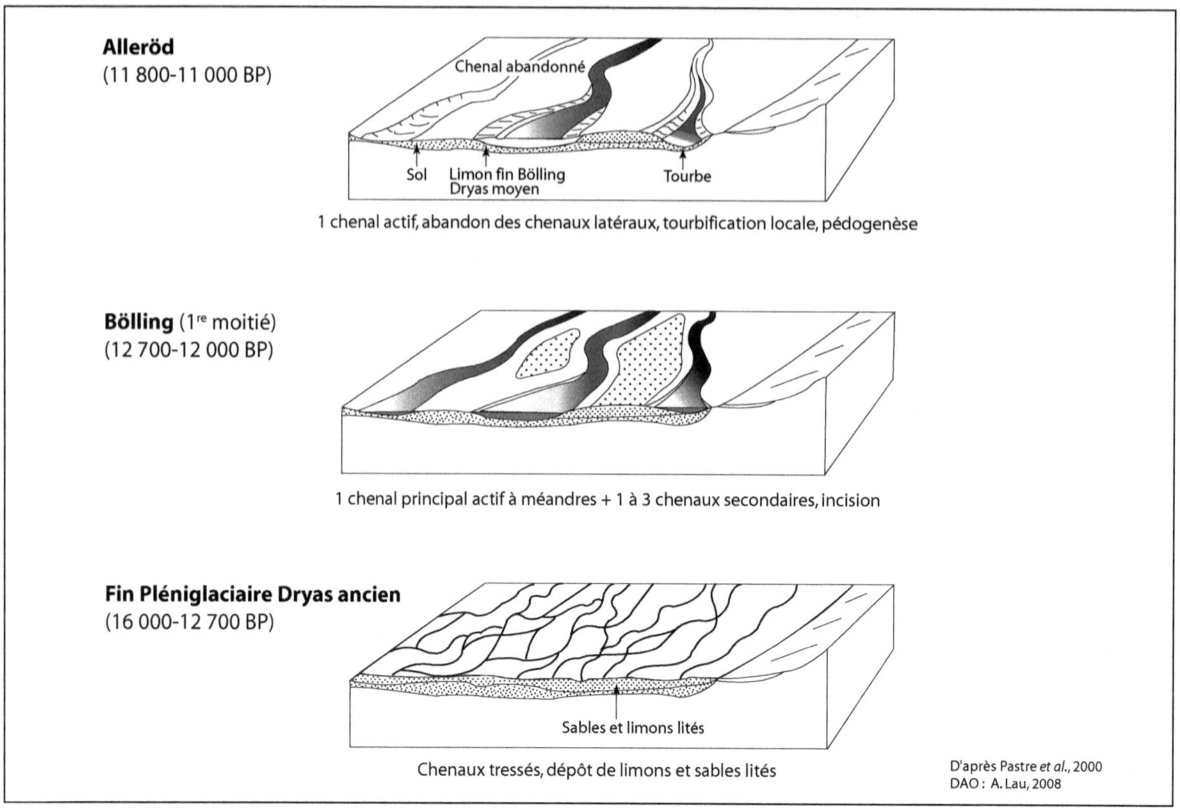

Fig. I.5 – Évolution morphosédimentaire générale des grandes vallées du Bassin parisien au Tardiglaciaire

Bölling (12 700 BP-12 000 BP)

La transition entre le Dryas ancien et le tout début du Bölling est marquée par un changement brutal de la morphologie et de la sédimentation fluviatile (Antoine *et al.*, 2000). Une phase d'incision conséquente s'opère, aboutissant au dégagement de la plaine alluviale et le dépôt de limons de débordement fossilisant les nappes alluviales plus anciennes (Roblin-Jouve, Rodriguez, 1997). Cette évolution du système hydrodynamique est corrélée à l'installation d'un système à méandres passant rapidement de plusieurs chenaux à un chenal principal accompagné ou non par des chenaux secondaires (*fig. I.5* ; Antoine *et al.*, 2000 ; Pastre *et al.*, 2000). L'abondance du limon sur les versants et dans les alluvions constitue l'originalité du Tardiglaciaire régional (Roblin-Jouve, 1994).

Ces dépôts de débordements typiques du Bölling ont scellé les occupations magdaléniennes (Pastre *et al.*, 2000). Les plus anciens niveaux d'Étiolles comportent plus de sables, témoignant d'une activité fluviatile plus nombreuse ; puis, cette composante sédimentaire est moins forte comme dans la majorité des niveaux archéologiques de Pincevent ou le niveau Azilien ancien du Closeau (les occupations se déroulaient à l'écart du chenal principal). Cependant, dans la vallée de la Seine et le bassin de la Somme, des accumulations tourbeuses localisées ont pu être mises en évidence (Antoine *et al.*, 2000 ; Pastre *et al.*, 2000). En outre, la baisse importante des apports sédimentaires de versants et l'arrêt de la sédimentation éolienne plaident en faveur d'un début de stabilisation du paysage par la végétation (Antoine *et al.*, 2000).

Les enregistrements palynologiques confirment cette impression par le développement de forêts claires à bouleaux et de saules dans le bassin de la Somme (*fig. I.6* ; Antoine *et al.*, 2000). Dans le reste du Bassin parisien, une nette augmentation des pollens arboréens est également notée (Leroyer, 1994) ; un milieu ouvert se dessine avec la constitution de zones boisées claires à genévriers, bouleaux et saules (le pin reste marginal), alternant avec des zones herbacées à connotation steppiques (Pastre *et al.*, 2000). Dans les vallées plus étroites, comme celle de la Cure, les graminées sont très fortement représentées, avec dans une moindre mesure, les cichoriées (à connotation steppique), associées à quelques essences d'arbres tempérées (chêne, orme, frêne, tilleul, charme) trouvant là une probable zone refuge (Leroi-Gourhan *in* Schmider *et al.*, 1995). Les dernières analyses palynologiques de Bazoches-lès-Bray en Bassée ont récemment permis de subdiviser en deux

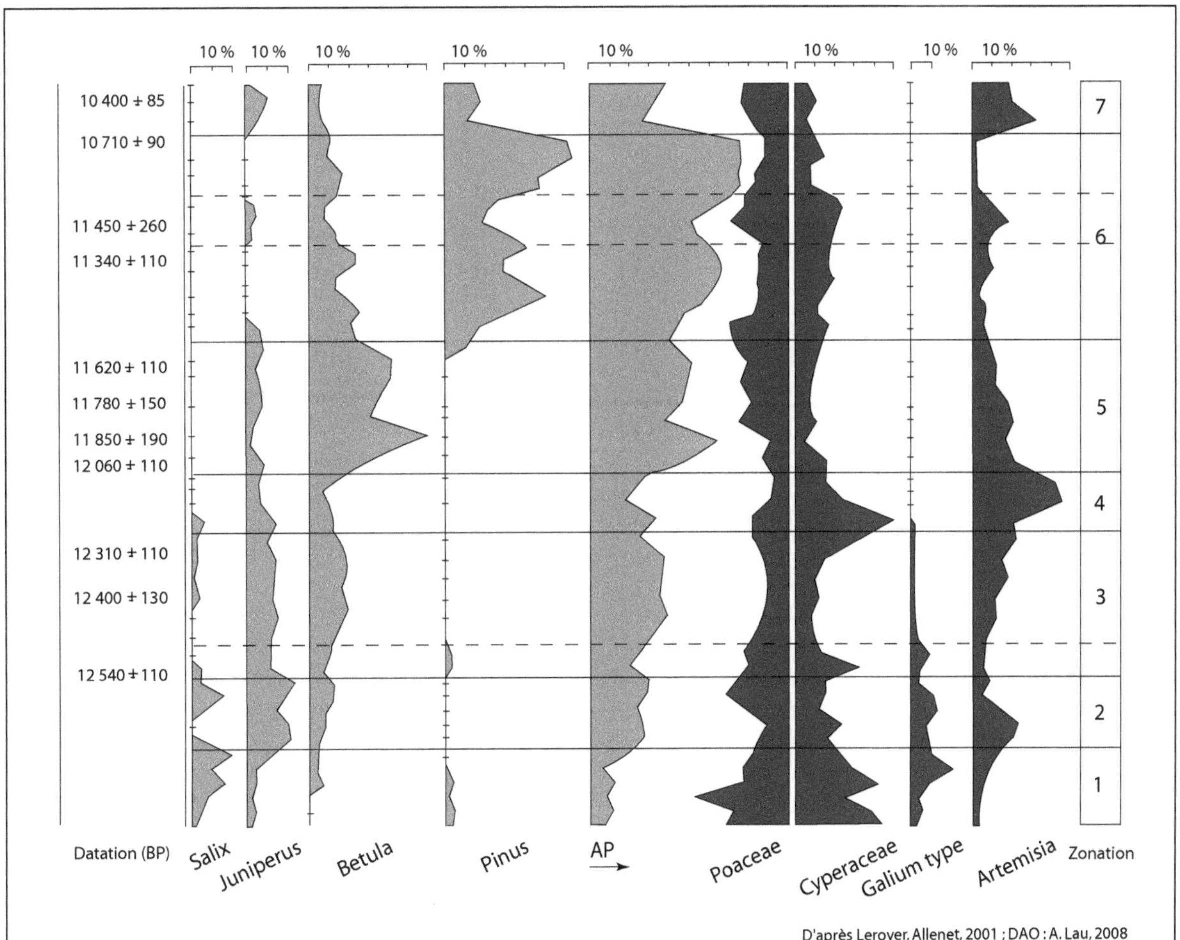

Fig. I.6 – Diagramme pollinique simplifié de Bazoche « Le Tureau à l'Oseille »

sous-ensembles le Bölling (zone Baz 2 et 3 ; Leroyer *et al.*, 2005). La zone Baz 2, plus ancienne, se caractérise par la progression des genévriers, qui prédominent les bouleaux, les saules (les pins ne sont alors pas enregistrés). Les genévriers, et dans une moindre mesure les bouleaux, se développent sur les versants. La strate des herbacées devient de plus en plus dense et émerge finalement une steppe à armoises, rubiacées et poacées. Dans les fonds de vallées, le saule a colonisé les abords immédiats des chevaux où s'est implantée avec plus ou moins d'importance une végétation hygrophile. Ensuite, au cours de la zone Baz 3, on observe une augmentation de la présence des bouleaux aux dépens des genévriers, cependant encore bien représentés. Cette dynamique de la communauté végétale aboutit à des boisements clairs de ces deux taxons sur les versants. Néanmoins, la strate herbacée conserve des valeurs élevées et une prédominance dans un paysage décrit comme un ensemble de formations steppiques dominées par les armoises. Les chenaux abritent alors une végétation hygrophile variable en fonction de leur degré d'activation et d'eutrophisation.

Les crues répétées et abondantes du Bölling ont vraisemblablement créé des milieux de bords de Seine instables, plus propices à l'existence d'une prairie humide et buissonneuse, tandis que les espaces boisés ont pu se développer en retrait de la plaine d'inondation (Rodriguez, 1994). Les malacofaunes du Bölling n'enregistrent pas de différences notables avec les cortèges du Dryas I, ni d'ailleurs avec les cortèges du Dryas II (Antoine *et al.*, 2000 ; Pastre *et al.*, 2000 ; Limondin-Louzouet, 2002). Les associations malacologiques relèvent toujours des spécimens appartenant au cortège de type « à *Pupilla* » (désignant une steppe froide) avec quelques taxons plus tempérés. Ces observations ont été largement confirmées par les études propres aux sites archéologiques comme Pincevent, Étiolles, le Tureau des Gardes et le site des Tarterêts. Ils témoignent cependant d'une ambiance plus tempérée, vraisemblablement à mettre en relation avec la position topographique de l'occupation archéologique sur un versant de la Seine (Rodriguez, 1994 ; Roblin-Jouve, Rodriguez, 1997).

De récentes études sur les cortèges de coléoptères du Bassin parisien apportent des informations précieuses sur les paléotempératures et la structuration de l'environnement (Ponel *et al.*, 2005). Les résultats tendent à montrer que les températures de la seconde moitié du Bölling étaient légèrement inférieures à celles d'aujourd'hui (en moyenne 16 °C en juillet ; entre 0 et -5 °C en janvier-février). En dépit de la présence d'espèces adaptées aux grands froids, qui pourrait signifier des contrastes saisonniers marqués, la première moitié du Bölling pourrait avoir été plus chaud. En termes de structuration des paysages, les cortèges de coléoptères soulignent la variabilité écologique des habitats de fond de vallée. Cette complexité est en grande partie fonction des différentes configurations du réseau hydrographique : dans leur dynamique de constitution les chenaux en tresse sont activés, interrompus ou réactivés. Ces phénomènes semblent avoir démultiplié la variabilité de microhabitats (berges de cours d'eau plus ou moins actifs, marais-marécages, petits étangs) et la végétation disponible (aquatique, semi-aquatique, plaine alluviale, etc.).

Dryas moyen ou Dryas II (vers 12 000 BP - 11 900-11 800 BP)

À la fin du Bölling, une période de péjoration climatique est enregistrée dans les données morphosédimentaires, sous la forme d'un froid hivernal plus vif et un total de précipitation réduit (Roblin-Jouve, Rodriguez, 1997 ; Antoine *et al.*, 2000 ; Pastre *et al.*, 2000). Cet événement pourrait avoir duré entre 80 et 100 ans (Björck *et al.*, 1998) et de ce fait, demeure difficile à situer précisément sur le plan chronologique, au regard des limites de résolution de la méthode ^{14}C. Dans les vallées de la Seine et le bassin de la Somme, on constate un ralentissement du débit des cours d'eau et un arrêt des accumulations tourbeuses, associés à une charge crayeuse importante dans les limons de débordement. Localement, des accumulations de sédiment loessique peuvent être observées, ainsi que des fentes de gel (Roblin-Jouve, Rodriguez, 1997). Ces données concordent avec les analyses palynologiques (Leroyer *et al.*, 2005) : le recul des pollens d'arbres est très net (bouleau, genévrier et saules), alors que les armoises et les cypéracées dominent largement les spectres. Ces assemblages illustrent le retour prédominant des formations herbacées steppiques qui interrompent donc la dynamique de reconquête forestière des versants engagée au Bölling. Dans la vallée de la Cure, ce bouleversement est pleinement ressenti, comme en témoigne l'augmentation des herbacées steppiques (cichoriées, armoises et éphédras), malgré la persistance d'arbres tempérés et une présence relativement importante de graminées (Leroi-Gourhan *in* Schmider *et al.*, 1995). Les malacofaunes signalent toujours des associations de type « *Pupilla muscorum* », mais les auteurs s'accordent à souligner une chute sensible des effectifs et l'absence de taxons forestiers et semi-forestiers (Rodriguez, 1994 ; Antoine *et al.*, 2000 ; Pastre *et al.*, 2000). Le site de Marsangy apparaît contemporain de cette chronozone, car l'occupation est signalée dans un lit mineur creusé dans la première moitié du Bölling et une malacofaune pauvre et de type steppe froide y fut découvert (Rodriguez, 1994 ; Pastre *et al.*, 2000).

Alleröd (11 900-11 800 BP - 11 000 BP)

Cette chronozone débute par une courte période d'incision des cours d'eau (Pastre *et al.*, 2000). Cet événement produit un approfondissement des lits des cours d'eau majeurs et le dégagement de la très basse terrasse par une érosion importante (*fig. I.5* ; Roblin-Jouve, 1994 ; Roblin-Jouve, Rodriguez, 1997). Se met en place alors un système fluviatile à large chenal unique à méandres, parfois accompagné d'un chenal latéral et le retour de sédimentation tourbeuse locale (Antoine *et al.*, 2000 ; Pastre *et al.*, 2000). Le régime des crues favorise le dépôt de limon de débordement caractéristique des « sols Alleröd » dans le Bassin parisien ou du « sol de Belloy » dans la Somme. La caractérisation de ces sols correspond à un ralentissement important des flux sédimentaires, significatif de l'extension de la couverture végétale. Effectivement, les études palynologiques témoignent d'une stabilisation des versants par le développement de formations forestières, même claires, entraînant une fixation plus importante des sols et le début d'une pédogénèse (*fig. I.6* ; Leroyer *et al.*, 1997). De 11 800 à 11 400 BP environ (zone Baz 5, le développement de forêts claires à bouleau est enregistré (devant les genévriers et les saules, le pin étant marginal), tandis que de larges espaces ouverts persistent comme en témoigne la présence d'armoises et, dans une moindre mesure, des herbacées héliophiles en recul (Leroyer, 1994 ; Pastre *et al.*, 2000 ; Leroyer *et al.*, 2005).

De 11 400 à 11 000 BP environ (zone Baz 6), les pinèdes ont supplanté les autres essences d'arbres (notamment les bouleaux), et parallèlement le cortège des herbacées héliophiles se raréfie. Cette subdivision de la chronozone est également attestée en Belgique et aux Pays-Bas (Leroyer *et al.*, 2005). L'Alleröd se caractérise au niveau du paysage par la fermeture progressive du milieu, s'accentuant plus nettement à partir de l'essor des pineraies, au détriment des espaces ouverts à steppe à armoises. Toutefois, vers 11 400 BP, une ouverture ponctuelle du paysage signale une oscillation froide au moment où les courbes du genévrier et du pin se produit (Pastre *et al.*, 2000 ; Leroyer, Allenet, 2001) ; ce phénomène a été enregistré également en Europe du Nord-Ouest et est appelé « intra-Alleröd » (Levesque *et al.*, 1993 ; Lehman, Keigwin, 1992).

Les analyses malacologiques témoignent d'effectifs en hausse associés à une diversification, données significatives du retour à une couverture végétale plus dense (Antoine *et al.*, 2000 ; Pastre *et al.*, 2000 ; Limondin-Louzouet *et al.*, 2002). Les associations des malacofaunes sont dominées principalement par les *Vallonia pulchella*, les *Vallonia costata* et les *Pupilla muscorum*, même si d'autres taxons plus xérophiles sont présents (*Trochoidea gyeri*, *Helicopsis striata*). Les enregistrements malacologiques du Bassin parisien, du bassin de la Somme et de Grande-Bretagne montrent de fortes similarités (Pastre *et al.*, 2000). Ces faunes signalent d'un milieu ouvert relativement hostile et sec (Rodriguez, 1994 ; Antoine *et al.*, 2000 ; Pastre *et al.*, 2000).

Les travaux sur les cortèges de coléoptères témoignent du fait que les valeurs thermiques du Bölling (en moyenne 16 °C en juillet ; entre 0 et -5 °C en janvier-février), semblent parfaitement transposables à la majeure partie de l'Alleröd (Ponel *et al.*, 2005). De façon cohérente avec la mise en place d'un plus large chenal à méandre à cette période, une forte domination des taxons indiquant la présence d'eau courante est observée. En termes de structure paysagère, il est à envisager une moindre complexité dans l'agencement des habitats de fond de vallée des grands affluents et une plus grande uniformisation au niveau de la biodiversité.

Communauté faunique : les grands ongulés

La communauté animale du Bassin parisien a été essentiellement reconstituée à partir des faunes trouvées dans les sites archéologiques (*fig. I.7*). Au début du Tardiglaciaire, les principaux grands ongulés de la région se composent principalement du bison (*Bos priscus*), du renne (*Rangifer tarandus*), du cheval (cf. *Equus caballus arcelini*), tandis que la présence du mammouth (*Mammutus primigenius*) est probable.

Une période de recomposition s'ouvre entre 12 500 BP et 11 500 BP, comme le signale l'irruption de nombreuses espèces et la disparition d'un grand nombre (*fig. I.5*). Celle-ci témoigne d'une complexification des communautés animales en adéquation avec des conditions climatiques instables et saisonnièrement contrastées. Également, cette complexification est favorisée par une augmentation de la diversité des ressources alimentaires suivant une répartition spatiale irrégulière dans un paysage en mosaïque

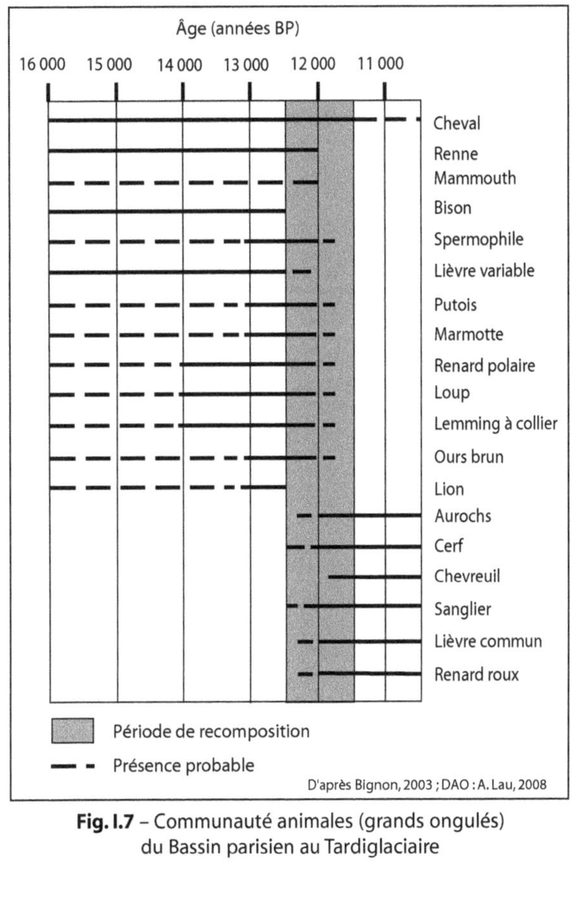

Fig. I.7 - Communauté animales (grands ongulés) du Bassin parisien au Tardiglaciaire

(Guthrie, 1982 ; Delpech, 1999 ; Drucker, 2001). Le renouvellement des cortèges de faune semble perdurer jusqu'à la deuxième moitié de l'Alleröd, alors que les conditions climatiques se dégradent notamment avec le retour d'un froid glaciaire au Dryas récent (11 000 BP à 10 000 BP ; Antoine *et al.*, 2000 ; Pastre *et al.*, 2000). La découverte du lion du Closeau semble signifier la persistance de ce grand prédateur dans la région au cours de la deuxième moitié du Bölling (Bemilli, 2000 ; Bodu, 2000). Malgré leur faible représentation dans les sites archéologiques, la présence d'autres prédateurs de grands mammifères comme les loups, les ours bruns, voire les renards, suggèrent une biomasse animale élevée.

Les chevaux sauvages sont attestés dans les sites archéologiques jusqu'au début de l'Alleröd, comme semble l'indiquer leur présence dans plusieurs locii du Closeau (1,8 et 48), correspondant à l'Azilien récent ou « intermédiaire » (Bodu, 1998). Cependant, leur présence dans la région lors de la fin du Tardiglaciaire n'a pu être confirmée. La raison en est une conservation très mauvaise des témoins fauniques et/ou de modifications des choix cynégétiques des groupes humains de la fin du Tardiglaciaire (Bridault *et al.*, 2003). En revanche, des spécimens sont signalés beaucoup plus tardivement dans le niveau néolithique du site de Bercy, laissant supposer la persistance de chevaux sauvages évoluant dans un milieu forestier (Bocherens, comm. orale).

Fonctionnement écologique de la *steppe à mammouth*

Les paragraphes qui suivent tenteront de décrire brièvement ce qui fut le mode de fonctionnement écologique des peuplements tardiglaciaires. Les développements théoriques que nous proposons s'appuient sur les données enregistrées en Europe occidentale et plus généralement dans toute l'Eurasie pour le Paléolithique supérieur (Hopkins *et al.*, 1982 ; Fontana, 1998 ; Costamagno, 1999 ; Bignon, 2003). Également, pour cette même période, nous nous inspirerons délibérément du concept de la *steppe à mammouth* élaboré par Russell D. Guthrie (1982, 1984, 1990). Si cette conception de l'environnement au Paléolithique fut débattue (Martin, Klein, 1984), elle est très largement acceptée et utilisée par les paléoécologistes pour définir ces peuplements écologiques (Zimov *et al.*, 1995 ; McPhee *et al.*, 2002 ; Barnosky *et al.*, 2004).

Le Tardiglaciaire en Europe est certainement le meilleur contexte pour engager une modélisation du fonctionnement écologique de la *steppe à mammouth*. Celle-ci peut effectivement s'appuyer sur une précision chronologique sans équivalent au Paléolithique et le nombre de données climatiques ou environnementales. Notre proposition de modélisation vise à mieux saisir notamment l'agencement en mosaïque des paysages, en retournant aux fondements écologiques grâce auxquels les peuplements de la *steppe à mammouth* ont pu s'établir durablement. Ce cadre paléoenvironnemental doit éclairer la spécificité des économies de subsistances des chasseurs-cueilleurs tardiglaciaires, plus amplement développés dans le cadre du Bassin parisien au cours des prochains chapitres.

Caractéristiques principales de la *steppe à mammouth*

Afin de résumer brièvement le concept de la *steppe à mammouth*, trois caractéristiques principales seront plus particulièrement exposées. Elles ne révèlent pas la totalité et la complexité des théories de R.D. Guthrie, qui nécessitent une lecture attentive, mais permettent d'en aborder plus rapidement le cœur.

Premièrement, la steppe à mammouth a été reconnue comme un vaste biome (ou macroécosystème), s'étant développée sur la majeure partie du continent eurasien (*fig. I.8*). Chronologiquement, les données archéologiques signalent son existence pendant, au moins, toute la durée du Paléolithique supérieur, jusqu'à l'Holocène dans les régions les plus septentrionales (Hopkins *et al.*, 1982 ; Zimov *et al.*, 1995 ; McPhee *et al.*, 2002). En premier lieu, ce biome est défini par ses communautés végétales et animales très diversifiées, témoignage d'une longue histoire évolutive commune (Pimm, 1994). Pris individuellement ces compositions spécifiques apparaissent comme une combinaison complexe de différents biomes actuels, notamment de toundra et de steppe (Chernov, 1985). Ces peuplements écologiques de la steppe à mammouth sont donc résolument originaux et ne connaissent pas d'équivalent strict à l'époque moderne (Guthrie, 1982, 1984, 1990).

La deuxième caractéristique est justement liée au fonctionnement écologique permettant d'expliquer la grande diversité des peuplements écologiques de la steppe à mammouth. Si les biomes actuels de l'hémisphère nord ne possèdent plus de communautés animales et végétales aussi diversifiées, quelques peuplements de savanes africaines disposent de ce trait particulier, comme dans la réserve du Serengeti (Guthrie, 1982). Celle-ci fut très étudiée et décrite comme un écosystème à succession de pâturage (Bell, 1970, 1971 ; McNaughton, 1984, 1994), et utilisée comme modèle pour reconstituer les peuplements de la steppe à mammouth. Le caractère analogique de cette modélisation est lié au fait que les composantes spécifiques du Paléolithique ne correspondent pas à celles du Serengeti ; cependant, notre modèle intègre les traits fondamentaux des écosystèmes à pâturage (complémentarité des régimes alimentaires des animaux, leurs tailles respectives dans l'ordre des migrations) et conduit aux mêmes caractéristiques écologiques (*fig. I.9*) : des communautés très diversifiées et une structuration complexe des paysages ouverts.

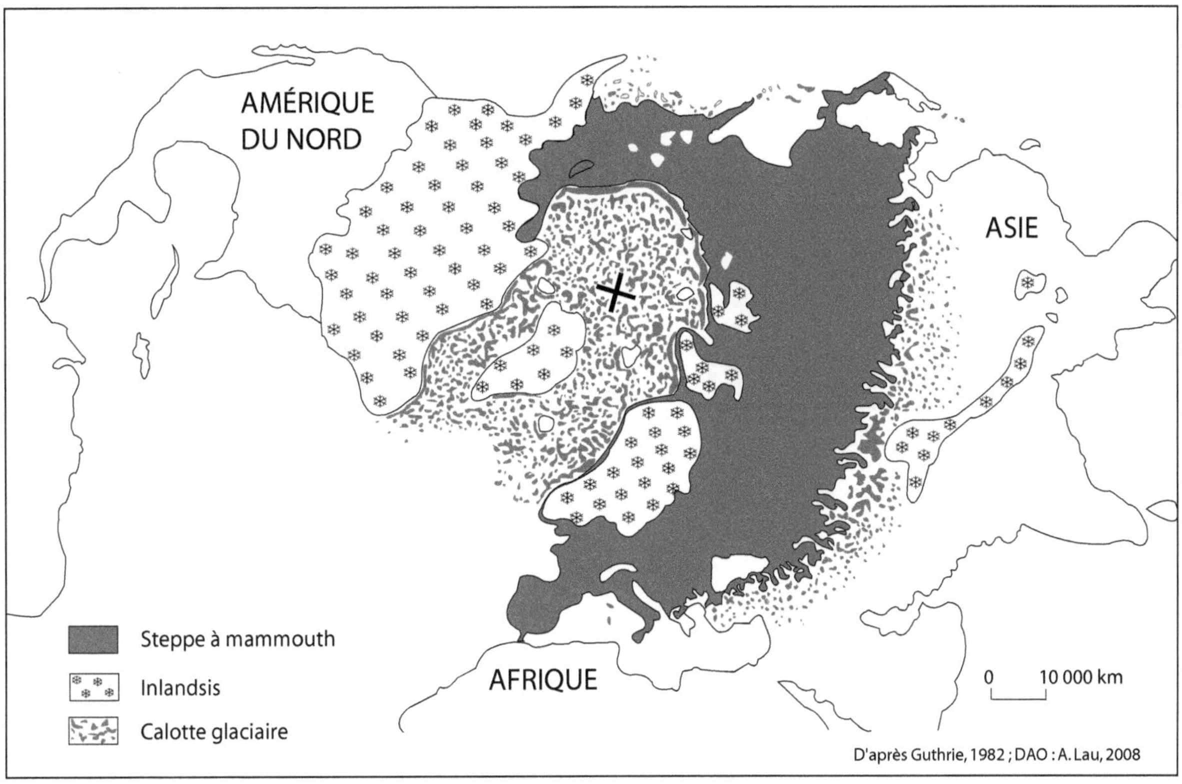

Fig. I.8 – Aire de distribution de la steppe à mammouth entre 20 000 à 18 000 BP

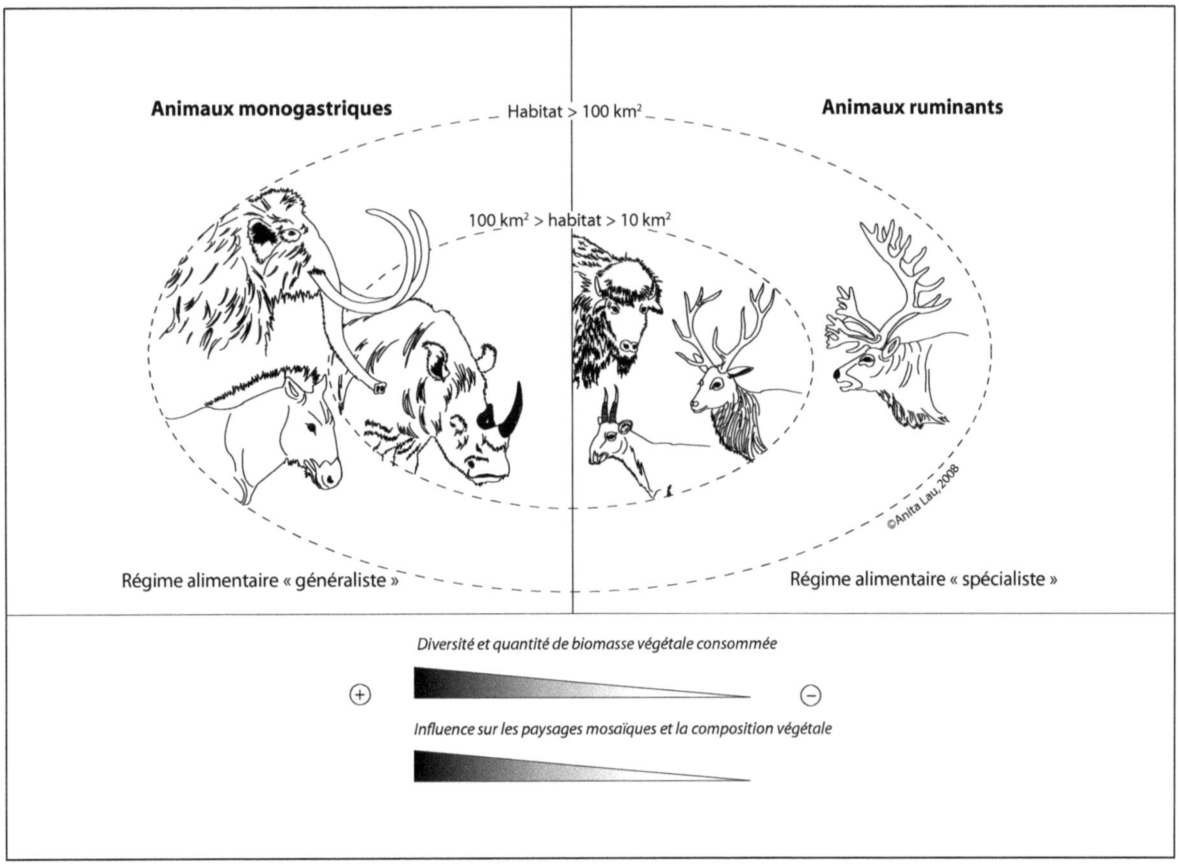

Fig. I.9 – Régimes alimentaires et amplitude des migrations des principaux animaux de la steppe à mammouth

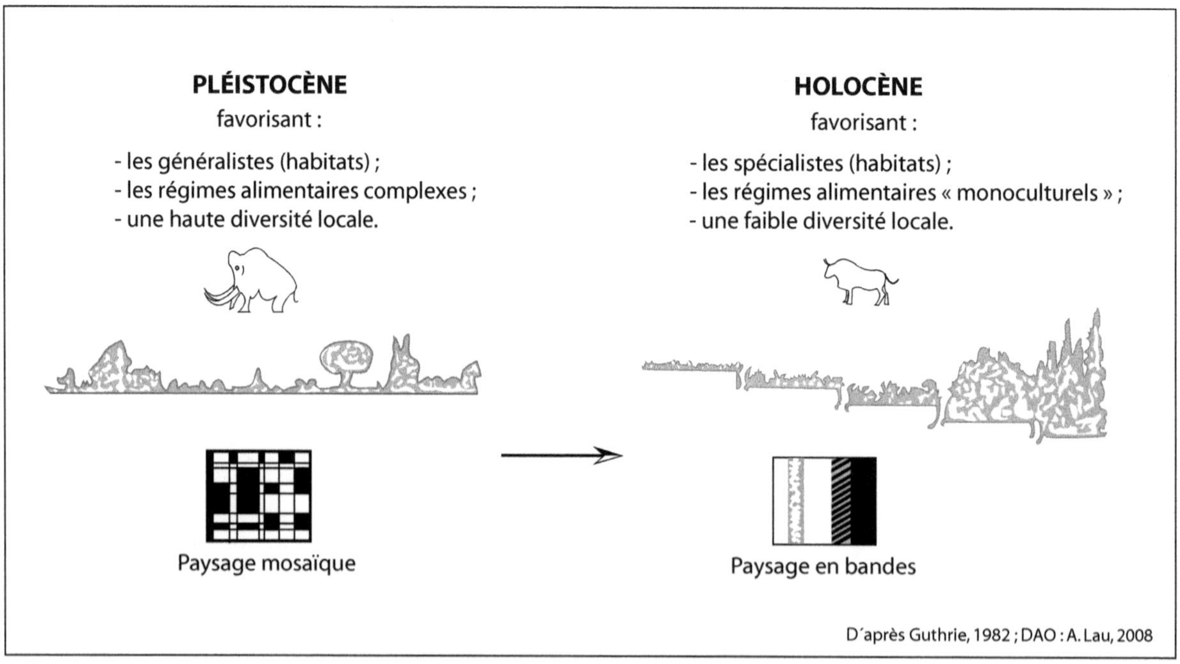

Fig. I.10 – Modélisation des paysages au Pléistocène et à l'Holocène

La troisième caractéristique de la steppe à mammouth renvoie précisément à l'agencement complexe de différents habitats complexes à l'échelle régionale. Cette structuration en mosaïque des paysages est liée, selon R.D. Guthrie (1982, 1984), à l'imbrication combinatoire d'espaces nécessaires (plus ou moins spécifiques) pour l'association de toutes les espèces végétales et animales. Cet auteur a donc proposé à l'inverse de étagement latitudinal des écosystèmes modernes, de concevoir cette structuration en mosaïque des paysages (*fig. I.10*).

Structuration et fonctionnement des communautés animales

Les réseaux trophiques montrent que les grands herbivores exercent un impact direct sur la végétation (la production primaire des écosystèmes ; Barbault, 1992). Ce phénomène est particulièrement conséquent dans le cadre des écosystèmes à succession de pâturage (McNaughton, 1984, 1994). Se faisant, les espèces animales accaparent la majeure partie des flux de la production primaire, et de ce fait, jouent un rôle prépondérant dans la structuration des paysages (Naiman, 1988).

Au sein des peuplements de la steppe à mammouth, le mammouth, le renne, le bison et le cheval sont systématiquement observés dans les faunes eurasiennes du Paléolilithique supérieur (Hopkins *et al.*, 1982 ; Morel, Müller, 1997 ; Costamagno, 1999 ; Bignon, 2003). Pour cette raison, ces espèces animales doivent être considérées comme des espèces récurrentes, intrinsèquement attachées à l'organisation écologique des peuplements paléolithiques. Le mammouth et le cheval, en tant qu'animaux monogastriques au régime alimentaire « généraliste », avaient assurément le statut d'espèces-clés (Bond, 1994 ; également appelées « mégaherbivores » selon Owen-Smith, 1988). Sur le plan écologique, ces taxons ont donc eu un impact prépondérant sur les espèces végétales et un effet disproportionné sur la persistance de toutes les autres espèces de leurs peuplements. Tous les animaux n'ont donc pas la même importance et certains d'entre eux, plus particulièrement les ruminants, peuvent être perçus comme des espèces redondantes dans ce type d'écosystème à pâturage (Lawton, Brown, 1994). Cependant, il faut remarquer que ces derniers animaux sont à la source de la variabilité des peuplements régionaux de la steppe à mammouth, et donc, ont une contribution significative dans l'agencement mosaïque des paysages.

Les écosystèmes à succession de pâturage actuels montrent l'existence de grands troupeaux et de migrations saisonnières, synchronisée avec la disponibilité différentielle de parties de plantes convenant aux divers régimes alimentaires spécifiques (Bell, 1970, 1971). Par inférence, on peut donc avancer que ce type de phénomènes s'est très probablement produit également au sein des peuplements de la steppe à mammouth (Guthrie, 1982, 1984 ; Bignon, 2003). En fonction de l'amplitude des migrations, des régimes alimentaires et de la taille corporelle des herbivores de la steppe à mammouth, un portrait robot du peuplement du Bassin parisien peut être proposé pour la période du Tardiglaciaire (*fig. I.11*). En raison de la variabilité de composition entre les différents peuplements régionaux, ce type de modèle doit être ajusté de façon particulière à chaque contexte géographique.

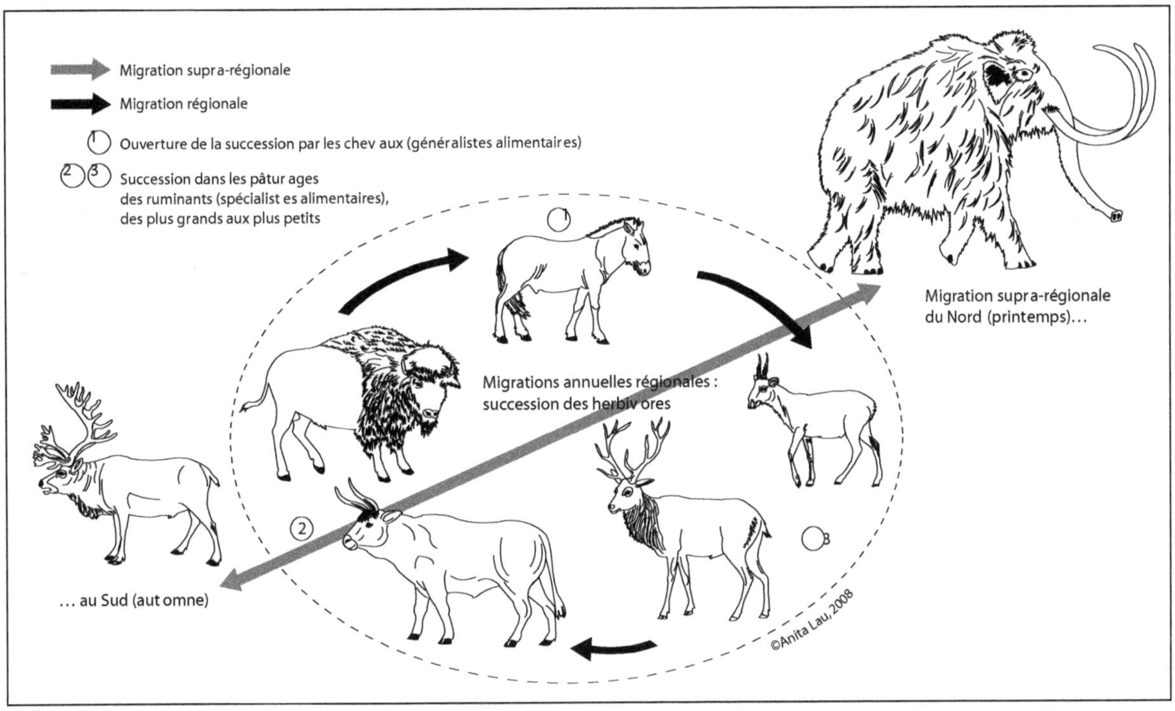

Fig. I.11 – Modélisation de l'écosystème à pâturage au Tardiglaciaire dans le Bassin parisien

Les peuplements régionaux en Europe au Tardiglaciaire

Entre les herbivores de la steppe à mammouth, la partition des ressources végétales disponibles est fortement suggérée par les études sur les isotopes stables du collagène. De telles observations, qui portent sur les herbivores du sud-ouest de la France au Paléolithique supérieur, ont montré une nette séparation entre leurs habitudes alimentaires, reflétant des adaptations stables des régimes alimentaires, malgré un environnement en continuel évolution (Drucker, 2001 ; Drucker *et al.*, 2003a et b). De récentes études tendent à montrer qu'il en était de même au Tardiglaciaire dans le Bassin parisien (Drucker, 2006).

Ces résultats sont renforcés par la mise en évidence d'une structuration régionale des populations des espèces-clés de la steppe à mammouth. Ainsi, les morphotypes régionaux de chevaux ont été révélés par les analyses morphométriques conventionelles et géométriques dans le Bassin parisien, le Plateau suisse et la Charente (Bignon, 2003), régions auxquelles s'ajoutent désormais la Grande-Bretagne et la Belgique (Bignon, en préparation). Les parties squelettiques étudiées ont concerné des éléments crâniens et post-crâniens suivants : les séries dentaires inférieures et supérieures, les métapodes (métacarpes et métatarses), les symphyses et les phalanges unguéales. Toutes ces parties squelettiques ont été traitées par la morphométrie conventionnelle et les métapodes ont également bénéficié d'analyses en morphométrie géométrique (la méthode des points repères homologues ; Bignon *et al.*, 2005 ; Bignon, Eisenmann, 2006). Toutes ces études ont montré l'existence de variabilités récurrentes à l'échelle régionale, à l'exception des phalanges unguéales dont l'homogénéité morphologique sera discutée plus tard. En sus, le Bassin parisien se singularise par la présence de deux morphotypes régionaux, identifiés à partir des dents jugales et des métapodes. Il convient donc d'être prudent quant à l'emploi du terme taxonomique *E. caballus arcelini* : *sensu stricto*, ce nom renvoie aux caractéristiques particulières des chevaux identifiés dans le niveau magdalénien de Solutré (Guadelli, 1991) ; *sensu lato*, ce terme évoque tous les chevaux tardiglaciaires et leur variabilité infraspécifique dont témoignent les caractéristiques morphométriques relevées ci-dessus. Au Tardiglaciaire, il transparaît donc une fragmentation des populations de chevaux en Europe occidentale entre différentes aires régionales.

De tels morphotypes régionaux ont aussi été découverts en Europe occidentale pour les populations de rennes par des études en morphométrie conventionnelles. En effet, les travaux de Jaco Weinstock (1997, 2000) ont montré des différences morphométriques significatives entre le Nord et le Sud de l'Allemagne associés à la Suisse, la Belgique, le Bassin parisien. De plus, Laure Fontana (2000) a permis de mettre en lumière les distinctions morphométriques entre les populations de renne du Massif central et du Languedoc-Roussillon, en insistant sur le caractère régional de leurs migrations. Ces données évoquent donc des communautés animales fortement régionalisées jusqu'à la fin du Bölling (vers 12 000 BP). Les observations ostéologiques des différents taxons de mammouths au Pléistocène, conduisent à penser qu'au gré de phénomènes migratoires complexes, une forte fragmentation régionale de ces populations animales (Lister, Shev, 2001). Ainsi, ce schéma de fragmentation des populations de trois des quatre espèces-clés est attestée, sachant que dans le cas du bison aucune étude en ce sens n'a été menée… Ces phénomènes de relatifs isolats régionaux de populations spécifiques est en mesure d'éclairer la structure des paysages en mosaïque, en révélant les contours des aires de répartition des peuplements régionaux. Ces observations montrent en outre que les peuplements de la steppe à mammouth semblent avoir été relativement stables au Tardiglaciaire. Les données évoqués précédemment impliquent par ailleurs de faibles échanges génétiques, et donc la forte densité démographique des espèces-clés. Effectivement, les observations biogéographiques de la flore et la faune de l'Arctique montrent également une claire fragmentation de l'aire de répartition de ces espèces en aires disjointes (Chernov, 1985). Chez les animaux arctiques comme le renne (*Rangifer tarandus*) ou le bœuf musqué (*Ovibos moscatus*), l'un des traits les plus intéressants est de constater qu'ils ne subsistent dans ces contextes extrêmes que sous la forme de grandes populations (Remmert, 1980). L'importance des individus doit être perçue comme une stratégie limitant les risques encourus par les petites populations, comme (Bennett, 1999) : les effets stochastiques dans les domaines de la démographie, de la génétique, de l'environnement, auxquels s'ajoutent les catastrophes naturelles. La viabilité existentielle de petites populations fragmentées est en outre très improbable du fait de l'érosion génétique, comme le démontrent plusieurs études récentes (Young, Clarke, 2000).

Par inférence, nous sommes amenés à considérer la fragmentation des peuplements comme un nouveau trait significatif de la steppe à mammouth d'évoluer de façon relativement autonome à l'échelle régionale. Une telle hypothèse suppose l'existence de fortes interactions coévolutives sous-jacentes, entre les herbivores, les plantes et les insectes détritivores. Ce type de liens entre composantes des peuplements implique nécessairement de longues histoires évolutives communes à l'échelle régionale (plusieurs dizaines de millénaires).

Modélisation écologique des peuplements régionaux de la steppe à mammouth

Les systèmes biologiques sont des systèmes ouverts, au sein desquels les caractéristiques de l'auto-organisation peuvent apparaître à l'intérieur ou entre des groupes d'organismes, par exemple, dans les bancs de poissons (Theraulaz, Spitz, 1997 ; Camazine *et al.*, 2001). Fondamentalement, l'auto-organisation est un

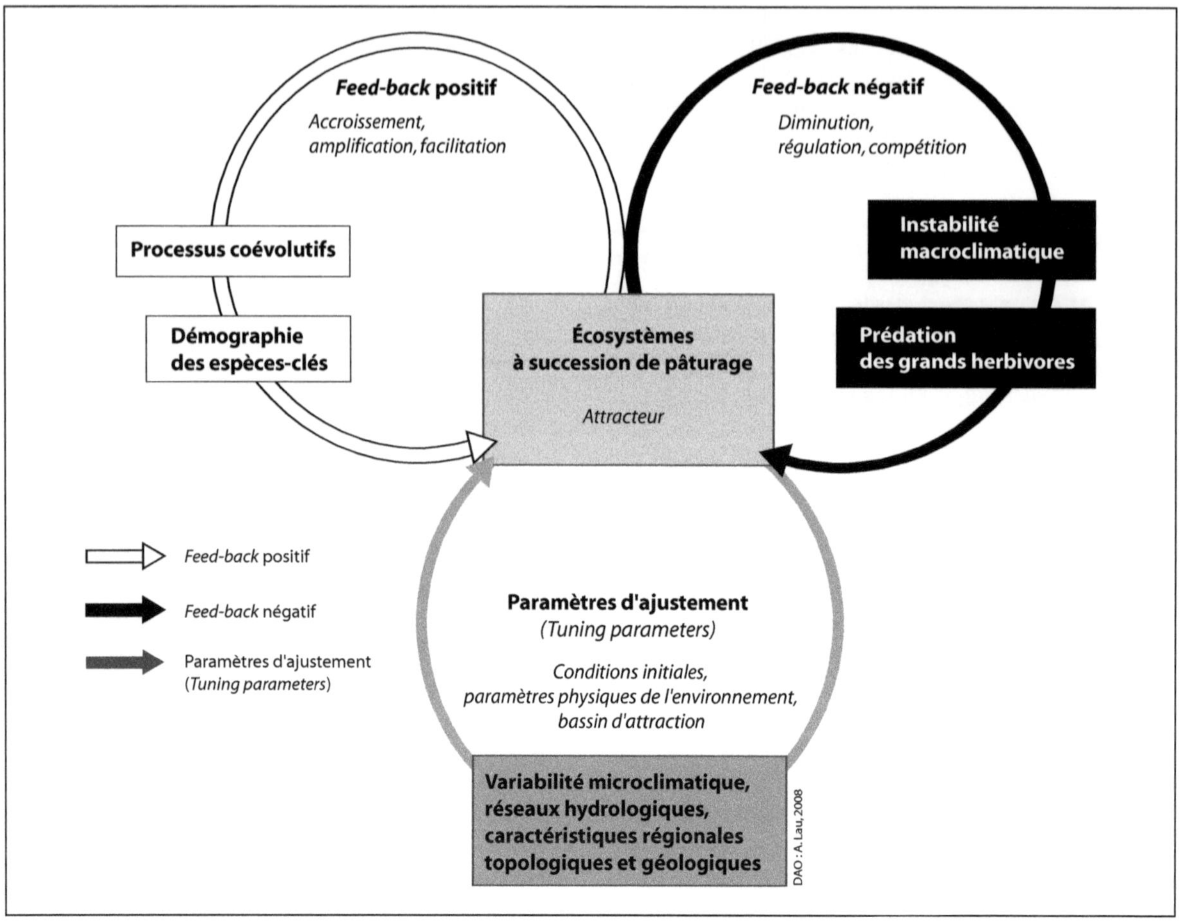

Fig. I.12 – Modèle systémique des peuplements écologiques régionaux de la steppe à mammouth

processus dans lequel une structuration à l'échelle globale d'un système émerge seulement à partir des nombreuses interactions sous-jacentes intervenant au niveau des composantes de ce système. Les écosystèmes à pâturage offrent de telles caractéristiques des systèmes auto-organisés, notamment reconnus par une organisation décentralisée des migrations animales se succédant dans le temps et l'espace. Ainsi, le biome de la steppe à mammouth doit être considéré comme une mosaïque de peuplements régionaux, au sein desquels, l'auto-organisation a pu se manifester par l'émergence d'écosystèmes à succession de pâturage. Cependant, ce type d'écosystème a pu émerger plus fréquemment en différents endroits des aires septentrionales en Europe qui offrent la présence conjointe de grandes plaines, de réseaux hydrologiques développés et une topographie propice à l'existence de refuges. En définitive, les écosystèmes à pâturage doivent être envisagés comme une propriété émergente, également nommé « attracteur ».

La modélisation du mode de fonctionnement des peuplements régionaux de la steppe à mammouth nécessite de prendre en considération les trois principaux processus inhérents aux systèmes auto-organisés (*fig. I.12*). Tout d'abord, les *feed-back* positifs sont généralement décrit comme des processus d'accroissement, d'amplification ou de facilitation. Ici, ces *feed-back* peuvent être reconnus dans les liens coévolutifs entre les espèces animals et végétales, aussi bien que dans l'amplification démographique des populations d'espèces-clés. *A contrario*, les *feed-back* négatifs sont liés aux processus de saturation, de régulation, de décroissance ou de compétition qui interviennent dans les systèmes biologiques. Dans le cas de la steppe à mammouth, de tels processus doivent être associés à l'instabilité des phénomènes macroclimatiques, et plus directement à la prédation touchant les populations de grands herbivores. Le rôle des sociétés humaines en la matière va occuper une l'essentiel de cet ouvrage et nous conduira à considérer le facteur anthropique comme un régulateur primordial des écosystèmes à pâturage, en raison de leurs capacités à chasser les plus grands herbivores. Dans le cadre systémique de ce modèle, ces interactions chasseurs-animaux peuvent être envisagées comme une relation coévolutive plus générale entre les prédateurs avec leurs proies, celle-ci ayant pu favoriser la persistance ou la coexistence de ces dernières (Blondel, 1995).

Enfin, le troisième processus renvoie aux paramètres de réglage, la source de variabilité entre les divers peuplements régionaux, sont essentiellement autant de paramètres environnementaux. Il s'agit ici de rendre compte de l'incidence significative sur les peuplements de phénomènes variés et combinatoires, tels que la variabilité microclimatique ou les particularités physiques régionales, comme la diversité et l'extension des réseaux hydrologiques et les caractéristiques topogéologiques.

Distribution des populations de chevaux

L'attraction centrifuge des relations coévolutives entre espèces végétales et animales se traduit par une stabilisation de communautés très diversifiée (Roughgarden, 1983 ; *fig. I.13*). L'identification de morphotypes régionaux chez les chevaux au Tardiglaciaire amène à statuer sur le caractère essentiellement régional de ces populations animales.

En dépit d'une fragmentation conséquente des populations de chevaux tardiglaciaires, il est très surprenant de constater la commune adaptation des chevaux tardiglaciaires à avoir des sabots très larges, à l'instar de leurs phalanges unguéales (Bignon, 2005b ; Bignon, Eisenmann, 2006). Ce trait morphologique suggère la fréquentation d'habitats dotés de sols meubles et un régime locomoteur plutôt modéré, limitant vraisemblablement les mouvements migratoires à des déplacements régionaux.

Les habitats préférentiels des chevaux tardiglaciaires : les fonds de vallée

Cette caractéristique anatomique suggère fortement que les populations de chevaux aient élu les fonds de vallée comme habitat préférentielle. Comme les données paléoenvironnementales l'ont montré, il y avait dans cette zone paysagère une grande diversité d'habitats au niveau des berges des lits fluviaux et leurs abords directs (marécages, étangs, tourbières), recouverts d'une végétation arbustive composée de saules, d'aulnes, de bouleaux et d'une variété d'espèce de carex. Les plaines alluviales voient l'extension de cette composition végétale, se développant cependant sur des substrats moins meubles et formant des mosaïques de prairies de carex, de graminées et d'arbustes. À l'instar de la toundra actuelle (Chernov, 1985), à côté des chenaux des lits fluviaux, la plaine devait être entaillée par de nombreux cours d'eau et de dépressions, formant un réseau constitué d'innombrables petits étangs. L'adaptation aux sols meubles des chevaux tardiglaciaires suggère une forte capacité à se déplacer dans ces paysages de fonds de vallées, ceux-ci développant de riches habitats mosaïques (berges exondées, rives fluviales, étangs, tourbières, prairies à carex et à graminées), dont la caractéristique principale est d'offrir un accès aux ressources continues le long des axes fluviaux. Les bandes de chevaux ont dû emprunter la plupart du temps les berges de ce long du réseau hydrographique dans leurs déplacements quotidiens, qui apparaît comme une trame majeure reliant ces constellations d'habitats semi-aquatiques avec les prairies des plaines alluviales. Les migrations régionales des chevaux pourraient donc avoir emprunté prioritairement cette continuité d'étendues géographiques de communautés végétales propices à satisfaire les besoins alimentaires tout au long de l'année.

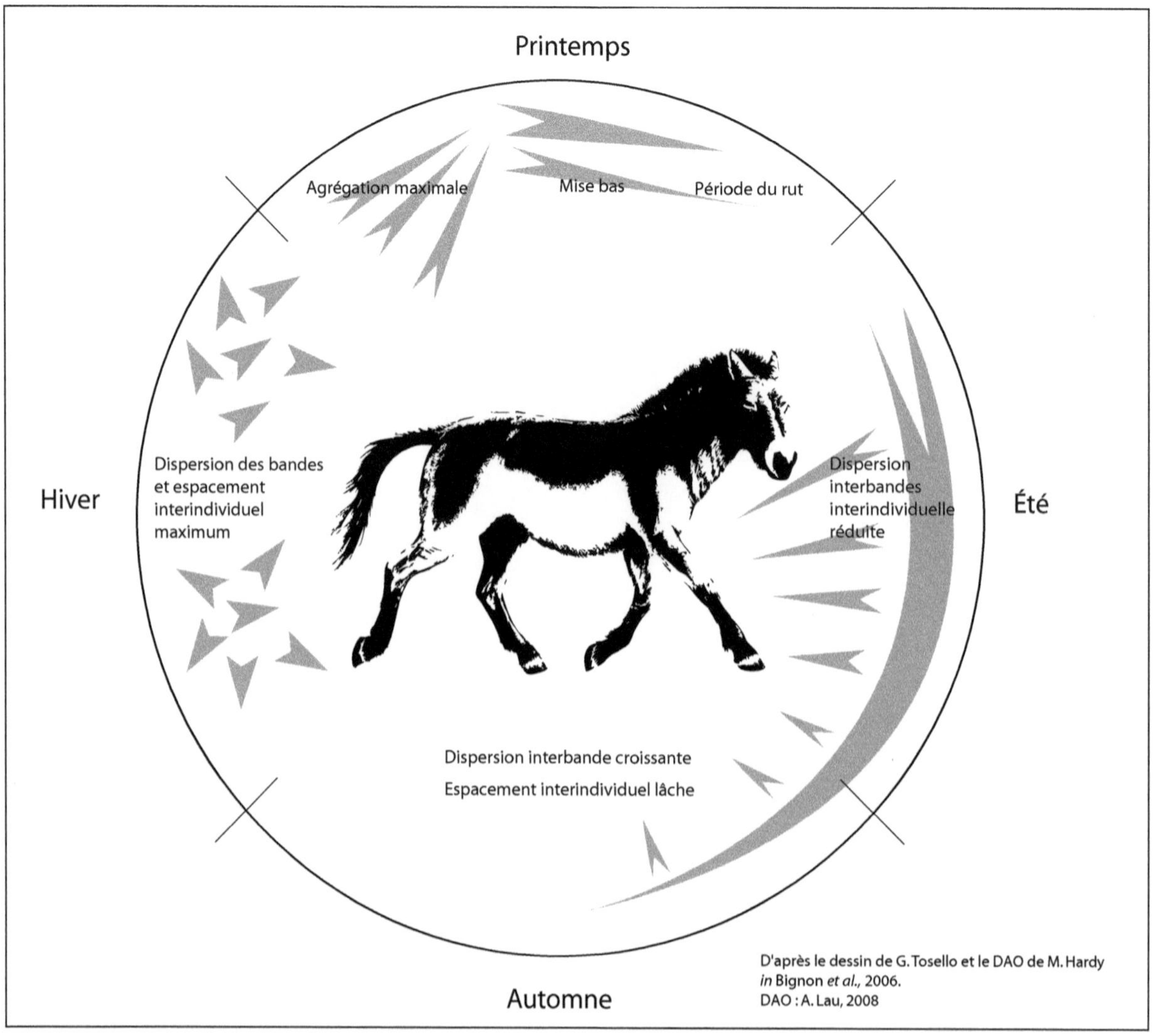

Fig. I.13 – Saisons calendaires, migrations et comportements de regroupement-dispersion des harems de chevaux

Modèle de migration des chevaux

Sur la base d'observations éthologiques et écologiques sur la réserve naturelle du Serengeti, il est possible d'envisager nos modalités de migrations régionales des chevaux tardiglaciaires dans le Bassin parisien (Bignon, 2003, 2006a, b ; Bignon *et al.*, 2006). Ce modèle est en accord avec les données éthologiques, plus largement abordées dans le chapitre 2.

Dans la réserve naturelle du Serengeti (Tanzanie), les zèbres mettent en œuvre des migrations en rapport avec l'écosystème à succession de pâturage. L'écosystème du Serengeti se définit premièrement par une succession migratrice de différents herbivores, dans un ordre bien précis (Bell, 1971). Les principales espèces migrantes, dans l'ordre, les zèbres, les gnous, puis les gazelles de Thompson, ont pour principale motivation l'accession aux ressources végétales appropriées. À la fin de la saison sèche, le retour des précipitations occasionne le début de la saison de croissance des végétaux et provoque une concentration des zèbres dans les plaines. Dès lors, ces équidés ouvrent la succession de pâturage en s'alimentant essentiellement des épis de hautes herbes. Ensuite, les tiges et les feuilles des herbes de taille moyenne sont consommées par les gnous, puis les feuilles des herbes rases et les jeunes pousses d'herbacées ayant la préférence des gazelles de Thompson. Ainsi, au cours de la succession des herbivores, plusieurs étages de végétation se mettent en place dans les paysages, correspondant à la progression relative des troupeaux. Ce phénomène possède un rythme annuelle (Bell, 1971) : les zèbres se déplacent sur une aire de 300-400 km^2 à la saison des pluies, puis ils migrent entre 50 et 100 km^2 pour occuper une aire d'environ 600 km^2 pendant la saison sèche. Au cours de la saison sèche, les zèbres observent une dispersion de plus en plus conséquente. L'organisation des migrations animales décrite pour l'écosystème de succession de pâturage de Serengeti est utilisée pour modéliser l'organisation écologique de la steppe à mammouth (Guthrie, 1982, 1984, 1990). Les arguments qui valident ce rapprochement apparaissent opportun au regard des points communs entre les deux écosystèmes (Guthrie, *ibid.*), c'est pourquoi nous l'avons intégré à nos études sur le Tardiglaciaire dans le Bassin parisien (Bignon, 2003).

Nous sommes donc fondé à nous référer à l'écosystème de Serengeti, en particulier au rôle crucial et aux comportements des zèbres de plaine, pour bâtir un modèle de migration des chevaux tardiglaciaires dans le Bassin parisien. Ce modèle apparaît parfaitement transposable aux espaces géographiques analogues, et plus précisément, aux grandes plaines s'étendant dans une large mesure au nord de l'Europe occidentale. Ajoutons que les zèbres de plaine (*Equus burchelli*) sont très semblables aux chevaux sauvages sur les plans biologique et comportemental (Groves, 1974), d'autant plus qu'ils adoptent en liberté des modalités sociales identiques (de type non territoriales).

Au printemps, alors que la saison de croissance des plantes s'amorce, les chevaux tardiglaciaires tendent à se concentrer dans les plaines inondables des larges vallées (*fig. I.13* ; Bignon, 2006 ; Bignon *et al.*, 2006). À cette période, l'espacement à l'intérieur et entre les groupes familiaux et/ou de célibataires est minimal, notamment c'est la période de mise bas (début mai) suivie de la période de rut, soit environ deux semaines plus tard (Berger, 1986 ; Duncan, 1992). Les migrations des groupes de l'été à l'automne provoquent un espacement de plus en plus prononcé entre les groupes alors que l'on tend à rejoindre la mauvaise saison, tout en conservant une forte homogénéité au sein des bandes. Enfin, les distances deviennent maximales en hiver, entre les groupes comme entre les individus, notamment en raison de la raréfaction des ressources alimentaires. La seule proximité tolérée est alors celle qui lie les juments à leurs nouveaux-nés, bien qu'elles peuvent les repousser s'ils sollicitent trop souvent un allaitement (Berger, *ibid*).

Les phénomènes climatiques donnent au Tardiglaciaire une évolution mouvementée, traversée par des fluctuations ininterrompues et parfois de grandes ampleurs. Dans ce contexte instable, les espèces végétales et animales présentes dans le Bassin parisien renvoient l'image d'une steppe à mammouth diversifiée, contrainte à une recomposition décisive. Au cours de la structuration des peuplements régionaux, et bientôt des écosystèmes, les chevaux ont certainement conservé leur impact paléoenvironnemental en contribuant largement à l'ouverture des paysages. En déterminant les habitats de ces équidés dans les fonds de vallée et en modélisant leurs modalités de déplacements dans la région, notre but vise à les visualiser en tant que gibier, soit du point de vue des chasseurs tardiglaciaires.

Aussi, ces données doivent rester présentes à l'esprit lors de l'examen des comportements cynégétiques des groupes magdaléniens et aziliens anciens du Bassin parisien. Ces éléments paléoécologiques éclairent les modèles et les méthodes qui permettent de déterminer les pratiques et les choix de chasse de ces sociétés humaines. Le cadre des questionnements, qui nous suivront lors du prochain chapitre et tout au long de cet ouvrage, peut être formalisé comme suit :

• Est-il possible de décrire plus précisément les pratiques de chasse, en intégrant les comportements du gibier ?

• Peut-on mettre en évidence une ou plusieurs modalités d'exploitation des chevaux ?

• Dans quelles mesures les chasses de chevaux révèlent-elles les stratégies de subsistance ?

• Qu'implique, au niveau de l'organisation socio-économique, l'exploitation des chevaux faite par les Magdaléniens et les Aziliens anciens du Bassin parisien ?

CHAPITRE 2

Les Magdaléniens et les Aziliens anciens du Bassin parisien : modèles et méthodes pour l'étude des stratégies de chasse des chevaux

Ce chapitre est dédié à l'étude de l'exploitation des chevaux, en amenant à s'interroger sur les relations proies-prédateurs entre ces équidés et les chasseurs du Tardiglaciaire. Dans un premier temps, nous nous attacherons à la présentation des principales caractéristiques chronologiques, culturelles et socio-économiques, des Magdaléniens et des Aziliens anciens du Bassin parisien. Au cours de ce bref mise en perspective, les choix cynégétiques opérés par ces sociétés tardiglaciaires seront exposés, afin de mieux comprendre la place occupée par la chasse des chevaux dans ces dispositifs socioculturels. Avant de détailler les méthodes et les modèles permettant de définir l'exploitation des chevaux, nous reviendrons sur les principaux comportements des équidés et leurs dispositions antiprédateurs. Ces considérations permettent d'envisager à la fois comment les chasseurs magdaléniens ou aziliens ont pu percevoir à travers les chevaux, un potentiel cynégétique (abondance des populations au sein des peuplements animaux) et une proie dont il faut anticiper les comportements.

Les sociétés humaines et les choix cynégétiques

Développement des sociétés du Magdalénien supérieur en Europe occidentale et centrale

Le processus d'expansion du Magdalénien a amené ces groupes humains à réaliser des avancées territoriales (Otte, 1988 ; Rigaud *et al.*, 1992). Ces dernières se sont parfois produites aux dépens des populations épigravettiennes, comme dans le Languedoc et l'Ardèche, permettant un accès à la vallée du Rhône (Djindjan, 2000). Le phénomène d'expansion se traduit par une remontée en latitude de populations magdaléniennes dans le Bassin parisien, les bassins du Rhin et de la Meuse, le Bassin du Danube, le bassin de l'Elbe et de l'Oder (*fig. II.1*).

La territorialisation progressive est dès lors généralement observée et s'inscrit dans le cadre de certains bassins permettant une autosuffisance en ressources alimentaires, comme en matières premières lithiques (Audouze, 1992 ; Djindjan, 2000). Au cours de ces événements, les traditions techniques lithiques et le mode de vie de chasseurs nomades du Magdalénien, témoignent d'une homogénéité culturelle plus puissante encore que les diversités régionales (Taborin, Thiébault, 1994). Néanmoins, les stratégies de chasse semblent être plus variables : si, ces groupes de chasseurs de chevaux et de rennes impliquent singulièrement un mode de vie saisonnier prononcé (Otte, 1997), les choix d'exploitation du grand gibier illustrent des disparités. En fonction des régions et des contextes topographiques, les Magdaléniens se sont implantés dans de vastes sites en plein air (le Bassin parisien, l'Allemagne, la Suisse), ou bien ont recherché des abris sous roche (le Sud-Ouest de la France, le Jura, la Belgique). En outre, des réseaux d'échanges sont entretenus entre les différents groupes régionaux, comme semblent pouvoir en témoigner les coquillages fossiles destinés à des parures (Taborin, 1993, 1994). Marcel Otte (1992) propose d'envisager des phénomènes de diffusion à longue distance débouchant sur un maintien d'une relative homogénéisation des productions matérielles et des représentations sociales.

Origine et expansion des sociétés aziliennes

Le terme *Azilien* a été appliqué la première fois pour désigner une industrie tardiglaciaire du site du Mas d'Azil dans les Pyrénées. Cette appellation fut ensuite étendue au Sud-Ouest et à l'Est de la France (respectivement l'Azilien périgourdin et l'industrie de Rochedane). En fonction des espaces géographiques étudiés et des décalages chronologiques des découvertes archéologiques, les assemblages ont reçu des dénominations variées en dépit des fortes ressemblances intrinsèques. Ainsi, le Valorguien peut caractériser des groupes du Sud-Est de la France, les groupes à « Federmesser » concernent plus particulièrement le Nord de l'Europe occidentale (le Nord de la France, l'Allemagne, la Belgique et les Pays-Bas), tandis que le Tarnowien est retenu pour les industries polonaises (Fagnart, Coudret, 2000). L'Azilien désigne donc plutôt un même « courant interculturel d'azilianisation » qui se manifeste dans l'art (galets peints ou gravés), dans l'industrie lithique (notamment la forte présence des pointes à dos) et dans l'emploi prépondérant de matières premières locales (Bodu, Fagnart, 1997). Les pratiques de chasse auraient été modifiées du fait de l'emploi d'arc (Thévenin, 1997), ce dont semble témoigner les objectifs dans les productions lithiques – la confection d'armes employant des pointes à dos courbes (Valentin, 1999 ; Pelegrin, 2000) –. L'importance de ce processus d'azilianisation est remarquable car cette transformation est observée à l'échelle européenne (Bodu, Fagnart, 1997 ; Fagnart, Coudret, 2000). Les modifications techniques sont parfois intreprétées comme une « simplification » des

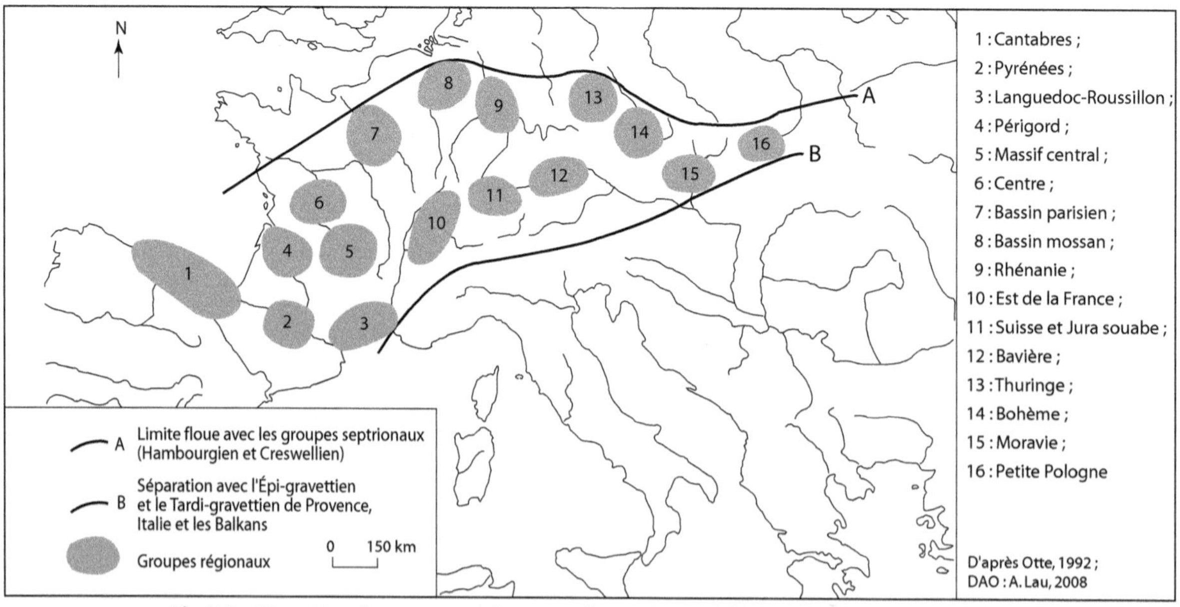

Fig. II.1 – Répartition des groupes régionaux en Europe (excepté l'Ouest de la péninsule ibérique)

méthodes de taille par rapport aux industries magdaléniennes (Valentin, 2000a) : ces choix ont pu avoir pour but une « libération » de contraintes relatives à la sélection des matières premières lithiques. Ce changement dans les choix et ces innovations techniques constitueraient l'expression d'une économie fondée sur une plus forte mobilité résidentielle.

L'étendue du phénomène d'azilianisation amène à s'interroger sur les modalités d'émergence de ce courant culturel en Europe occidentale. Comme le note Berit V. Eriksen (2000), les grands complexes culturels se développent par des mouvements de population, d'informations, d'idées, de dispositifs dans de nouvelles aires. D'après cet auteur, on ne peut exclure qu'une relative contemporanéité, voire une coexistence, ait pu se produire entre différentes traditions culturelles aziliennes et entre groupes magdaléniens et aziliens. Cependant, de nombreux auteurs soulignent la difficulté de trancher sur cette question au regard de l'imprécision des dates radiocarbones (Bodu, 2000 ; Valentin, Pigeot, 2000 ; Bridault *et al.*, 2003).

Développement du Magdalénien dans le Bassin parisien et émergence de l'Azilien ancien

Les Magdaléniens vont faire irruption dans le Bassin parisien vers 13 000 ans BP, soit à la fin du Dryas ancien ou début du Bölling (*fig. II.2* ; Audouze, 1992 ; Valentin, Pigeot, 2000). Les auteurs admettent généralement que les dernières occupations attribuées à cette culture sont signalées environ un millénaire après, c'est-à-dire au début de l'Alleröd. On observe un échelonnement de ces dates (Valentin, Pigeot, 2000) : celles d'Étiolles se trouvent plutôt entre la fin du Dryas I et au début du Bölling ; Pincevent et Le Grand Canton se situent plutôt dans la deuxième moitié du Bölling ; Marsangy a des datations allant de la fin du Bölling jusqu'au début de l'Alleröd.

En outre, on observe que dans les sites qui possèdent plusieurs niveaux d'occupation, les datations obtenues ne respectent généralement pas l'ordre stratigraphique : les niveaux les plus anciens d'après les observations géologiques n'obtiennent que rarement les dates ^{14}C (calibrées ou non) les plus anciennes, comme on pourrait s'y attendre. Cette remarque illustre les problèmes rencontrées pour estimer la phase correspondante à l'occupation des groupes magdaléniens dans le Bassin parisien. Ces difficultés sont liées à l'existence d'un plateau radiocarbone centrée sur le Bölling (Magny, 1995), qui produit une distorsion susceptible à la fois de « vieillir » ou de « rajeunir » les datations ^{14}C, et ceci sans pouvoir déterminer dans quel sens cette distorsion opère. Ce phénomène touchant la grande majorité des sites, il est donc seulement possible d'avancer que les premières occupations datent effectivement de 13 000 BP (à Étiolles) et que la plupart des autres se situent entre 12 700 et 12 000 BP. Si la méthode radiocarbone connaît des difficultés dans la résolution chronologique des occupations magdaléniennes, les observations morphosédimentaires envisagées dans le chapitre 1, valident effectivement que les sites de ce courant culturel se trouve majoritairement dans les dépôts Bölling (Pastre *et al.*, 2000).

Les phases anciennes et moyennes sont totalement absentes du Bassin parisien ; seules des populations du Magalénien supérieur et final se développent dans cette région (*fig. II.3* ; Fagnart, Coudret, 2000). D'après les dernières observations, 39 sites magdaléniens ont été localisés dans le Bassin parisien (Valentin, 2000a). Leurs occupations sont rencontrées dans le centre du Bassin parisien, essentiellement en Île-de-France (Audouze, 1992). Les sites montrent une distribution limitée au nord-ouest ; cette observation pourrait être le fait de l'influence exercée dans cette région par des groupes rattachés à la sphère des industries à pointes à

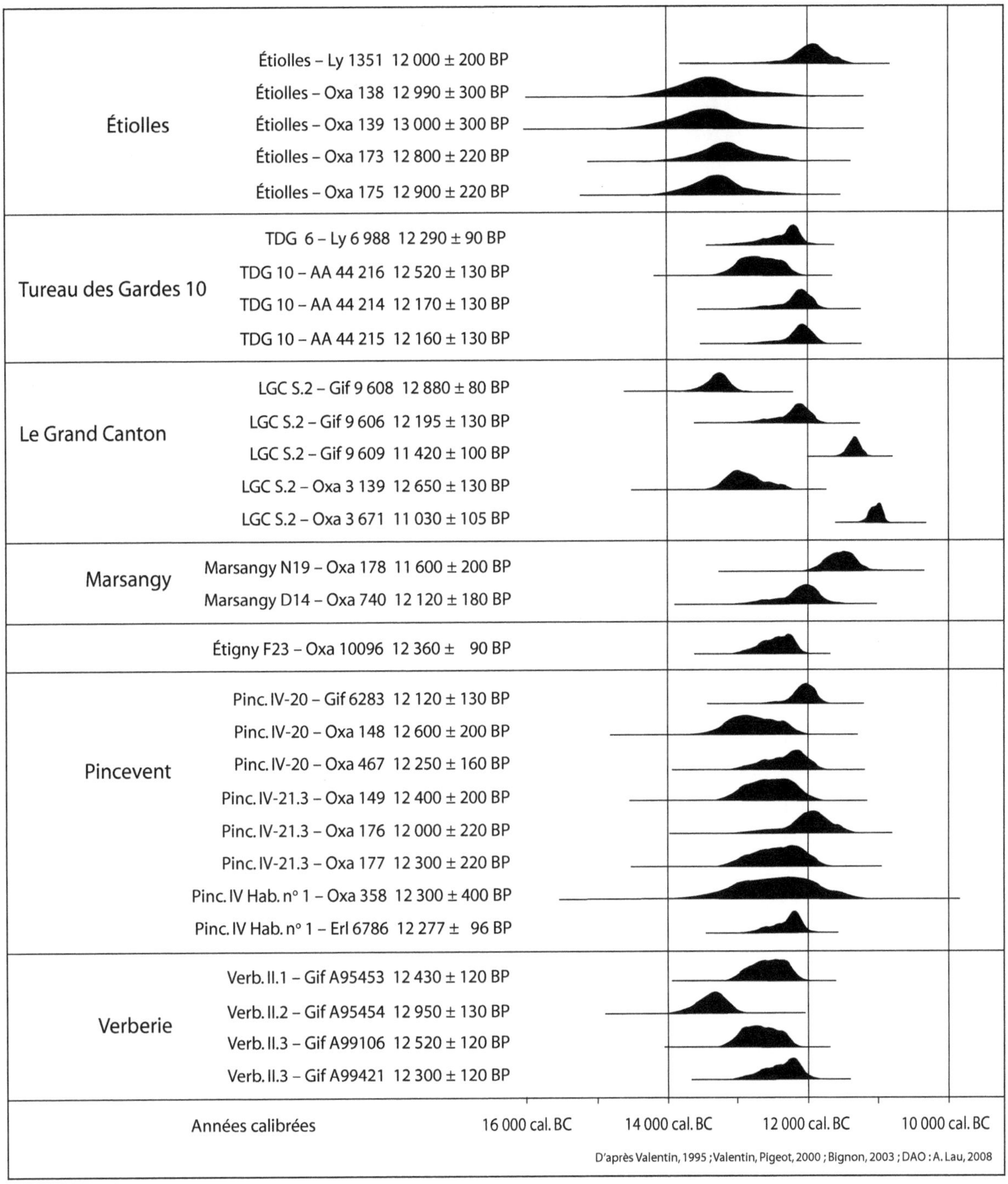

Fig. II.2 – Calibration des datations au radiocarbone des sites magdaléniens du Bassin parisien (Oxcal v3.10)

cran (Fagnart, 1992 ; Otte, 1992). En dépit d'une grande similarité des industries lithiques des sites du Nord de la France (Bassin de la Somme), ce territoire n'est qu'épisodiquement occupé ou parcouru par les Magdaléniens et reste en marge des grands centres de peuplement (Bassin parisien, Ardennes belges ; Fagnart, Coudret, 2000).

Entre la fin du Bölling et le début de l'Alleröd, des découvertes ont mis en lumière l'existence d'un Azilien ancien dans le Bassin parisien. L'émergence de tels groupes se produit en partie au sein même de la zone d'expansion magdalénienne et dans la deuxième moitié du Bölling si l'on se fie aux dates radiocarbones (*fig. II.4* ; Bodu, 1998 ; Valentin, Pigeot, 2000). Les groupes à l'Azilien ancien, *a contrario* des phases plus récentes de cette tradition technique, ne sont attestés que par un petit nombre de sites régionaux (Bodu, 1995, 1998 ; Valentin, 1995 ; Bodu, Valentin, 1997 ; Coudret, Fagnart, 1997 ; Fagnart, Coudret, 2000). Les assemblages lithiques des sites du Closeau (niveau inférieur ; Hauts-de-Seine), d'Hangest III.1 (Somme) et de la grotte du Cheval à Gouy (Eure), possèdent beaucoup de similitudes et ont été rapportés à la phase ancienne de la tradition des groupes aziliens anciens (Bodu, Valentin, 1997).

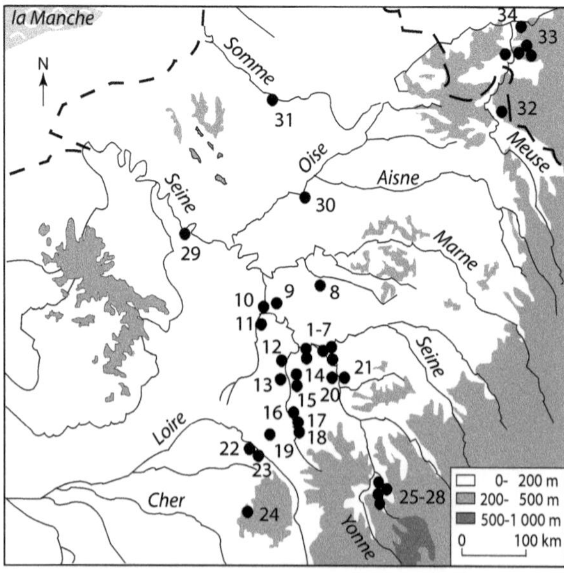

1 : La Grande Paroisse, Pincevent ; 2 : Ville-Saint-Jacques, Le Tilloy ; 3 : Varennes-sur-Seine, Le Marais du Pont ; 4 : Marolles-sur-Seine, Le Grand Canton ; 5 : Marolles-sur-Seine, Le Tureau des Gardes ; 6 : Marolle-sur-Seine, Le Chemin de Sens ; 7 : Barbey, Le Chemin de Montereau ; 8 : Lumigny ; 9 : Étiolles, Les Coudrays ; 10 : Corbeil, Les Tarterêts ; 11 : Ballancourt-sur-Essonne ; 12 : Villiers-sur-Grez, La Vignette ; 13 : Chaintréauville, Le Rocher ; 14 : Nemours, Les Gros Monts ; 15 : Nemours, Le Beauregard ; 16 : Fontenay-sur-Loing, La Maison blanche ; 17 : Cepoy, La Pierre aux Fées ; 18 : Châlette ; 19 : Le Choux, La Jouanne ; 20 : Marsangy ; 21 : Villeneuve-sur-Yonne ; 22 : Poilly-les-Gien, Les Couches Bœufs ; 23 : Saint-Brisson-sur-Ocre, Mancy ; 24 : Saint-Palais, Le Laitier Pitié ; 25 : Arcy-sur-Cure, Le Lagopède ; 26 : Arcy-sur-Cure, Le Trilobite ; 27 : Arcy-sur-Cure, Les Fées ; 28 : Saint-Moré, La Marmotte ; 29 : Bonnière-sur-Seine, La Côte Masset ; 30 : Verberie, Le Buisson Campin ; 31 : Belloy-sur-Somme ; 32 : Roc-la-Tour ; 33 : Chaleux ; 34 : Goyet.

D'après Valentin, Bodu (DAO : D. Molez) *in* Julien, Rieu, 1999 ; DAO : A. Lau, 2008

Fig. II.3 – Les principaux sites magdaléniens du Bassin parisien

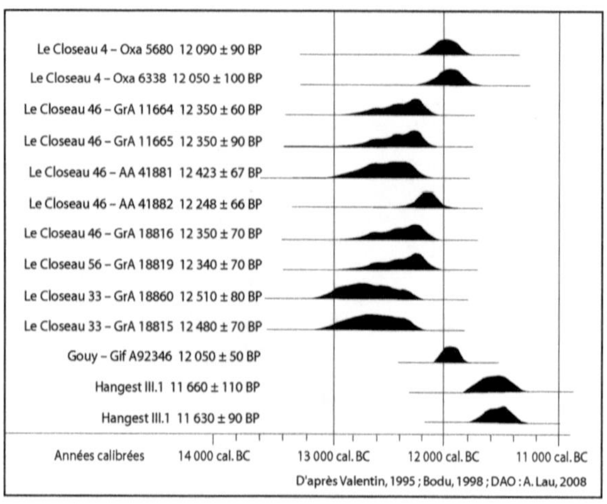

Fig. II.4 – Calibration des datations au radiocarbones de l'Azilien ancien du Bassin parisien

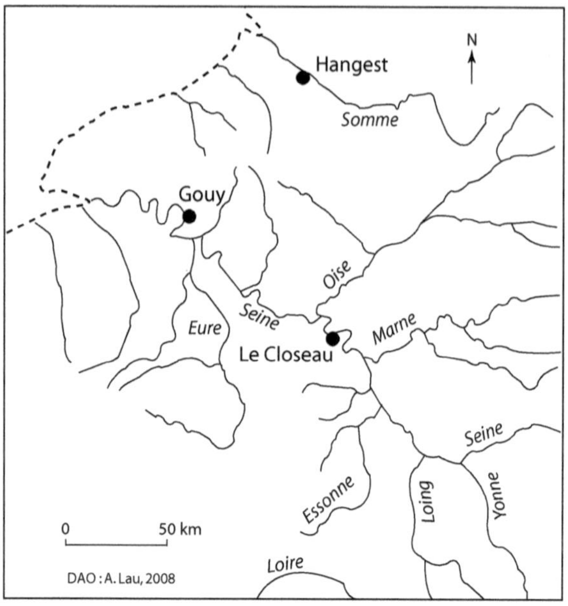

Fig. II.5 – Répartition géographique des sites aziliens anciens (ou à Fedemesser ancien) dans le Bassin parisien

Leur répartition spatiale est donc très disparate (*fig. II.5*) et ne rend probablement pas compte du peuplement « réel », ce dernier étant appelé à être mis en lumière par les découvertes futures. La date de la grotte du Cheval de Gouy est tout à fait comparable à celles obtenues sur le locus 4 du niveau inférieur du Closeau. Par ailleurs, les datations obtenues dans le locus 46 de ce même site, les plus anciennes pour un niveau azilien dans le Bassin parisien, ne sont pas contradictoires avec les dates radiocarbones du niveau azilien de Champréveyres (Leesch, 1997). Le niveau inférieur du gisement d'Hangest-sur-Somme III.1 a enregistré des dates plus récentes (vers 11 600 BP) que les sites culturellement comparables précédents. Pourtant, les vestiges à l'Azilien ancien ont été découverts dans un niveau sédimentaire situé sous un sol typique d'âge Alleröd ; selon Paule Coudret et Jean-Pierre Fagnart (1997), il faut donc considérer que les estimations radiocarbones sont légèrement rajeunies et qu'une datation légèrement antérieure à 12 000 BP est plus vraisemblable.

Choix cynégétiques au Magdalénien et à l'Azilien ancien dans le Bassin parisien

L'exploitation des proies chassées définit l'ensemble des chaînes opératoires ayant pour objectif le traitement des matières premières d'origine animale. Il s'agit d'un sous-système technique à part entière, à l'image de celui des matériaux lithiques (Tresset, 1996 ; Vigne, 1998 ; Bignon, 2003). Toutefois, en fonction des contextes de découverte, la nature périssable des faunes archéologiques peut dresser un ensemble de limites à la reconstitution de cette trame de chaînes opératoires, ainsi que des savoirs et des savoir-faire mis en œuvre. Des trois grandes phases de la chaîne opératoire, c'est celle de l'acquisition des matières animales qui est susceptible de fournir le plus grand nombre d'informations par rapport aux phases de traitement et de consommation-rejet (Vigne, 1998). C'est pourquoi, en première analyse, il est nécessaire d'insister plus particulièrement sur la phase d'acquisition des matières animales, notamment sous l'angle de la diversité des espèces représentées dans les gisements.

Les choix cynégétiques des Magdaléniens

En premier lieu, il faut remarquer la conservation différentielle à l'échelle des sites du Bassin parisien (Bignon, 2003). Effectivement, à partir des 31 sites magdaléniens connus pour la région, seulement 12 ont conservé des témoins osseux liés aux occupations préhistoriques (*fig. II.6* et *II.7*). Avec des degrés de conservation plus ou moins favorables, à peine plus d'un tiers de ces sites ont pu livrer des restes fauniques, ce qui n'est pas sans rapport avec le fait qu'il s'agit de sites de plein air pour la plupart (8/12). Seuls les petites séries de la vallée de la Cure, tels la Grotte du Lagopède ou le Trou de la Marmotte, n'appartiennent pas à la catégorie des sites de plein air (*fig. II.7* ; Schmider *et al.*, 1995).

La présence conjointe de cheval et de renne dans une très large majorité des sites magdaléniens du Bassin parisien est remarquable. Cette constante souligne l'importance de ces deux taxons dans les stratégies de subsistance des groupes magdaléniens du Bassin parisien. Les taxons peuvent donc être classés en quatre catégories en fonction du nombre d'occurrence dans les gisements.

• *Les espèces constantes* : elles peuvent être classées dans cette catégorie le cheval (cf. *Equus caballus arcelini*) et le renne (*Rangifer tarandus*). En effet, ces deux taxons sont retrouvés dans tous les sites dans le Bassin parisien, même si sa détermination à Bonnières-sur-Seine n'est pas tout à fait certaine (Cordy, 1990) ;

• *Les espèces fréquentes* : on peut associer le mammouth (*Mammuthus primigenius*) et le lièvre (*Lepus timidus*, *Lepus* sp.), car ces taxons sont rencontrés dans au moins la moitié des gisements. La présence du mammouth et son occurrence dans les sites n'est pas sans poser quelques problèmes d'interprétations. Effectivement, il est la plupart du temps trouvé sous la forme de dents ou de fragments d'ivoire, qui feraient plutôt penser à une activité de récupération sans réelle intervention cynégétique (Audouze *et al.*, 1988 ; David, 1994 ; Poplin, 1994 ; Bridault, 1997). La présence de

	Étiolles	LGC secteurs 1 et 2	TDG secteurs 6	TDG secteur 10	Pincevent IV-20	Pincevent IV-0	Ville-Saint-Jacques	Verberie	Le Lagopède C.1-C3	Marsangy	Bonnières	Trou de la Marmotte
Renne	■	■	■	■	■	■	■	■	■	▒	?	▒
Cheval	■	■	■	■	■	■	■	■	■	▒	▒	▒
Mammouth	■	■	■					■				
Lièvre variable			■									
Lièvre indéterminé				■		■			■			
Spermophile			■					■				
Bison	■											
Aurochs-*Bos* sp.				■								
Aurochs-Bison		■										
Loup		■		■		■						
Renard roux					■				■			▒
Canidé indéterminé		■				■						
Cerf										▒		▒
Oiseaux			■						■			
Ours brun							■					
Sanglier-suidé											▒	
Putois							■					
Marmotte												▒
Renard polaire									■			
Lemming à collier					■							

■ Présence de l'espèce dans la série faunique

▒ Présence de l'espèce dans une série faunique ayant moins de 60 restes déterminés

D'après Bridault, 1997 ; Schmider *et al.*, 1995 ; PAO : A. Lau, 2008

Fig. II.6 – Présence-absence des ressources animales dans les séries fauniques du Magdalénien du Bassin parisien

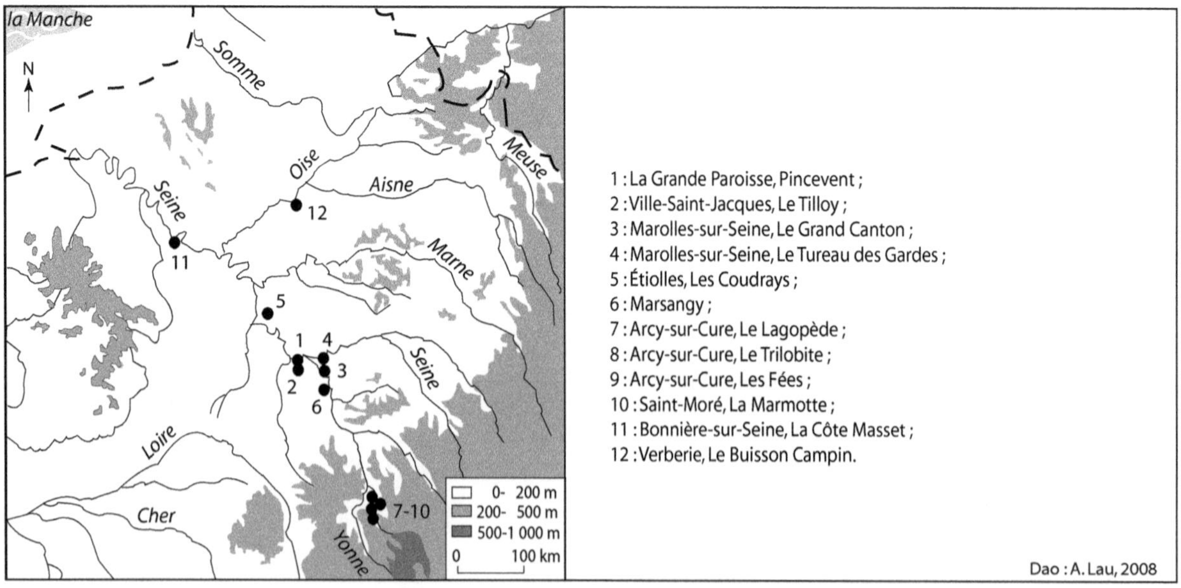

Fig. II.7 – Les sites magdaléniens du Bassin parisien ayant livré des témoins de faune

parties charnues n'est attestée qu'à Étiolles par un fragment de scapula (épaule) et un fragment d'ilium (pelvis ; Poplin, 1994). Adrian Lister (1991) signale la présence potentielle de populations de mammouth jusqu'à la fin du Bölling en Angleterre, comme l'atteste des datations ^{14}C effectuées directement sur des restes fossiles à Étiolles (12 000 +/- 200 BP, Ly 1351) ou à Verberie. Si la présence de populations reste possible, même à l'état relictuel vers 12 000 BP, aucune donnée archéologique claire ne permet d'affirmer qu'une telle activité cynégétique fut pratiquée par les Magdaléniens.

• *Les espèces fluctuantes* : cette catégorie se définit par une présence sur près d'un tiers ou un peu moins des sites. Au nombre des taxons appartenant à cette classe, il faut compter les bovinés (l'aurochs, *Bos primigenius* ; le bison, *Bison priscus*), les spermophiles (écureuil terrestre, *Citellus citellus*), les canidés (le loup, *Canis lupus* ; le renard roux, *Vulpes vulpes*), les falconidés (le faucon crécerelle, *Falco tinnunculus)*, les charadriidés (le grand gravelot, *Charadrius hiaticula*) et indéterminés.

• *Les espèces rares* : cinq taxons n'ont été découverts qu'à une seule et unique fois dans les spectres fauniques du Bassin parisien ; il s'agit du renard polaire (*Alopex lagopus*), du putois (*Mustela putorius*) et de l'ours brun (*Ursus arctos*).

La transformation bouchère des chevaux et des rennes relève d'une exploitation poussée, afin d'en tirer divers sous-produits (Audouze, Enloe, 1991 ; Bridault, 1996, 1997 ; Bridault, Bemilli, 1999 ; Bridault *et al.*, 1996, 1997 ; David, 1994 ; Enloe, David, 1989 ; Enloe, 1992). Le processus de traitement des carcasses se compose de plusieurs séquences techniques (*fig. II.8*) : récupération de la peau ; désarticulation et démembrement de l'animal visant à préparer la mise en quartier ; décarnisation des quartiers animaux ; concassage des os longs, des mandibules afin de récupérer la moelle. Toutes ces opérations ou une partie d'entre elles peuvent être menées directement à la suite de la capture et de l'abattage des animaux.

De la phase de transformation partent un grand nombre de chaînes opératoires spécifiques visant à tirer partie des différents sous-produits : peaux, viande, graisse, abats, tendons, ossements, et le cas échéant bois ou cornes. Dès lors, la phase de consommation de ces matériaux d'origine animale intervient (*fig. II.8*), celle-ci pouvant être selon les cas ou les sous-produits, immédiate ou bien différée. Par exemple, la consommation de certains organes doit être rapide, comme la moelle, le sang, les poumons, etc. À l'inverse, l'exploitation des bois de renne n'est pas assujettie à un moment précis lors de la phase de transformation, et peut être consommée de façon différée à des fins techniques, sans altération réelle de ses propriétés. Le transport de parties anatomiques, suggéré par l'analyse des représentations des différentes parties du squelette, peut également permettre d'évoquer l'hypothèse d'une consommation différée. Chez les Magdaléniens du Bassin parisien, le plus souvent ce sont les parties du rachis des côtes ou encore des membres qui semblent avoir fait l'objet d'une telle consommation (Enloe, David, 1997 ; Enloe, 2000a et b ; Bridault, Bemilli, 1999).

Les choix cynégétiques des Aziliens anciens

La reconstitution de l'exploitation des matières premières animales à l'Azilien ancien se heurte au nombre très faible de sites découverts du Bassin parisien (Valentin, 1995 ; *fig. II.5*). La confrontation des spectres de faune livre une liste réduite à une dizaine d'espèces retrouvées à l'Azilien ancien. Il est vraisemblable que le faible nombre de site limite l'apparition des espèces les

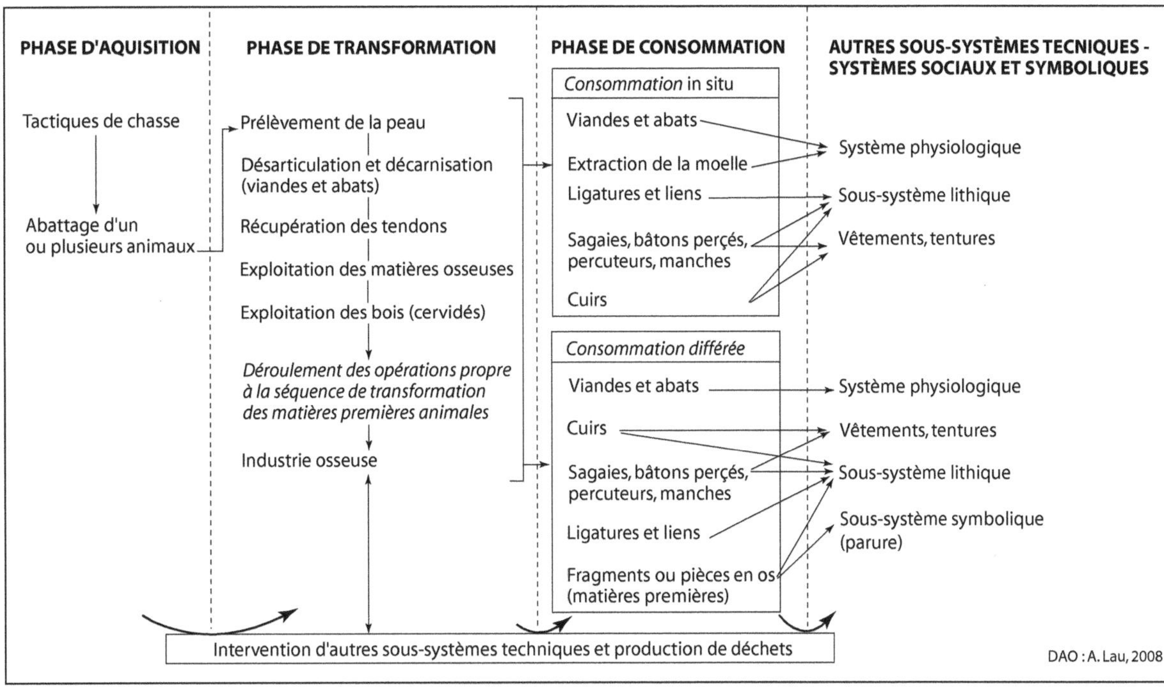

Fig. II.8 – Sous-système magdalénien final des matières premières d'origine animale

plus rares, mais la principale modification réside dans le choix des gibiers (*fig. II.9*).

Hormis le site d'Hangest qui se distingue des autres par la présence d'une seule espèce, l'aurochs (*Bos primigenius*), les autres sites ont révélé la chasse de plusieurs taxons. Il n'existe pas d'espèce dont la présence est systématique, mais quatre taxons sont attestés de façon très régulière : le cheval (cf. *Equus caballus arcelini*), le cerf (*Cervus elaphus*), le loup (*Canis lupus*), et le sanglier (*Sus scrofa*). Ensuite viennent, les oiseaux (taxon non déterminé sur le locus 4 du Closeau ; le faucon émerillon (*Falco colombarius*) ; le choucas (*Corvus monedula*), le lièvre (*Lepus* sp.) et les bovinés (*Bos primigenius, Bos* sp.) dont la présence est confirmée sur au moins deux gisements (ou locus pour le site du Closeau). Enfin, trois espèces n'apparaissent qu'une seule fois dans les spectres fauniques, il s'agit du renard roux (*Vulpes vulpes*), le chevreuil (*Capreolus capreolus*) et du lion (*Panthera spelaea*). Seules ces deux espèces ne sont pas représentées dans les spectres magdaléniens du Bassin parisien. Également, les bovinés, les oiseaux ou le renard roux, qui n'ont pas une forte présence dans les spectres de la culture magdalénienne, n'en possède pas non plus à l'Azilien ancien. Le cheval et le loup restent des espèces recherchées, tandis que le cerf et le sanglier s'avèrent être des gibiers plus exploités. Toutefois, le cheval domine les spectres de faune du niveau inférieur au Closeau, nettement devant les autres espèces (Bemilli, 2000 ; Bignon, Bodu, 2006).

Les restes de faune découverts dans les sites aziliens anciens du Bassin parisien permettent d'appréhender globalement le traitement animal. Cependant,

	Le Closeau – locus 4	Le Closeau – locus 46	Le Closeau – locus 33	Hangest III.1	Gouy – Grotte du Cheval
Cerf	■	■			■
Loup		■	░		■
Cheval	■	■	░		
Sanglier-suidé	■	■			■
Lièvre indéterminé	■	■			
Aurochs				░	
Aurochs-bison			░		
Oiseaux	■				■
Renard roux					■
Chevreuil					■
Lion		■			

■ Présence de l'espèce dans la série faunique

░ Présence de l'espèce dans la série faunique ayant moins de 60 restes déterminés

D'après Bridault, 1995, 1997 ; Bemilli, 1998 ; Valentin, 1995 ; PAO : A. Lau, 2008

Fig. II.9 – Présence-absence des ressources animales dans les séries fauniques à l'Azilien ancien du Bassin parisien

les données ne permettent pas d'avoir une idée aussi précise des processus techniques mis en œuvre dans le Magdalénien régional. La modélisation des chaînes opératoires de l'Azilien ancien réalisée est donc susceptible d'évoluer en fonction des découvertes à venir (*fig. II.10*).

Les phases de transformation et de consommation se révèlent avec beaucoup plus de détails au Closeau. L'importance des travaux sur les peaux et de la découpe bouchère a déjà été soulignée par les analyses tracéologiques (Bodu, 1998, 2000). Ces activités sont confirmées par l'observation d'une fracturation systématique des os longs signalant l'extraction de la moelle, permettant d'inférer une exploitation préalable des matières carnées (Bridault, 1995 ; Bemilli, 2000). La découverte d'une dizaine de petits fragments de bois de cerf dans le locus 4 suggère un travail de ces matériaux, peut-être pour réaliser des emmanchements associant des éléments lithiques. Pour autant, l'industrie osseuse ne paraît pas être une activité très développée comme c'est généralement le cas pour l'Azilien (Valentin, 1995) ; ce trait culturel est considéré comme la principale explication du faible nombre de burin en silex dans l'outillage de cette période (Rozoy, 1989). Seule, la découverte de trois poinçons en côte de grand mammifère sur le locus 46 du Closeau témoigne d'un emploi de ces matériaux pour la confection d'outils (Bodu, 1998 ; Bemilli, 2000). Avec les modifications dans l'acquisition des matières animales, cette représentation très discrète de l'industrie osseuse rompt avec les objets classiquement observés au Magdalénien (propulseurs, sagaies, bâton percés, aiguilles, harpons... ; Leroi-Gourhan, Brézillon, 1972 ; Taborin, 1992 ; Leesch, 1997 ; Welté, 2000). L'hypothèse d'une utilisation des débris osseux (issues de leur fracturation à des fins alimentaires) en tant que combustible dans les unités domestiques du locus 46 a pu être avancée au regard des concentrations de témoins fauniques brûlés de petites tailles au niveau du foyer et des vidanges de foyer (un tiers du poids des restes d'os ; Bignon, 2000). Ces observations semblent être confirmées par les analyses micromorphologiques du foyer soulignant la présence de plusieurs phases de fins résidus osseux structurés par le piétinement (Wattez *in* Bodu, 1998).

Premières conclusions sur les gibiers choisis par les Magdaléniens et les Aziliens anciens

La différence entre le nombre de sites magdaléniens et aziliens anciens sur laquelle les comparaisons sont faites doit inciter à la prudence. Cependant, il ressort que ces groupes culturels se sont distingués par le nombre d'espèces animales figurant dans leurs stratégies de subsistance et dans leurs importances respectives. Néanmoins, leur point commun réside, en termes d'objectif d'acquisition, dans la présence régulière du cheval dans les sites et son abondance ponctuelle.

Au niveau de la phase de transformation, le même processus de traitement des carcasses semble avoir été adopté, avec le même souci d'exploitation complète des sous-produits (notamment l'extraction régulière de la moelle). Également, la phase de consommation des Magdaléniens apparaît pouvoir être scindée en deux options stratégiques, l'une étant « immédiate » et l'autre « différée ». L'adoption de cette double stratégie de consommation renvoie à des comportements d'anticipation, déjà observés dans le sous-système technique des

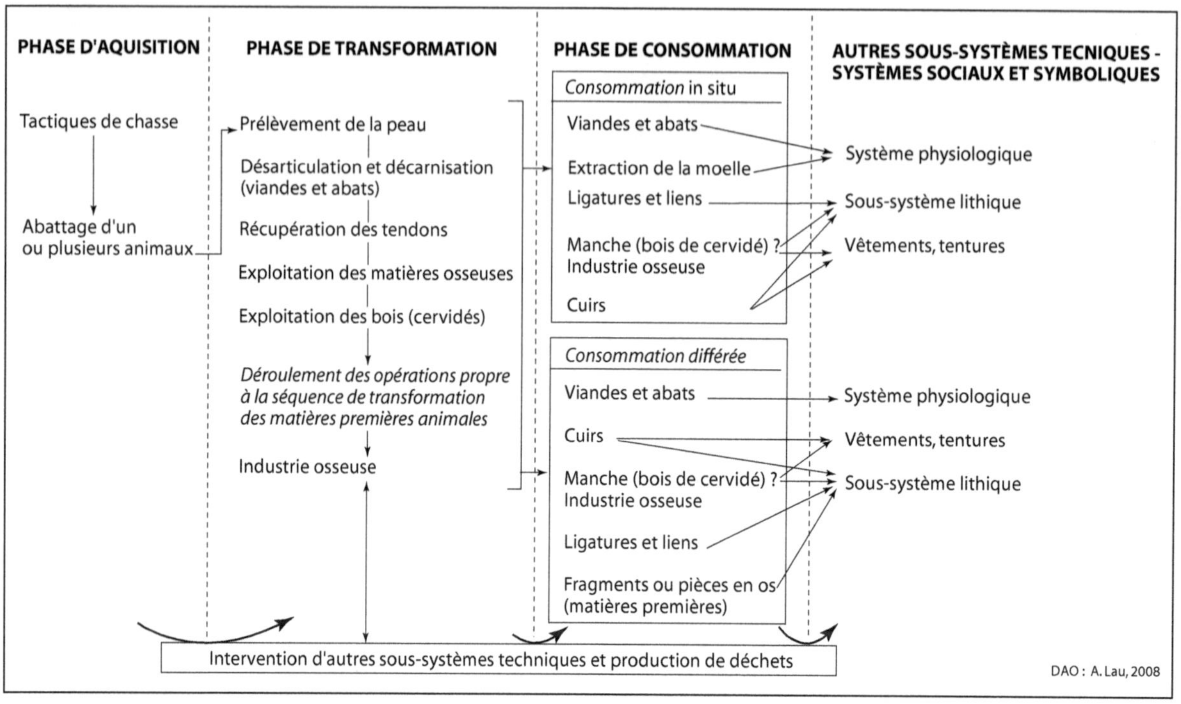

Fig. II.10 – Sous-système azilien ancien des matières premières d'origine animale

matières premières lithiques. Pour l'Azilien ancien, si les carcasses animales semblent avoir été rapportées entières au Closeau (Bemilli, 2000), l'intensité des opérations de traitement et la représentation différentielle des parties squelettiques (avec de bonnes conditions taphonomiques du locus 46), permettent d'avancer un schéma de consommation similaire (Bignon, 2000). Finalement, la consommation finale de débris osseux, ayant vraisemblablement servi comme combustible dans les locii 4 et 46 du Closeau, n'est pas une pratique connue pour les foyers magdaléniens (Bignon, *op. cit.*).

Discussion des recouvrements chronologiques du Magdalénien et de l'Azilien ancien dans le Bassin parisien

L'examen des datations au radiocarbone disponibles pour les sites magdaléniens et aziliens anciens montre qu'il existe un recouvrement des intervalles de confiance (Valentin, 1995 ; Valentin, Pigeot, 2000). La question se pose donc de la contemporanéité des cultures magdalénienne et azilienne dans le Bassin parisien (Valentin, 2000a ; Valentin, Pigeot, 2000 ; Bridault *et al.*, 2003). Si les datations radiocarbones offrent une résolution discutable en raison d'un plateau radiocarbone (Magny, 1995 ; Julien, Rieu, 1999 ; Valentin, Pigeot, 2000), il n'est donc pas possible d'exclure l'hypothèse d'une coexistence des cultures magdalénienne et azilienne. Jean-Pierre Demoule (1995) note que l'emploi du ^{14}C est particulièrement mal approprié pour l'établissement de chronologies régionales et pour des intervalles de « temps courts », en s'appuyant l'exemple des processus de néolithisation. Selon cet auteur, les méthodes « traditionnelles » de l'archéologie offrent souvent de bien meilleurs résultats à cette échelle d'observation, comme la stratigraphie et l'analyse des productions humaines (typologie et technologie lithique).

Or, les observations stratigraphiques montrent bien que la majeure partie des sites magdaléniens ont été retrouvés au sein des dépôts géologiques du Bölling (Pastre *et al.*, 2000), ce qui est également le cas des dépôts contenant le niveau Azilien ancien du Closeau (Chaussé, 2005). Pourtant sur le plan de la technologie lithique, les productions magdaléniennes et aziliennes montrent, en dépit de réelles similitudes, quelques profondes divergences (Audouze *et al.*, 1988 ; Bodu, Valentin, 1997 ; Bodu, 2000 ; Valentin, 2000a, 2006 ; Debout, en préparation) : choix des percuteurs (organique, ou bien minéral pour les Aziliens) et objectifs et préparation du débitage (recherche de grandes lames standardisées au Magdalénien), objectifs et obtention des armatures (lamelles dos magdaléniennes, pointes à dos aziliennes). Comme nous le venons de le voir précédemment, il faut ajouter à ces observations des choix cynégétiques distincts, et comme nous le montrerons dans les prochains chapitres, des modalités de chasse contrastées (Bignon, 2003, 2006, 2007a ; Bignon, Bodu, 2006). Ainsi, au problème de contemporanéité potentielle d'occupations magdaléniennes et aziliennes anciennes dans le Bassin parisien, s'ajoute celui de réelles interrogations sur la probabilité d'une réelle filiation culturelle. En fait, la reconnaissance de décalages chronologiques dans l'apparition des premières sociétés aziliennes entre différentes régions européennes (Eriksen, 1991) doit inciter à la prudence. Une réflexion doit donc être conduite visant à comprendre les processus d'émergence des sociétés de l'Azilien ancien dans le Bassin parisien, comme ailleurs, et deux hypothèses générales peuvent être proposées :

- soit un développement sur place de groupes originaux ;
- soit l'arrivée de sociétés nouvelles dans la région.

La première hypothèse est celle d'une continuité culturelle entre les Magdaléniens régionaux et les Aziliens anciens, c'est-à-dire une transformation sociale et technologique d'au moins certains groupes magdaléniens vers la fin du Bölling (Bodu, 2000 ; Valentin, Pigeot, 2000). La deuxième hypothèse pourrait être de considérer une avancée de groupes aziliens, émanant ou non de groupes septentrionaux comme les Creswelliens-Hambourgiens, sur un territoire initialement occupé par les seuls Magdaléniens. Par divers processus sociaux (contacts, coopération entre les ethnies, échanges, etc.), la mise en place d'une acculturation entre ces sociétés pourrait avoir débouché sur leur coexistence temporaire. L'examen de ces deux propositions peut désormais permettre une clarification de la plausibilité respective de ces scénarios. Malheureusement, le plateau radiocarbone au cours du Bölling (12 800-2 000 BP) empêche toute réponse définitive, impossible avec ce seul critère d'appréciation (Audouze, 1992 ; Valentin, Pigeot, 2000).

Comportements des équidés et dispositions antiprédateurs

Éléments d'éthologie des chevaux sauvages actuels et subactuels

Les équidés vivent en groupes familiaux ou en groupes de célibataires, mais deux types de comportements sociaux peuvent être distingués (Klingel, 1975, 1982 ; Clutton-Brock, 1992 ; Boyd, Houpt, 1994). Le type 1 concerne les chevaux (*Equus przewalskii*, *E. caballus arcelini*), les zèbres de Burchell (*E. burchelli*), et le zèbre de montagne (*E. zebra*). Ces animaux forment des groupes familiaux et des groupes de célibataires. Les groupes familiaux sont très hiérarchisés, non territoriaux, durables, composés d'un étalon et de une à six juments et leurs petits. Dans notre travail, la majuscule attribuée à l'étalon désigne plus spécifiquement le mâle dominant du harem, pour accentuer la différence de son statut par rapport à celui des autres mâles (du harem ou des groupes célibataires), qui ne sont que des étalons potentiels. Également appelés « harems », ils sont protégés par un étalon ; cette caractéristique est sensée être une adaptation à la migration et à des environnements instables ou dans lesquels les ressources sont distribuées de façon relativement homogène dans le paysage (Groves, 1974). Parallèlement aux harems, les mâles n'ayant pas accès à la reproduction forment des groupes de célibataires de taille variable. Dans le type 2, les mâles sont territoriaux et dominent pendant plusieurs années de vastes domaines : c'est le cas des ânes africains et européens, des zèbres de Grevy (*Equus grevyi*) et des ânes sauvages asiatiques (*Equus hemionus*, *Equus kiang*). Ce type 2 ne sera pas développé ici car il ne présente pas d'intérêt particulier quant à cette étude.

Le cheval de Przewalski (*E. przewalskii*) est reconnu pour être le dernier véritable cheval sauvage ayant existé. Son aire de répartition jusqu'à la fin de XIXe siècle s'étendait sur un vaste espace allant de l'ouest au nord des limites du désert de Gobie en Mongolie (Groves, 1974). La plus ancienne trace écrite remonte vers 900 AD par un moine bouddhiste tibétain ; les derniers individus ont pu être observés en 1964 à Takhin-Shara-nuru, à la frontière de la Mongolie et de la Chine (Bouman, Bouman, 1994). Depuis, il a totalement disparu à l'état sauvage et plusieurs programmes tentent de le réintroduire dans son habitat originel (Boyd, 2002), en Ouzbékistan (Pereladova *et al.*, 1999 ; Bahloul *et al.*, 2001), mais également en France sur le plateau du Larzac (Renard, 1998). Il faut donc convenir que nos connaissances éthologiques actuelles sont essentiellement issues de chevaux sauvages marronnés, dont les principaux représentants sont : les mustangs d'Amérique du Nord, les brumbies d'Australie, les poneys des îles britanniques (notamment les populations de poneys d'Exmoor pourraient être restées les plus sauvages et les moins modifiées artificiellement ; Groves, 1974).

Les données éthologiques sur les chevaux seront traitées de façon thématique, exposant une synthèse des connaissances acquises. Parmi ces dernières, deux monographies particulièrement reconnues pour la pertinence de leurs observations ont été privilégiées, car elles s'appuient sur plusieurs années d'observations continues. La première étude concerne les mustangs du Grand Bassin de l'État du Nevada (Berger, 1986), dernier endroit inhabité des États-Unis (un demi million de km^2) doté de paysages de prairies buissonnantes autour de montagnes, pareilles à des îles entourées par des mers de déserts. La deuxième monographie s'est intéressée aux chevaux de Camargue vivant dans le delta du Rhône (Duncan, 1992), où 3 500 individus se sont appropriés 500 hectares de formations végétales typique de marais et de prairies buissonnantes, limités par des clôtures ou des canaux. En sus, il sera fait mention ponctuellement d'autres équidés lorsqu'une convergence significative aura pu être établie sur les comportements.

Les thèmes abordés ci-dessous tendent à rendre compte au maximum de l'organisation des sociétés de chevaux, à travers leur mode de regroupement, leur mobilité et dispersion, les habitats et les comportements alimentaires, les interactions intraspécifiques, leur reproduction et les combats entre mâles.

Les groupes sociaux et leurs interactions

L'organisation sociale des chevaux sauvages appartenant à différentes populations vivant dans une grande variété d'habitats, indique qu'ils ont conservé des traits comportementaux originaux, dont un grand nombre est d'ailleurs encore attesté chez les spécimens domestiques (Klingel, 1982). Fondamentalement, les harems sont la base des groupes sociaux, permettant la reproduction des populations et où l'étalon protège son groupe des prédateurs. Il cherche également à minimiser la plupart du temps les contacts avec d'autres groupes ou membres de la population locale. Ces autres groupes peuvent être constitués par des harems « concurrents », mais également par des groupes de célibataires. Ces derniers sont exclusivement composés par de jeunes mâles et d'anciens étalons en quête de femelles.

D'après Colin P. Groves (1974), les chevaux de Przewalski formaient initialement des harems composés d'un étalon et de 5 à 6 juments et leurs poulains (soit environ 15 à 20 individus). Ces harems étaient très cohésifs, car l'étalon veillait à rassembler les membres lors des déplacements (formant une file indienne), par la contrainte si nécessaire. En dehors de ces moments, l'étalon se place à une distance plus ou moins grande du reste du harem, car cette position lui permet de surveiller à la fois les dangers potentiels environnants et la dispersion des membres de son groupe. Alors qu'ils s'approchent d'une aire alimentaire, les juments et les poulains mangent en premier, suivis par les juvéniles aguerris, puis enfin par les juments sans poulains (Groves, 1974). Cet ordre à l'accès aux ressources renvoie aux hiérarchies instituées par la jument dominante et sa lignée par rapport aux autres femelles et leurs poulains.

L'accès différentiel à la nourriture, à l'eau et aux refuges, constitue pour les dominants des atouts pour améliorer leurs conditions corporelles, nécessaires pour maintenir en place les statuts (Houpt, Boyd, 1994). Cela explique que ces hiérarchies sont généralement très stables, les occasions de renouveler les relations de domination n'intervenant que lorsque la composition même du groupe se modifie. Les étalons sont la plupart du temps des mâles dominants des groupes de célibataires (statut fortement lié à l'âge), ayant pris la place d'un ancien dominant. À l'instar des mâles, l'accession au statut de jument dominante semble corrélée à l'âge des individus, mais également à leur rang maternel de naissance (Houpt, Boyd, 1994). Ces dominantes sont elles-mêmes généralement des adultes multipares, possédant un rôle décisif sur les emplacements visités par le harem et les itinéraires choisis ; ce rôle n'est jamais remis en question par l'étalon, qui toutefois reprend l'autorité sur l'ensemble du groupe en cas de danger immédiat (la détection de prédateurs ou de groupes ou individus rivaux ; Groves, 1974 ; Berger, 1986 ; Renard, 1998).

D'après les observations réalisées sur les individus réintroduits en Mongolie depuis dix ans (Boyd, 2002), le même schéma de groupes de célibataires et de harems s'est mis en place, alors qu'une telle organisation n'avait pas été remarquée chez ces animaux élevés en dans les parcs zoologiques depuis la génération de leurs parents. La réintroduction dès 1993 dans les Causses (Renard, 1998), offre le même résultat spectaculaire avec la constitution d'un harem principal de 16 individus (un étalon, six juments), d'un deuxième harem de 7 individus en cours de développement (un étalon, trois juments), un groupe de célibataires de quatre mâles et un vieux mâle solitaire.

Dans le Grand Bassin (Berger, 1986), les mustangs s'organisent de façon similaire en formant : des harems composés de l'étalon, de plusieurs femelles et leurs poulains dont la taille est très semblable à ceux des chevaux de Przewalski ; des groupes de célibataires pouvant aller de 2 à 17 individus, mais à la mi-printemps à l'approche du rut, ceux-ci sont en moyenne de cinq individus. Les chevaux mâles acquièrent ou élargissent leur harem selon trois possibilités : 1- il s'agit d'acquisition opportuniste pour 75 % des jeunes femelles et 45 % des femelles en âge de procréer ; 2- les juments peuvent être obtenues en battant les étalons lors de combats (48 % des cas) ; 3- plus rarement (6 %), les alliances et les associations temporaires entre mâles peuvent aboutir à de telles acquisitions. Il fut observé que les harems stables étaient majoritaires (88 %) et qu'ils avaient une longévité d'au moins onze mois.

A contrario, des harems multi-mâles ont pu également être remarqués, mais de telles associations sont généralement de courte durée, allant de quelques heures à quelques mois (88 % de ces groupes ne dépassent pas sept mois). Ces alliances entre mâles ne se produisent pas entre étalons frères, mais elles visent surtout à défendre et reprendre la direction d'un harem temporairement sans meneur. L'aspect éphémère de ces harems atypiques est dû au fait qu'un étalon s'assure une place de dominant par rapport aux autres : il s'octroie ainsi le rôle de reproducteur unique et accède de façon privilégiée aux ressources alimentaires, alors qu'il partage avec les autres étalons les efforts et les risques liés à la défense du groupe. Joel Berger (1986) s'interroge sur ce phénomène, car il remarque que les mâles subordonnés sont généralement de vieux individus. Dès lors, deux hypothèses sont envisageables : soit les vieux mâles sont plus tolérants à la subordination ; soit, les plus jeunes des mâles ayant le statut d'étalon tolèrent les plus vieux individus (potentiellement d'anciens étalons). Ces harems multi-mâles ne sont toutefois pas une exception des mustangs du Grand Bassin, car ils avaient déjà fait l'objet d'observations dans plusieurs autres populations de chevaux sauvages (Klingel, 1982).

L'organisation sociale des chevaux de Camargue est très semblable aux exemples cités ci-dessus (Duncan, 1992). Toutefois, les harems sont généralement de taille plus grande car l'étalon est entouré d'une quinzaine de juments et leurs poulains (soit environ trente individus). Également, seul un groupe multi-mâles a été observé, totalisant plus de cent animaux.

Mobilité et dispersion des groupes

Les groupes de célibataires comme les harems tendent à parcourir un espace familier relativement restreint, sans pour autant adopter des comportements territoriaux (Klingel, 1975, 1982) : les étalons privilégient la protection de leurs harems à celle d'un territoire. Les groupes se déplacent entre les zones de pâturage et les points d'eau en file indienne avec la jument dominante en tête et l'étalon veillant aux alentours, remettant dans l'alignement les individus récalcitrants. C'est également la jument dominante qui imprime le rythme des mouvements quotidiens et à ce titre, beaucoup de comportements des autres membres du harem lui sont adressés et non à l'étalon (Groves, 1974).

En outre, une mobilité différentielle des individus au sein des groupes peut exister. C'est le cas chez les chevaux de Przewalski du parc zoologique à Prague (Groves, 1974), où les étalons consacrent entre 25 % et 45 % de leur temps aux déplacements, tandis que tous les autres individus ne s'adonnent à cette activité que pour environ 10 %. Chez les chevaux de Przewalski de la réserve de Bukhara (Ouzbékistan ; Pereladova *et al.*, 1999 ; Bahloul *et al.*, 2001), les harems fréquentent une aire d'activité plus homogène et moins étendue (environ deux fois moins grande quelle que soit la saison) par rapport aux groupes de célibataires. En revanche, on a pu observer un certain degré de recouvrement entre la répartition des aires d'activités de ces deux types de groupes dont l'occupation n'excède pas toutefois 20 %. Les harems accaparent les zones environnantes ; les rares points d'eau, leur conférant une distribution plus constante et stable (notamment en été). Inversement, les groupes de célibataires possèdent une fréquentation plus diversifiée dans le paysage, montrant une mobilité plus conséquente et accédant aux points d'eau en s'adaptant aux horaires de non fréquentation des harems.

L'accès des points d'eau dans les milieux désertiques semble aboutir chez les chevaux sauvages à des comportements voisins des équidés de type 2 (organisation territoriale ; Klingel, 1975). Effectivement, dans le Red Desert (Wyoming, USA), il a pu être démontré que des relations de dominance conditionnent l'accès aux rares points d'eau entre les groupes : un accès différentiel en fonction d'une hiérarchie s'est instauré entre les harems, alors que les groupes de célibataires sont contraints d'attendre parfois plus de cinq heures pour pouvoir boire à leur tour (Miller, Denniston., 1979).

J. Berger (1986) rapporte que chez les mustangs de Granite Range, les harems ou les groupes de célibataires ont des parcours généralement prévisibles et stables. *A contrario*, certains groupes de célibataires se distinguent par leur mobilité aléatoire rendant leur localisation parfaitement imprévisible. Les chevaux parcourent trois fois plus de distance le jour qu'ils ne le font la nuit, quelle que soit la saison. Il a également été observé que les mâles se déplacent le plus, par ordre décroissant : les vieux mâles, les jeunes célibataires, puis les étalons. En somme, les groupes de célibataires tendent à être beaucoup plus mobiles que les harems : ces premiers calquent leur mobilité sur celle des groupes familiaux de façon à augmenter les occasions de ravir des juments, surtout au moment du rut.

Les facteurs qui affectent le plus le déplacement des groupes sont : 1- les juments lorsqu'elles ont entamé un cycle de reproduction ; 2- la taille de l'aire d'activité des groupes ; 3- les conditions climatiques. Les harems ayant des femelles multipares ne se déplacent pas moins dans la période de mise bas ; en revanche, ceux qui possèdent des juments n'ayant pas ou peu d'expérience de la mise bas sont deux fois moins mobiles que les harems précités. Ensuite, si une corrélation existe entre la taille du groupe et la taille de l'aire d'activité, il n'y a pas de relation entre la taille de l'aire d'activité et les distances parcourues à l'intérieur de celle-ci. Enfin, la variable forte semble être les conditions météorologiques (les extrêmes de chaleur ou de froid, les vents) : ce sont elles qui procurent les plus saillantes variations dans les schémas de déplacements. Lorsqu'il fait froid ou que le temps est très venteux (ou orageux) les chevaux ont une mobilité très réduite. La période hivernale (entre novembre et avril) se traduit pour l'ensemble des groupes sociaux par la recherche d'aires offrant une protection contre les rigueurs et les intempéries climatiques. Durant cette période, il est difficile de localiser les bandes, d'autant plus que celles-ci choisissent différentes stratégies préférentiellement : les forêts de genévriers, les ravines, les canyons, etc. La visibilité des chevaux dans le paysage estival est facilitée, car ils passent la plupart du temps dans des zones exposées de prairies et de buissons. Chez les chevaux de Granite Range, l'un des mouvements de population les plus remarquables se produit au cours de cette période, une migration altitudinale (*fig. II.11*).

Les bandes migrent des basses vers les hautes altitudes (au-dessus de 2 000 mètres) entre la fin du printemps et le début de l'été, phénomène que J. Berger (1986) met en relation avec l'émergence de la nouvelle végétation dans les hauteurs. Cependant tous les groupes ne réalisent pas cette migration altitudinale, car deux harems de Granite Range demeuraient dans les basses altitudes. Pour ceux qui ont adopté ce schéma de

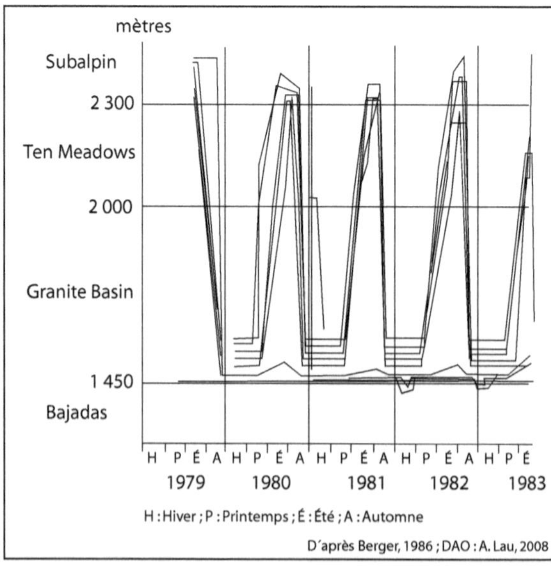

Fig. II.11 – Migrations altitudinales des chevaux de Granite Range (Nevada, USA) : les tracés représentent les déplacements respectifs des différents groupes familiaux

mobilité, la fin de la migration a très généralement coïncidé avec le début de l'automne (à 80 % directement après la chute des premières neiges). Cette migration altitudinale semble ne pas être un cas isolé, mais appartiendrait aux stratégies comportementales courantes des chevaux vivant dans les déserts (Moehlman, 1974). Les activités estivales des chevaux visent également à minimiser l'interaction avec les insectes volants, en raison du stress occasionné par leurs piqûres. Les chevaux s'alimentent et fréquentent les points d'eau très tôt dans la journée, lorsque ces insectes sont peu actifs. Plus généralement, les mustangs adoptent des comportements d'évitement en prenant le vent sur les crêtes ou les arêtes des montagnes ou en recherchant la proximité des zones enneigées car l'activité des insectes est corrélée avec la température journalière.

Les chevaux de Camargue sont également soumis à une forte pression des insectes volants, car ils ont à faire face à 24 espèces de moustiques (*Culicidae* ; Duncan, 1992). Outre le fait que ces insectes apportent aux animaux des bactéries et des maladies virales, un cheval peut perdre plusieurs dizaines de centilitres de sang en une seule journée (Tashiro, Schwardt, 1953, Chvala *et al.*, 1972). Une stratégie de défense est régulièrement mise en œuvre au cours du pic d'activité de ces insectes (de l'été jusqu'à l'automne) : en réduisant les espaces interindividuels des membres du groupes, les taux d'attaque tendent à décroître (Duncan, Vigne, 1979 ; Duncan, Cowtan, 1980). Lorsque les moustiques sont actifs, les chevaux ne se dispersent pas pour pâturer, mais restent remarquablement compacts, quel que soit le type de végétation environnant. Les harems étant plus nombreux, ils sont moins la cible des insectes volants que ne peuvent l'être les groupes de célibataires ou les vieux mâles isolés. À l'inverse, lorsque les ressources déclinent, la compétition pour se nourrir devient critique et la solution généralement adoptée est l'accentuation de l'espacement et non la séparation en plus petits groupes. La plupart du temps, les seules associations observées durant cette période concerne les juments et leurs poulains lorsqu'ils ne sont pas encore sevrés. D'après les observations de Patrick Duncan (1992), la dispersion par cheval varie lors des prises alimentaires entre 37 et 111 m^2 en hiver, contre seulement entre 11 à 25 m^2 pendant la saison chaude.

C.P. Groves (1974) rapporte que les zèbres de Burchell (*E. burchelli*), sont mobiles au sein de leur aire d'activité, à l'image de la mobilité des chevaux. À Serengeti, les zèbres mettent en œuvre des migrations en rapport avec les successions d'herbivores : ils se déplacent sur une aire de 300-400 km^2 à la saison des pluies, puis ils migrent entre 50 et 100 km^2 pour occuper une aire d'environ 600 km^2 pendant la saison sèche.

Habitats et comportements alimentaires

Les équidés non territoriaux (type 1) sont bien adaptés aux habitats connaissant des modifications écologiques à condition qu'ils leur permettent de maintenir des conditions satisfaisantes de pâture (Klingel, 1975 ; Berger, 1986). Outre son caractère vital, l'activité alimentaire occupe (selon les saisons) de la moitié aux deux tiers du temps des chevaux (Berger, 1986 ; Duncan, 1992 ; Pereladova *et al.*, 1999). Les morphologies corporelle et dentaire évoquent pour les chevaux sauvages actuels une adaptation orientée vers des milieux de plaines ouvertes avec une alimentation dominée par les graminées et les cypéracées (les herbes, les joncs et les roseaux ; Simpson, 1951 ; Groves, 1974 ; Duncan, 1992). Si cet habitat semble effectivement être le dénominateur commun des chevaux contemporains, ils montrent des aptitudes certaines à subsister dans une grande variété d'habitats (Salter, Hudson, 1978). Toutefois, ils adoptent des habitats préférentiels relativement restreints, permettant de limiter leurs mouvements migratoires (Bahloul *et al.*, 2001). On peut définir les habitats préférentiels comme l'aire dans laquelle le groupe va assurer toutes les activités visant à sa reproduction physique et sociale (l'accouplement, l'alimentation, les migrations saisonnières, etc.). Cette flexibilité comportementale peut permettre aux chevaux de vivre dans une large gamme de conditions écologiques (Berger, 1986), tels que les déserts, les semi-déserts, les steppes, des milieux complexes de forêts de conifères et de prairies, des prairies évoluant sur des dunes de sables, etc.

Par ailleurs, il ressort que la présence de cours d'eau ou de points d'eau est un facteur critique quant à leur implantation dans le paysage et la sélection des habitats (Groves, 1974 ; Bahloul *et al.*, 2001). En effet, ils ne possèdent pas d'adaptations physiologiques pour conserver l'eau et sont donc amenés à boire très régulièrement. Plusieurs études ont montré que la distance par rapport à l'eau est le premier facteur qui détermine l'utilisation d'un habitat, chez les équidés sauvages (Duncan, 1992). Par exemple, à la saison sèche, parmi les zèbres de plaines de la région d'Amboseli, peu d'individus sont retrouvés à plus de 10 km d'une source d'eau. Dans le parc national Kruger, les zèbres ne se déplacent pas à plus de 7,5 km en moyenne de la première source d'eau au cours de la saison humide, moins lors de la saison sèche (Penzhorn, 1982).

Les derniers chevaux de Przewalski résidaient dans un environnement de type semi-désert d'altitude (Groves, 1994). Celui-ci variait dans la zonation végétale : certaines zones étaient denses et composées de buissons et d'herbes (essentiellement de l'armoise et des salicornes) ; et d'autres milieux, nettement moins riches, avaient une végétation éparse de touffes d'herbes (ce sont dans ces milieux que les chevaux étaient sympatriques avec les kulans, *E. hemionus kulan*). En Ouzbékistan, les chevaux de Przewalski connaissent un milieu désertique dans le Bukhara Breeding Center (Pereladova *et al.*, 1999 ; Bahloul *et al.*, 2001). Les individus, tous issus de parcs zoologiques, ont mis environ un an pour s'acclimater à l'environnement et trouver des repères pour exploiter les ressources alimentaires locales, sans apports complémentaires. L'habitat préférentiel des groupes sociaux s'est centré très rapidement aux alentours des points d'eau. Toutefois, ils ne passent pas tout leur temps aux abords directs de ces lacs et s'alimentent ou se reposent à distance (entre 3 et 5 km). La base de leur alimentation est composée par les graminées (surtout en été), même s'ils utilisent 46 espèces de plantes parmi les 200 présentes dans leur environnement. Leurs comportements alimentaires journaliers sont très similaires à ceux observés chez les chevaux de Camargue, qui seront envisagés en détail ci-dessous. La taille des habitats préférentiels du harem est plus restreinte en hiver (6,5 km^2) qu'au printemps (11,7 km^2) ou en été (10 km^2). Par ailleurs, ils se déplacent pour boire très généralement tôt dans la journée et au coucher du soleil, même lorsque les températures estivales sont maximales. Indépendamment des saisons, les prises alimentaires représentent environ 60 % du temps. À ce titre, c'est la première activité journalière, devant le repos (20 à 25 %) et les déplacements (12 à 15 %).

Les mustangs de Granit Range évoluent dans un environnement semi-désertique, cotoyant des milieux de montagne (Berger, 1986). Les chevaux sauvages apparaissent très semblables dans leur exploitation de la mosaïque de micro-environnements dans les basses altitudes ou les prairies de hautes altitudes. Ils consomment massivement différentes herbes, boivent dans des trous d'eau ou les rivières et tentent autant que possible d'éviter les événements climatiques rigoureux. Cependant, des variations plus ou moins subtiles sont appréhendables en fonction de la composition des groupes et de leurs relations ; la distinction la plus claire demeure celle entre les groupes migrants ou non en altitude au cours de l'été. Pendant l'automne, l'hiver et le printemps, le maquis et les prairies sont très nettement plus fréquentés (80,1 %), devant les habitats à genévrier et les marais. Par ailleurs, les habitats de marécages se révèlent beaucoup plus exploités en hiver car la végétation y reste abondante, alors qu'en été ces zones sont particulièrement évitées car infestées de moustiques. J. Berger (1986) remarque que la végétation qu'on y trouve, les joncs et les roseaux, possèdent des valeurs nutritives plus importantes (en protéines et en phosphore) que les plantes se développant dans les sols arides. L'auteur propose de considérer que la consommation des plantes des marais joue un rôle décisif entre les différentes bandes, car il a pu observer que les groupes qui fréquentaient ces habitats ont obtenu les meilleures performances reproductives.

La taille des habitats préférentiels est plus étendue pour les groupes de célibataires (8,06 km^2) par rapport aux harems (6,73 km^2). Une variabilité de la taille de ces habitats existe entre les bandes, positivement corrélée en fonction de la taille du groupe, et donc en défaveur des groupes de célibataires par rapport aux harems. En outre, entre les différents harems, il a été observé des inégalités dans la qualité des habitats préférentiels, liées à une hiérarchisation entre les groupes familiaux. Les harems possèdent donc des avantages dans la qualité et la quantité de ressources potentiellement accessibles. Cependant, le recouvrement des habitats préférentiels entre les différentes bandes atteint 43 % dans les basses altitudes et 30 % dans les hautes altitudes. Les individus n'ayant pas accès aux habitats qualitativement les plus favorables, compensent par des prises alimentaires plus grandes, soit une dépense d'énergie et de temps qui rejaillissent sur leur taux de reproduction. En dépit de ces disparités, aucune distinction dans les régimes alimentaires n'a pu être mise en lumière entre les mâles et les femelles adultes ; en revanche, les plus vieux mâles (à partir de 9-10 ans) tendent à utiliser une plus grande variété de ressources que les plus jeunes adultes. Enfin, la fréquentation des habitats préférentiels est remarquablement stable tout au long de l'année chez les harems (80,1 %), ce qui n'est pas du tout le cas pour les groupes de célibataires (19 %).

En France, dans le delta du Rhône, les chevaux de Camargue côtoient des associations végétales caractéristiques d'habitat salin ou de milieu humide méditerranéen (prairies, joncs, prés salés, marais plus ou moins profonds), et dans les zones les mieux drainées (plus hautes), des associations entre la végétation de prairies buissonnantes et des plantes de garrigue (Duncan, 1992). L'environnement est hautement saisonnier car la période de croissance des végétaux se situe entre mai et juin. Mais, pour les marais profonds, cette phase est plus longue et intervient entre mars et juillet, et d'une manière générale les milieux marécageux donnent de grandes quantités de nourriture entre mars à octobre. En revanche, sur les parties les plus hautes, les prairies buissonnantes poussent toute l'année, même si la végétation connaît deux pics de croissance (au printemps et en automne). Les prises alimentaires s'effectuent inégalement dans l'espace, en fonction des espèces végétales ou même de parties d'entre elles (les feuilles vertes). Dans le temps, la stratégie de sélection de l'habitat chez les chevaux est indiquée par le fait qu'ils deviennent plus sélectifs à mesure que l'abondance des ressources alimentaires augmente (printemps et été) et, qu'ils ouvrent la gamme de leurs préférences lorsque les ressources sont rares, en hiver. Ces équidés réalisent une extraction des protéines de leur alimentation légèrement plus élevée que les ruminants (à taille égale), malgré un système digestif moins performant ; mais cette différence s'accroît surtout dans les pâturages de qualité moyenne à médiocre.

Ces résultats s'expliquent par le fait qu'ils sont amenés à absorber deux à trois fois la quantité de ressources par rapport à un ruminant d'envergure comparable et ont un temps de rétention digestive réduit. À titre d'exemple, le mouton a un temps de rétention de la prise alimentaire de 79 heures, alors que les chevaux et les poneys sont plus efficaces avec respectivement 29 heures et 34 heures (Duncan, 1992). Logiquement, le taux de défécation est nettement plus élevé pour les chevaux par rapport aux ruminants. Au printemps, les plantes de marais représentent la source alimentaire majeure, devant les herbes des zones élevées (*tab. II.1*). Parmi les plantes des marais, les genres *Phragmites* et *Scirpus* sont principalement consommés tout au long de l'année : ce sont les extrémités sommitales qui sont particulièrement prisées. En été, les plantes de marais couvrent pratiquement les deux tiers des besoins alimentaires des chevaux, complétées par les herbes des prairies vivaces (*tab. II.1*). À cette saison, les insectes volants affectent l'utilisation de l'habitat de façon significative, dans le sens où ils entravent les comportements non-alimentaires, mais pas la prise alimentaire. En été, pendant la journée, les chevaux recherchent pour se reposer des terrains nus ou recouverts d'une végétation éparse, car en s'éloignant des zones de marécage, ce choix permet de réduire les attaques par les insectes volants (Duncan, Cowtan, 1980). Les prises alimentaires se concentrent la nuit : les équidés inversent dès lors le schéma temporel de recherche alimentaire et de repos (la nuit pour le jour). Durant l'automne, on assiste à une rééquilibration des proportions de la végétation consommée par les équidés camarguais en faveur des herbes de prairies, devançant les espèces de marais. En hiver, ces dernières ne sont guère plus exploitées car les plantes vertes sont alors les plus recherchées ; en revanche, à cette saison, ce sont les plantes vivaces et les halophytes qui sont les plus sollicités (*tab. II.1*).

Tab. II.1 – Moyennes des compositions fécales des chevaux adultes de Camargue dans les harems

Plantes (%)	**Printemps**		**Été**		**Automne**		**Hiver**	
	1976	1977	1976	1977	1976	1977	1976-1977	1977-1978
Annuelles et géophytes (*Juncus, Bromus, Carex, Hordeum, Scirpus, Phragmites*)	**63,5**	**83**	**51,2**	**46,4**	24,1	16,1	27,5	15,9
Herbes des marais (*Paspalum, Aeluropus*)	0,8	2,3	17,6	10,8	18,5	14,9	0	2,6
Plantes vivaces (*Dactylis, Agropyron, Brachypodium*)	32,5	9,7	21,8	34,1	**48,3**	**49,2**	27,3	**41,8**
Halophytes vivaces (*Halimione, Arthrocnemum*)	0,2	0	1,8	0	8,1	0,6	**41,4**	36,4
Autres	3	5	7,7	8,7	11,7	5,8	4	3,6
Total	100	100	100	100	100	100	100	100

D'après Duncan, 1992 ; PAO : A. Lau, 2008

P. Duncan (1992) a pu également observer des différences dans la qualité des régimes alimentaires selon les groupes. Les célibataires ont des exigences moins grandes que les individus vivant dans les harems. En effet, leur souci majeur est de privilégier la recherche de juments plutôt que celle des ressources. Néanmoins, les comportements alimentaires occupent tous les jours 14 à 15 heures, avec une variation excédant rarement plus ou moins 10 %. L'organisation temporelle de cette recherche vise à manger jusqu'au seuil de satiété et éviter les longues périodes sans se nourrir. Dans son étude des chevaux de Camargue, P. Duncan (1992) souligne la forte importance des besoins en eau quant à la sélection des habitats. Il note que la plupart du temps, sur toute la longueur de l'année, aucune partie des habitats fréquentés n'est éloignée de plus d'un demi kilomètre de l'eau et les chevaux ne s'en trouvent jamais éloignés à plus de 2 km.

Par son originalité, la stratégie de défense des poneys d'Assateague contre les agressions perpétrées par les moustiques et autres insectes volants, mérite d'être relatée (Keiper, 1985). Ces équidés, vivant sur la côte est de l'État de Virginie, évoluent dans un parc naturel dont les limites sont celles d'une presqu'île. À ce titre, les assauts des moustiques sont particulièrement virulents, d'où l'adoption constante de comportements d'évitement. Comme dans le cas des chevaux de Camargue, les poneys s'exposent aux vents dans les habitats de végétation rase. Une deuxième attitude, plus originale et plus pratiquée, correspond au déplacement des groupes sociaux entiers dans la mer pour échapper aux piqûres des insectes volants. Les poneys vont dans les eaux peu profondes où ils se promènent à 500 mètres de la plage, parfois pendant près d'une heure. Ils vont également se soulager de leurs agresseurs en prenant des bains ou en s'exposant dans les vagues du bord de plage.

Les 200 chevaux sauvages canadiens d'Alberta, au pied des Montagnes Rocheuses, bénéficient d'une aire de 200 km^2 (Salter, Hudson, 1978). L'environnement peut être qualifié de semi-forestier, car la réserve est traversée par des crêtes atteignant 1 900 m environ, recouvertes en grande partie de forêts de pin, alors que dans les vallées et sur leurs versants s'étendent des prés et des prairies buissonnantes ouvertes. Le cas des chevaux d'Alberta est particulièrement intéressant quant à l'usage différentiel de ces différents habitats aux différentes saisons de l'année.

À la fin de l'hiver (de janvier à mars), les équidés utilisent une grande variété d'habitats dont le facteur déterminant s'avère être la profondeur de la couverture neigeuse, et donc, l'accessibilité aux ressources alimentaires. Ainsi, les zones boisées sont particulièrement fréquentées car l'enneigement y est limité, à l'instar de certains versants où la végétation est protégée des intempéries. La base alimentaire en hiver est composée par les roseaux bordant les cours d'eau et les marais et les graminées vivaces. Il ressort également que les forêts de conifères offrent des refuges précieux pour des animaux craignant d'être directement confrontés aux rigueurs climatiques. Au printemps (d'avril à juin), on observe une augmentation de la fréquentation dans des prés et des prairies à bouleaux nains ; ces espaces ouverts sont préférés (alors qu'ils tendent à reverdir), au détriment des habitats forestiers. Durant la période estivale (de juillet à septembre), les auteurs notent une légère baisse de fréquentation des prairies au profit des abords des forêts où les chevaux se nourrissent des seigles sauvages. À la même période, ce comportement alimentaire semble à mettre en relation avec l'usage quotidien des sous-bois fournissant une ombre recherchée par les animaux. À l'automne et au début de l'hiver (d'octobre à décembre), les équidés se partagent entre les habitats ouverts et forestiers, les premiers permettant d'assurer l'essentiel des apports alimentaires (une végétation d'herbes sèches) tandis que les seconds servent de refuges. Ces variations saisonnières de la fréquentation des habitats apparaissent clairement en relation avec la disponibilité des ressources alimentaires associées dans la plupart des cas à une recherche de refuges les protégeant des conditions extrêmes du climat.

Composition et évolution des groupes sociaux

La composition des groupes sociaux chez les chevaux sauvages est fortement liée aux relations de parenté, ceux-ci conditionnant les relations d'autorité et un grand nombre d'interactions entre les individus (Klingel, 1982). Toutes ces interactions sont liées aux statuts des chevaux, dépendant essentiellement des facteurs d'âge et de sexe. Trois statuts sont unanimement reconnus chez les chevaux (Groves, 1974 ; Klingel, 1982 ; Berger, 1986 ; Duncan, 1992) : les juvéniles, les subadultes et les adultes. Le statut de juvénile correspond aux individus entre 0 et environ 2 ans, période pendant laquelle leur sevrage s'opère (parfois jusqu'à l'âge de 19 mois, Berger, 1986). Qu'ils soient mâles ou femelles, les juvéniles ne représentent pas des partenaires sexuels pour les autres membres du harem. Les subadultes correspondent aux individus d'environ 2 ans à 4-5 ans connaissant une phase de transition physiologique, les amenant à prétendre au statut de jeune partenaire sexuel (Mohr, 1971 ; Monfort *et al.*, 1994). Les subadultes femelles sont dans la plupart des cas plus précoces que les subadultes masculins et s'aguerrissent plus rapidement d'une expérience en la matière qui leur permettra de changer de statut plus rapidement. Ainsi, au-delà de 4-5 ans, les chevaux accèdent au statut d'adulte et tendent à participer régulièrement à la reproduction des groupes sociaux.

Seul mâle ayant accès à la reproduction au sein des harems, l'étalon cherche à s'accoupler avec les différentes juments, subadultes et adultes. Les poulains juvéniles sont fortement liés à leurs juments respectives, assurant en grande partie la cohésion des harems (Duncan, 1992). Ces derniers sont généralement stables car ils perdurent dans le temps et favorisent de ce fait l'extension des lignées des juments âgées (Berger, 1986). Par un effet de *feed-back*, l'établissement de tels réseaux de filiations tend à stabiliser les individus au sein des harems : les plus vieilles juments et leurs lignées se renforcent et instaurent des relations d'autorités. Dans un harem, un étalon peut espérer rester plusieurs années, les juments pouvant en constituer le cœur toute leur vie (Klingel, 1982). La figure II.12 illustre les dynamiques dans la composition des groupes sociaux et leur évolution, concernant principalement les individus juvéniles et subadultes (Duncan, 1992).

Les juvéniles ne sont pas tous appelés à demeurer au sein des harems de leur naissance, malgré l'attachement à leur jument génitrice. Les poulains mâles accédant au statut de subadulte quittent leur harem initial, sous la contrainte de l'étalon ne tolérant pas la présence d'un concurrent sexuel (même jeune), ou de leur propre volonté (Berger, 1986 ; Duncan, 1992). Ces jeunes mâles rejoignent ou forment des groupes de célibataires, dont le principal but sera de capter une ou plusieurs femelles alors qu'elles sont seules, ou de les ravir à un étalon, au moment des combats rituels lors du rut

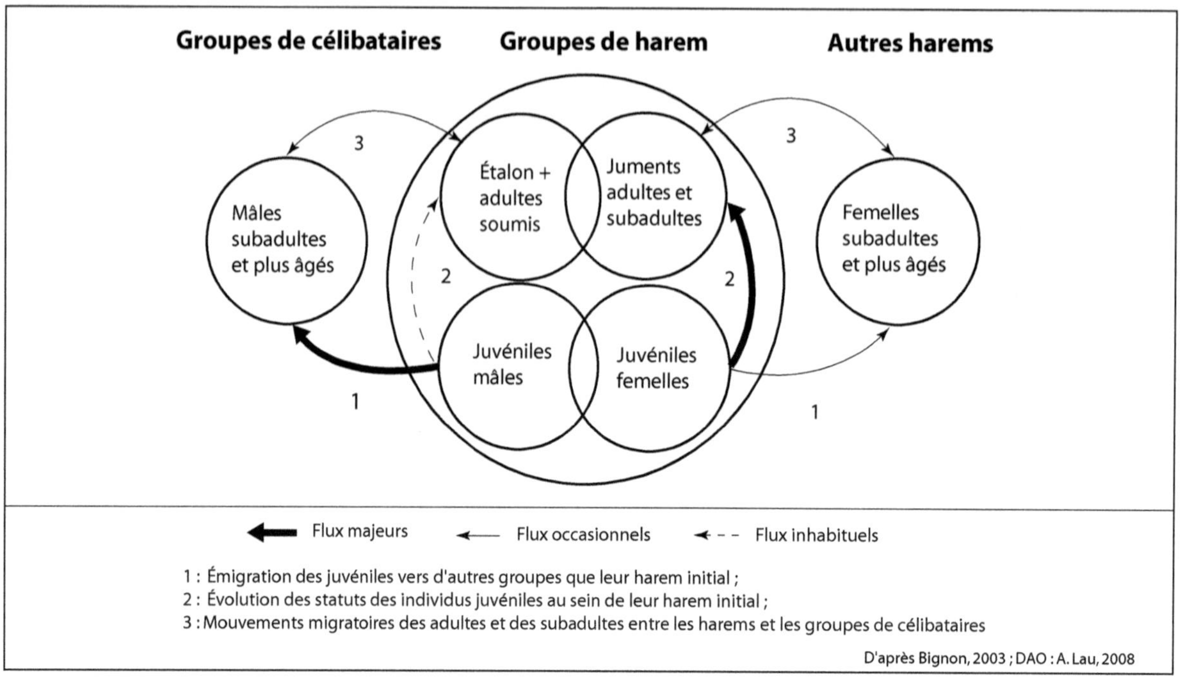

Fig. II.12 – Composition et évolution des groupes sociaux chez les chevaux sauvages

au printemps. Les très rares subadultes qui décident de rester au sein de leur harem de naissance, perdent définitivement toute velléité de devenir un jour reproducteur et se consacrent, aux côtés de l'étalon, à la défense de leur bande (Berger, 1986). Au contraire, les subadultes femelles sont beaucoup plus nombreuses à rester dans leur harem initial. Cependant, certaines d'entre-elles n'hésitent pas à quitter leur bande pour rejoindre un autre harem, pour différentes raisons : la domination défavorable d'une jument, la violence d'un étalon, etc.

À ce titre, l'une des principales raisons de cette mobilité des femelles subadultes pourrait être l'évitement de l'« inceste ». J. Berger (1986) a observé sur les mustangs de Granit Range que beaucoup de femelles subadultes grandissent dans des bandes où l'étalon n'est pas leur père. Également, l'accouplement avec la famille proche est évité par les étalons : les relations entre père et fille ne représentent que seulement 3,1 % des cas. D'après cet auteur, l'évitement des unions incestueuses est basé : 1- sur un comportement de dispersions des jeunes femelles lorsque leur géniteur se maintient en tant qu'étalon dans le harem ; 2- sur une tendance qu'ont les étalons à éviter de copuler avec les jeunes femelles du harem nées sous sa domination. Les données sur les chevaux de Camargue (Duncan, 1992) apportent des informations semblables (moins de 10 % de relation entre les membres d'une même lignée, aucun étalon n'a sa mère dans son harem). Les juments conservent donc une grande liberté dans leur mobilité sociale, et même adultes, elles peuvent décider de changer de harem. Ce statut privilégié par rapport aux mâles est dû au fait qu'elles sont au centre des stratégies sociales pour ceux-ci. La fluctuation des étalons à la tête des harems est cyclique et rythmée chaque année par des combats. De l'issue de ces affrontements dépend l'avenir des étalons confirmés à conserver ce statut de reproducteur, que cherchent à acquérir les mâles subadultes ou adultes des groupes célibataires. L'arrivée de nouveaux étalons dans les harems n'a pas d'effet important sur les hiérarchies de domination chez les femelles de ces groupes. En revanche, si ces derniers étalons adoptent des comportements agressifs envers les femelles (en forçant les copulations), la coopération entre les juments aboutit à une défense commune (Berger, 1986 ; Duncan, 1992).

Reproduction et saisonnalité

Le cadre social de la reproduction des chevaux est celui du harem, l'étalon y protégeant les juments et sa progéniture (Klingel, 1982). Les possibilités de se reproduire ne sont pour autant pas les mêmes pour les mâles et les femelles. Les mâles adultes demeurent fertiles tout au long de la période d'accouplement (Amann *et al.*, 1979 ; Squires *et al.*, 1979) : la fréquence des éjaculations n'influence pas significativement le nombre de spermatozoïdes. Les capacités de reproducteur des mâles restent élevées toute la vie, ne déclinant sensiblement que vers 30 ans environ (Merkt *et al.*, 1979), c'est-à-dire chez les très vieux individus connus uniquement chez les chevaux domestiqués. Les contraintes d'accouplement des mâles sont d'ordre physiologique, mais surtout social. La maturité sexuelle se révèle rarement avant l'âge de 5 ans (Amann *et al.*, 1979) et les occasions de s'accoupler avec des partenaires sont restreintes (Berger, 1986 ; Duncan, 1992) : pour ceux qui parviendront à devenir étalon, une période favorable peut durer quelques mois à quelques années. Les femelles semblent matures de façon légèrement plus précoce que les individus masculins, car certaines subadultes de 3 ou 4 ans peuvent procréer (Berger, 1986) : cependant, seulement 11 à 25 % de ces juments parviennent à mener leur gestation à terme. En revanche, au-delà de 5 ans, la variation des capacités reproductives entre juments s'estompe singulièrement, car elles sont en mesure de mettre bas tous les ans ou presque pendant 15 à 20 ans (Groves, 1974 ; Hughes *et al.*, 1975 ; Berger, 1986 ; Duncan, 1992). Aucune contrainte sociale ne vient perturber les chances reproductives des juments, au contraire, les configurations sociales des sociétés de chevaux favorisent au maximum le choix d'un partenaire étalon.

Les naissances interviennent juste avant le rut, soit environ 15 jours (Groves, 1974 ; Berger, 1986 ; Duncan, 1992). Les juments mettent au monde un poulain unique au terme de chaque gestation et leur durée est très unanimement connue pour 11 mois à 11,5 mois (Groves, 1974 ; Klingel, 1975 ; Berger, 1986 ; Duncan, 1992 ; Pereladova *et al.*, 1999). Les naissances ont lieu très généralement la nuit ou à l'aube chez les chevaux sauvages (Berger, 1986 ; Duncan, 1992), comme chez les individus domestiques (Campitelli *et al.*, 1982). Le choix des lieux de mise bas vise à protéger la jument et le juvénile qui l'accompagne parfois au moment où ils sont particulièrement exposés aux risques de prédation. Diverses configurations sont possibles en fonction de la présence de ravins, de versants de montagnes, ou de zones de végétation dense, etc. (Berger, 1986 ; Duncan, 1992). Si les juments s'écartent de leur harem quelques heures avant de mettre bas, elles les rejoignent après avec leur nouveau-né dans des délais variables allant de plusieurs heures à plusieurs jours (Groves, 1974 ; Berger, 1986).

La période du rut est détectée par les étalons en plongeant leur museau dans le filet d'urine des juments de son harem (Klingel, 1975 ; Berger, 1986). Cette pratique, appelée *snifftasting*, semblerait signifier que les étalons sont en mesure de se rendre compte des périodes favorables de fertilité par des moyens autres que l'observation visuelle directe des comportements de ses partenaires féminines. Quoiqu'il en soit, C.P. Groves (1974) observe une remarquable constance dans la saisonnalité de la procréation et des naissances. Le pic des naissances a lieu en mars et avril chez les chevaux sauvages de

Granite Range (dans 75 % des cas), ou ceux de Camargue (pour 66 %). D'après des observations rapportées par C.P. Groves (1974), les chevaux de Przewalski vivant dans les parcs zoologiques européens ont des naissances centrées principalement sur le mois de mai (jusqu'à 50 %) débordant légèrement en avril et juin. Cependant, il semble préférable de s'en tenir aux observations recueillies par les monographies, car elles ont bénéficié de plusieurs années d'observation sur des populations sauvages. Toutefois, les variations relatives à cette saisonnalité ne doivent pas être niées et renvoient à plusieurs facteurs sociaux (la stabilité des harems, l'histoire reproductive des individus, etc.), mais surtout à deux phénomènes (Berger, 1986) : le rythme des œstrus des juments et la photopériode. En fait, le déclenchement du rut apparaît être attribuable à l'intensité du rayonnement solaire, déclenchant l'augmentation du taux d'hormones ovariennes (*fig. II.13* ; Garcia *et al.*, 1979).

Les juments connaissent au cours de la période du rut, deux moments où elles sont réceptives à la fécondation (Hughes *et al.*, 1975). Le cycle oestral complet dure en moyenne un peu plus d'une vingtaine de jours et se compose de deux oestrus de 4 à 6 jours très favorables à la fécondation, séparés d'environ deux semaines interrompant cette réceptivité (*fig. II.13*). Les juments pouvant avoir été effectivement fécondée à l'un ou l'autre de ces œstrus, il en résulte à la naissance des poulains une variabilité d'environ un mois minimum, s'étalant entre avril et mai pour les populations sauvages.

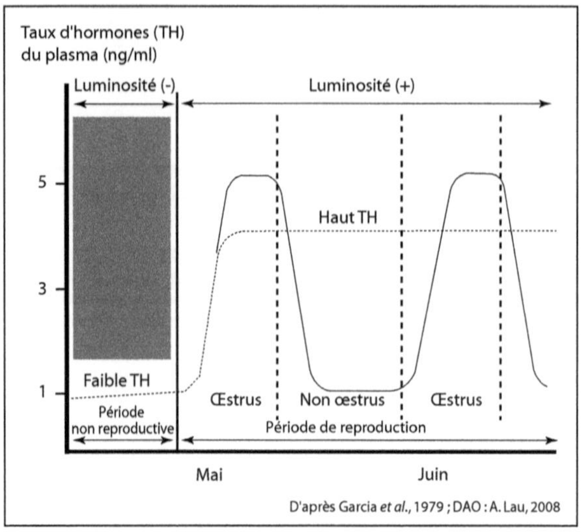

Fig. II.13 – Régulation des hormones ovariennes des juments : modèle du cycle œstral

Stratégies démographiques des chevaux sauvages

Peu d'études ont documenté la démographique des chevaux vivant en liberté. En effet, cet aspect nécessite une durée d'observation pluriannuelle, continue et extrêmement rigoureuse des différents événements marquants (taux de mortalité ou de naissance, accidents, disparitions, etc.). Un bilan sera tiré des données disponibles, notamment à l'aide de la reconquête historique des chevaux dans l'Amérique du Nord et des deux monographies portant sur les mustangs de Granite Range (Nevada) et sur les chevaux de Camargue (Berger, 1986 ; Duncan, 1992). Ces exemples permettront de mieux cerner la dynamique de population des chevaux marrons, constituant les meilleures fondations pour appréhender les stratégies démographiques des chevaux sauvages tardiglaciaires.

Les derniers véritables chevaux sauvages natifs du Nord de l'Amérique semblent avoir perduré jusque vers 3 000 BP (Groves, 1974) ; jusqu'à cette date, ils ont été chassés par les tribus indiennes, sans jamais avoir été domestiqués. Les raisons précises de leur disparition restent incertaines et la thèse qui avance que quelques populations isolées auraient subsisté à l'ouest des Montagnes Rocheuses, ne peut être cependant écartée. Au demeurant, il semble que les chevaux sauvages étaient inconnus – au moins dans le Sud-Ouest – jusqu'en 1541. En cette année, Francisco Vásquez de Coronado (un compagnon de Hernando Cortés) s'installe à Mexico pour chercher des trésors. Il avait avec lui 16 chevaux ; durant l'expédition, ils s'échappèrent et constituèrent le noyau des futures populations de chevaux sauvages qui allaient reconquérir l'Amérique du Nord (Hodge, 1907). Ces spécimens reprirent leur liberté au cours de la marche de F.V. Coronado sur Quivira, introduisant dans les Grandes Plaines un animal nouveau, à la grande surprise des tribus indiennes locales. Dans les mythes et les représentations de ces ethnies, le cheval est sorti brusquement de la terre et porte différents noms : « mystérieux chien », « grand chien », « chien-élan », etc.

Le Sud des Grandes Plaines s'est montré très favorable au développement démographique rapide des chevaux marronnés, du fait de la faible présence de véritables prédateurs et de la relation mutualiste avec les bisons (Duncan, 1992). Vers 1650, il est admis que l'on pouvait croiser des bandes de chevaux dans tout le Sud des Grandes Plaines, alors qu'une progression vers le nord s'était également engagée à l'ouest des Montagnes Rocheuses (Hodge, 1907). À partir de cette date, la valeur de ces animaux fut reconnue et ils prirent une grande place dans les systèmes d'échanges entre ethnies, tant en valeur intrinsèque qu'en nombre de biens effectivement diffusés. Beaucoup de tribus indiennes allaient bientôt modifier leur mode vie en sociétés de chasseurs-cueilleurs nomades pour développer leur capture (et l'échange) ou leur chasse, comme pour la chasse au bison (Kehoe, 1981). À la fin du XVIIIe siècle, ils avaient élargi leur territoire du Rio Grande dans le Sud jusqu'au fleuve Athabaska au nord, du fleuve Mississippi à l'est jusqu'au Pacifique à l'ouest (Groves, 1974). Leur nombre est estimé à cette époque entre 2 et 6 millions, la plupart restant dans le Sud-Ouest (Texas et Colorado). Leur nombre s'est agrandi également à l'aide de nouvelles fuites en provenance de populations domestiques. Progressivement leur aire de répartition fut repoussée à l'ouest des Rocheuses, alors qu'ils étaient tués, empoisonnés en raison de la concurrence qu'ils entretenaient avec le bétail des Américains en quête de nouveaux territoires.

En dépit des réseaux d'échanges indiens qui facilitaient au cours du XVIIIe siècle leur diffusion, il est frappant de considérer le phénomène démographique de ces chevaux marronnés. En un peu plus de deux siècles, ces spécimens ont été capables de faire croître leur population d'une poignée d'individus jusqu'à atteindre plusieurs millions ; dans le même temps, ils ont pu se disperser sur une aire de plusieurs centaines de kilomètres carrés. La reconquête américaine des chevaux correspond vraisemblablement à un phénomène optimal en termes d'expansion démographique et géographique, permis par l'accession à une « niche vacante » (Blondel, 1995) et l'absence d'une prédation consistante.

Les chevaux de Przewalski dans la réserve de Bukhara (Ouzbékistan) permettront d'observer la dynamique démographique en contexte de réintroduction (Bahloul *et al.*, 2001). En 1989, cinq individus ont été intégrés à la réserve et en 1998, le nombre de spécimens a triplé pour arriver à quinze équidés (*fig. II.14*).

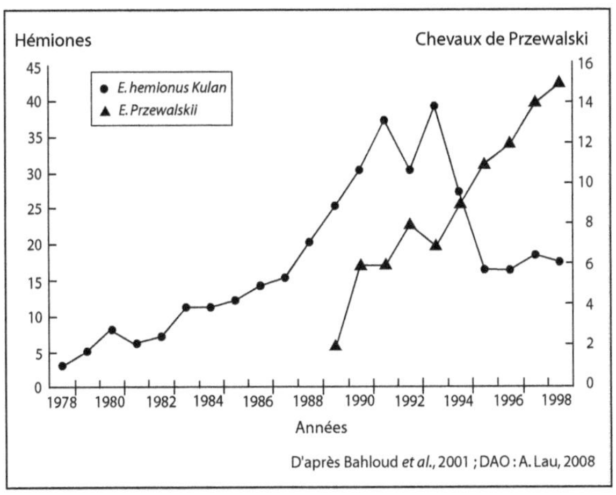

Fig. II.14 - Développement des populations d'hémiones et de chevaux de Przewalski dans la réserve de Bukhara (Ouzbékistan)

La progression de la population a été presque constante pour les chevaux de Przewalski, en atteignant un taux de croissance similaire à celui des kulans (*E. hemionus kulan*) entre 1978 et 1988. La croissance démographique de ces derniers a été artificiellement régulée dès 1995, afin de demeurer stable (entre 16 et 18 individus) : l'objectif était pour les scientifiques de ne pas dépasser les capacités d'accueil de la réserve de Bukhara, au début de l'essor de croissance démographique des chevaux de Przewalski. Ce phénomène s'accompagne d'aménagements sociaux également propice à l'accélération du développement de la population, par la création d'un deuxième groupe familial et d'un groupe de célibataire. En extrapolant à partir des données de la reconquête des Grandes Plaines américaines (de vastes prairies, sans contraintes alimentaires ou spatiales et sans prédateurs véritables), mais en conservant le taux de croissance des chevaux de Przewalski de Bukhara (le triplement de la population en 10 ans), en partant de 15 individus (comme F.V. Coronado), la population atteint plus de 2,6 millions de têtes au bout de 110 ans. Ce calcul, bien qu'étant obtenu à partir de données d'origines disjointes, tend à montrer la plausibilité d'une expansion démographique massive des chevaux, dans des contextes idéalement favorables.

Les chevaux de Przewalski ont des populations contrôlées dans divers parcs zoologiques de part le monde. Généralement, le taux de croissance atteint jusqu'à 9 %, ce qui est interprété comme un développement démographique élevé des populations dans ce type de contexte (Ballou, 1994). Ces taux de croissance sont proches de ceux observés dans les élevages de chevaux domestiques, mais demeurent bien inférieurs à ceux des individus vivant à l'état sauvage (Berger, 1986).

Les mustangs de Granite Range (Nevada) ont été dénombrés régulièrement par des observations au sol et des estimations par des observations aériennes (Berger, 1986). Entre 1970 et 1975, la population semblait relativement stable, enregistrant une légère augmentation des effectifs. Au cours de cette période, des feux se sont succédé et le pâturage du bétail des éleveurs locaux était encore toléré, mais ces facteurs ont cessé vers 1975. C'est alors qu'une forte progression démographique des chevaux a débuté à partir de 1977 (*fig. II.15*). S'il est difficile de trancher à savoir lequel des deux facteurs était le plus limitant quant à l'accroissement des chevaux, il reste que leur intervention conjointe parvenait à contenir la croissance démographique des chevaux (Berger, 1986). Durant une période de cinq ans (de 1979 à décembre 1983), la population a été multipliée par 2,5 pour passer de 58 individus à 149, soit une croissance de

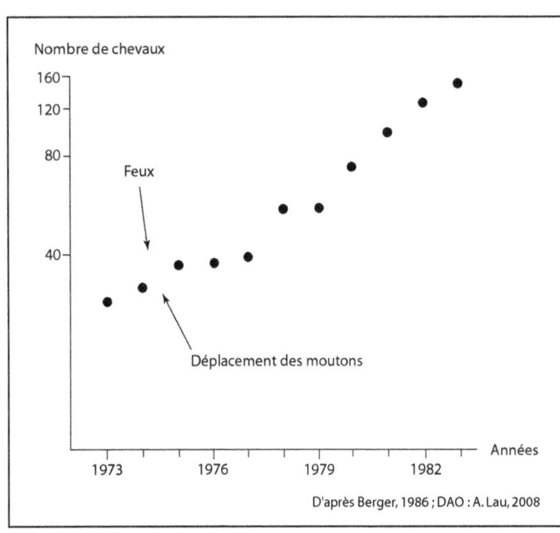

Fig. II.15 - Développement de la population de chevaux de Granite Range (Grand Bassin, Nevada)

157 % par rapport à la démographie initiale. Au cours de ces cinq ans, le taux d'accroissement moyen fut de 31 % par an. En raison de cette prolifération, la population de 1983 était composée en majorité par des animaux jeunes. À la fin de l'étude, 54 % (81/149) des chevaux avaient 2 ans ou moins, avec seulement 7 % de vieux de plus de 14 ans. À la même période, l'espérance de vie était légèrement plus longue pour les femelles (7,86 ans +/- 2,06) que pour les mâles (7,23 ans +/- 6,06).

La fécondité des juments apparaît être fonction de l'âge (Berger, 1986). Selon les années, les femelles de trois ans d'âge commencent à donner des poulains, mais le nombre d'entre elles qui mettent bas effectivement varie entre 11 et 25 %. En revanche, à partir de l'âge de 5 ans, les juments mettent bas plus régulièrement : 75 % d'entre elles entament une gestation tous les ans. Ce rythme de fécondité a été un véritable moteur de la croissance démographique des chevaux du Grand Bassin. En revanche, les taux de mortalité au cours de l'étude s'avèrent relativement faibles. Les plus durement touchés sont les juvéniles, car sur 120 poulains nés, 10 n'ont pas vécu un an (8 %). Ces animaux sont essentiellement nés de juments subadultes de moins de 5 ans et succombent aux rigueurs de l'hiver. En revanche, la mortalité des 64 individus entre 1 et 2 ans fut plus basse (3 %). Au-delà de 2 ans, on peut observer un faible taux de mortalité, soit 3 par an (4,9 %). Plusieurs causes peuvent être invoquées au nombre desquelles on compte pour 83 % des cas, les effets liés à la rigueur des conditions climatiques (le stress alimentaire et l'hypothermie). Généralement ces morts interviennent à la fin de la période des migrations altitudinales (en automne), la cause étant l'imprévisibilité des grosses accumulations de neige en montagne. À cela, il faut ajouter que les chevaux du Grand Bassin connaissent une prédation relativement faible (Berger, 1986). Seul le puma est susceptible d'infliger des pertes sérieuses à la population d'équidés, lorsque celle de cervidés ne parvient plus à satisfaire leur exigence alimentaire. Au total, 31 cas de prédation sur les chevaux ont été enregistrés par le puma entre 1954 et 1975.

Le développement démographique des chevaux de Camargue est relativement élevé (Duncan, 1992), résultant d'un taux de natalité fort et d'un taux de mortalité faible (du fait de l'absence totale de prédateur ; *tab. II.2*). Cette situation n'est pas sans similarité avec le contexte démographique observé précédemment avec les mustangs du Grand Bassin. Les juments matures ont un taux de fécondité (le taux de poulains nés par année) de l'ordre de 95 %. Même les plus jeunes juments (de moins de 5 ans) atteignent des taux élevés, soit 63 %. Ces chiffres révèlent le moteur des taux de croissance démographique des chevaux de Camargue. En outre, la mortalité néo-natale (entre 0 et 2 jours) est plus forte chez les juments de moins de 4 ans (21 %) que chez les femelles d'au moins 4 ans (7 %). Ces données sont cohérentes avec les résultats enregistrés pour les mustangs du Grand Bassin. Les taux annuels de survivance sont très forts, puisqu'ils atteignent 100 % pour les adultes et 98 % pour les juvéniles et les subadultes. Ces résultats permettent de comprendre comment les taux de croissance démographique des chevaux de Camargue peuvent connaître des valeurs moyennes de 30 % par an. Sous l'impulsion des facteurs démographiques, plusieurs harems sont apparus et semblent avoir joué un rôle structurant pour la reproduction de la population.

Tab. II.2 – Taux de croissance des chevaux de Camargue entre 1974 et 1980

Année	*N*	Croissance (%)
1974	14	-
1975	20	43
1976	26	30
1977	35	35
1978	43	23
1979	56	30
1980	75	34

D'après Duncan, 1992 ; PAO : A. Lau, 2008

Inférences pour la démographie des populations de chevaux tardiglaciaires

Les études morphométriques, évoquées dans le premier chapitre, mettent en lumière des variations régionales des populations de chevaux du Tardiglaciaire (*Equus caballus arcelini sensu lato* ; Bignon *et al.*, 2005 ; Bignon, Eisenmann, 2006). De ce fait, il est possible d'avancer que les migrations des populations de chevaux à cette époque étaient relativement restreintes à l'échelle régionale. Le Bassin parisien, où deux morphotypes distincts témoignent d'une variabilité plus importante de ses équidés, a pu accueillir des spécimens immigrants de régions plus septentrionales, du fait de la remontée du niveau marin et/ou des oscillations climatiques.

La survie de populations dans l'aire de répartition est fragmentée et conditionnée par les facteurs génétiques et démographiques. L'érosion génétique touche des populations à la démographie peu élevée, les rendant à la fois plus vulnérables aux effets stochastiques du climat et de l'écosystème, mais aussi plus fragile en faisant chuter leur capacité de reproduction ou en accélérant la transmission de pathogènes (Bennett, 1999). Contre le phénomène d'érosion génétique, l'unique remède des populations à aire de répartition fragmentée est de favoriser le développement démographique. D'après les connaissances actuelles, les chevaux semblent capables d'expansions démographiques massives, comme en témoigne l'exemple historique de la reconquête de l'Amérique du Nord. Les monographies éthologiques confirment très largement la capacité des chevaux vivant à l'état sauvage, à connaître un taux de croissance de 30 % pendant plusieurs années consécutives. Le développement démographique des chevaux sauvages est apparu meilleur que chez les chevaux domestiques, où la reproduction est contrôlée par les hommes. Lorsque ce taux est connu plusieurs années de suite par une population de chevaux, le nombre de juvéniles et de subadultes peuvent représenter la moitié des individus. Ce bilan démographique est propice à l'extension spatiale de la population par la démultiplication des groupes familiaux et les groupes de célibataires. Ce potentiel de croissance s'exprime pleinement lorsque la population reste peu affectée par la prédation et dans la mesure où l'espace nécessaire à l'expansion des bandes et les ressources alimentaires sont réunis.

Ces observations tendent à valider les capacités des chevaux du Tardiglaciaire à constituer rapidement de grandes populations, ayant potentiellement un pouvoir d'autonomie compatible avec les exigences démographiques liées au statut de populations régionales. Par ailleurs, l'existence de grandes populations nécessite l'adoption de stratégies alimentaires visant assurer la survie des équidés. L'accession facilitée aux riches habitats de marais et de berges fluviales, produisant à l'année des sources alimentaires, pourrait être considérée également comme une conséquence des stratégies démographiques. Finalement, ces impératifs alimentaires ont pu concourir à l'homogénéisation des phalanges unguéales dans les différentes régions étudiées (Bignon, 2005b).

Comportements antiprédateurs des équidés face aux carnivores et aux hommes

Les comportements antiprédateurs des équidés seront abordés ici pour étudier comment ces animaux déjouent ou subissent les attaques de différents carnivores (Bignon, 2006b). Ainsi, l'affrontement des stratégies des zèbres et des grands prédateurs dans les savanes africaines offrira des enseignements intéressants, complétés par les tactiques utilisées par les loups pour attaquer les chevaux de Przewalski en Mongolie. Ensuite, nous envisagerons brièvement comment certaines sociétés indiennes d'Amérique du Nord ont chassé les chevaux, suite à la prolifération de ces derniers aux périodes historiques.

Comportements des zèbres des plaines face aux grands prédateurs à Serengeti

Les comportements antiprédateurs peuvent être séparés en deux catégories, les systèmes directs et indirects (Kruuk, 1964, 1972). Le système antiprédateur direct correspond aux réponses immédiates apportées à la présence du prédateur. Cette première catégorie a pour fonction d'augmenter les chances de survie des individus lors d'une rencontre avec ce prédateur. Le système antiprédateur indirect rassemble un ensemble de comportements ayant pour fonction d'éviter la rencontre avec un prédateur. À ce titre, il est possible d'inclure les comportements de camouflage, de synchronisation des naissances, de structure de troupeau, etc. ; en outre, ces comportements sont intégrés à la biologie des espèces, comme l'utilisation des ressources alimentaires et les relations dans les groupes sociaux.

Les hyènes et les lions sont de grands prédateurs de zèbres. Ces animaux ont respectivement fait l'objet d'études éthologiques au Serengeti (Kruuk, 1972 ; Schaller, 1972). Ces observations permettent de poursuivre la comparaison actualiste d'un écosystème à succession de pâturage, par une compréhension des relations proies-prédateurs. Si les successions et les déplacements migratoires occasionnés impliquent une attraction irrépressible pour les prédateurs, les grands herbivores ont su développer des comportements antiprédateurs. Ceux-ci comportent des réponses variables des proies, en fonction des prédateurs.

Relations « proies-prédateurs » entre zèbres et hyènes

La période de mise bas chez les zèbres est relativement réduite et, selon Hans Kruuk (1972), la synchronisation des naissances semble être le premier et le plus important des comportements antiprédateurs. C'est effectivement un moment délicat pour les harems, car les juments et leur poulain s'exposent individuellement et les nouveaux nés tendent à ralentir les bandes. Le deuxième mécanisme antiprédateur renvoie à la distance de fuite des zèbres, qui connaît des variations selon les carnivores en fonction des capacités spécifiques de ces derniers. Les hyènes parviennent à s'approcher de très près les zèbres, dans les meilleurs des cas entre 5 et 10 mètres, en comparaison avec d'autres prédateurs (Kruuk, 1972) : lorsqu'ils ont à faire à un lion, la distance de fuite des zèbres est de 50 m, mais de 20-30 m quand il s'agit de guépards et de lycaons. Pourquoi les zèbres sont-ils aussi peu méfiants envers les hyènes ? Les réponses à cette question se trouvent à la fois dans les capacités des équidés à se défendre et dans les stratégies de chasse des hyènes.

Les hyènes ont à faire à des animaux n'ayant pas peur de se défendre en attaquant leur agresseur s'il est isolé. Que ce soit l'étalon protégeant son harem ou une jument son poulain, les morsures et les coups portés par les membres antérieurs font échec aux velléités des hyènes. Les zèbres ne semblent pas craindre les hyènes isolées. Mais lorsque ces dernières sont en groupe, cette faiblesse devient un atout dans leur stratégie cynégétique. Les meutes d'attaque (une dizaine d'individus), ne se forment qu'au dernier moment, afin d'éviter que les zèbres se mettent en fuite. Les hyènes se fondent au paysage, feignant de ne pas s'intéresser aux groupes de zèbres, et sous l'impulsion d'une femelle âgée, la meute se rassemble à proximité des proies et déclenche la poursuite. Celle-ci se déroule à un rythme relativement lent (entre 15 et 30 km/h dans la moitié des cas), généralement sur 300 à 400 m, bien que les plus longues d'entre-elles perdurent jusqu'à

3 km. La poursuite est donc une interaction de courte durée, prenant place généralement tôt dans la matinée. Plus rarement, une meute de hyène peut se mettre en chasse exclusive d'une bande de zèbre pendant plusieurs jours. Plusieurs harems peuvent fusionner lors d'une poursuite, notamment lorsque le nombre de hyènes dans la meute augmente (jusqu'à une trentaine d'individus) et représente un grave danger. La fuite des équidés n'empreinte jamais les voies fluviales, même lorsqu'ils sont acculés sur des berges. La faible utilisation de la vitesse de course des zèbres est liée principalement au fait que ce sont les harems qui sont essentiellement visés par les hyènes : afin de conserver un groupe soudé, le rythme de la course doit être modéré afin de ménager les plus jeunes poulains et les juments prêtent à mettre bas ou venant de mettre bas. Comme le montre la figure II.16, la meute de hyène forme un croissant autour du groupe d'équidés ; celui-ci est mené par une femelle âgée et protégée à l'arrière par l'étalon qui s'affaire à dissuader les assauts répétés des agresseurs.

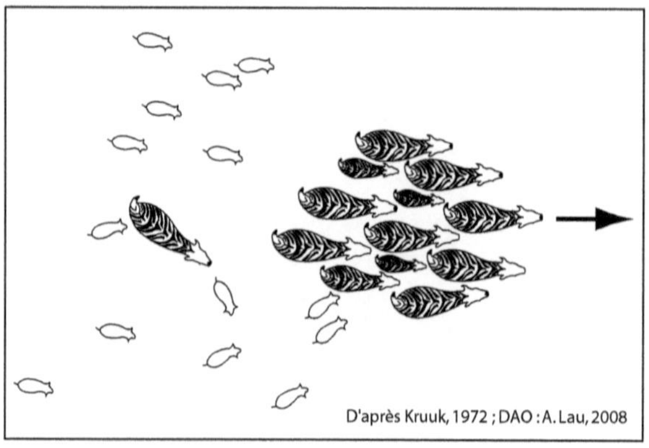

Fig. II.16 – Poursuite d'un harem de zèbres par une meute de hyènes

Lorsqu'une proie est rattrapée et mise au sol par une ou plusieurs hyènes, la poursuite s'arrête automatiquement et toute la meute se rue sur la victime (totalement démembrée en quelques minutes) : une tentative sur trois s'avère efficace en moyenne (34 % ; Kruuk, 1972). Les victimes sont à 31 % des poulains de moins d'un an et des zèbres affaiblis, malades ou blessés, quelles que soient leurs classes d'âge. Au niveau du sex-ratio, un déséquilibre a été observé au Serengeti (Kruuk, 1972) : les deux tiers des proies sont des femelles.

Relations « proies-prédateurs » entre zèbres et lions

En dépit de la quarantaine d'espèces consommées au cours d'un cycle annuel, les lions tendent à éviter les proies plus petites que lui ou inférieures à une centaine de kilogrammes (Schaller, 1972). À Serengeti, ces critères de sélection font des gnous et des zèbres les deux proies les plus recherchées par le prédateur. Ces proies entrent pour environ 50 % dans son alimentation. Ces deux espèces herbivores sont aussi au cœur des successions de pâturage et migrent préférentiellement dans les plaines au cours de la saison des pluies et dans les zones boisées pendant la saison sèche. Cependant, une minorité de zèbres demeure à l'année dans les plaines, alors que d'autres restent dans les zones boisées (12 %).

La distance de fuite des zèbres par rapport à un lion détecté, a été estimée entre 40-50 m en moyenne (Kruuk, 1972 ; Schaller, 1972). La vitesse maximale de course des zèbres se situe en moyenne entre 60 et 70 km/h. Ce moyen de fuite ne fait pas partie du comportement de ces équidés lorsque les lions font la sieste : ces derniers sont alors totalement ignorés, au point d'être entourés par leurs proies vaquant à leurs occupations sans autre souci particulier. Dès que les lions sont actifs et se déplacent, une grande méfiance s'empare des herbivores. Les comportements d'alerte se multiplient (cou tendu, oreilles dressées, rassemblement des bandes, etc.) et s'accompagnent de petits mouvements collectifs de retraite, interrompus par des contrôles visuels de la position du ou des prédateurs. Les zèbres montrent beaucoup plus de méfiance et une distance de fuite plus grande (environ 100 m), lorsqu'un des membres de la bande connaît une santé chancelante. Lorsque les comportements antiprédateurs sont pris en défaut et qu'un lion s'est accroché à un individu, curieusement, ce dernier ne cherche pas à se défendre, sauf cas rarissime (Schaller, 1972).

Le lion peut être considéré comme un prédateur très peu charognard au Serengeti, car seulement 1/8e des proies ingérées provient d'une récupération auprès d'un autre prédateur (le plus souvent les hyènes ; Schaller, 1972). Ce statut ne vaut pas pour toutes les régions où des études ont été réalisées : dans le cas des lions du cratère de Ngorongoro (Tanzanie), 81 % des carcasses animales sont récupérées après avoir été disputées aux hyènes. Une certaine plasticité des tactiques de chasse existe chez les groupes sociaux de lions, à l'instar de celle de leurs comportements migratoires. Certains de ces prédateurs résident à l'année dans les zones de concentration du gibier près des points d'eau, même si la majorité suit les proies au gré de leurs déplacements migratoires saisonniers. Les lions recherche en permanence à garder le contact avec le maximum de densité de proies de taille élevée. En retour, cette disponibilité en proies à l'année détermine la taille des populations des lions (Schaller, 1972). La taille du territoire est donc fonction de l'abondance des grands herbivores, elle s'étend de 20 à 400 km^2. Mais, tous les lions ne possèdent pas de territoire (signifiant une aire riche en termes de biomasse animale) et sont alors contraints au nomadisme. Dans ce cas de figure leur aire de déplacement avoisine les 4 000 km^2 et les contacts entre solitaires ne sont pas agressifs, *a contrario* de leurs relations avec les lions territoriaux.

Généralement les lions mènent leur chasse dans les plaines et aux abords des points ou cours d'eau. Les stratégies sont pourtant variées et l'une des premières distinctions relève du moment où se réalise la prédation. Effectivement, le jour, les lions tentent souvent d'élaborer des chasses collectives se déroulant dans les plaines ; toutefois, des chasses d'interception sont également menées par certains individus (le plus souvent des mâles), dans les zones environnant les points d'eau. En revanche, la nuit est plus propice aux chasses d'interception, car le gibier a une distribution spatiale plus homogène, notamment dans les zones boisées. L'approche du gibier est particulièrement capitale dans la réussite d'une chasse, car le lion n'est pas un prédateur disposant d'une grande vitesse de course, ni d'une grande endurance. En fonction des contextes, une approche de 40 m est suffisante, mais il faut : 1- éviter que les proies parviennent à atteindre leur pleine vitesse de fuite ; 2- avoir suffisamment d'élan pour développer sa propre vitesse maximale de poursuite. Les diverses méthodes de chasse des lions ne possèdent pas la même efficacité et elles sont donc employées de façon différentielle.

Les embuscades sont tendues près d'un fleuve ou derrière un bosquet, mais représentent moins de 3 % des carcasses obtenues. Les interceptions individuelles possèdent une phase d'approche (entre 15 minutes et 1 heure), une phase de poursuite (quelques secondes à quelques minutes) et une phase de consommation de durée variable.

Les lions se rassemblent entre 3 et 14 individus pour les chasses collectives et plusieurs configurations d'attaque (par rabattage ou encerclement) sont possibles (*fig. II.17*). Ces chasses sont plus efficientes en termes de nombre de proies abattues et ce mode d'acquisition représente 51 % des attaques envers les zèbres ou les gnous. Une fois l'attaque lancée, l'opportunisme est de mise pour chacun des participants, les lions ajustant leur mouvement collectif en fonction des déplacements de leurs congénères et de leur sens de l'anticipation des trajectoires des proies. Les interceptions individuelles et les chasses collectives ne parviennent à leurs fins que dans un tiers des tentatives, mais représentent 88 % des chasses ayant permis de fournir des ressources alimentaires.

Des fluctuations saisonnières apparaissent dans la chasse des lions auprès des zèbres de Serengeti (Schaller, 1972). Trois périodes sont particulièrement critiques à cet égard : la fin de la saison sèche (janvier-février, correspondant à la période de mise bas et du rut) ; le début de la saison des pluies (juin-juilllet, au cours des migrations) ; la fin de la saison des pluies (octobre-novembre, avant la dispersion maximale des bandes). Parmi les victimes, toutes les classes d'âges sont également représentées, mais proportionnellement les zèbres de plus de 10 ans sont clairement plus touchés par la prédation. Cette observation témoigne qu'à l'instar des hyènes, les

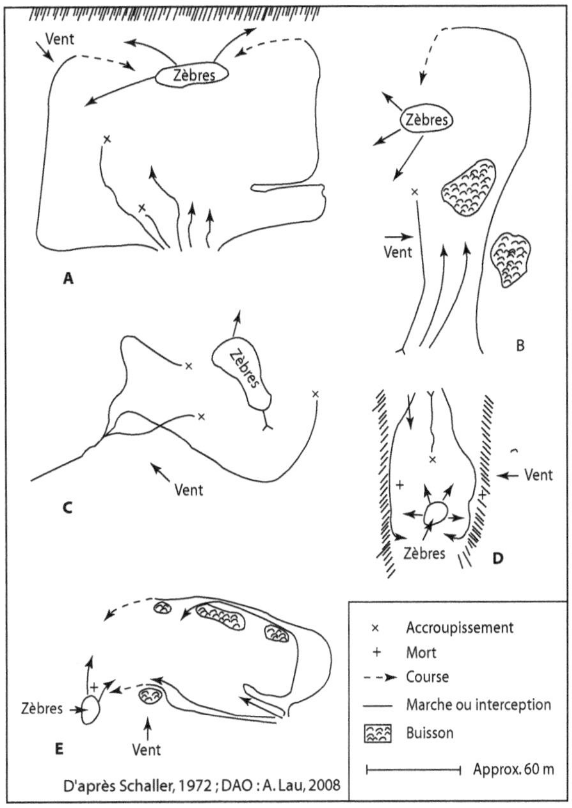

Fig. II.17 – Diverses tactiques de chasses collectives des lions aux dépens des zèbres

lions abattent les équidés malades ou les plus âgés (moins réactifs et moins agiles). Ces animaux sont le plus souvent des mâles, non pas qu'il y ait une sélection de la part des prédateurs, mais parce que le bilan démographique est défavorable aux femelles âgées.

Comportements des chevaux de Przewalski face aux loups en Mongolie

Des articles du Père Kler rendent compte des assauts orchestrés par les loups contre les derniers chevaux de Przewalski vivant en toute liberté, dans la première moitié du XXe siècle (Kler, 2001). Sur le plateau des Ordos (Mongolie), à la sortie de l'hiver, les harems composés de juments amaigries et affaiblies par l'hiver et leurs poulains s'apprêtaient avec impatience à retrouver la période de croissance des espèces végétales de la steppe. Ce moment particulier était l'époque idéale pour que les meutes de loups cherchent à atteindre les chevaux. Des tactiques de chasse collective étaient développées par la meute (15 à 20 individus). Elles débutaient par une approche et une poursuite à distance (entre 1 et 3 km). Lors des déplacements des chevaux de Przewalski, la bande était le plus souvent compacte et par moment elle formait une file, dirigée par une jument mature ou par l'étalon (pouvant également se mettre à l'arrière ou sur le flanc du groupe). Lorsque les loups parvenaient à anticiper les déplacements des bandes d'équidés, ils se postaient derrière un repli de terrain, tandis que deux ou trois d'entre eux s'approchaient du harem cherchant à provoquer un combat. Ce à quoi les chevaux répondaient par une formation défensive du groupe, tout à fait spécifique (*fig. II.18*). Ils se mettaient en cercle et en ordre de bataille : les juments regroupaient leurs poulains, puis les encerclaient de manière à ce que leurs sabots arrières soient dirigés vers l'extérieur ; les étalons subadultes et adultes entouraient à leur tour les juments ; enfin, l'étalon dominant montait la garde et veillait à l'approche des quelques loups partis en éclaireur. L'attaque de ces derniers commençait par l'approche de prédateurs hurlant pour semer la panique dans le système défensif des chevaux. Les loups sur place se ruaient directement sur le groupe des équidés, cherchant à atteindre en premier lieu les plus jeunes (les moins expérimentés) afin de déstabiliser et d'isoler les individus. Puis, après quelques intimidations, les loups battaient en retraite, servant d'appâts pour engager une poursuite par les plus jeunes étalons irrités. Alors, le reste de la meute de loups qui était resté caché, se précipitait sur les poulains et les juments sans défense.

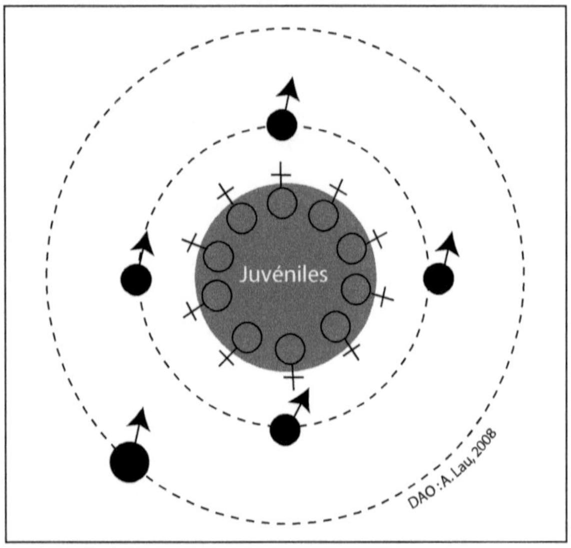

Fig. II.18 – Défense collective des harems de chevaux de Przewalski

L'issu des affrontements était variable, dépendant de la réussite des loups éclaireurs mais dans ce cas, les loups pouvaient faire le massacre d'un grand nombre de chevaux. Il semble que les attaques se déroulaient plutôt la nuit pour bénéficier de l'obscurité pour intercepter les harems.

Comportements des chevaux d'Amérique du Nord face aux sociétés indiennes

C'est à partir des récits historiques (Catlin, 1844) et des reconstitutions ethnohistoriques (Hoebel, 1960 ; Farb, 1968, Kehoe, 1981, Hodge, 1907) que seront envisagées les relations proies-prédateurs, entre les chevaux et les tribus indiennes. Ces récits datent des premières expéditions coloniales à l'intérieur de l'Amérique du Nord, c'est-à-dire celles des Espagnols dans le Nouveau-Mexique entre 1550 et 1600. À cette époque, les tribus indiennes des Grandes Plaines américaines étaient essentiellement fondées sur l'agriculture (maïs, pois, etc.), même si quelques rares peuples nomades s'évertuaient à chasser les troupeaux de bisons, aidés en cela par leurs chiens (Farb, 1968). Vers 1630, les premières sociétés indiennes du sud-ouest américain intégrèrent des chevaux dans leur mode de vie (Kehoe, 1981). L'utilité d'un tel animal fut très rapidement comprise par les tribus autochtones : d'une part, les chevaux étaient d'une aide logistique précieuse pour le bât en favorisant le déplacement des campements, et d'autre part, les équidés étaient beaucoup plus faciles de poursuivre et d'intercepter les troupeaux de bisons grâce à la vitesse de course des chevaux.

Ces atouts se révélèrent à toutes les tribus du sud de l'Amérique du Nord et entre 1658 et 1680, plusieurs ethnies renouèrent avec le mode de vie de nomade-chasseur de bison, au nombre desquels on compte (*fig. II.19*) : les Apaches (le Texas, le Nouveau-Mexique), les Wichitas (le Sud-Est Kansas), les Kiowas (le Kansas), les Caddoans (l'Est Texas). Dès cette époque, les tribus indiennes entreprennent des raids pour voler des chevaux aux garnisons militaires (Hodge, 1907) : le cheval est devenu dès lors la valeur d'échange la plus prisée entre les ethnies. L'expansion des sociétés indiennes nomades montant des équidés continua son développement et entre le milieu du XVIIIe siècle et le milieu du XIXe siècle atteignit son apogée, appelée la « révolution équestre des Grandes Plaines » (Farb, 1968). En fait, sur toute l'étendue des Grandes Plaines, les tribus indiennes qui vivaient encore récemment de l'agriculture, se convertirent à la chasse au bison.

D'après les récits de voyage des aventuriers de l'époque, les bandes de chevaux étaient très difficiles à approcher (Catlin, 1844). Leur distance de fuite par rapport aux hommes était très grande (environ 1,5 km), malgré leur présence fournie dans le paysage des vastes prairies : quotidiennement, il était possible de les voir courir « à porter de vue ». L'emploi de ruses pour s'approcher ne donnait pas de bons résultats généralement, même si elles permettaient de réduire la distance d'observation : « *There is no other animal on the prairies so wild and so sagacious as the horse ; and none other so difficult to come up with. So remarkably keen is their eye, that they will generally run "at the sight", when they are a mile distant ; being no doubt, able to distinguish the character of the enemy that is approaching when at that distance ; and when in motion, will seldom stop short of three or four miles. I made many attempts to approach them by stealth, when they were grazing and playing their gambols, without ever having been more than once able to succeed.* » (Catlin, 1844 : 57).

Fig. II.19 - Distribution des groupes ethniques des Indiens dans les Grandes Plaines vers 1800 AC

Si la vision était un sens particulièrement aiguisé dans l'évitement systématique des hommes, ces derniers avaient aussi à prendre en compte le sens olfactif, plus développé chez les équidés que ne l'est la vue. Lors de raids visant à s'emparer des stocks de chevaux des militaires colons, les meneurs indiens expérimentés incitaient vigoureusement les hommes de l'expédition à une préparation spéciale (Hodge, 1907). Celle-ci consistait à se frotter abondamment l'ensemble du corps avec du sable, de la boue ou de la vase, avant d'approcher le camp ennemi. Effectivement, les indiens avaient observé que les chevaux sont terrifiés par l'odeur de la chair ou de la graisse de leurs congénères. Il fallait donc par conséquent, éviter de faire paniquer les chevaux, de façon à ne pas mettre en éveil ces animaux et par conséquent les militaires.

Les campements étaient généralement implantés à proximité immédiate des cours d'eau (Catlin, 1844). Les territoires de chasse se développaient à partir de ces habitats, pour s'élargir aux vastes prairies des Grandes Plaines (Hodge, 1907). Par rapport aux anciennes stratégies de chasse (avant l'adoption des chevaux pour la chasse), il n'était plus nécessaire d'attendre l'arrivée des migrations animales, mais il était possible d'aller à leur rencontre et de déplacer les campements à mesure que les migrations des bisons et des chevaux progressaient. Ces capacités de bât et la vitesse de course pour la chasse des bisons et pour la capture ou le vol de chevaux, permettaient la réalisation d'expéditions spécialisées à partir des camps résidentiels. Ainsi, les activités liées à l'acquisition des animaux étaient dissociées de celles dédiées au traitement et à la consommation. Ce schéma-type de l'organisation sociale et des stratégies de chasse étaient très largement partagés par les différents groupes ethniques vivant alors sur les territoires des Grandes Plaines (*fig. II.19* ; Hodge, 1907 ; Kehoe, 1981). Chez les Cheyennes (Hoebel, 1960), les expéditions d'une quinzaine d'hommes se lançaient à plein galop à la poursuite des chevaux pour les captures au lasso (avec ou sans perche). À la course, seuls les plus vieux et les plus lents se faisaient prendre. La meilleure saison pour ces expéditions avait lieu entre la fin de l'hiver et le début du printemps, lorsque, affaiblis par des insuffisances alimentaires et les rigueurs de l'hiver, les chevaux sauvages étaient les plus vulnérables.

Selon les propres difficultés à la fin de cette « période de soudure », les Cheyennes s'alimentaient de la viande de vieux chevaux, mais le bison était largement privilégié. La plupart des tribus indiennes a eu ce même comportement (Kehoe, 1981 ; Hodge, 1907), les chevaux n'étaient pas destinés à la subsistance mais préférés pour la chasse (les plus jeunes) et pour le bât (les plus vieux). Cependant, dans le Sud-Ouest des Grandes Plaines, plusieurs ethnies dont les Kiowas, ont intégré la chasse aux chevaux dans leurs stratégies de subsistance (Hoebel, 1960). Les stratégies d'acquisition étaient variées chez les Kiowas, il y avait des poursuites ou des interceptions de bandes à la course. Les armes de chasse des tribus indiennes étaient des lances et/ou des arcs et des flèches, pour la chasse aux bisons comme pour celle des chevaux. Avec cette stratégie, les femelles fournissaient l'essentiel de proies, car elles étaient affaiblies par le nourrissage des poulains ou par la proximité de leurs naissances.

Ces chasseurs tentaient également d'approcher les harems, ils se drapaient alors de peaux de loups afin de leurrer les proies. Ce type d'approche fut utilisé pour assurer le rabattage dans des chasses collectives des équidés, la fuite de ces derniers étant orientée vers des dispositifs d'enclos (avec ou sans échappatoire). Ces stratégies semblent héritées des anciennes tribus qui chassaient le bison avant la « révolution équestre » (Catlin, 1844 ; Hoebel, 1960). Les enclos permettaient de faire le tri des individus : les plus jeunes étaient capturés et les plus âgés, abattus. Chez les Kiowas, les jeunes chevaux étaient très prisés pour la tendreté et la saveur de la viande, dégustée généralement séchée. Parmi les parties anatomiques considérées comme les meilleures, les flancs, le poitrail et la partie arrière de l'encolure, étaient très estimées, de même que les quartiers de côtes grillés. Les Kiowas et les Cheyennes ont employé aussi la chasse à l'appelant pour attirer plus particulièrement les groupes de célibataires. Les chasseurs disposaient à un endroit défini à l'avance plusieurs juments domestiquées par leurs soins pour servir d'appât à ces groupes avides de telles occasions. Tout de suite intriguées, les bandes de jeunes étalons étaient distraites par ces juments, ce dont profitaient avantageusement les chasseurs pour lancer leur poursuite à des distances réduites.

Synthèse des comportements antiprédateurs des équidés

Les chevaux, à l'instar des zèbres de plaines, ont développé différentes stratégies antiprédateurs pour faire face aux attaques de leurs prédateurs (*fig. II.20*). En premier lieu, la distance de fuite est adaptée en fonction de ces prédateurs et peut varier de 10 à 50 mètres selon qu'il s'agisse respectivement d'une hyène ou d'un lion. Les équidés ne semblent pas effrayés par les hyènes ou les loups et il n'est pas rare que ces derniers subissent à leur tour des attaques les mettant en fuite, lorsqu'ils sont isolés. Des systèmes de défense collective des harems ont même été rapportés contre les attaques des meutes de loups en Mongolie. Les hommes apparaissent avoir plus de difficultés à approcher dans ce périmètre restreint lorsqu'ils sont à pied, motivant des chasses collectives pour rabattre les bandes de chevaux vers des dispositifs à enclos ou palissades. Lorsque les hommes montent des équidés, les tactiques d'approche et de poursuite sont comparables à celles menées par les hyènes ou les lions. Ces prédateurs sont généralement amenés à constituer des territoires plus ou moins grands en fonction de la concentration des grands herbivores, c'est-à-dire dans les prairies, aux alentours des fleuves et des points d'eau. Les hommes adoptent un comportement similaire, recherchant des reliefs topographiques contraignant les déplacements des chevaux, ou les divers bosquets de végétation pour masquer leurs tentatives d'approche et lancer les attaques. Les armes de chasse des indiens étaient composées de lances ou d'arc et de flèches, permettant de faire diminuer la distance entre les proies et les chasseurs.

Modèles, méthodes et référentiels pour définir l'exploitation des chevaux

Taphonomie des collections fauniques étudiées

Les processus taphonomiques débutent avec la mort de l'animal, la structure squelettique se disloque, sous l'action de divers agents naturels et/ou humains (Behrensmeyer, Hill, 1980 ; Lyman, 1994 ; Patou-Mathis, 1994 ; Chaix, Méniel, 1996). Une multitude de situations taphonomiques se développe à partir de l'intervention successive de ces agents : animaux nécrophages mammifères (carnivores divers) ou oiseaux, nombreux insectes ou gastéropodes ; processus chimiques liés à la décomposition (en interaction avec les facteurs de température, d'humidité et d'aération) ; processus physico-chimiques liés aux transformations antérieures ou postérieures à la sédimentation (en rapport avec la pression et la composition des matrices sédimentaires).

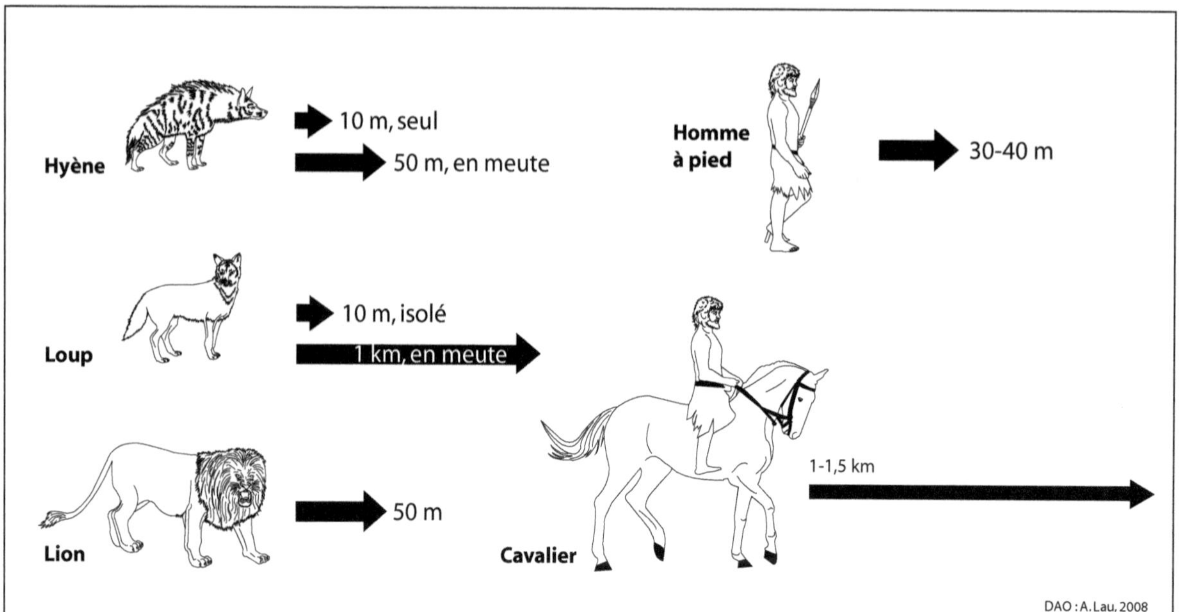

Fig. II.20 – Distance de fuite différentielle chez les équidés en fonction des prédateurs humains ou non-humains

Ces multiples conséquences taphonomiques potentielles peuvent être regroupés en deux ensembles distincts relatifs au processus d'enfouissement des carcasses. Avant l'enfouissement, la préservation différentielle correspond à la phase initiale durant laquelle les vestiges ont beaucoup de chance d'être altérés, voire détruits. C'est le cas dans la majorité des cas pour les restes de petits animaux (mammifères, poissons, etc.). En revanche, les ossements des grands mammifères tendent à connaître une bien meilleure résistance générale, même si les plus jeunes d'entre eux et certaines parties du squelette sont nettement plus fragiles. La fragmentation des os par l'homme contribue également à favoriser l'augmentation de leur disparition taphonomique (par l'action du feu, du concassage, etc.), à l'instar de l'action des carnivores (par ingestion). Les observations taphonomiques relatives à la préservation différentielle peuvent laisser sur les ossements : 1- des traces physico-chimique liées au *weathering* ; 2- des traces d'origine anthropique, comme des fractures en spirale (sur os frais) corrélative du piétinement ou des activités d'extraction de moelle (laissant parfois des points d'impact), ou des incisions d'outils en silex ; 3- des traces d'origine animale, provenant des gastéropodes, des rongeurs, et plus particulièrement dans notre cas, celles des carnivores (s'attaquant surtout aux extrémités articulaires ; Brain, 1981 ; Bunn, 1983 ; Bunn, Kroll, 1986).

Après enfouissement, la conservation différentielle des ossements intervient pour l'essentiel par les agents naturels, tels que : l'acidité sédimentaire, l'humidité et l'aération. Plusieurs échelles de conservation différentielle doivent être relevées : entre les sites ; à l'intérieur même d'un site (selon les niveaux ou les zones d'un niveau) ; entre les animaux (en fonction des espèces, de leur tailles et âges respectifs, du nombre d'os dans leur squelette) ; entre les différents éléments squelettiques (en fonction de l'épaisseur et de la densité osseuse de ceux-ci) ou les différentes parties d'un même os. La conservation différentielle peut aboutir selon les agents : à une dissolution plus ou moins systématique des parties squelettiques dans le cas d'attaque chimique (les plus fragiles étant les extrémités spongieuses et les vertèbres dont les tissus sont plus spongieux) ; à des traces de radicelles laissant des sillons sur les surfaces osseuses (pouvant masquer toute autre trace si elles recouvrent la totalité des éléments), relative aux à l'activité des végétaux recherchant des nutriments par leurs racines, pouvant entraîner une dissolution totale ; à des fracturations « en baguette » ou « en escalier » (sur os sec), se développant par la pression physique exercée sur les ossements. Les agents taphonomiques responsable de la préservation et à la conservation différentielle se combinent le plus souvent pour aboutir à des altérations conjointes sur les ensembles fauniques. Par exemple, les fracturations « en baguette » ou « en escalier » relèvent d'une pression physique, mais ce résultat peut être largement favorisé par l'action du *weathering* ou une fragilisation de la structure osseuse par attaque bactérienne ou mycologique.

L'observation des traces et des fractures portées sur les ossements archéologiques sera donc menée comme une enquête afin de reconstituer l'histoire taphonomique de chaque site, de chaque niveau ou section. Une observation quantitative du taux de fracturation sera également fournie par le calcul d'un quotient NR/NMPS pour chaque partie squelettique observée (Bridault, Bemilli, 1999). Cette enquête doit cependant vérifier l'impact des deux facteurs principaux de dispersion non anthropiques (Lyman, 1994) : la dispersion fluviale et la destruction-dispersion relative aux carnivores.

Michael R. Voorhies (1969) a étudié la dispersion fluviale afin d'envisager le transport différentiel des différentes parties squelettiques par l'activité d'un cours d'eau. La prise en considération de ces phénomènes apparaît judicieux au regard du fait que tous les sites étudiées se situaient à proximité immédiate de cours d'eau ou de lac. Également, leur conservation est due à un enfouissement lié au recouvrement sédimentaire de crues ou de variation du niveau d'eau de lac. Ces expériences ont montré l'existence de trois grandes catégories d'éléments squelettiques qui peuvent correspondre à des capacités de dispersion variables (*fig. II.21*) :

- Groupe I : il s'agit essentiellement des parties composant le rachis ; ces éléments sont immédiatement transportés par saltation ou flottation et leur présence ou leur absence peut offrir en cela une information spécifique sur l'histoire sédimentaire des assemblages osseux ;
- Groupe II : les éléments de ce groupe se rattachent aux membres antérieurs et postérieurs ; ces ossements sont susceptibles de disparaître graduellement dans le temps, sous l'effet d'un transport par traction ;
- Groupe III : le crâne et la mandibule composent cet ensemble, qui demeurent généralement sur le lieu du dépôt primaire.

Ces groupes lorsqu'ils sont tous retrouvés dans les sites, témoignent d'assemblages non perturbés (Voorhies, 1969 ; Lyman, 1994). En revanche, lorsque les groupes II et III seulement sont présents, alors un tri fluvial est peut-être à l'origine de l'assemblage.

Groupe I	**Groupe II**	**Groupe III**
Côtes Vertèbres Sacrum Sternum	Fémur Tibia Humérus Radius Métapodes Pelvis	Crâne Mandibule

D'après Voorhies, 1969 ; DAO : A. Lau, 2008

Fig. II.21 – Susceptibilité des parties squelettiques relatives à la dispersion fluviatile

Également, lorsque seul le groupe III est découvert, il peut s'agir d'un dépôt complètement lessivé par la dispersion fluviale. L'observation de parties squelettiques en connection (stricte ou lâche), ainsi que les données morphosédimentaires des sites, permettent d'éclairer l'impact relatif de la dispersion fluviale sur les assemblages fauniques.

Adossé à la quantification des éléments squelettiques (taux de survie, % PO), sur laquelle nous reviendrons ci-dessous, la densité minérale inhérente à chaque élément squelettique sera étudiée (Lyman, 1994 ; Lam *et al.*, 1998, 1999). Ainsi, la méthode de « Densité CT » permet de dire dans quelle mesure, la densité minérale est le facteur unique (ou non) de la représentation différentielle des éléments squelettiques. Notons que les densités minérales des éléments dentaires, beaucoup plus denses et résistantes que les autres parties du squelette, n'ont pas été prises en compte pour ne pas biaiser systématiquement les résultats.

La dispersion-destruction des éléments osseux par les carnivores se caractérise principalement par une disparition élevée des parties distales et proximales des os longs (les extrémités spongieuses ; Lyman, 1994). Cet impact sur les assemblages peut être partiellement masqué par d'autres processus taphonomiques, telle la dissolution-destruction des parties spongieuses due aux agents physicochimiques. Néanmoins, les traces de morsures et le rognage sur les os longs donnant des formes en « fourchette » témoignent sans ambiguïté de l'activité de carnivores sur l'assemblage faunique (Fosse, 1994). En plus de ces traces directes, il résulte de l'action des carnivores que les parties crâniennes dominent nettement les assemblages osseux, suite au transport et à la consommation *in situ* des animaux (Stiner, 1991). Effectivement, les assemblages de faune produits par les groupes humains se démarquent le plus souvent de cette configuration, par la présence de toutes les parties du squelette (même si celles-ci peuvent avoir différentes proportions ; Stiner, *op. cit.*). Enfin, les éléments squelettiques des juvéniles sont beaucoup plus fragiles que ceux des adultes et ne résistent généralement pas aux assauts des carnivores, biaisant leur représentation au sein de l'assemblage osseux (Blumenschine, 1986).

Construction des profils de mortalité (ou profils d'abattage)

La construction des profils de mortalité relève de l'observation des différentes classes d'âge des animaux abattus et de leurs proportions respectives, à l'issu d'une exploitation par les groupes humains (Stiner, 1991). Ces études exprime donc les modalités d'acquisition de populations animales. En l'occurrence, elles sont d'autant plus pertinentes qu'elles s'appuient une connaissance de la structuration démographique des populations naturelles.

Estimation du nombre d'individus et appariement des séries dentaires

La détermination du nombre minimal d'individus (NMI) représentés dans les assemblages fauniques est plus fiable lorsqu'elle est effectuée à partir des restes dentaires (Vigne, 1988). En première analyse, le nombre minimal d'individus de fréquence (NMIf) permet d'estimer par défaut le nombre d'individus (Poplin 1976 a). Toutefois, le nombre minimal d'individus de combinaison (NMIc) se fondant généralement sur les séries dentaires, permet la reconnaissance d'un nombre plus important d'individus en faisant intervenir un certain nombre de critères objectifs (Poplin, 1976a et b ; Vigne, 1988). Parmi ces critères figurent, par exemple, le nombre de séries dentaires conservées dans leurs mandibules ou maxillaires et pour les dents plus ou moins isolées les degrés d'usure par type de dent, c'est-à-dire l'âge de celles-ci, mais aussi leurs tailles et formes respectives.

Si certaines séries dentaires furent découvertes associées directement à leurs mandibules ou maxillaires, le matériel dentaire était en règle générale extrait de sa matrice osseuse. Celle-ci ayant été dissoute ou brisée, la majeure partie des séries dentaires fut trouvée sous la forme d'associations lâches, les plus souvent incomplètes. Dans les sites tels que le Tureau des Gardes 10 ou Monruz, dans lesquels le travail d'appariement n'avait pas été réalisé, un travail de réarticulation des séries dentaires a été opéré. Plusieurs critères sont nécessaires pour réaliser les réarticulations-appariements et ceux qui furent les plus employés par expérience sont les formes des dessins dentaires sur les faces occlusales, les formes des couronnes et les anomalies de croissance d'origine pathologique (notamment les hypoplasies), la taille des éléments dentaires, les degrés d'usures. La réarticulation en tant que telle n'est conservée que lorsque les surfaces de contact antérieures et/ou postérieures assurent une connexion idéale sur l'ensemble du bord. Les cas litigieux furent réexaminés à la loupe binoculaire. S'appuyant sur un nombre de séries dentaires accrues et une détermination de l'âge des individus plus fiable, cette démarche tend à améliorer les résultats des analyses paléodémographiques.

Estimation de l'âge des chevaux

Comme l'a souligné Marsha A. Levine (1979, 1983), la détermination de l'âge des chevaux nécessite plusieurs méthodes relatives, qui toutes concourent, à différents stades de la vie des équidés, à apporter des informations (*fig. II.22*). Se recoupant partiellement, ces différentes méthodes portent sur les divers types de dents (incisives, dents jugales), ainsi que sur leur statut (dents déciduales, dents définitives).

Plusieurs référentiels ont été établis afin de situer les éruptions-remplacements des différentes dents de chevaux au cours de leur vie. Un consensus en la

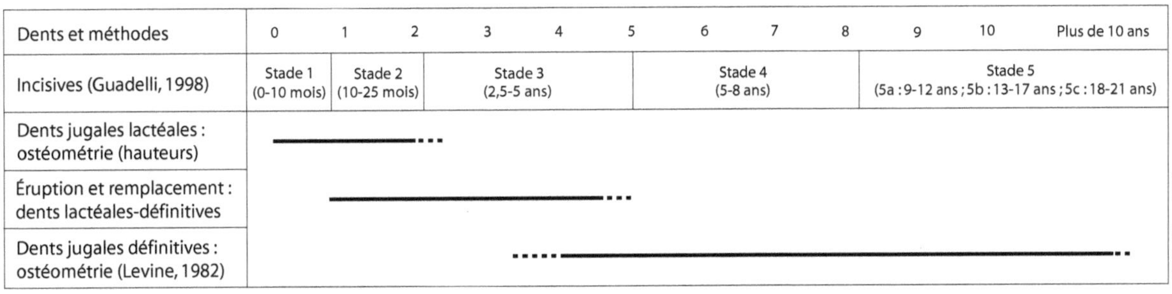

Fig. II.22 – Méthodes employées pour déterminer l'âge des chevaux au cours de leur croissance

matière a été mis au point, sur la base des principaux référentiels (Petit, 1939 ; Montané *et al.*, 1949 ; Habermehl, 1975 ; Chatelain, 1992 ; Guadelli, 1998), de nos expériences personnelles et d'après les données issues des très nombreux chevaux d'âge connu de la collection archéozoologique « Philippe Morel » du Service cantonal d'archéologie de Neuchâtel. Ainsi, ce référentiel a été systématiquement employé dans les études qui suivent et se propose de servir de base commune aux études portant sur les processus d'éruption-remplacement des séries dentaires de chevaux, afin d'unifier les observations archéozoologiques futures (*tab. II.3*).

Tab. II.3 – Référentiel employé dans l'étude des éruptions-remplacements des dents de chevaux

Dents	Référentiel de l'étude
Id1	1-2 semaines (jusqu'à environ 30 mois)
I1	À partir de 30 mois
Id2	3-8 semaines (jusqu'à 3-3,5 ans)
I2	À partir de 3-3,5 ans
Id3	5 mois (jusqu'à 4-4,5 ans)
I3	À partir de 4-4,5 ans
C	À partir de 3-4 ans
Pd2	Dès la naissance (jusqu'à 28-30 mois)
PM2	À partir de 28-30 mois
Pd^3	Dès la naissance (jusqu'à 30 mois)
Pd_3	Dès la naissance (jusqu'à 28-30 mois)
PM^3	À partir de 28-30 mois
PM_3	À partir de 30 mois
Pd4	Dès la naissance (jusqu'à 3,5 ans)
PM4	À partir de 3,5 ans
M1	Environ 12 mois
M2	22-26 mois
M3	40-50 mois

Abréviations :
Id1 = incisive déciduale 1 supérieure et inférieure ;
C = canines supérieures et inférieures ;
Pd^2 = prémolaire déciduale 2 supérieure ;
PM^2 = prémolaire définitive 2 supérieure ;
M1 = molaires 1 supérieures et inférieures.

D'après Bignon, 2003 ; DAO : A. Lau, 2008

La méthode qui a trouvé la plus large utilisation quant aux séries dentaires des chevaux tardiglaciaire est celle dite de la hauteur de couronne ; un développement spécifique lui est donc consacrée ci-dessous. Lorsque la dentition définitive est totalement en place (entre 4,5 et 5 ans), l'usure dentaire devient le seul critère réellement pertinent pour attribuer un âge à un individu. Les chevaux possèdent des dents jugales hypsodontes, c'est-à-dire qu'elles ont une croissance prolongée du fût au cours de la vie des animaux, qui compense en partie l'usure de la couronne, de telle façon que leur abrasion provoque la réduction progressive de leur hauteur. Développée par M.A. Levine (1979, 1982, 1990), d'après un modèle concernant les bovidés mis au point par Pierre Ducos (1968), la méthode morphométrique de la hauteur des couronnes des dents jugales permet donc d'estimer (pour chaque dent) une fourchette d'âge (*fig. II.23*). En objectivant par des mesures morphométriques la hauteur des couronnes, cette méthode revient à estimer l'âge en fonction du degré d'usure. De plus, cette méthode peut être utilisée de façon à valider l'attribution de certaines dents à des séries ou reconnaître les âges de dents restées isolées. Cette méthode a été régulièrement utilisée dans la plupart des études archéozoologiques visant à établir les âges dentaires et définir des courbes de mortalité de chevaux (Bridault, Bemilli, 1999 ; Fernandez, 2001 ; Bridault

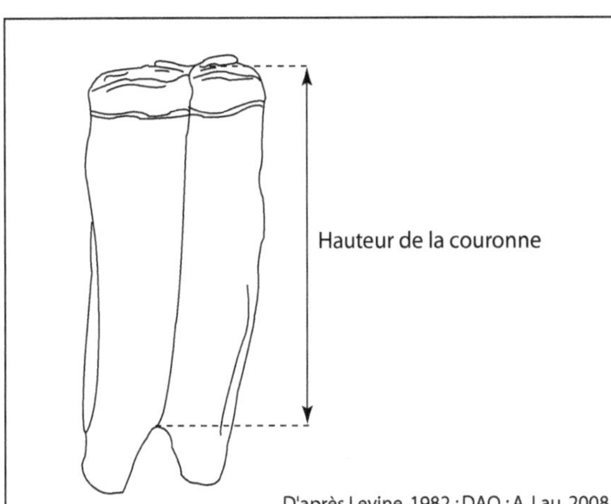

Fig. II.23 – Prise de mesure des hauteurs de couronne de dents jugales de chevaux

et al., 2003 ; Fernandez, Legendre, 2003). En dépit du fait que le référentiel initial était composé par des poneys de New Forest, il a pu être montré que les modèles de M.A. Levine (1982) sont utilisables pour déterminer l'âge des chevaux, dans les limites d'un intervalle de confiance de 95 % (Fernandez, 2001 ; Fernandez, Legendre, 2003). Seules les PM4 (prémolaires 4 inférieures) n'offrent pas une sécurité statistique aussi élevée. Cette compatibilité s'explique par la régularité de l'usure des dents jugales, celle-ci ayant pu être exprimée par des régression linéaires d'équation connue (*tab. II.4*). Tous les tests réalisés (pour chaque dent) sont hautement significatifs, comme le soulignent les valeurs des coefficients de corrélation. À l'aide de ces droites de régression, il est donc possible de calculer directement l'âge d'une dent en remplaçant x par la valeur de la hauteur de couronne. Par exemple, pour une M3 inférieure dont la hauteur de la couronne aurait été mesurée à 31,7 mm, l'âge est obtenu en reprenant la formule de la dent adéquate (*tab. II.4*), soit : -0,2041 (31,7) +/- 19,804 = 13,33. Cette molaire 3 inférieure a donc un âge égal à 13, 33 ans, avec un intervalle de confiance de +/- 1,48 (11,85-14,81 ans).

Dans le but de renforcer la sécurité de la détermination de l'âge des individus, une estimation de l'âge pour chaque dent des séries a été calculée. La comparaison entre ces résultats permet de dégager un âge moyen pour la série entière, accompagné de son intervalle moyen. Cette démarche a été reproduite pour toutes les séries dentaires inférieures ou supérieures des dents jugales, afin de limiter les effets relatifs aux variations interindividuelles de l'usure dentaire.

Tactiques et stratégies de chasse

Avant de présenter les différents modèles de mortalité, il apparaît utile de préciser le sens de certaines notions relatives aux pratiques cynégétiques, notamment la distinction entre les tactiques et les stratégies de chasse (Bignon, 2006a, 2006b, 2007a). Selon nous, une tactique de chasse doit être conçue comme l'ensemble des dispositifs techniques (armes et installations ; Oswalt, 1976) et les variables d'un épisode de chasse (chasse individuelle-collective, mais aussi le lieu, la saison...) aux dépens d'une espèce animale donnée. Cette notion se distingue de celle de stratégie de chasse, par laquelle il convient d'envisager la capacité d'un groupe social à fixer et à organiser des objectifs cynégétiques sur une espèce donnée au cours d'un ou plusieurs cycles annuels. Les stratégies de chasse d'un groupe humain peuvent se définir ainsi par les choix planifiés relatifs à l'exploitation des ressources animales (espèces, nombre d'espèces, proportions relatives entre les proies, variables de classe d'âge ou de groupes sociaux des cibles, saisons et lieux préférentiels, etc.). Toutefois, la dissociation entre la tactique (relative à la conduite d'une chasse donnée) et la stratégie (planification des objectifs cynégétiques) de notre conception de la chasse, peut être parfois ténue du fait de leur imbrication dans les pratiques.

De la confrontation des tactiques employées par les chasseurs des périodes historiques et préhistoriques pour abattre les chevaux, à l'exception de la poursuite, différentes modalités ont été inventoriées, en s'inspirant des travaux de M.A. Levine (1979) :

• *Chasse de poursuite* : se décline potentiellement en deux options, l'une à pied et l'autre avec monture (chevaux apprivoisés), mais le but est d'anticiper le

Tab. II.4 – Régularité de l'usure des dents jugales chez le cheval : droites de régression, coefficients de corrélations et erreurs types

Dents jugales	Droite de régression	Coefficient de corrélation	Degré de liberté (ddl)	Erreur type
Dents supérieures				
PM^2	y = -0,2535x + 17,636	r = -0,97	22	1,02
PM^3	y = -0,1931x + 18,622	r = -0,95	24	1,39
PM^4	y = -0,1864x + 18,541	r = -0,95	22	1,13
M^1	y = -0,1963x + 18,482	r = -0,95	26	1,49
M^2	y = -0,2152x + 20,264	r = -0,97	20	1,15
M^3	y = -0,2271x + 20,813	r = -0,97	14	1,09
Dents inférieures				
PM_2	y = -0,2344x + 20,300	r = -0,97	24	1,01
PM_3	y = -0,2212x + 20,511	r = -0,97	24	0,99
PM_4	y = -0,2165x + 20,907	r = -0,95	23	1,35
M_1	y = -0,2172x + 20,300	r = -0,96	28	1,32
M_2	y = -0,2124x + 20,892	r = -0,97	24	1,18
M_3	y = -0,2041x + 19,804	r = -0,95	16	1,48

D'après Levine, 1979 ; Fernandez, 2001; PAO : A. Lau, 2008

déplacement de la proie. À pied, l'endurance du l'équidé est éprouvée pendant une ou plusieurs journées par un homme seul ou par un petit groupe d'individus. Avec monture, cette tactique est nettement plus efficiente : un petit groupe d'homme peut aller directement à la rencontre des bandes et provoquer la poursuite. Dans ce type de chasse, les juvéniles et les animaux les plus âgés ou malades sont les proies les plus vulnérables.

• *Chasse d'approche* : pratiquée par un chasseur ou un petit nombre d'hommes, cette chasse vise à s'approcher le plus possible des proies en utilisant des leurres pour masquer son apparence humaine (peaux d'autres animaux). Cette tactique touche plus particulièrement les juvéniles (moins aguerris à la prédation), les vieux adultes (moins vifs, plus isolés pour les mâles solitaires) et les individus malades ou blessés.

• *Chasse d'interception* : abattage de plusieurs individus par l'action concertée de plusieurs chasseurs à l'affût, préalablement disposé en un lieu favorable de la piste emprunté quotidiennement ou saisonnièrement par le gibier. L'interception de bandes d'équidés est réalisée à l'aide de techniques d'acquisition permettant de réduire la distance avec le gibier et de multiplier les assauts envers les gibiers (lances, arc et flèches, sagaies et propulseurs).

• *Chasse à l'appelant* : utilisation de spécimens captifs pour attirer un ou plusieurs congénères. Lorsque ceux-ci sont suffisamment proches, les chasseurs usent de leurs projectiles pour tuer ou blesser les animaux curieux ;

• *Chasse par piégeage* : l'aménagement d'une fosse de profondeur variable (avec ou sans piques) au niveau des points d'eau ou sur les routes de migrations principales. Cette tactique vise à abattre un grand nombre d'individus lors de la même opération, et de ce fait, concerne les bandes ayant une démographie élevée, les groupes familiaux. Également, dans le sens où elle conditionne l'accès aux autres points d'eau dans les environs immédiats, on peut admettre qu'elle est une variante des chasses de rabattage.

• *Chasse de rabattage de bandes* : cette tactique collective a pour objectif de capter un grand nombre de gibiers. Le but est de contraindre les animaux à fuir groupés en direction d'un second groupe humain prêt à abattre un maximum de proies. L'utilisation de la course (avec ou sans chiens), de l'approche ou de monture est attestée, de même que des contextes topographiques avantageux (canyons, marécages, etc.) associés ou non à des dispositifs techniques (palissades, système à barrières convergentes, à enclos).

Modèles de mortalité appliqués aux populations de chevaux

Les courbes de mortalité expriment les nombres d'animaux abattus par classe d'âge, pour chaque classe d'âge préalablement déterminée (Ducos, 1968 ; Lyman, 1994). Les nombres d'individus sont le plus souvent donnés en NMIc à partir du matériel dentaire : ces données permettent généralement d'obtenir le dénombrement le plus élevé d'individus dans les assemblages fauniques. Les courbes ou profils de mortalité reflètent les relations écologiques fondamentales entre les humains et leurs proies (Ducos, *ibid.* ; Stiner, 1990, 1991). Ces données de mortalité sont susceptibles de contribuer à éclairer les questions des archéologues, telles que la fréquentation du paysage par les groupes humains, les pratiques relatives à la recherche de nourriture, l'influence de la technologie sur l'acquisition des proies, l'organisation sociale des tâches, etc.

M.A. Levine (1979, 1982, 1983, 1990) a élaboré et utilisé plusieurs modèles de courbes de mortalité spécifiques aux chevaux. Ces travaux tentent de mettre en correspondance les différentes modalités d'abattage des équidés (poursuite, interception, etc.) et leurs répercussions respectives en termes de profils de mortalité, tout en prenant en compte la destruction différentielle touchant plus particulièrement les restes osseux des juvéniles (Levine, 1983 ; Guadelli, 1998).

Ainsi, on retrouve le modèle catastrophique qui donne un échantillon fiable de la structure démographique d'une population vivante et le modèle attritionnel qui reflète le taux de rotation de la biomasse d'une population (Levine, 1983 ; *fig. II.24*). La faiblesse de ces modèles classiques est qu'ils n'intègrent pas les modes d'agrégation des chevaux et notamment la distinction entre les groupes familiaux (ou harem) et les groupes de célibataires. Comme le montre la figure II.25 (élaborée d'après les données des chevaux de Granite Range, Berger, 1986), la composition de ces groupes diverge en plusieurs points sur le plan démographique. La première distinction se situe au niveau du sex-ratio : c'est à l'intérieur des groupes familiaux que s'opère la reproduction et on y trouve donc des individus masculins et féminins. À partir de 2-4 ans, les juments sont d'ailleurs plus nombreuses. À l'inverse, les groupes de célibataires sont exclusivement composés d'individus masculins. Cette première distinction est malheureusement peu aisée à mettre en évidence dans un contexte archéologique car les chevaux n'ont pas de dimorphisme sexuel. Seuls, la forme du pelvis ou le nombre des canines (présentes chez les mâles) sont susceptibles d'apporter des informations. Cependant, les os du pelvis suffisamment bien conservés ne sont que très rarement présents sur les sites et les juments ont des canines inférieures dans 20 à 25 % des cas : « [...] *2 à 3 % des juments possèdent des canines bien développées aux deux mâchoires. 6 à 7 % en possèdent seulement à la mâchoire supérieure mais 20 à 25 % à la mâchoire inférieure seulement* » (Barone, 1986 : 137). Ces différences primaires entre les groupes familiaux et de célibataires ne peuvent pas être identifiées de façon satisfaisantes dans les collections archéologiques, car les informations s'y rapportant sont rarement disponibles ou aléatoires.

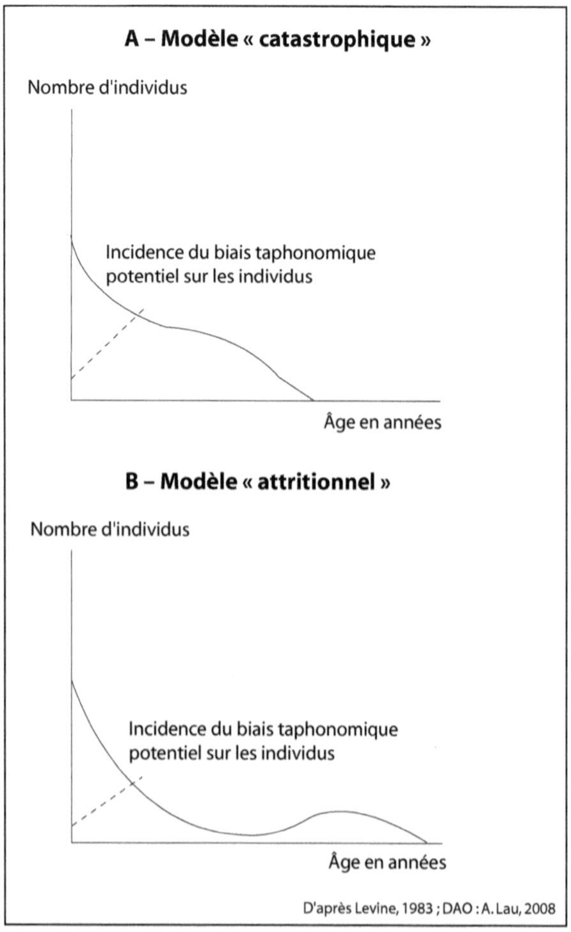

Fig. II.24 – Modèles de mortalité catastrophique et attritionnel chez les chevaux

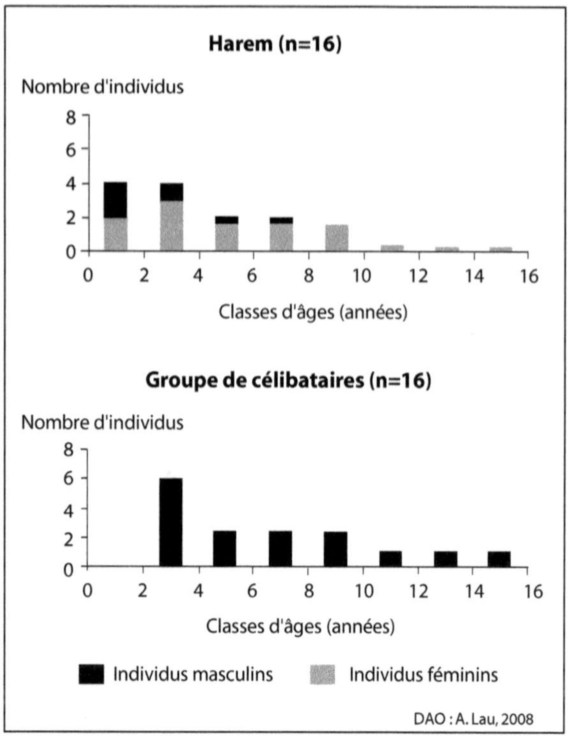

Fig. II.25 – Comparaison de la composition respective des groupes familiaux et des groupes de célibataires

Une deuxième source de distinction entre ces regroupements de chevaux réside dans le taux d'individus juvéniles. Effectivement, les très jeunes poulains (jusqu'à environ deux ans au minimum) ne se rencontrent que dans les groupes familiaux où ils sont très liés à leur mère. Si leur présence peut être masquée par une forte destruction taphonomique, la conservation différentielle des vestiges fauniques ne parvient pas à dissoudre l'ensemble de ces éléments (au moins les éléments dentaires qui sont plus résistants). La présence de restes de juvéniles attestera ainsi d'une activité cynégétique au dépens d'un groupe familial, même si en fonction des contextes taphonomiques, la représentation des très jeunes individus sera plus ou moins altérée.

Enfin, un troisième critère de distinction est observable : il s'agit du nombre relatif des individus adultes les plus âgés (*fig. II.25*). Les individus de plus de 10 ans sont un peu moins nombreux dans les groupes familiaux que dans les groupes de célibataires. Cette observation est peut être applicable aux données archéologiques des courbes d'abattages pour relever les proportions des classes d'âges les plus élevées, car les vieux adultes ne sont pas susceptibles d'être des victimes particulières des contextes taphonomiques (tout du moins, pas plus que les autres adultes).

L'intégration des classes d'âges appropriées et de leurs proportions respectives dans des modèles de courbes de mortalité, a été réalisée par M.A. Levine (1983, 1990). Sur la figure II.26, l'auteur a construit des profils représentant la mortalité « catastrophique » (totale) d'un groupe familial et d'un groupe de célibataires. Il est possible de retrouver les différences démographiques liées à la composition initiale de ces deux groupes, au niveau des juvéniles et des adultes les plus âgés.

Parmi les tactiques de chasse, certaines aboutissent en définitive à des courbes de mortalité distinctes. Ainsi, il est attendu que dans le cas d'une chasse de poursuite alliée à un piégeage en masse, comme dans le cas d'un rabattage de troupeau, apparaissent des profils de mortalité catastrophiques (*fig. II.24A*). En effet, ces tactiques de chasse sont *a priori* non sélectives et de fait affectent de façon indistinctes toutes les classes d'âge représentées dans les deux types de groupes sociaux des chevaux. En revanche, l'interception des groupes sociaux permet une plus grande propension à sélectionner les proies (Levine, 1979, 1983). Il s'en suit que dans la courbe de mortalité, la distribution non aléatoire des classes d'âge aboutit à une forme non représentative de la démographie des deux groupes sociaux connus chez les chevaux (*fig. II.26*). Effectivement, la courbe de mortalité aura la forme d'une cloche car ce sont les subadultes et les adultes les moins âgés qui sont prioritairement choisis lors des interceptions de bandes (*fig. II.27* ; Levine, 1983).

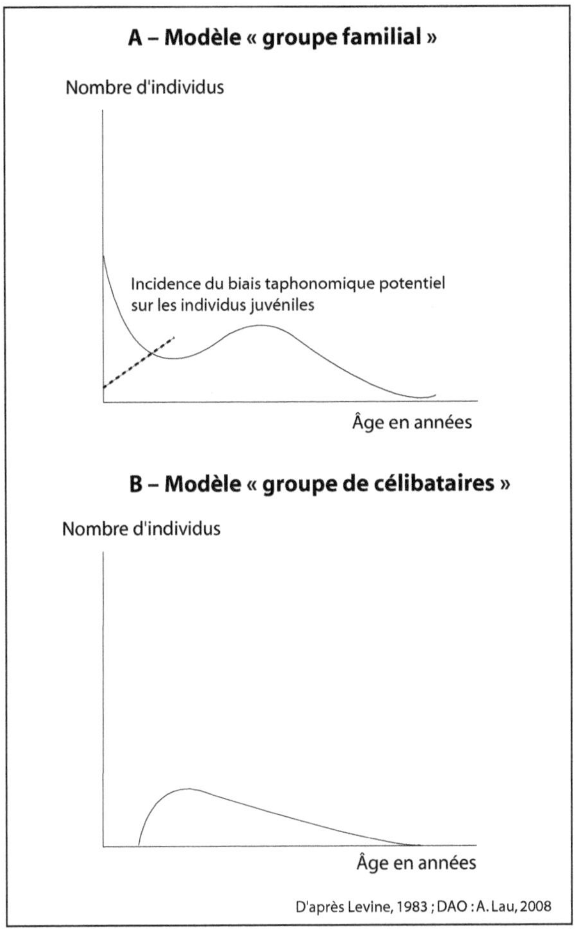

Fig. II.26 – Modèles de mortalité de groupe familial et de groupe de célibataires de chevaux

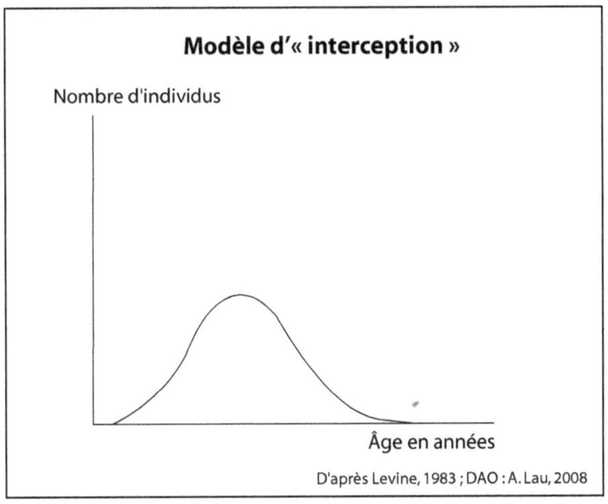

Fig. II.27 – Modèles d'interception de chevaux

Établissement des classes d'âge

L'établissement de classes d'âge s'est révélé nécessaire pour conserver une marge de sécurité dans la détermination de l'âge des chevaux tardiglaciaires, compte tenu des marges d'erreur des méthodes employées en archéozoologie (Fontana, 2000). Quatre sources d'erreur principales sont à déplorer : 1- la marge d'incertitude liée à l'estimation même de l'âge (l'intervalle de confiance) ; 2- la variabilité interindividuelle de l'usure dentaire ; 3- l'usure différentielle des dents entre les chevaux tardiglaciaires par rapport aux modèles développés à partir de la méthode de M.A. Levine (1979 ; 1982) ; 4- l'estimation de l'espérance de vie des animaux préhistoriques par rapport aux modèles actualistes précités. Si l'estimation de l'âge à partir de la hauteur des couronnes produit des résultats relatifs, ceux-ci apparaissent tout à fait fiables à l'intérieur de l'intervalle de confiance. En revanche, à notre connaissance aucune étude n'a été réalisée pour apporter des informations sur le degré de variation interindividuelle et l'usure différentielle pour les chevaux. Néanmoins, des variations dans l'usure dentaire, relatives à ces deux critères sont *a priori* plausibles. Laure Fontana (2000) relève qu'une usure différentielle entre les rennes actuels et paléolithiques existe en effet (l'usure est plus prononcée pour les spécimens archéologiques), mais ne devient observable qu'à partir de l'âge de trois ans. En ce qui concerne l'espérance de vie des animaux préhistoriques, il semble que les limites connues pour les équidés vivant à l'état sauvage puissent conduire les individus entre 15 et 20 ans (Groves, 1974 ; Berger, 1986). En revanche, certains chevaux domestiques ou équidés maintenus dans des milieux artificiels (parcs zoologiques, ménageries) peuvent atteindre 25, voire dépasser légèrement les 30 ans. Par rapport à ces données, il ressort que les modèles issus de la méthode Levine, allant jusqu'à l'âge de 25 ans, sont plutôt un peu trop excessif quant à l'espérance de vie vraisemblable des chevaux sauvages des périodes glaciaires.

En conséquence de ces difficultés, les classes d'âges doivent être élaborées pour atténuer l'imprécision relative de la détermination de l'âge des chevaux archéologiques. Plusieurs découpages en classes ont été choisis par différents auteurs : Jean-Luc Guadelli (1998 ; *fig. II.22*) préconise de ne travailler que sur les incisives et donc ces classes d'âges se prêtent beaucoup moins à l'étude des dents jugales ; Philippe Fernandez (2001) a élaboré des classes d'âge régulières de trois ans. Aucune de ces classes d'âge n'a été retenue dans ce travail car selon nous, la constitution de classes doit apporter une aide à l'interprétation des groupes sociaux chassés (ou leur occurrence), ce qui n'est pas le cas pour les options choisies par les auteurs précédemment cités. La constitution des classes d'âge des chevaux doit répondre aux critères suivants (Bignon, 2003) :

• l'existence de moyens objectifs de détermination de l'âge (le remplacement ou l'éruption d'une ou plusieurs dents, les mesures morphométriques) conditionne la taille relative des classes d'âge (plus courte lorsque la détermination est plus fiable et inversement) ; une validation potentielle de la détermination de l'âge par les deux méthodes (éruption-remplacement, hauteur des couronnes) peut garantir la précision des résultats pour les premières classes tout du moins ;

• l'établissement de classes qui permettent idéalement de recouvrir des groupes d'âges possédant une réelle signification du vivant des animaux, c'est-à-dire la composition différentielle des groupes sociaux (notamment sur le plan démographique, voir *infra*).

Les cinq classes d'âge retenues pour cette étude sont les suivantes (*tab. II.5*) : 0-2 ans ; 2-5 ans ; 5-10 ans ; 10-15 ans ; plus de 15 ans. La première classe « 0-2 ans » est déterminable par l'éruption des premières et deuxièmes molaires (respectivement à 1 et 2 ans) et l'usure des dents déciduales. En outre, cette classe regroupe des individus juvéniles (selon la définition de Stiner, 1991), qui ne sont pas encore autonomes par rapport à leur mère et se trouvent uniquement dans les groupes familiaux (harems).

La classe « 2-5 ans » connaît le remplacement de toutes les dents déciduales (Pd2-3-4) par les prémolaires (PM2-3-4) et l'éruption des troisièmes molaires (M3). Cette classe concerne le sous-groupe des subadultes : au cours de cette période, les poulains mâles seront amenés à quitter les groupes familiaux pour rejoindre les groupes de célibataires ; les jeunes femelles commencent à être fécondables par l'étalon au sein des harems. Quelques rares mâles restent dans certains groupes familiaux, où ils seront dominés par l'étalon et n'ont aucune chance de procréer. En conséquence, cette classe d'âge est aussi bien représentée chez les deux types de groupes sociaux des chevaux, mais quelque fois légèrement mieux représentée chez les groupes familiaux.

Les classes d'âge « 5-10 ans », « 10-15 ans » et « plus de 15 ans » concernent des individus adultes, tous susceptibles d'avoir accès à la reproduction. Néanmoins, les étalons de « 5-10 ans » sont très largement représentés dans les groupes de célibataires, un seul étalon étant en principe présent dans les groupes familiaux. Inversement, les juments adultes sont uniquement dans les harems quel que soit leur âge. Les mâles de plus de 10 ans ne sont presque jamais en mesure de faire face aux assauts des jeunes célibataires et doivent être rapportés aux groupes de célibataires, même si en fonction des saisons ou des individus, ces spécimens peuvent adoptés des comportements plus ou moins solitaires (voir *infra*). D'une manière général chez les équidés, les mâles adultes sont moins représentés que les femelles du même âge, essentiellement en raison des blessures ou des efforts consentis aux luttes intraspécifiques (Berger, 1986). Pour toutes ces dernières classes d'âge, il est donc possible d'envisager que les individus identifiés dans les collections archéologiques relèvent de femelles et donc désigner généralement une chasse des groupes familiaux.

Lors de l'établissement des courbes d'abattage, l'âge moyen de certaines séries peut recouvrir deux classes d'âge (surtout leur intervalle). Dans ce cas, un calcul est opéré pour toutes ces séries dentaires afin déterminer la part de cet individu à attribuer dans chaque classe. Par exemple, pour un individu d'âge moyen de 5,7 ans et d'intervalle de confiance 1,2 ans,

Tab. II.5 – Établissement des classes d'âge des courbes de mortalité des chevaux tardiglaciaires d'après les critères de détermination, le recoupement des méthodes et les groupes d'âge significatifs éthologiquement

Détermination de l'âge	Classe 0-2 ans	Classe 2-5 ans	Classe 5-10 ans	Classe 10-15 ans	Classe plus de15 ans
Usure des dents déciduales + éruption des molaires 1/2	Juvéniles liés au groupes familiaux				
Remplacement des dents déciduales + éruption des prémolaires 2-3-4 et des molaires 3		*Subadultes* : exil de la plupart des jeunes mâles hors des groupes familiaux vers les groupes de célibataires			
Usures des dents jugales définitives			*Adultes dans la pleine force de l'âge* : groupes familiaux = juments + étalon ; groupes de célibataires = étalons divers		
Usures des dents jugales définitives				*Vieux adultes* : groupes familiaux = juments ; groupes de célibataires = étalons, parfois solitaires	
Usures des dents jugales définitives					*Très vieux adultes* : groupes familiaux = juments ; groupes de célibataires = étalons, parfois solitaires

PAO : A. Lau, 2008

la classe 2-5 ans comptabilisera 0,21 de cet individu (5,7-1,2 = 0,5 ; 0,5 x 100/2,4 = 21) et la classe 5-10 en recevra 0,79. Il s'ensuit que les pourcentages du NMIc qui permettent les courbes d'abattage sont rarement des chiffres entiers.

Indices de saisonnalité à partir des dents jugales déciduales

L'obtention d'informations relatives à la saisonnalité des animaux abattus dans les assemblages archéologiques ne peut être dissociée des méthodes de détermination de l'âge des individus. L'essentiel des indices tirés du matériel dentaire est apporté par les séries des juvéniles, en fonction de leurs compositions et degrés d'usure. Les périodes de remplacement des dents déciduales par les dents définitives peuvent également permettre d'envisager des saisons d'abattage. D'après les référentiels actuels, les chevaux sauvages connaissent un pic de naissances se produisant en mai, même si certaines mise bas interviennent un peu après ou un peu après (voir *infra* ; Bignon, 2006c, 2007b). À l'instar de nos collègues archéozoologues (Morel, Müller, 1997 ; Fernandez, 2001 ; Turner, 2002 ; Fernandez, Legendre, 2003), nous avons choisi le mois de mai pour calculer l'âge de naissance conventionnel des chevaux tardiglaciaires.

Pour apporter des informations précieuses quant à la saison d'abattage, l'archéozoologue s'appuie sur la perdurance des dents déciduales et leur remplacement par les définitives. Ce processus de renouvellement des séries dentaires se marque par la succession de différentes compositions dentaires caractéristiques (*fig. II.28*). On peut constater que les dents déciduales sont remplacées par les définitives en automne : les Pd2 sont remplacées par les PM2 entre 28-30 mois (fin octobre, début novembre), de même que les Pd3 (30 mois pour les Pd3 ; 28-30 mois pour les Pd3). Les Pd4 sont remplacées par les PM4 à partir de cette même période de l'année, mais un an plus tard (environ 3,5 ans).

L'une des innovations méthodologiques les plus importantes de l'étude fut d'élaborer à partir des dents jugales déciduales des indices de saisonnalité (Bignon, 2003, 2006c, 2007b). Cette méthode originale est fondée sur le même principe d'une usure régulière des dents, démontrée précédemment, autorisant donc l'emploi d'une prise de mesure de la hauteur des couronnes pour déterminer l'âge des poulains (*fig. II.29*). Cette méthode s'est donc délibérément inspirée de celle que

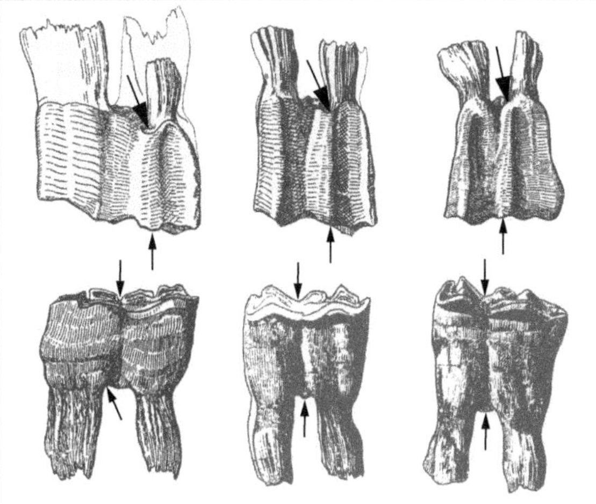

D'après un dessin *in* Petit, 1939 ; Bignon, 2006, 2007b ; DAO : A. Lau, 2008

Fig. II.29 – Points de mesures sur les dents déciduales pour l'obtention des hauteurs de couronne

M.A. Levine (1979, 1982) a mis au point pour les dents jugales définitives. En se fondant sur un référentiel de dents jugales déciduales tiré de la collection Philippe Morel du Service cantonal d'archéologie de Neuchâtel, des données morphométriques ont été recueillies afin d'établir un modèle d'usure pour les Pd2 et Pd3 supérieures et inférieures. Un travail préalable de découpe des crânes pour extraire ces éléments dentaires de leurs alvéoles mandibulaires et maxillaires fut autorisé et réalisé des mains mêmes du responsable de la collection, Werner Müller. À cette collection, une Pd2 inférieure d'un poulain de 19 mois a été ajoutée, provenant de la collection du Musée de Fragonard (École vétérinaire de Maisons-Alfort). Les résultats des mesures des séries jugales ont permis de confirmer l'existence d'une usure régulière des dents, comme en témoignent

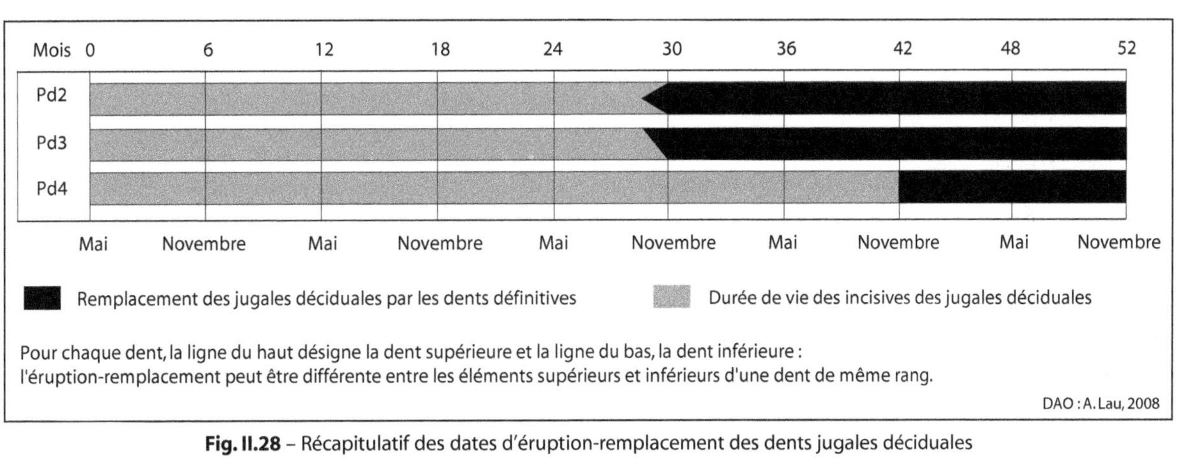

Fig. II.28 – Récapitulatif des dates d'éruption-remplacement des dents jugales déciduales

les droites de régression (*tab. II.6* ; *fig. II.30* et *II. 31*). Il faut noter que les Pd4 supérieures et inférieures n'ont pas été prises en compte dans nos modèles et nos analyses du matériel archéologique. Effectivement, leur variabilité interindividuelle a été jugée trop grande d'après les observations réalisées à partir du matériel de référence (collection Ph. Morel de Neuchâtel), essentiellement jusqu'aux 12, voire les 18 premiers mois.

D'après des observations personnelles, il ressort que les dents déciduales sont susceptibles de tomber à partir du moment où la hauteur des couronnes atteint 5 mm (d'après la méthode de prise de mesure développée dans cette étude ; *fig. II.29*). D'ailleurs, avec cette hauteur, certains individus de la collection Ph. Morel de Neuchâtel, quelques dents n'étaient plus présentes qu'à l'état fragmentaire (sous l'effet de l'usure). Considérant ces observations, il fut ajouté systématiquement aux données un point à 5 mm au moment où les dents sont susceptibles de tomber (par exemple, 30 mois pour les Pd2 censées chuter entre 28 et 30 mois). L'ajout de ce point correspondant à la chute probable des déciduales ne change pas la signification statistique des droites de régression respectives. Les résultats obtenus sans le point d'ajustement donnent pour les dents déciduales supérieures (pour des degrés de liberté, ddl = 9 et un seuil de signification p (0,01) = 0,735) : Pd2, r = -0,987 ; Pd3, r = -0,99. De même, pour les dents déciduales inférieures : Pd2, r = -0,989 (ddl = 7, p [0,01] = 0,798) ; Pd3, r = -0,984 (ddl = 9, p [0,01] = 0,735). Cependant, le rajout des points correspondant à la chute probable des dents déciduales permet un meilleur ajustement de la droite par rapport aux observations visuelles d'usure sur le matériel de référence.

Ainsi obtenus, toutes les droites de régression des dents jugales déciduales inférieurs comme supérieures sont hautement significatives (*tab. II.6*). Fort de ces

Tab. II.6 – Droites de régression et signification des coefficients de corrélation des modèles d'usure dentaire des jugales déciduales de cheval

Dents déciduales	Droites de régression	Coefficient de corrélation	Degré de liberté (ddl)	Seuil de signification (p = 0,01)
Dents supérieures				
Pd^2	y = -0,9590x + 32,134	r = -0,993	10	0,7079
Pd^3	y = -0,9570x + 33,650	r = -0,996	10	0,7079
Pd^4	y = -0,7191x + 34,224	r = -0,991	10	0,7079
Dents inférieures				
Pd_2	y = -0,8194x + 28,773	r = -0,993	8	0,7646
Pd_3	y = -0,9364x + 32,205	r = -0,991	10	0,7079
Pd_4	y = -0,7426x + 35,476	r = -0,986	11	0,7079

PAO : A. Lau, 2008

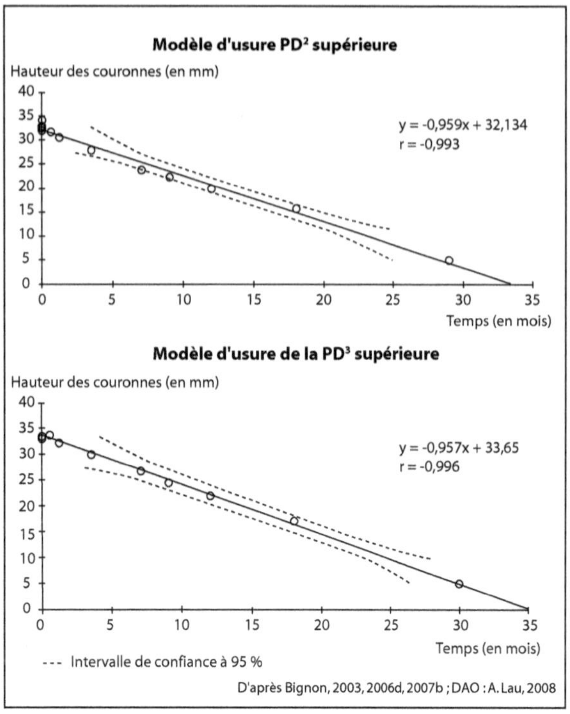

Fig. II.30 – Droites de régression modélisant l'usure régulière des dents jugales déciduales supérieures

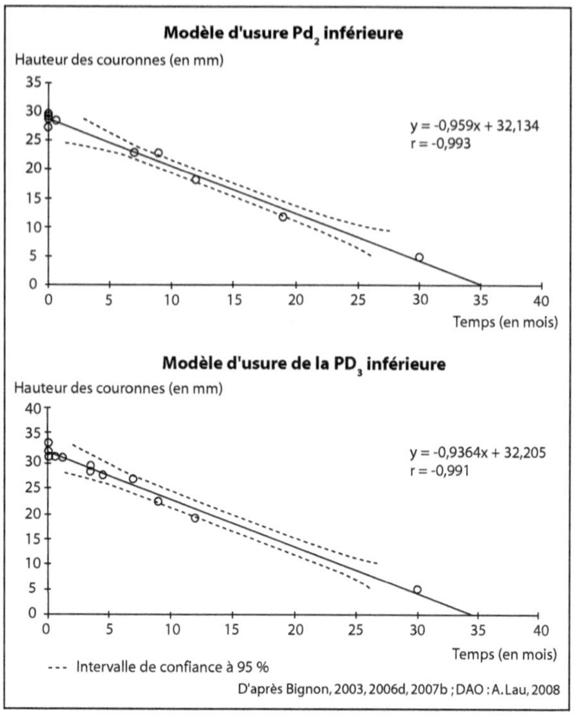

Fig. II.31 – Droites de régression modélisant l'usure régulière des dents jugales déciduales inférieures

résultats, leurs équations respectives peuvent avoir valeur de modèles d'usure : pour connaître l'âge d'une dent donnée, il suffit de calculer la formule y = ax + b adéquate en remplaçant x par la hauteur de couronne considérée. L'intervalle de confiance pour accompagner ce résultat est de +/- un mois, ce qui paraît particulièrement raisonnable du fait de haut niveau significatif des droites de régression. De plus, cet intervalle de confiance permet de prendre en considération l'étalement relatif autour du pic de naissance des chevaux se produisant en mai.

Traitement, consommation et transport anthropiques des carcasses

À la suite de la phase d'acquisition, les phases de traitement et de consommation viennent compléter les chaînes opératoires des matières premières animales (*fig. II.8* et *II.10*). Les différentes étapes des processus techniques (acquisition, traitement et consommation) peuvent être délocalisées ou non, les uns par rapport aux autres. Les chaînes opératoires liées à la consommation peuvent se dérouler sur place (consommation *in situ*) ou ailleurs dans un temps ultérieur plus ou moins long (consommation différée). L'identification et la détermination du nombre d'activités relatives aux différentes phases de la chaîne opératoire des matières animales, contribuent donc à caractériser la fonction d'un site donné, en révélant les comportements humains liés à leurs motivations économiques et techniques.

Méthodes de quantification des témoins fauniques

En correspondance avec les processus taphonomiques observés pour chaque collection archéologique, les chaînes opératoires peuvent être appréciées par les proportions respectives des différentes parties squelettiques. Dès l'abattage des animaux, leur exploitation conduit à une désarticulation, menant à une dispersion des éléments squelettiques (à laquelle peuvent participer les carnivores ou d'autres facteurs naturels ; Lyman, 1994). Plusieurs séquences opératoires marquent la phase de traitement des carcasses animales : le prélèvement de la peau, la désarticulation, la décarnisation (viandes et abats), la récupération des tendons, l'exploitation des matières osseuses, des bois ou des cornes, l'extraction de la moelle. L'étude des portions de carcasses, relevant des phases de traitement et de consommation, témoignent donc dans une large mesure d'un certain nombre des choix opérés par les populations humaines.

Les méthodes archéozoologiques de quantification tels que le nombre de reste (NR) et le nombre minimum de parties du squelette (NMPS) permettent de mettre en lumière les sous- ou les surreprésentations de segments anatomiques (Chaix, Méniel, 1996). Cette information est délivrée de façon synthétique par le taux de représentation des parties squelettiques observées, noté % PO. L'estimation de ce taux est obtenu à partir du NMPS total observé dans une collection donnée pour chaque partie squelettique, divisé par le NMPS attendu pour un NMI donné (Bridault, Bemilli, 1999). Ces outils d'analyse favorise à la fois l'observation de sélections dans le traitement ou la consommation, dans la mesure où ils informent dans le même temps des conditions taphonomiques des collections. Par exemple, le rapport NR/NMPS offre un bon indicateur de fracturation des ensembles, pour chaque partie anatomique. La conservation différentielle en fonction de la résistance respective des différentes parties squelettiques permet de pointer plus précisément ce qui relève des destructions d'ordre taphonomique. En outre, l'observation de l'absence des parties squelettiques robustes peut indiquer le transport de certaines pièces anatomiques vers d'autres lieux pour une consommation (alimentaire ou technique) ultérieure.

Du fait que les dents sont généralement considérées comme la partie squelettique qui résiste le mieux aux agents de destruction taphonomiques (Poplin, 1976b, 1994 ; Vigne, 1988 ; Chaix, Méniel, 1996), c'est grâce à leur quantification qu'on obtient souvent le nombre minimum d'individu (NMI) le moins sous évalué. Le premier objectif est donc de déterminer le nombre de chevaux abattus dans chaque niveau archéologique et/ou par site. Cette information peut être donnée par le nombre minimum d'individu de fréquence (NMIf), correspondant au dénombrement de chaque dent en fonction : de son type (incisives, canines, prémolaires, molaires) ; de son rang (incisive I1, I2, I3) ; de son origine anatomique (dents supérieures, liées au maxillaire ; dents inférieures, liées à la mandibule) ; de sa latéralisation (dents gauches ou droites). Cependant, si ces critères de détermination permettent de connaître par simple comptage le NMIf, cette méthode ne prend pas en compte les séries dentaires. La reconstitution de celles-ci fait appel à la méthode de remontage : il s'agit de regrouper dans leur position anatomique initiale des dents découvertes isolées lors des fouilles. L'archéozoologue doit alors faire appel à sa propre perspicacité afin de réassocier ces parties anatomiques (Vigne, 1988) : son soucie reste de s'approcher le plus possible du nombre d'animaux abattus. L'estimation d'un nombre minimum d'individu de combinaison (NMIc), procède donc à l'inclusion ou l'exclusion de dents au sein de séries individualisées, à partir de critères supplémentaires déjà détaillés précédemment), à ceux qui permettent le calcul du NMIf.

Ces méthodes de quantification (NR, NMPS et NMIf) illustrent les représentations relatives des éléments anatomiques (Chaix, Méniel, 1996), la méthode des parties observées (% PO) en donne une expression synthétique. Le % PO a été estimé à partir des NMPS et NMIf, ce dernier étant plus adéquat au regard de l'ensemble des parties squelettiques que le NMIc. En revanche, le NMIc a été employé pour estimer le % PO des dents, par souci d'homogénéité avec les données des courbes d'abattage. L'analyse des sous-représentations et surreprésentations (ainsi que leur latéralisation) doit être ensuite discutée en termes de sélections d'origine anthropique (consommation, transport de segments) ou de biais taphonomiques (*infra*). D'une manière générale, l'origine anthropique d'une accumulation faunique se caractérise par la présence de presque toutes les parties squelettiques (bien que dans des proportions très variables), ce qui n'est pas le cas lorsqu'un grand carnivore (ou plusieurs) s'attaque à une carcasse (les parties crâniales sont largement dominantes ; Stiner, 1991 ; Lyman, 1994). Dans l'optique où l'agent humain est le principal facteur d'accumulation, les variations dans les fréquences des parties squelettiques résultent de différentes stratégies adoptées. Les fréquences relatives des parties anatomiques peuvent dès lors être interprétées à l'échelle du site, puis à l'échelle d'un groupe de sites contemporains relevant d'une même culture (Binford, 1978). L'analyse de la représentation du squelette des animaux abattus aboutit à rendre compte des stratégies d'exploitation dans leur ensemble, incluant le transport par les hommes des carcasses (ou leurs produits), pour déboucher finalement sur stratégies logistiques et organisationnelles de ces sociétés (Binford, 1978, 1980, 1981, 1982 ; Weniger, 1987, 1989).

Estimation quantitative des valeurs nutritives globales

En outre, l'intérêt économique porté aux chevaux pour chaque collection archéologique sera estimé sur une base de la valeur nutritive globale représentée par les spécimens. Cette estimation est possible depuis qu'un *Food Utility Index* (FUI) a été mis au point à partir de trois chevaux adultes domestiques, de taille et de sexe différents (Outram, Rowley-Conwy, 1998). Cet indice économique permet d'estimer relativement précisément la quantité moyenne annuelle récupérable de moelle et de viande, pour chaque élément du squelette chez le cheval (*tab. II.7*). Il ressort de cette étude que le tronc de l'animal est particulièrement riche en valeur alimentaire, suivi par les membres postérieurs qui devancent assez clairement les membres antérieurs et les parties crâniales. Aidé de ces indices, il s'agit de rendre compte de l'importance nutritive brute du cheval, mais aussi de la représentation des parties squelettiques par rapport à leurs valeurs nutritives, pour chaque collection faunique. Ces observations doivent permettre de discuter des stratégies d'exploitation et de transport réalisés par les groupes humains. En sus, une estimation comparative globale de l'intérêt nutritif porté aux chevaux et aux rennes (les principaux gibiers des Magdaléniens) pourra être menée (en multipliant le NMIc par les valeurs nutritives du FUI), afin d'objectiver les différences pouvant être observées sous l'angle des méthodes de quantification classiques (NR et NMI).

Tab. II.7 – Valeurs moyennes des poids de viande et de moelle par segments anatomiques chez le cheval

Segments anatomiques	Parties squelettiques	Viande et moelle (kg)
Crâne	Crâne, mandibule	11,286
Rachis et côtes	Vertèbres cervicales, thoraciques, lombaires et côtes	78,500
Membre antérieur	Scapula, humérus, radius-ulna	14,065
Membre postérieur	Pelvis, fémur, tibia	46,355
Autopode antérieur	Métacarpe, phalanges	0,012 (moelle)
Autopode postérieur	Métatarse, phalanges	0,010 (moelle)

D'après Outram, Rowley-Conwy, 1989 ; PAO : A. Lau, 2008

Définition des segments de membres

Les différences de composition des restes fauniques doivent être appréhendées en termes de segments anatomiques pour restituer leur signification économique. Effectivement, lorsque l'homme est reconnu comme le principal agent accumulateur, la présence relative de ces segments renvoie directement aux stratégies de traitement-consommation et finalement de transport des ressources alimentaires carnées. La définition de cinq segments anatomiques repose sur la structure osseuse naturelle des grands mammifères et sur la découpe bouchère primaire d'après des observations ethnographiques avérées (Binford, 1978, 1980, 1981, 1982 ; Speth, 1991 ; Bartram, 1993 ; *tab. II.8*). Toutefois, l'établissement de ces segments a été influencée plus

Tab. II.8 – Parties squelettiques pour les segments anatomiques du cheval définis dans le cadre de l'étude

Segments anatomiques	Composition ostéologique des segments
Segments de la tête	Crâne, mandibule, dents, os hyoïdes, atlas (première vertèbre cervicale)
Segments du tronc	Côtes et sternum, cartilages costo-sternaux calcifiés, vertèbres cervicale (sauf atlas), thoraciques, lombaires, sacrées et caudales, coxale
Segments du membre antérieur	Scapula, humérus, radius-ulna, carpiens, métacarpe
Segments du membre postérieur	Fémur, patella, tibia, tarsiens, métatarse
Segments des extrémités de membres	Phalanges (1, 2, 3), sésamoïdes (grands et petits)

PAO : A. Lau, 2008

particulièrement par les observations relatives au traitement opéré sur les zèbres (Blumenschine, 1986 ; Gifford-Gonzales, 1989). La séparation de la tête du reste de l'animal s'effectue généralement en arrière de l'atlas, ce qui justifie le regroupement de cette vertèbre avec les parties crâniales. Ce segment est le plus souvent appelé à être trouvé sur les sites d'abattage ou de boucherie. Le segment du tronc, le plus riche (et le plus lourd) chez les chevaux (Outram, Rowley-Conwy, 1998 ; *tab. II.7*), s'individualise lors de la désolidarisation des segments des membres antérieurs et postérieurs. Cependant, les vertèbres sacrées ne sont pas détachées du coxal d'après les observations de Blumenschine (1986), et demeurent sur le lieu de traitement avec les vertèbres lombaires. *A contrario*, les segments de membres sont détachés pour être transportés vers les campements de résidence (Gifford-Gonzalez, 1989). Cette opération ne présente aucune difficulté technique, le membre antérieur restant associé généralement à l'épaule (la scapula) ; ce n'est pas le cas pour le membre postérieur, que l'on dissocie de sa ceinture pelvienne (du coxal ; Blumenschine, 1986). Aux segments de membres, les métapodes restent généralement associés (Gifford-Gonzalez, 1989), peut-être pour exploiter le peu de moelle qu'ils peuvent contenir ; ce n'est pas le cas des phalanges, détachées des segments de membres, ces parties anatomiques ne présentant qu'un très faible intérêt nutritif (Outram, Rowley-Conwy, 1998). Ces éléments squelettiques ont donc constitué le dernier segment anatomique des chevaux, que l'on s'attend à retrouver en priorité sur les sites d'abattages ou de boucheries.

L'importance relative des différentes phases du sous-système technique des matières animales, se répercutant sur la composition des restes osseux, sera donc analysée en termes de segments anatomiques afin de rendre compte de différences fonctionnelles entre les sites (Weniger, 1987). Cependant, la réoccupation de certains sites, alternativement sites spécialisés et camps résidentiels, entraîne bien souvent des difficultés interprétatives pour l'archéologue (Gallay, 1986). En outre, l'homogénéité des sites d'hiver est une caractéristique des occupations de longues durées : la multiplication des activités densifie la masse des témoins de faune et la surimposition des événements favorise un mélange du matériel (Binford, 1980).

Traitement des gibiers et organisation socio-économique

Lewis R. Binford (1978, 1980, 1982) a tenté de modéliser les mécanismes de mobilité avec les activités de chasse et de boucherie (*middle range theory*). Ces mécanismes sont intrinsèquement liés aux activités économiques et se caractérisent par un ensemble de facteurs (*tab. II.9*) : les types de sites, leur rythme d'occupation et les distances les séparant, leurs fonctions respectives d'après les activités qui s'y déroulent. En se

Tab. II.9 – Caractéristique des systèmes de mobilité résidentielle et de mobilité logistique chez les sociétés de chasseurs-cueilleurs

Mobilité résidentielle	Mobilité logistique
Rythme de mobilité : élevée	*Rythme de mobilité* : relativement faible pour le camp de base
Taille des groupes sociaux : restreinte (20-30 individus)	*Taille des groupes sociaux* : de 50 à 200 individus
Types de site : camps de base, site ponctuel d'acquisition des ressources brutes	*Types de site* : camps de base, site ponctuel d'acquisition, site temporaire d'expédition spécialisée, site d'observation, caches
Stratégie d'acquisition : distance peu élevée entre l'environnement exploité et le camp de base (moins d'une journée de marche)	*Stratégie d'acquisition* : fondée sur la multiplication d'expédition spécialisées par un nombre réduit d'individus
Stockage : aucun	*Stockage* : important, constitution de réserves alimentaires à destination du camp de base et stockage dans les caches

D'après Binford, 1978, 1980 et 1982 ; PAO : A. Lau, 2008

fondant sur les observations ethnologiques, L.R. Binford (1978) propose de considérer qu'il existe au sein des chasseurs-cueilleurs deux grands « pôles » : l'organisation résidentielle (*foragers*) et l'organisation logistique (*collectors*). Ces deux systèmes logistiques doivent être considérés plus comme des tendances se prêtant à des jeux combinatoires au grès des stratégies des groupes, que comme des catégories invariables (Kelly, 1983). D'ailleurs, L.R. Binford (1980) considère qu'il existe entre ces deux pôles théoriques, un continuum d'organisations combinant certains aspects de ceux-ci. Cependant, l'organisation logistique (*collectors*) apparaît être la plus apte aux milieux arctiques (Binford, 1978).

En sus, L.R. Binford (1980) note que les contrastes saisonniers peuvent aboutir à une combinaison des stratégies de mobilité logistique et résidentielle : un milieu peut favoriser l'adoption d'une organisation résidentielle durant l'été, tandis que l'organisation logistique est plus adéquate au cours de la « mauvaise saison ». Cette configuration a des répercussions sur la composition et la nature des sites. Ainsi, il faut s'attendre à une variabilité entre les sites hivernaux et les sites estivaux au niveau de la composition des vestiges : une homogénéité dans la composition des restes de faune constitués en hiver ; en revanche, il y a une forte variabilité entre les restes de faune réalisés au cours de l'été.

Idéalisée comme l'organisation sociale la plus probable des groupes magdaléniens, les relations entre la mobilité logistique et les modalités de traitement du gibier est approfondie ci-dessous. Cette organisation repose sur deux caractéristiques essentielles (Binford, 1980) : le stockage de la nourriture (au moins pendant une partie de l'année) ; la formation d'expédition spécialisée quittant le reste de la communauté pour assurer les activités d'acquisition des ressources. Ce système socio-économique conduit inéluctablement à une diversification des sites archéologiques, relative au degré de spécialisation et à la nature de leurs fonctions respectives (*tab. II.10*). Le degré de spécialisation renvoient à la perméabilité des différents sites, c'est-à-dire aux quatre stratégies de transport envisageables entre ceux-ci, dans le cadre des matières premières animales : transport de la carcasse entière, sommairement désarticulée (ou non, dans le cas des poulains) ; transport de la viande mise en quartier issu d'un traitement boucher conséquent ; stockage des produits traités ou d'une partie de ceux-ci sur place ; déplacement du camps de résidence sur le site de boucherie pour éviter les transports. Cette dernière option se rencontre par exemple chez les Pygmés Aka ou Babimga (Demesse, 1980) lorsqu'un éléphant est abattu ; les sites archéologiques de ce type sont inconnus au cours du Tardiglaciaire dans les régions de l'étude. La nature de la fonction des différents sites renvoie dans l'optique de ce travail au gibier recherché, ainsi qu'aux stratégies et tactiques d'exploitation.

En termes de système technique, on assiste à une distribution différentielle des parties anatomiques (et donc squelettique), selon les types de sites et leur fonction (*tab. II.10*). Une sélection de certaines parties du corps est opérée au cours du ou des phases de traitement des

Tab. II.10 – Caractéristiques des sites d'un système socio-économique logistique

Traits liés aux sites	**Traits d'observation (*Station*)**	**Sites d'abattage (*Kill site*)**	**Sites de boucherie (*Fiel camp*)**	**Site de stockage (*Cache*)**	**Site de résidence (*Base camp*)**
Degré de spécialisation	Spécialisé dans l'acquisition d'informations	Spécialisé dans l'acquisition animale	Spécialisé dans le traitement animal	Spécialisé dans la constitution de réserves	Non spécialisé
Fonction du site	Collecte d'informations sur les déplacements des gibiers et la densité de leurs troupeaux	Lieu de piégeage ou d'interception-rabattage d'un grand nombre d'animaux	Lieu attitré des prélèvements et traitement des carcasses animales en vue d'alléger la charge	Réduire les charges de transport des ressources. Servir de réserves disponible dans le paysage à tout moment	Lieu de vie de la communauté 1- été : mobilité résidentiel ; 2- hiver : mobilité logistique
Densité de l'occupation	Faible	Importante	Importante	Relativement faible	Variable selon la morphologie sociale
Durée de l'occupation	Courte	Relativement courte	Relativement courte	Annuelle	Variable selon la morphologie sociale
Témoins de faune associés aux activités	*Peu dense* : consommation sur place de petits gibiers ou de quartiers transportés (segments de membres)	*Très dense* : 1- présence de carcasses en connexion partielle ; 2- forte présence des parties crâniales et autopodes ; 3- premier traitement boucher (sélection des individus ou des parties anatomiques)	*Dense* : 1- préparation bouchère des quartiers de viande pour le transport (les membres) ou le stockage (le rachis, les côtes) ; 2- séchage ou fumage d'une partie des produits ; 3- consommation des produits périssables (sang, abats, moelle graisse)	*Densité modérée* : 1- présence de côtés et des parties anatomiques du rachis et des côtes 2- préparation de viande désossée non observable en archéologie	*Dense* : présence de toutes les parties anatomiques. Domination des parties du rachis et des côtes, par rapport aux segments de membres. Exploitation résiduelle de la moelle et de la graisse des os transportés
Phases de la chaîne opératoire	1- consommation ; 2- traitement	1- acquisition ; 2- traitement	1- traitement ; 2- consommation	3- consommation (différée)	1- consommation *in situ* ; 2- traitement 3- acquisition

D'après Binford, 1978, 1980, 1982 ; PAO : A. Lau, 2008

matières animales, abandonnées sur le lieu d'abattage ou le site de boucherie. La vue conventionnelle est que les éléments axiaux, plus particulièrement chez les grands mammifères, seront normalement décharnés et laissés dans les sites d'abattages ou de boucherie, tandis que les éléments appendiculaires les plus riches en viande et en moelle sont plus généralement transportés vers d'autres lieux (Speth, 1991). Cette sélection a pour motivation première d'alléger les charges qui seront transportées ; elle possède trois variables principales (Binford, 1978, 1981) : la distance à parcourir pour rejoindre le camp de base ; la valeur nutritive différentielle des parties anatomiques données ; la prédisposition des denrées périssables à ne pouvoir supporter une consommation différée. Pratiquement, plusieurs opérations de boucherie peuvent avoir lieu avant le transport : découpe en quartier, désossage, fracturation des os dans le but d'extraire la moelle, etc. Ainsi, selon les types de sites la composition différentielle des rejets osseux sont susceptibles d'apporter des informations sur la fonction des sites (Binford, 1978, 1981 ; Weniger, 1987, 1989 ; *tab. II.9*).

Données archéologiques et exposé des sites étudiés

Au Tardiglaciaire, une étude poussée et comparative portant sur la chasse du cheval au Magdalénien ou à l'Azilien ancien a longtemps fait défaut. À partir des méthodes et des référentiels détaillés dans ce chapitre, les comportements cynégétiques et leurs implications socio-économiques peuvent désormais pleinement être mis en lumière. La perspective d'une telle étude n'a d'autres buts qu'une réinterprétation de leur économie de subsistance de ces groupes sociaux pour le Bassin parisien.

Pour mener à bien notre démarche, il est fondamental de prendre en considération comment les données archéozoologiques s'offrent à notre regard. La trame qui organisera cette étude se fonde sur les proportions relatives des principaux gibiers au sein des différents sites pris en compte. Ainsi, si plusieurs espèces sont représentées dans les spectres de faune magdaléniens, on ne peut d'être frappé sur la récurrence des deux proies préférentielles sont les chevaux et les rennes (*fig. II.6*). En fait, trois types de spectres fauniques émergent des sites magdaléniens, soit trois types de proportions relatives de proies au sein des ensembles archéozoologiques (Bignon, 2003, 2006a, 2007a).

Le premier type de spectre de faune est caractérisé par une prédominance, soit des rennes, soit des chevaux. Dans le cas du renne, il est rencontré sur le niveau IV20 de Pincevent, ou bien dans les différents niveaux de Verberie. Mais ce type de spectre est également observé pour le cheval sur le site du Grand Canton (secteur 2), ou alors sur le Tureau des Gardes 10.

Le second type de spectre de faune magdalénien dans le Bassin parisien se définit par une domination associée des rennes et des chevaux, éclipsant presque totalement la présence d'autres animaux. Comme nous le verrons un peu plus en détail plus loin, les sites concernés ici sont ceux de Ville-Saint-Jacques, le niveau IV0 de Pincevent, ou encore du Tureau des Gardes 6.

Enfin, le troisième type de spectre faunique renvoie à une absence de domination claire des ensembles archéozoologiques, vraisemblablement liée à la petite taille des collections. Ce type de proportions entre animaux est seulement attesté dans les sites de la vallée de la Cure, comme c'est le cas au Trou de la Marmotte ou à la Grotte du Lagopède.

À défaut d'examiner plus en détail ce dernier type, les chapitres suivants montreront tout l'intérêt d'étudier quelle exploitation des chevaux a été faite dans les sites où ils dominent, dans ceux où ils sont dominés par le renne ou en proportion à peu près égale avec ce cervidé. S'agissant de l'Azilien ancien du Bassin parisien, nous développerons essentiellement les données issues du niveau ancien du Closeau, où le cheval domine les faunes des locus 4 et 46 (*fig. II.9*). Les comportements cynégétiques mis en évidence conduiront à une mise en perspective socio-économique et culturelle avec le Magdalénien lors de notre dernier chapitre.

CHAPITRE 3

EXPLOITATION DES CHEVAUX DANS LES SITES MAGDALÉNIENS À PRÉDOMINANCE DE CHEVAL

Dans ce troisième chapitre, nous nous attacherons à décrire comment l'exploitation des chevaux a été conduite par les Magdaléniens du Bassin parisien, spécifiquement que les sites dominés par la chasse de ces même animaux. Ainsi, nous étudierons successivement trois ensembles archéozoologiques : l'amas de cheval à Étiolles, le Tureau des Gardes 10 et le secteur 2 du Grand Canton.

Étiolles, l'amas de cheval

Données géographiques, chronologiques et stratigraphiques

En aval de la confluence de la Seine avec l'Essonne, le site d'Étiolles possède à ce jour les plus anciens témoignages des groupes magdaléniens dans le Bassin parisien (*tab. III.1*). Le site est situé en fond de vallée, le long d'un petit affluent de la Seine (le ru des Hauldres), dans une séquence stratigraphique de cinq mètres d'alluvions fines (Coudret *et al.*, 1994 ; Roblin-Jouve, 1994). Les études stratigraphiques rendent compte dans l'espace fouillé d'un profil accidenté, relatif à la succession d'épisodes de dépôts d'origine fluviatiles (Coudret *et al.*, 1994 ; *fig. III.1*). La majeure partie des niveaux archéologiques est rapportée au début du Bölling (composée d'alluvions grossières), mais une structuration complexe des alluvions rend délicat le positionnement stratigraphique des diverses unités anthropiques du fait de leur dispersion spatiale (*fig. III.2*).

Le site d'Étiolles est notamment connu pour la qualité et la densité de ses productions lithiques et pour ses modèles d'organisation sociale (Pigeot, 1987 ; Olive, 1988 ; Pigeot, 2004). Il l'est certainement moins pour ses restes de faune, en raison de leur rareté et d'une fonte taphonomique différentielle en fonction des niveaux considérés à l'échelle du gisement (Poplin, 1994). Si une conservation taphonomique, plutôt favorable de parties anatomiques très fragiles (vertèbres, côtes), est actuellement observée dans les fouilles du locus 2 (Bignon, 2007c), il n'en va pas de même partout. L'amas de cheval, qui sera étudié ici, a une profondeur d'environ un mètre (Monique Olive, comm. pers.). Dans son étude de ce niveau, François Poplin (1994) a déjà évoqué une conservation très dégradée des ossements. Ce même ensemble

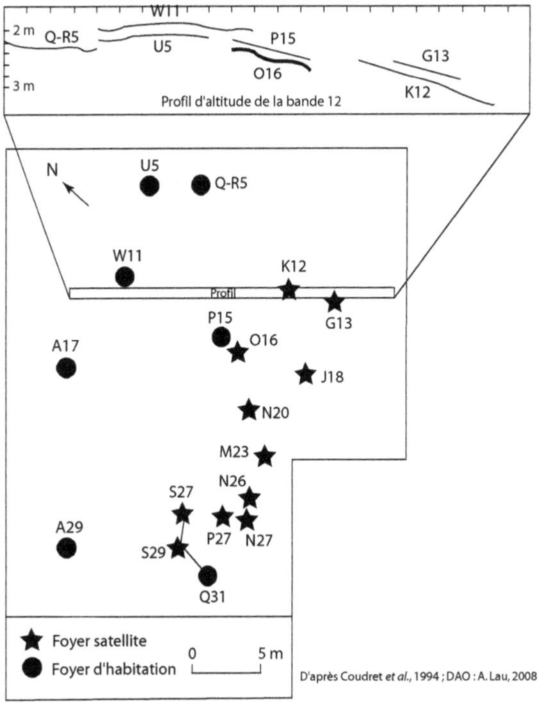

Fig. III.1 – Plan et coupe des fouilles des niveaux magdaléniens d'Étiolles – secteur 1

Tab. III.1 – Datations au radiocarbone du site d'Étiolles

Étiolles (Essonne)	Références laboratoire	Datations BP (2 sigmas)	Datations cal. BP (Oxcal v3.10)	Delta ^{13}C/matériel
Q-R5	Ly 1351	12 000 +/- 220	14 650-13 350	Os
A17	Oxa 5995	12 250 +/- 100	14 700-13 800	Os
N20	Oxa 138	12 990 +/- 300	16 250-14 250	Os
N20	Oxa 139	13 000 +/- 300	16 250-14 250	Os
N20	Oxa 173	12 800 +/- 220	16 750-14 150	Os
N20	Oxa 175	12 900 +/- 220	16 950-14 350	Os

PAO : A. Lau, 2008

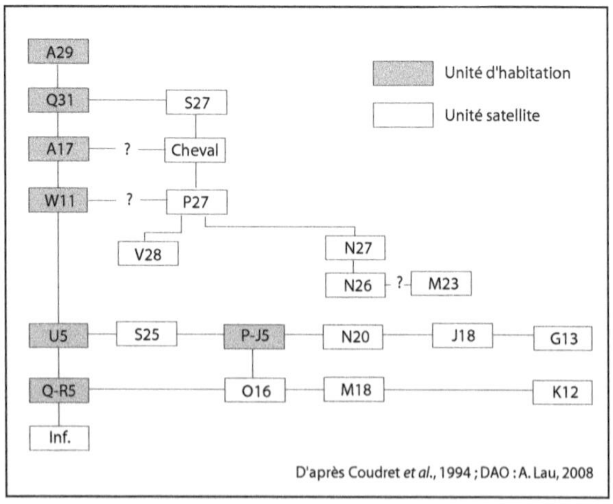

Fig. III.2 – Représentation schématique de la chronologie des niveaux magdaléniens d'Étiolles

Tab. III.2 – Spectre de faune des différents niveaux d'occupation

Étiolles	**NRD**	**% NRD**	**NMIf**	**% NMIf**
Cheval (cf. *Equus caballus arcelini*)	187	71,65	3	50,00
Renne (*Rangifer tarandus*)	60	22,99	1	16,66
Bison (*Bison* sp.)	12	4,60	1	16,66
Mammouth (*Mammuthus primigenius*)	2	0,76	1	16,66
Total des restes déterminés (NRD)	**261**			
Fragments de dents cf. *Equus*	139			
Esquilles – taille III (cf. *Equus/Bos/Bison*)	78			
Esquilles – taille II-III	151			
Total des restes indéterminés (NRD)	**368**			
Nombre de restes (NR)	**629**			

D'après Poplin, 1994 ; Bignon, 2003 ; PAO : A. Lau, 2008

Fig. III.3 – L'amas de cheval à Étiolles

Tab. III.3 – Données taphonomiques de l'amas de cheval d'Étiolles

***Weathering* (%)**	**Trace de radicelles (%)**	**Classes de taille (%)**
Stade 1 - 0	Stade 1 (aucune trace) - 0	A (1 cm²) - 9
Stade 2 - 0	Stade 2 (quelques traces) - 0,29	B (2-3 cm) - 35
Stade 3 - 13,08	Stade 3 (1/2 surface) - 1,16	C (2-6 cm) - 35
Stade 4 - 57,27	Stade 4 (surface entière) - 98,55	D (5-10 cm) - 17
Stade 5 - 29,65		E (10-15 cm) - 2
		F (+ de 10-15 cm) - 2

PAO : A. Lau, 2008

fut repris par nos soins (Bignon, 2003 ; *tab. III.2*) et a donné lieu à une quantification des observations taphonomiques sur les témoins de chevaux et les indéterminés (soit 555 témoins osseux). L'amas de cheval, qui s'apparente à une unité d'occupation satellite, est estimé contemporain de l'occupation A17 datée du Bölling (12 250 +/- 100 BP – Oxa 5995).

Spectre de faune et taphonomie

Comme le laisse présager le nom de cette ensemble faunique, le spectre de faune témoigne de la domination des restes osseux de chevaux (*tab. III.2*). Ces derniers ne sont pas les seuls témoins animaux dans le site puisque dans d'autres occupations le renne est assez bien représenté et on note la présence de quelques rares vestiges de bison et de mammouth. Sans surprise, le cheval est mieux attesté que les autres espèces en termes de nombre minimum d'individus (NMI) avec trois animaux.

D'emblée, on peut considérer que la concentration osseuse de l'amas de cheval est assurément un témoignage instructif des comportements de rejet magdaléniens après un traitement boucher (*fig. III.3* ; Poplin, 1994 ; Bignon, 2006b). Aucune trace caractéristique des carnivores sur les ossements n'a pu être mise en évidence sur les vestiges étudiés de cette collection. Les Magdaléniens semblent donc les seuls responsables de cette concentration osseuse, même si seulement 21,22 % de témoins osseux présentent les stigmates de fracturation sur os frais, contre 95,35 % sur os sec et 51,45 % d'écrasement. D'autres paramètres taphonomiques ont été pris en compte et sont discutés ci-dessous (*tab. III.3*).

Le tableau III.4, qui rassemble les données quantitatives des restes de chevaux (NR, NMPS), semble indiquer que le quotient NR/NMPS est plus élevé pour la mandibule, le fémur, le crâne, les côtes (attribuées au cheval) et la scapula. Les parties les moins fragmentées d'après ce quotient sont l'atlas, les carpiens, les stylets de métacarpes et le métatarse. En outre, il ne semble pas qu'un tri fluvial puisse être déterminé au regard des éléments représentés dans les trois groupes de Michael R. Voorhies (1969).

Tab. III.4 – Parties squelettiques de cheval dans l'amas d'Étiolles, selon les groupes de M.R. Voorhies (1969) et indice de fracturation (NR/NMPS)

Groupes	Parties squelettiques	NR	NMPS	NR/NMPS
Groupe I	Atlas	1	1	1
	Cervicales, autres			
	Vertèbres, autres			
	Côtes	22	8	2,8
Groupe II	Scapula,	13	4	2,8
	Humérus	3	2	1,5
	Radius-ulna	12	4	3
	Total carpiens	5	5	1
	Métacarpe III	3	2	1,5
	Stylet (MC II, IV)	2	2	1
	Coxal	8	4	2
	Fémur	11	2	5,5
	Patella			
	Tibia	5	4	1,3
	Total tarsiens			
	Métatarse III	3	3	1
	Stylet (MT II, IV)			
	Métapode ND	5	2	2,5
	Stylet ND			
	Phalange 1	10	4	2,5
	Phalange 2			
	Phalange 3			
	Petit sésamoïde			
	Grand sésamoïde			
Groupe III	Crânes	13	3	4,3
	Mandibule	23	4	5,8
	Total dents sup.	60		
	Total dents inf.	55		
	Total dents ND			
	Totaux	**254**	**54**	

PAO : A. Lau, 2008

Tab. III.5 – Stades des dégradations liées au *weathering*

Weathering	Caractéristiques
Stade 0	Aucun signe de détérioration ; l'os est encore graisseux, la moelle est présente, la peau et la viande peuvent persister.
Stade 1	Il apparaît des craquelures parallèles à la structure fibreuse (longitudinalement pour les os longs par exemple).
Stade 2	Des écaillements de la surface apparaissent, accompagnés de craquelures.
Stade 3	La surface des os devient rugueuse et fibreuse.
Stade 4	L'os est de plus en plus fibreux et rugueux ; des esquilles se forment, les craquelures s'ouvrent.
Stade 5	De grosses esquilles se détachent de l'os.

PAO : A. Lau, 2008

Tab. III.6 – Valeurs de densité minérale (CT) et des % PO pour l'amas de cheval d'Étiolles

Parties anatomiques	Abréviation	Densité (CT) moyenne	% PO
Mandibule	DN	0,96	22,20
Atlas	AT	0,51	33,33
Côtes	RI	0,93	7,41
Scapula	SP	1,01	66,66
Humérus	HU	0,83	33,33
Radius	RA	1,04	66,66
Stylets	STII/IV	0,77	16,70
Scaphoïde	SC	0,62	33,33
Lunatum	LU	0,57	33,33
Métacarpe	MC	0,95	33,33
Coxal	Cox	0,96	66,66
Fémur	FE	0,70	33,33
Tibia	TI	0,96	66,66
Métatarse	MR	0,60	50
Phalange 1	P1	0,57	33,33

PAO : A. Lau, 2008

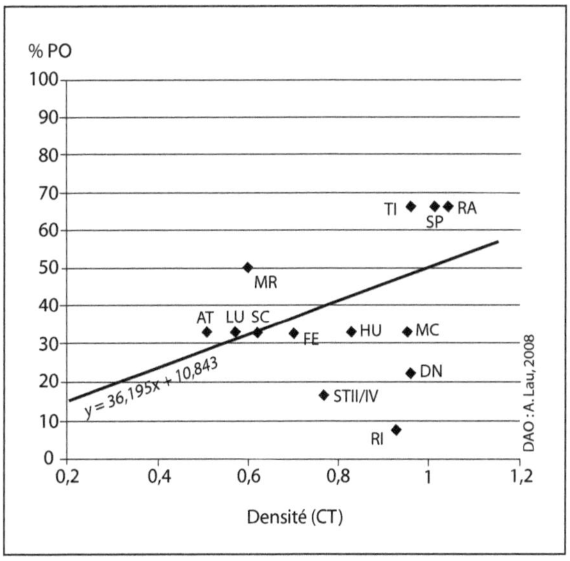

Fig. III.4 – Confrontation des % PO et des valeurs de densité minérale (CT) pour l'amas de cheval d'Étiolles

De plus, il n'a pas été possible d'observer la moindre trace de l'action du feu sur ces vestiges de faune. S'agissant du *weathering*, seuls les trois stades signalant les plus fortes altérations ont pu être relevés (*tab. III.3, III.5*). Presque 87 % des témoins appartiennent aux stades 4 ou 5, qui renvoient à un processus d'enfouissement lent, exposant les ossements aux intempéries et à des contrastes thermiques vraisemblablement conséquents. La différence des degrés d'altération témoigne en outre que la préservation a pu être fonction de la forme même de l'amas, c'est-à-dire de la position respective des témoins au sein de la concentration.

Il a déjà été fortement suggéré que la concentration a joué un rôle favorable en faveur de la conservation de ces témoins de faune (Poplin, 1994 ; Bignon, 2003). Cette intuition tend à être confirmée par les analyses de la conservation différentielle des parties anatomiques par rapport à leur densité minérale (*tab. III.6* ; *fig. III.4*). Selon ces résultats, l'amas de cheval a subi une fonte taphonomique touchant préférentiellement les éléments les moins robustes. En effet, on observe une corrélation positive, toutefois non significative (r = 0,3530 ; ddl = 13 ; v = 0,5139 [ddl = 13]), entre la quantité des parties anatomiques découvertes (% PO) et leurs densités minérales respectives (CT). D'autres facteurs que la seule densité minérale ont donc contribué à la conservation différentielle des restes de chevaux. La fragilisation des témoins liée au fort impact du *weathering* sur cet assemblage osseux se révèle également au niveau de la fracturation des témoins (*tab. III.3*). Ainsi, on remarque que les stigmates propres à un écrasement sur place concernent un vestige faunique sur deux et que les bords de fracture sur os sec se rencontrent presque systématiquement. La fréquence des phénomènes d'écrasement est peut-être due à la conjonction du poids des sédiments (enfouissement d'environ un mètre) s'exerçant sur des restes de faune fragilisés. Les traces de radicelles sont systématiques et recouvrent la totalité des surfaces osseuses pour l'essentiel des témoins (*tab. III.3*). La profondeur d'enfouissement semble avoir été suffisamment pour que la concentration soit exposée au couvert végétal pendant une assez longue période. En revanche, le niveau était certainement à peine assez profond pour noter que peu de traces d'impact post-dépositionnel ont pu être dénombrées (27,03 %).

Les classes de taille de la faune de l'amas de cheval expriment le degré élevé de dégradations subies par l'assemblage (*tab. III.3*). Une très forte proportion des modules osseux petits et moyens est observée, les classes A, B et C représentant près de 79 % de la collection faunique. Évidemment, l'ensemble des caractéristiques taphonomiques décrites ci-dessus fait que le taux de détermination spécifique est relativement peu élevé (33,69 %). Ce niveau de détermination est largement à mettre en relation avec les classes de taille les plus grandes (D, E, F), représentant un peu plus de 20 % des témoins osseux (*fig. III.5*). *A contrario*, les vestiges de faune des classes A et B (près de 44 % du NR) sont très rarement identifiés, tandis que les modules de taille moyenne (C), un peu plus d'un tiers du NR, n'accèdent qu'à une détermination relativement peu performante.

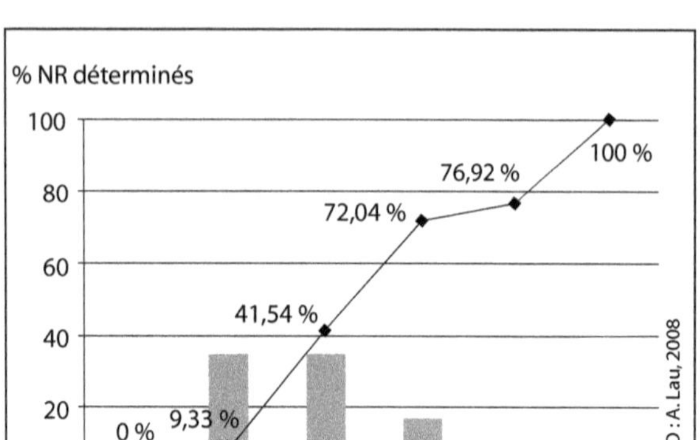

Fig. III.5 – Rapport entre des classes de taille des esquilles osseuses et le taux de détermination spécifique dans l'amas de cheval d'Étiolles

Parties anatomiques de cheval déterminées

Les parties anatomiques attestées dans l'amas de cheval montrent de grands contrastes entre elles (*tab. III.7* ; *fig. III.6*). De façon inhabituelle, ce qui est tout de suite observable est le taux très élevé des parties crâniales, généralement l'une des plus fragiles (et la moins attestée) des parties squelettiques. On note également une forte présence des ceintures (coxal, scapula) et de certains éléments des membres

Tab. III.7 – Fréquence des parties squelettiques de cheval par segments anatomiques dans l'amas d'Étiolles

Segments anatomiques	Parties squelettiques	% PO
Tête	Crâne	100
	Mandibule	22,20
	Total dents sup.	
	Total dents inf.	
	Atlas	33,30
Tronc	Cervicales, autres	
	Vertébres, autres	
	Côtes	7,41
Membre antérieur	Scapula	66,70
	Humérus	33,30
	Radius-ulna	66,70
	Total carpiens	11,20
	Métacarpe III	33,30
	Stylet (MC II, IV)	16,70
Membre postérieur	Coxal	66,70
	Fémur	33,33
	Patella	
	Tibia	66,70
	Total tarsiens	
	Métatarse III	50
	Stylet (MT II, IV)	
Extrémités des membres	Phalange 1	33,30
	Phalange 2	
	Phalange 3	
	Petit sésamoïde	
	Grand sésamoïde	

PAO : A. Lau, 2008

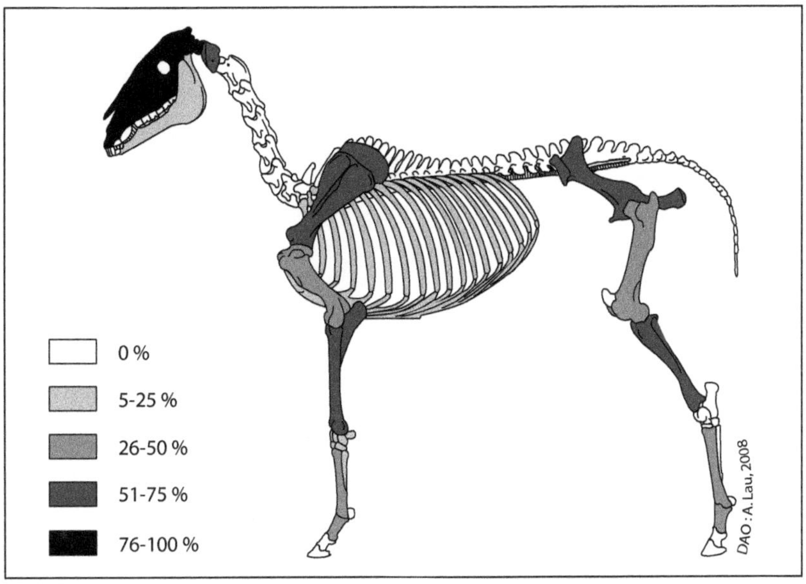

Fig. III.6 – Parties squelettiques (% PO) des chevaux de l'amas de cheval d'Étiolles

antérieurs et postérieurs. Les restes du rachis sont pratiquement absents de l'amas et l'on note un faible taux de représentation des côtes et des extrémités de membres. Le forte sous-représentation des éléments du rachis semble renvoyer à la conservation différentielle au sein de l'amas. Cependant, la quantité de parties crâniennes et la conservation d'une majeure partie d'une boîte crânienne (en % PO ; *tab. III.7* ; *fig. III.3*) sont assez surprenantes. Ces observations pourraient appeler d'autres facteurs que la taphonomie pour expliquer certaines représentations anatomiques. En l'occurrence, il ne faudrait pas exclure *a priori* l'hypothèse d'une dissociation des opérations de traitement dans l'espace, similaire à celle évoquée pour l'unité d'occupation Y127 du niveau IV0 de Pincevent (Bignon *et al.*, 2006 ; Bodu *et al.*, 2006b ; voir chapitre 5). Après la prise en compte de toutes les données, une discussion doit s'engager quant aux contrastes existants dans la représentation des parties squelettiques de l'amas de cheval.

Le calcul % PO des restes dentaires a été réalisé en prenant en compte le NMIc, pour être plus fidèle au nombre vraisemblable de chevaux présents dans ce petit échantillon de faune (*tab. III.8* ; *fig. III.7*). Des 115 éléments dentaires observés, 43 sont sous forme fragmentaire (non déterminables), seules les 72 dents restantes ont été prises en compte ci-dessous. L'analyse de ces témoins permet d'envisager une représentation élevée et relativement homogène des dents supérieures, contrastant avec les dents inférieures. Cette observation est tout à fait cohérente avec les % PO des parties crâniales par rapport aux restes de mandibules (*tab. III.7*). Cependant, il faut remarquer que les plus forts taux de % PO des dents sont obtenus pour les Id1/I1 et Id2/I2.

Tab. III.8 – Détail des proportions des dents inférieures et supérieures de l'amas de cheval d'Étiolles

Dents	**NMPS**	**NMIc**	**% PO**
Inférieures			
Pd_2	1	1	1
Pd_3	1	1	1
Pd_4	1	1	1
Id_1	2	1	2
Id_2	2	1	2
Id_3	3	2	3
PM_2		2	
PM_3	1	2	1
PM_4		2	
M_1	2	2	2
M_2	2	2	2
M_3	2	2	2
I_1	4	2	4
I_2	4	2	4
I_3	3	2	3
Canines	3	2	3
Supérieures			
Pd^2	2	1	100
Pd^3	1	1	50
Pd^4	1	1	50
Id^1	2	1	100
Id^2	1	1	50
Id^3	3	2	75
PM^2	3	2	75
PM^3	3	2	75
PM^4	4	2	100
M^1	5	3	83,3
M^2	4	2	100
M^3	4	2	100
I^1	2	2	50
I^2	2	2	50
I^3	2	2	50
Canines	2	2	50
Totaux	**72**	**3**	

PAO : A. Lau, 2008

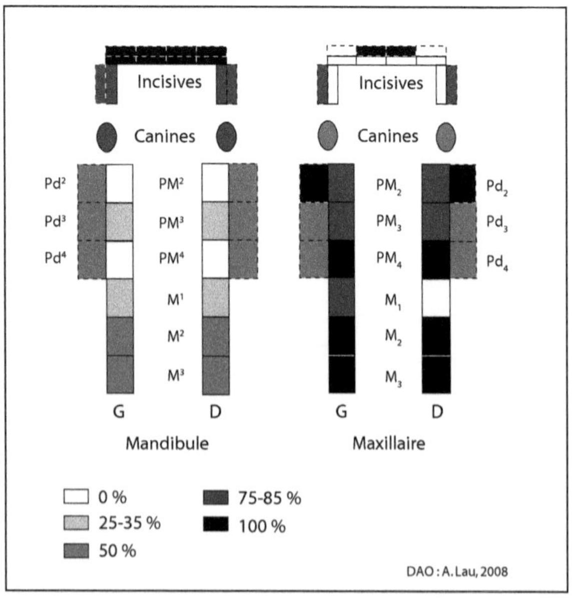

Fig. III.7 – Proportions des dents (% PO) de l'amas de cheval d'Étiolles

Les segments de membres des chevaux abattus sont particulièrement bien représentés dans l'amas d'Étiolles, auxquels sont associées les ceintures thoraciques et pelviennes (scapula et coxal). Il s'agit peut-être d'une consommation *in situ* car ces éléments sont fracturés, témoignant d'une décarnisation suivie d'une recherche de la moelle des os longs. La tête est particulièrement bien représentée également, bien que les parties crâniales soient clairement plus présentes que celles relatives aux mandibules. L'apport des valeurs nutritives des chevaux peut être évalué à environ 215 kg de viande et de moelle au moins (*tab. III.9*).

Cependant, il faut revenir sur l'absence du rachis et la très faible représentation des côtes. Ces parties anatomiques sont pourtant les plus riches en termes de d'indice général d'utilité (GUI ; Outram, Rowley-Conwy, 1998 ; chap. 2, *tab. III.7*). En effet, l'estimation pondérale des trois individus abattus correspondrait au total à 450,69 kg : les parties anatomiques observées sur le site indiquent un déficit marqué de la valeur nutritive des chevaux (il ne reste qu'environ 47,73 % des individus). Effectivement, l'absence des vertèbres et de la majeure partie des côtes pourraient être attribuables à la dissolution des restes osseux, mais il est également possible que la phase de traitement des chevaux

Tab. III.9 – Estimation de la valeur nutritive des segments anatomiques de cheval attestés à Étiolles

Segments anatomiques	NMIf	Valeurs en GUI (en kg)	Poids (en kg)
Tête (crâne, mandibule)	3	11,286	33,86
Membre antérieur	3	14,065	42,20
Membre postérieur	3	46,355	139,07
Total			215,13

D'après Outram, Rowley-Conwy, 1998 ; PAO : A. Lau, 2008

s'est déroulée en plusieurs temps, correspondant à des lieux également distincts. Plusieurs hypothèses sont donc possibles pour rendre compte des proportions relatives des segments anatomiques. Il est envisageable qu'un premier traitement des chevaux ait eu lieu sur le site même d'abattage, les Magdaléniens y auraient laissé le rachis pour ne rapporter au campement d'Étiolles que les segments plus faciles à transporter. Dans un second temps, le traitement des matières carnées aurait été réalisé au niveau de l'amas (par séchage ou boucanage), tandis qu'une partie de ces ressources aurait été consommée *in situ*, ce dont témoignerait la fracturation des os longs. Finalement, une grande proportion des nutriments a pu être transportée hors du site, notamment les parties relatives du tronc et, dans une moindre mesure, des membres. Toutefois, on ne peut écarter l'hypothèse que les segments anatomiques du tronc aient pu être rapportés et traités en dehors de la zone de l'amas, mais qu'une conservation différentielle à l'échelle du site ait empêché d'observer une situation analogue à celle d'Y127 dans le niveau IV-0 de Pincevent. Finalement, ce scénario hypothétique n'explique pas pourquoi tous les crânes ont été emmenés sur le site, alors qu'ils auraient pu être traités directement sur le site d'abattage afin de limiter les charges.

Profil de mortalité

La taille relativement faible de cet échantillon présente l'avantage d'illustrer un bref épisode de chasse. Cette situation est particulièrement intéressante pour cerner la tactique de chasse employée, mais aussi pour envisager idéalement ce qui a pu se produire sur les sites de Marolles, sans une grande répétition des opérations de chasse.

Les séries dentaires, reconnues par F. Poplin (1994), témoignent d'une dispersion très faible de ces éléments. Malgré les appariements et les réarticulations, il n'a pas été possible de mettre en évidence avec le NMIc, un nombre plus élevé de chevaux abattus qu'avec le NMIf. Effectivement, trois individus ressortent de ces remontages, d'autant plus franchement qu'ils possèdent des âges très distincts.

Le premier individu est un juvénile, auquel les incisives et les dents jugales déciduales concourent à attribuer un âge d'environ 1 an. L'âge du deuxième individu est estimé à 4 ans, d'après les observations réalisées sur les dents supérieures et inférieures (notamment les PM4, M3 et Id3). Les mesures apparaissent moins précises, surtout sur les dents extrêmes (PM2 et M3), ce qui a incité la détermination de l'âge d'après la convergence de facteurs établis avec le référentiel d'éruption-remplacement. La détermination de l'âge du troisième individu est moins problématique, car les données morphométriques indiquent toutes des moyennes semblables, légèrement supérieures à 9 ans, cohérentes avec l'usure des incisives. L'observation des incisives n'a livré aucune indication d'usure dentaire anormale liée au stress de la captivité.

La présence d'un juvénile parmi les trois individus semble indiquer que les chasseurs magdaléniens se sont attaqués à un groupe familial. Au regard au traitement groupé de ces individus à un endroit bien marqué dans le gisement, il est raisonnable de penser qu'ils ont été abattus lors du même épisode de chasse. Dans cette optique, l'âge des deux autres individus a pu correspondre à une jument pour le subadulte et à l'étalon comme l'a suggéré F. Poplin (1994). Cette hypothèse est effectivement la plus plausible au regard des canines bien développées par l'adulte et du fait que les subadultes des groupes familiaux sont essentiellement composés de juments. L'abattage de plusieurs individus lors d'un unique épisode de chasse plaide pour l'adoption d'une tactique de type interception ou rabattage de bande, nécessitant une organisation collective des chasseurs.

Indices de saisonnalité

Les mesures des dents jugales déciduales (supérieures et inférieures) du poulain indiquent un âge moyen de 12,99 mois (+/- 1 mois). Ces données semblent être confirmées par l'usure des incisives et l'éruption proche des premières molaires.

En outre, chez le subadulte, l'âge de quatre ans peut être déduit de la conjonction de plusieurs dents. Premièrement, il a pu être observé que les PM4 commencent à être abrasées sur toute la surface occlusale, alors qu'elle sortent à partir de 3,5 ans. Ensuite, les M3 sont à peine abrasées sur la partie antérieure et sont censées sortir entre 40 et 50 mois. Enfin, si les Id3 tombent à partir de 4 ans, on a pu observer qu'elles étaient presque totalement abrasées et s'apprêtent à tomber, poussées par les I3 vierges. La confrontation de ces informations donnent de bonne indication pour donner un âge de 4 ans à l'individu subadulte.

Conclusion

Les Magdaléniens doivent être considérés comme le principal agent accumulateur de l'amas de cheval d'Étiolles. En dépit des facteurs taphonomiques, les restes osseux se sont probablement conservés grâce à une densité spatiale exceptionnelle pour le site. La tactique de chasse employée, par interception ou rabattage d'un groupe familial, témoigne d'une cohésion collective. Les différents indices permettent d'inférer une même saisonnalité : l'épisode de chasse semble s'être déroulé au printemps. Ces résultats s'inscrivent donc dans un schéma courant de l'acquisition des chevaux, telle que la pratique les groupes humains (chap. 2), c'est-à-dire une chasse à la sortie de l'hiver ou au début du printemps lorsque les bandes sont les plus affaiblies et que leur attention se tourne vers le rut et la mise bas. Il est possible d'envisager l'emploi d'une tactique de chasse d'interception ou de rabattage, engageant plusieurs chasseurs. Les phases du traitement et de la consommation des chevaux pourraient avoir été dissociées dans le temps et l'espace, entre le lieu d'abattage, le site d'Étiolles et une possible troisième destination extérieure. Néanmoins, un tel traitement très probablement simultané des crânes et des segments de membres a pu déboucher sur la consommation minimale d'environ 215 kg de produits alimentaires *in situ*.

Tureau des Gardes 10

Données géographiques, chronologiques et stratigraphiques

Le gisement du Tureau des Gardes est situé au cœur de l'interfluve de la Seine et de l'Yonne, sur la commune de Marolles-sur-Seine à quelques kilomètres de Pincevent (*fig. III.8*). Le contexte préventif des fouilles a débouché au morcellement des interventions, mais a livré des vestiges d'occupations répétées de groupes magdaléniens. Outre les sites du Grand Canton et du Tureau des Gardes, trois autres ont été mis au jour dans cet interfluve – malheureusement sans restes fauniques conservés – : Le Chemin de Montereau, Barbey ; Le Chemin de Sens, Barbey et la Varenne-sur-Seine. Les deux premier rappellent la structuration du niveau IV-20 de Pincevent, tandis que le dernier correspond à un amas de taille isolée (Julien, Rieu, 1999). Les analyses micromorphologiques du Tureau des Gardes, réalisées par Laurent Lang, témoignent d'au moins quatre phases d'occupations successives entrecoupées par des ruissellements de faible intensité (Bridault *et al.*, 1996).

Les datations radiocarbones du Tureau des Gardes, plus nombreuses pour le Tureau des Gardes 10, indiquent toutes que les Magdaléniens sont venus au cours de la chronozone du Bölling (*tab. III.10*). Ces informations en chronologie absolue sont en cohérence avec les observations morphosédimentaires (Bridault *et al.*, 1996, 1997).

La grande similarité entre Le Tureau des Gardes et Le Grand Canton, sur plusieurs points a déjà été mis en évidence (Julien, Rieu, 1999) : une topographie identique, une organisation spatiale comparable, des objectifs de chasse et des activités connexes de même nature, des industries lithiques présentant des caractères convergents. Toutefois, il faut remarque le rôle joué par la topographie du Tureau des Gardes 10 dans la distribution et la conservation des témoins osseux (*fig. III.9*). La surface totale de fouille est de 95 m^2 au centre desquels une dépression concentre un maximum de vestiges archéologiques (Lang, 1998). Il est particulièrement frappant de constater une conservation différentielle des témoins osseux, y compris les éléments les plus résistants comme les dents, très dégradés sur les parties les plus hautes et les marges de la concentration. En revanche, au cœur de cette dernière, il semble que la densité des témoins osseux ait permis une conservation nettement plus favorable.

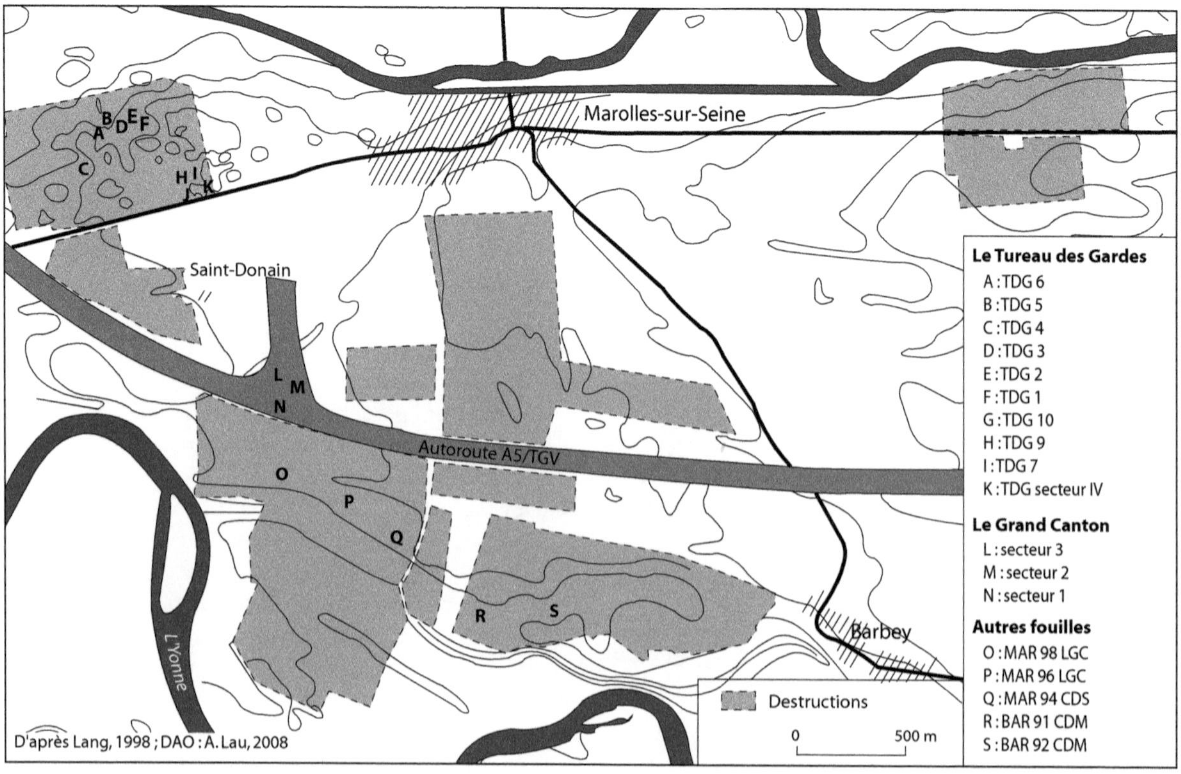

Fig. III.8 – Plan des sections de fouille de Marolles-sur-Seine

Tab. III.10 – Datations au radiocarbone du gisement du Tureau des Gardes 10

Tureau des Gardes (Marolle-sur-Seine ; Seine-et-Marne)	Références laboratoire	Datations BP (2 sigmas)	Datations cal. BP (Oxcal v3.10)	Delta ^{13}C/matériel
TDG 10	AA 44214	12 170 +/- 130	14 650-13 700	-21,3 (*Equus*)
TDG 10	AA 44215	12 160 +/- 120	14 600-13 700	-21,1 (*Equus*)
TDG 10	AA 44216	12 520 +/- 130	15 100-14 100	-21,3 (*Equus*)

PAO : A. Lau, 2008

Spectre de faune et taphonomie

Le Tureau des Gardes 10 a livré le nombre de vestiges fauniques le plus élevé des différents secteurs du gisement fouillés (Bemilli, 1998). Les vestiges osseux de cheval dominent très nettement le spectre de faune (*tab. III.11*), devant le renne, un boviné indéterminé, le loup et le lagopède. Il est à noter qu'une phalange humaine a pu être découverte parmi les témoins fauniques (Bemilli, 1998).

A priori, les conditions taphonomiques semblent avoir été peu favorables aux restes de faune, comme en témoigne le nombre de restes indéterminés et d'esquilles (*tab. III.11*). La densité des vestiges de faune trouvée au fond de la cuvette gisait dans des sables limoneux, alors que sur les marges de celle-ci, légèrement surélevées, les sédiments étaient composés de sables fins lités (Lang, 1998). Ces disparités dans la composition sédimentaire serait une des principaux facteurs de conservation différentielle entre les secteurs et à l'intérieur de ceux-ci (Bridault *et al.*, 1996). En ce sens, les reliefs vallonnés de l'interfluve Yonne-Seine ont vraisemblablement offert un meilleur recouvrement sédimentaire aux témoins des zones les plus basses, qu'à ceux des occupations situées sur les buttes. Aussi, les limites du Tureau des Gardes 10 ne correspondent pas aux limites de l'occupation magdalénienne, mais résultent de processus de comblement différentiel des chenaux. Les analyses micromorphologiques de L. Lang tendent à montrer qu'un minimum de quatre moments d'occupation sont à l'origine de la constitution des dépôts archéologiques, tous entrecoupés par des ruissellements de faible intensité (Bridault *et al.*, 1996).

La préservation différentielle des vestiges de faune doit donc être prise en compte dans l'étude du niveau (Bemilli, 1998). Elle se marque par une altération très variable des témoins osseux : l'impact du *weathering* est de plus en plus considérable, à mesure qu'on s'éloigne du centre de la cuvette (Lang, 1998). Il n'est donc pas surprenant de retrouver des fractures sur os sec (à angle droit ou en escalier), pour un grand nombre de témoins. Ces

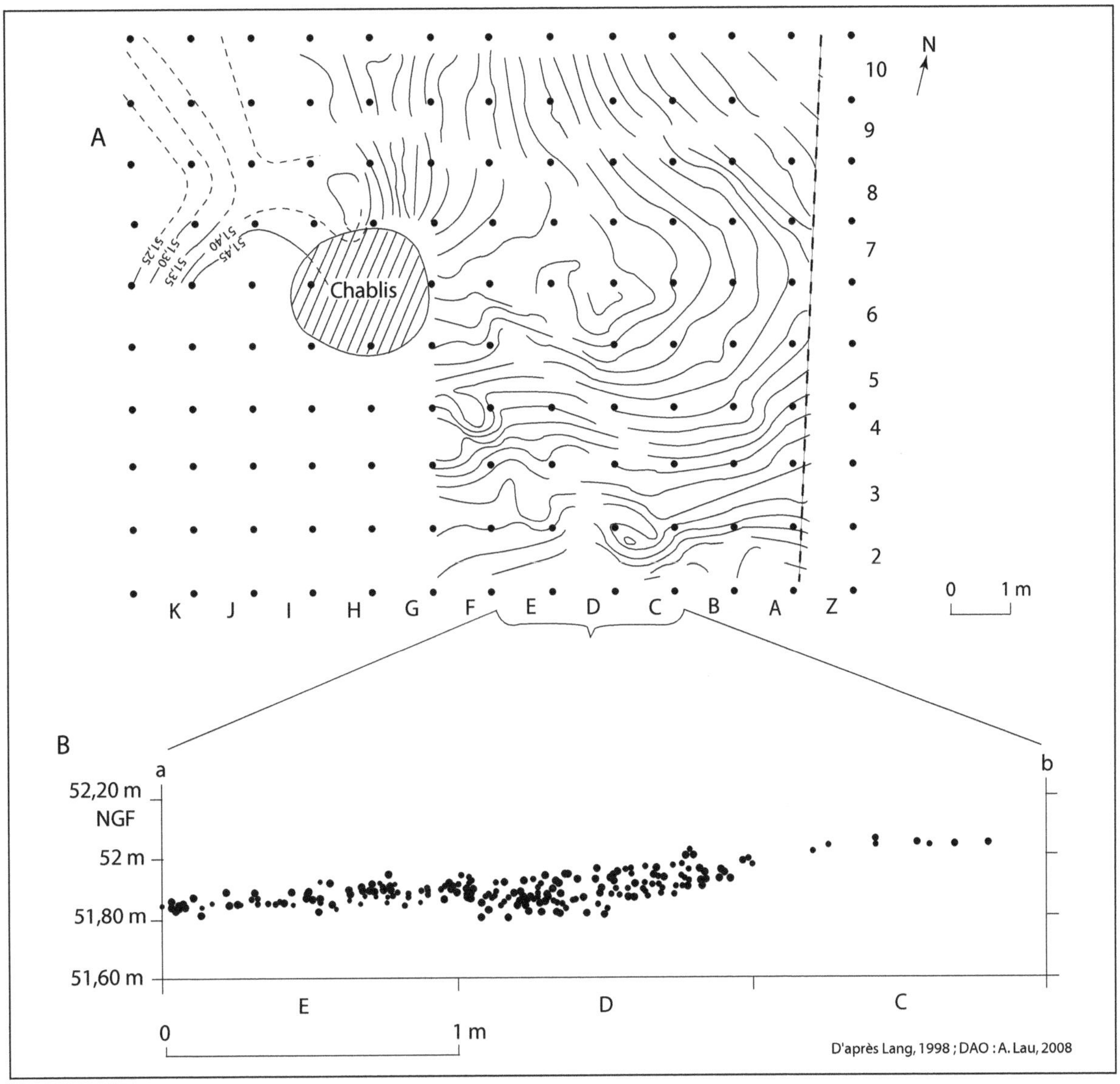

Fig. III.9 – Topographie du Tureau des Gardes.
A : Plan de surface de fouille ; B : Représentation en coupe de la distribution des vestiges (bandes E-D-C)

Tab. III.11 – Spectre de faune du Tureau des Gardes – secteur 10

Espèces	NRD	%NRD	NMIf	%NMIf
Cheval (cf. *Equus c. arcelini*)	4 198	85	54	72
Renne (*Rangifer tarandus*)	733	14,84	18	24
Loup (*Canis lupus*)	1	0,10	1	1,33
Bovidé	6	0,12	1	1,33
Lagopède (*Lagopus lagopus*)	1	0,10	1	1,33

D'après Bemilli, 1998 ; Bignon, 2003 ; PAO : A. Lau, 2008

informations montrent que l'enfouissement des vestiges fauniques a pu connaître certaines variations, en défaveur des zones du secteur les plus élevées.

La majorité des fractures osseuses a cependant été effectuée alors que les éléments squelettiques étaient en bon état de fraîcheur. L'impact des carnivores sur l'intégrité des restes osseux paraît très faible, car seuls quatre éléments portent des traces relatives à leur intervention (Bemilli, 1998). En revanche, du fait des processus d'enfouissement, il convient d'évaluer l'éventualité d'une dispersion des restes de faune par l'agent fluviale. Le tableau III.12 permet de constater qu'un très grand nombre de parties squelettiques de cheval est représenté dans le Tureau des Gardes 10. Celles-ci se distribuent dans les trois groupes définis par M.R. Voorhies (1969), laissant supposer que le facteur de dispersion fluviatile ne peut être retenu d'après ces données objectives.

La densité minérale des différentes parties anatomiques chez le cheval peut-elle être rendue responsable de l'existence de grandes variations dans la représentation des parties squelettiques (*tab. III.12*) ? Selon nos résultats (*tab. III.13* ; *fig. 10*), on observe une corrélation positive entre la quantité des parties anatomiques découvertes (% PO) et leurs densités minérales respectives (CT), mais elle est non significative (r = 0,3282 ; ddl = 18 ; v = 0,472 [ddl = 18]). Aussi, si une fonte

Tab. III.12 – Parties squelettiques du cheval au Tureau des Gardes 10, selon les groupes de M.R. Voorhies (1969) et indice de fracturation (NR/NMPS)

Groupes	Parties squelettiques	NR	NMPS	NR/NMPS
Groupe I	Atlas	14	6	2,3
	Cervicales, autres	12	10	1,2
	Vertèbres, autres	13	12	1,1
	Côtes	32	8	4
Groupe II	Scapula,	53	32	1,7
	Humérus	230	44	5,2
	Radius-ulna	226	55	4,1
	Total carpiens	121	120	1
	Métacarpe III	123	41	3
	Stylet (MC II, IV)	40	40	1
	Coxal	29	16	1,8
	Fémur	291	55	5,3
	Patella	10	10	1
	Tibia-fibula	353	109	3,2
	Total tarsiens	291	286	1
	Métatarse III	135	45	3
	Stylet (MT II, IV)	69	56	1,1
	Métapode ND	116		
	Stylet ND	62		
	Phalange I	118	68	1,7
	Phalange II	92	85	1,1
	Phalange III	65	65	1
	Petit sésamoïde			
	Grand sésamoïde	14	14	1
Groupe III	Crânes	25	18	1,4
	Mandibule	67	35	1,9
	Total dents sup.	533	532	1
	Total dents inf.	1 074	1 065	1
	Total dents ND			
	Totaux	**4 198**	**2 829**	

D'après Bemilli, comm. pers. ; Bignon, 2003 ; PAO : A. Lau, 2008

Tab. III.13 – Valeurs de densité minérale (CT) et des % PO du Tureau des Garde 10

Parties anatomiques	Abréviation	Densité (CT) moyenne	% PO
Mandibule	DN	0,96	10,80
Atlas	AT	0,51	11,11
Cervicale	CE	0,45	3,09
Côtes	RI	0,93	0,82
Scapula	SP	1,01	29,63
Humérus	HU	0,83	40,74
Radius	RA	1,04	50,93
Carpes	Carp	0,60	15,87
Métacarpe	MC	0,95	37,96
Stylet MTCII/IV	MCII/IV	0,69	18,52
Coxal	IL-IS-PU	0,96	14,81
Fémur	FE	0,70	50,93
Patella	PA	0,40	9,26
Tibia	TI	0,96	100
Tarse	Tars	0,62	37,83
Métatarse	MR	0,60	41,67
Stylet MTCII/IV	MTCII/IV	0,85	25,93
Phalange 1	P1	0,57	31,48
Phalange 2	P2	0,70	40,28
Phalange 3	P3	0,57	30,09

PAO : A. Lau, 2008

taphonomique a pu toucher certains éléments moins robustes, la conservation différentielle des restes de chevaux n'est pas le seul fait de la densité minérale. Une dissolution soutenue semble avoir touché l'ensemble des restes osseux, mais restreinte seulement dans certaines zones marginales de la cuvette centrale du secteur (Lang, 1998). Pourtant, à cette périphérie, même les restes dentaires ont été très sensiblement altérés et fragilisés par ce phénomène. Certains restes crâniens de cheval, mais également des côtes et des vertèbres sont attestés au centre de la cuvette, alors que ces parties squelettiques sont pourtant très sensibles à la fonte taphonomique. Ce constat apparaît être confirmé par l'observation de restes identiques sur le renne, témoignant d'une bonne conservation générale pour ce taxon (Bemilli, 1998). Ainsi, malgré les altérations évoquées, la faune du Tureau des Gardes 10 et ses représentations spécifiques et squelettiques ne sont pas biaisées par une fonte taphonomique globale.

Enfin, la faible profondeur de l'enfouissement du niveau archéologique du secteur 10 n'a pu empêché l'altération de la surface des témoins par les radicelles (*fig. III.9*). En effet, à une profondeur variant de 0,3 à 1 m, peu de restes fauniques ont échappé aux traces des extrémités de racines. Celles-ci ont généralement recouvert l'intégralité des surfaces des vestiges, laissant

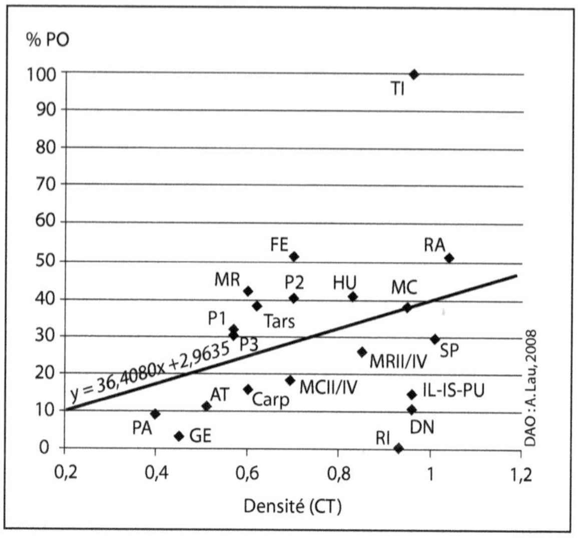

Fig. III.10 – Confrontation des % PO et des valeurs de densité minérale (CT) du Tureau des Gardes

des surcreusements profonds masquant d'autres traces potentielles, d'origine anthropique. Ces phénomènes ont produit une fragilisation des témoins aboutissant à une fragmentation post-dépositionnelle très élevée et à la multiplication artificielle du nombre d'esquilles.

Les parties squelettiques les plus fragmentées d'après le quotient NR/NMPS (*tab. III.12*) sont les côtes et les os longs (humérus, radius-ulna, fémur, tibia-fibula), et dans une moindre mesure, les métapodes. La forte fracturation constatée pour les os des membres doit donc également être mise en rapport avec les activités bouchères des Magdaléniens.

Parties anatomiques présentes

De grandes disproportions sont observées entre les différents ossements (*tab. III.14* ; *fig. III.11*). Les vertèbres sont généralement que très faiblement représentées, ainsi que les côtes et les mandibules : cela doit être mis en correspondance avec les conditions très défavorables de conservation, mais ces phénomènes taphonomiques ne peuvent à eux seuls expliquer totalement ces taux de représentation. En effet, les phalanges I, II ou III ont des taux d'au moins 30 %, ce qui est surprenant pour les phalanges unguéales très sensibles à la dissolution. En outre, les os longs sont généralement les mieux attestés et malgré des taux de fracturation élevés (*tab. III.14*), possèdent tous des représentations supérieures à 35 %. Dans la perspective d'éclairer les phases de traitement et de consommation des chevaux, l'analyse des parties anatomiques présentes montre que l'essentiel des éléments squelettiques a été découvert dans le Tureau des Gardes 10.

Tab. III.14 – Fréquence des parties squelettiques de cheval par segments anatomiques au Tureau des Gardes 10

Segments anatomiques	Parties squelettiques	% PO
Tête	Crâne	4,76
	Mandibule	10,80
	Total dents sup.	
	Total dents inf.	
	Atlas	11,11
Tronc	Cervicales, autres	3,09
	Vertébres, autres	0,40
	Coxal	14,81
	Côtes	0,82
Membre antérieur	Scapula	29,63
	Humérus	40,74
	Radius-ulna	50,93
	Total carpiens	15,87
	Métacarpe III	37,96
	Stylet (MC II, IV)	18,52
Membre postérieur	Fémur	50,93
	Patella	9,26
	Tibia	100
	Total tarsiens	37,83
	Métatarse III	41,67
	Stylet (MT II, IV)	25,93
	Métapode ND	
	Stylet ND	
Extrémités des membres	Phalange 1	31,48
	Phalange 2	40,28
	Phalange 3	30,09
	Petit sésamoïde	
	Grand sésamoïde	6,48

D'après Bemilli, 1998 ; Bignon, 2003 ; PAO : A. Lau, 2008

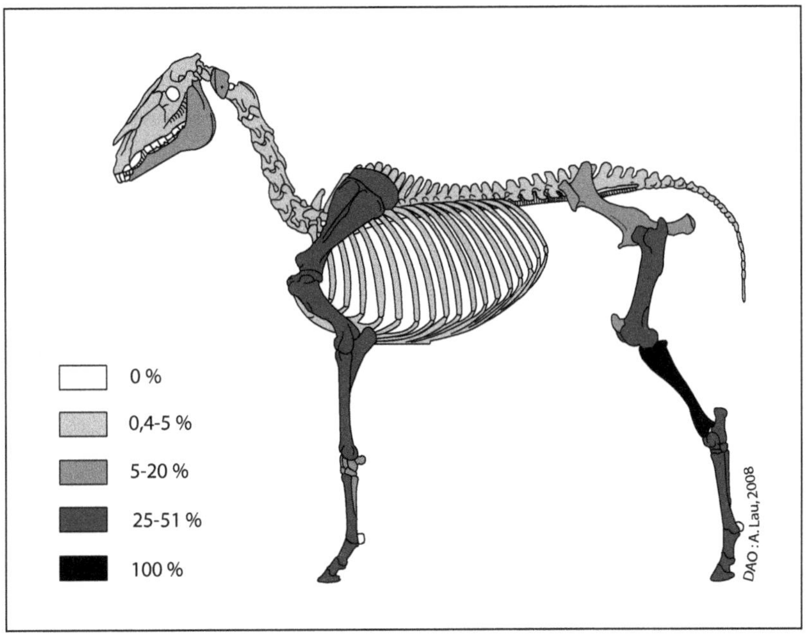

Fig. III.11 – Représentation des parties squelettiques (% PO) du Tureau des Gardes 10

Le tableau III.15 récapitule la représentation respective des différentes dents inférieures et supérieures. Comme cela a pu être évoqué précédemment, les dents inférieures sont deux fois plus fréquentes que les éléments dentaires supérieurs. Les écarts sont surtout observables au niveau des dents jugales déciduales ou définitives, ainsi qu'au niveau des incisives définitives (*fig. III.12*). Ces représentations dentaires sont cohérentes avec les proportions respectives des parties crâniales et mandibulaires. Par ailleurs, on observe un taux d'indéterminé plus élevé chez les dents supérieures par rapport aux inférieures. Il faut noter que beaucoup des couronnes des dents inférieures ont été brisées, vraisemblablement comme l'a avancé F. Poplin (1992, 1994), pour extraire la graisse contenue dans les corps mandibulaires.

La présence de l'essentiel des parties squelettiques, ainsi qu'une disproportion des éléments du rachis et des

Tab. III.15 - Détail des proportions des dents inférieures et supérieures du Tureau des Gardes 10

Dents	NMPS	NMIf	% PO
Inférieures			
Pd_2	18	10	69,23
Pd_3	22	12	84,62
Pd_4	25	13	96,15
Id_1	1	1	3,85
Id_2	2	2	7,69
Id_3	2	1	7,69
PM_2	76	44	70,37
PM_3	75	43	69,44
PM_4	73	43	67,59
M_1	86	47	71,07
M_2	81	42	75
M_3	86	45	79,63
I_1	63	32	58,33
I_2	56	30	51,85
I_3	47	24	43,52
Canines	9	9	8,33
Supérieures			
Pd^2	8	4	30,77
Pd^3	13	7	50
Pd^4	16	8	61,54
Id^1	5	3	19,23
Id^2	7	4	26,92
Id^3	7	4	26,92
PM^2	41	21	37,93
PM^3	28	18	25,93
PM^4	23	12	21,30
M^1	40	22	33,06
M^2	31	16	28,70
M^3	40	23	37,04
I^1	21	11	19,44
I^2	16	8	14,81
I^3	12	7	11,11
Canines	1	1	0,93
Totaux	**1 031**	**54**	

PAO : A. Lau, 2008

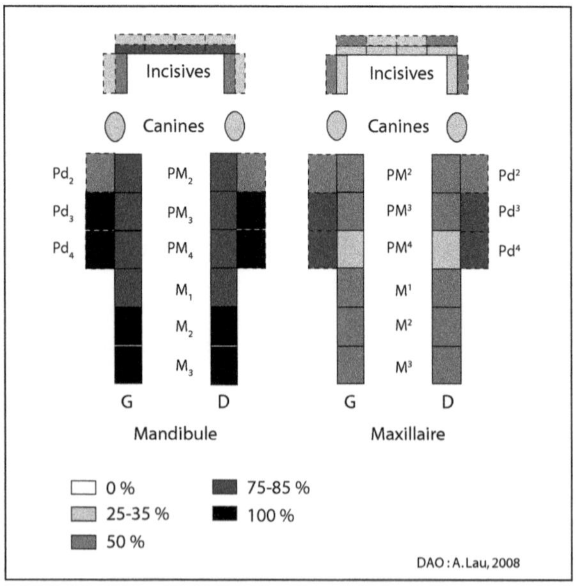

Fig. III.12 - Proportions respectives des dents (% PO) au Tureau des Gardes 10

côtes amènent à considérer qu'une partie au moins des animaux a été emportée sur le site sous la forme de carcasse entière, pour y être traitée. Cette hypothèse semble confirmer par les taux de représentation relativement élevés de patellas et des grands sésamoïdes. Cependant, si l'occupation ne semble pas être conservée dans son intégralité, certaines sous-représentations squelettiques semblent à mettre en rapport avec une dissociation des étapes de traitement des chevaux.

Le traitement des chevaux (désarticulation, décarnisation, conditionnement pour consommation différée) s'est donc déroulé entièrement au Tureau des Gardes 10, au moins pour une partie des animaux. À défaut de pouvoir observer directement des traces de découpe, il est possible d'avancer que la consommation de certaines parties anatomiques a également eu lieu sur place. En effet, la forte présence des segments de membres antérieurs et postérieurs, éléments possédant les plus forts quotients de fracturation, montre que ces parties squelettiques ont été traitées de façon récurrente sur les sites. Ces opérations de boucherie suggèrent une consommation immédiate de la moelle des os longs. En outre, la quantité des pierres chauffées trouvées dans le secteur 10 (Lang, 1998) permet d'envisager que ces éléments ont servi à assurer la cuisson des parties carnées, en vue d'une consommation *in situ* ou différée. Ces pierres chauffées ont pu intervenir aussi dans la préparation de bouillon gras. Parmi les segments traités grâce à ces dispositifs, il est possible qu'une partie des éléments du tronc ait été préparée afin d'être transportée et consommée dans d'autres occupations, tels que des filets (quartiers de viande découpés le long de l'épine dorsale) ou contre-filets (correspondant à la région du coxal).

Un net déséquilibre peut être constaté dans le secteur 10 du Tureau des Gardes entre l'intérêt alimentaire des chevaux et celui des rennes (*tab. III.16*). Ces valeurs calculées en NMIf reflètent l'importance cynégétique primordiale des chevaux et révèlent la fonction du site dans le dispositif socio-économique magdalénien. Cette domination est encore plus écrasante lorsqu'on considère la quantité de ressource alimentaire générée par l'abattage de 89 individus (NMIc), estimation la plus vraisemblable du fait du contexte taphonomique : le cheval totalise alors 13 370 kg de viande et de moelle, reléguant les apports du renne à un peu plus 5 % du total dans l'occupation.

Tab. III.16 - Estimation de la valeur nutritive des segments anatomiques de cheval du secteur du Tureau des Gardes

Segments anatomiques par niveaux	NMIf	Valeurs en GUI (en kg)	Poids (en kg)
Total cheval (entier)	54	150,23	8 112,42
Total renne (entier)	18	43,43	781,74

D'après Binford, 1978 ; Outram, Rowley-Conwy, 1998 ; PAO : A. Lau, 2008

Profil de mortalité

Le chiffre de 1 607 dents a pu être décompté dans les témoins fauniques du secteur 10 du Tureau des Gardes, soit 38,28 % du nombre de restes déterminés. Afin d'aboutir au profil de mortalité, il a fallu au préalable effectuer un grand travail de remontage et de marquage des pièces. Ces opérations visaient à réaliser dans les meilleures conditions la recherche des « réarticulations » des séries dentaires et les appariements (chap. 2).

La plus grande proportion des dents jugales inférieures sur les jugales supérieures (*tab. III.15*) ont conduit à sélectionner ces premières pour construire le profil de mortalité des chevaux du Tureau des Gardes 10. Ce choix est renforcé par le fait que les nombres d'individus déterminés par les dents jugales inférieures, sont toujours plus élevés avec cette catégorie dentaire. Par ailleurs, l'examen minutieux des incisives n'a pas permis de mettre en évidence la reconnaissance d'une usure par ticage : il faut donc observer qu'aucun indice ne laisse envisager un quelconque contrôle animal sur le site (Bahn, 1978, 1980). En revanche, lors de cette enquête, il a été observé une usure des incisives en « V » sur trois séries dentaires de plus de 10 ans (*fig. III.13*), laissant supposer l'usage courant de l'effeuillage des buissons par les plus anciens sujets. Cette remarque rejoint les observations réalisées par Joel Berger (1986) quant aux comportements des vieux étalons qui tendent à élargir leur alimentation, et dès lors, à se singulariser des autres chevaux.

Les séries jugales inférieures droites et les appariements droites-gauches (peu fréquents) ont permis d'identifier 89 individus au moins (NMIc ; *tab. III.17*). L'âge de ces différentes séries a été obtenu par la

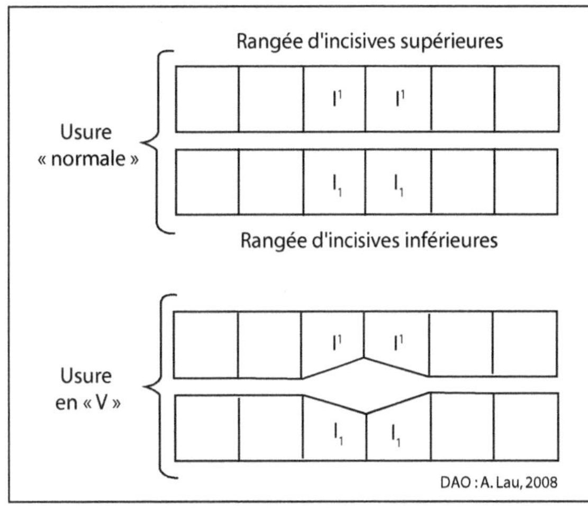

Fig. III.13 - Modalités d'usure normale et en « V » des rangées d'incisive

Tab. III.17 - Représentation par classes d'âge des chevaux du Tureau des Gardes 10

Classes d'âge	NMIc	% NMIc total par classe	% NMIc par année de classe
0-2 ans	20	22,47	11,24 (x2)
2-5 ans	12,89	14,48	4,83 (x3)
5-10 ans	30,66	34,45	6,89 (x5)
10-15 ans	19,66	20,09	4,49 (x5)
15-20 ans	5,79	6,51	1,30 (x5)

PAO : A. Lau, 2008

mesure de la hauteur des couronnes dans la plupart des classes d'âges, mais pour les deux plus jeunes (jusqu'à 5 ans), la prise en compte des séquences d'éruption-remplacement a été favorisée. En outre, il est apparu que – pour un certain nombre de séries étant suffisamment complètes (13/33) – les prémolaires, placées en tête de la rangée dentaire, ont un âge dentaire plus élevé que les molaires de la même série (Bignon, 2003). Plus rarement (3/33), se sont les dents placées au milieu de la rangée dentaire (PM4, M1) qui possèdent les âges les plus élevés, alors que généralement les usures sont plutôt régulières (17/33). Pratiquement, cette difficulté souligne la nécessité de procéder à une confrontation de tous les âges dentaires d'une même série (et donc la recherche de la reconstitution de celles-ci).

Les compensations des intervalles d'âges expliquent que les 89 individus identifiés sur le secteur 10 du Tureau des Gardes ne soient pas répartis en nombre entier dans les différentes classes (*tab. III.17*). Il faut d'ailleurs remarquer que toutes les classes d'âge ont recueilli plusieurs individus et que les classes regroupant les plus vieux spécimens sont particulièrement bien représentées.

La figure III.14 illustre le profil de mortalité des chevaux du secteur 10 du Tureau des Gardes. D'après les modèles théoriques de Marsha A. Levine (1983, 1990, 1999), ce profil correspond parfaitement au type de courbe relatif à l'abattage des groupes familiaux.

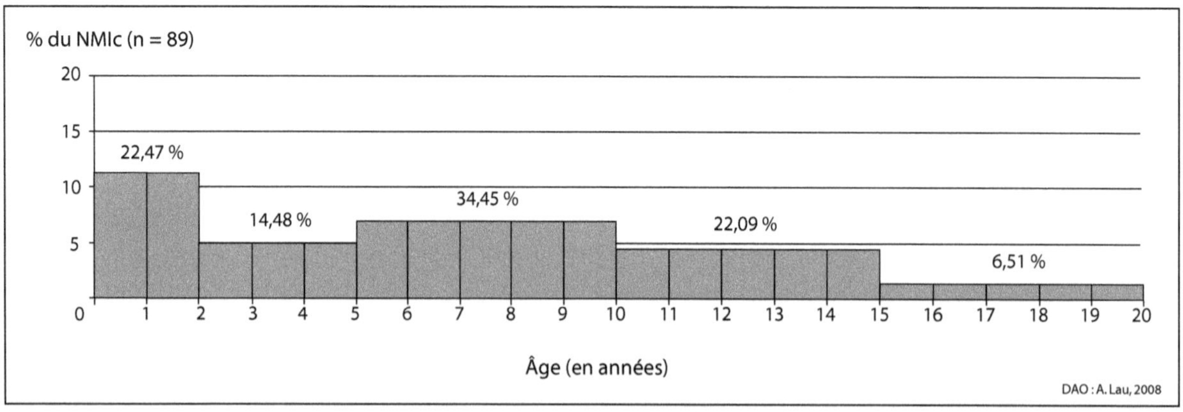

Fig. III.14 – Profil de mortalité des chevaux du Tureau des Gardes 10

Toutefois, la proportion relative des deux classes d'âge regroupant les plus vieux chevaux ne cadre pas avec ce modèle, mais plutôt avec celui correspondant à l'abattage des groupes célibataires. En somme, il ressort que les Magdaléniens aient pratiqué au Tureau des Gardes, une chasse des groupes familiaux et des groupes célibataires. Cependant, le profil général de la courbe étant plus proche du modèle des groupes familiaux (comme en témoigne la forte proportion de juvéniles), il est vraisemblable que ce soient les harems qui aient été les plus souvent ciblés. En outre, l'hypothèse d'une succession d'épisode de chasse est étayée par le fait qu'au moins 89 individus soient représentés sur ce site et que la courbe obtenue ne ressemble pas au modèle de mortalité catastrophique.

Plusieurs possibilités peuvent être envisagées quant aux tactiques développées par les Magdaléniens pour abattre ces chevaux. D'emblée, d'après la forme de l'histogramme de mortalité, une tactique de chasse collective a vraisemblablement été la plus utilisée, c'est-à-dire le rabattage ou l'interception des groupes familiaux ou des groupes célibataires. Toutes ces tactiques ont pu être employées potentiellement, peut-être de façon alternative en fonction des situations ou des occasions. Néanmoins, le caractère plus solitaire des vieux mâles célibataires plaide pour que d'autres tactiques plus appropriées à leur chasse aient été adoptées par les Magdaléniens. Dans cette optique, la chasse d'approche paraît possible pour expliquer les proportions relativement importantes aux classes d'âges les plus élevés. Toutefois, cette dernière tactique n'est certainement pas à l'origine de la grande majorité des chevaux abattus au Tureau des Gardes. Effectivement, la présence de canines est parfois utilisée pour estimer le nombre de mâles ayant été présents sur les sites (Fernandez, 2001 ; Turner, 2002). D'après ce critère, discutable car certaines juments possèdent également ce type de dent et que la fonte taphonomique ait pu faire disparaître une partie de ces éléments, seul un nombre de 9 individus mâles (NMIf cheval = 54) pourrait avoir été rapporté au Tureau des Gardes 10.

Indices de saisonnalité

Plusieurs types de dents ont concouru à apporter des indices de saisonnalité. L'abondance des restes dentaires a permis d'utiliser des dents jugales inférieures et supérieures, mais aussi des incisives inférieures et supérieures (*fig. III.15*). Certains rares individus sont potentiellement représentés dans plus d'une catégorie dentaire ; cependant, cette éventualité est limitée par le fait que les indices employés ici sont la pluspart du temps des séries et que les éléments restés isolés ne correspondaient pas à ces ensembles. Lorsque des séries jugales ont été employées, c'est en fonction de la composition (des éruptions et de l'usure relative des éléments) et des mesures de couronnes (par le calcul d'un âge moyen) que l'estimation a été obtenue. Seules les Pd2 et Pd3 ont été prises en compte lorsque les dents jugales déciduales étaient isolées. L'âge des incisives a été déterminé grâce au référentiel élaboré à l'aide de la collection Philippe Morel à Neuchâtel (chap. 2).

Les indices de saisonnalité du secteur 10 du Tureau des Gardes montrent que le site a été occupé par les Magdaléniens à différents moments au cours de l'année (*fig. III.16*). La période hivernale est cependant moins souvent attestée par rapport à toutes les autres saisons, toutes représentées par un nombre identique d'indices. Les indices provenant d'individus juvéniles pour l'essentiel, il convient de remarquer que les groupes familiaux sont chassés toute l'année.

Le début de printemps constitue une période privilégiée pour les chasseurs, car les bandes de chevaux ont dû converger vers les larges plaines pour profiter de la nouvelle période de croissance des végétaux ; ce moment de l'année correspond aussi à la période de mise bas et aux luttes entre les étalons pour le contrôle des groupes. En revanche, en été au gré de la migration des bandes et de leur diffusion dans le paysage, les chasseurs ont dû s'en prendre à un certain nombre de bandes ayant préféré établir leur habitat préférentiel dans l'environnement immédiat du site. À l'automne et dans une moindre mesure au début de

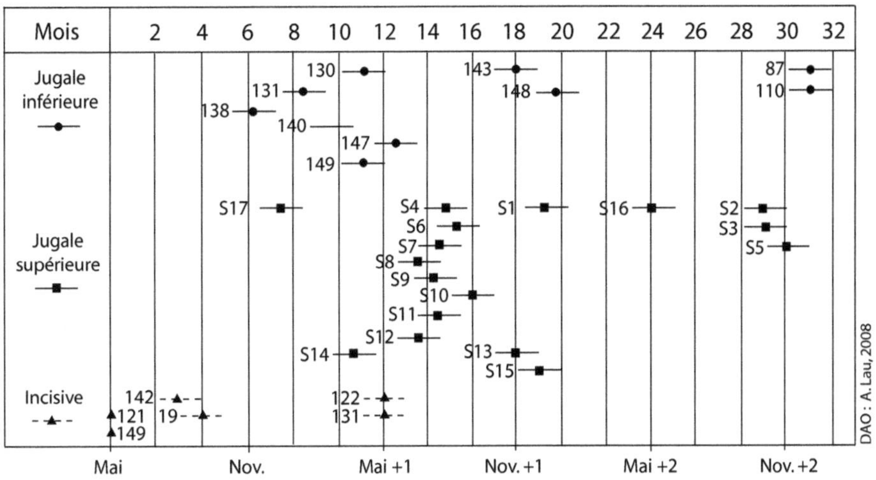

Fig. III.15 – Saisonnalité déduite des séries dentaires du Tureau des Gardes 10

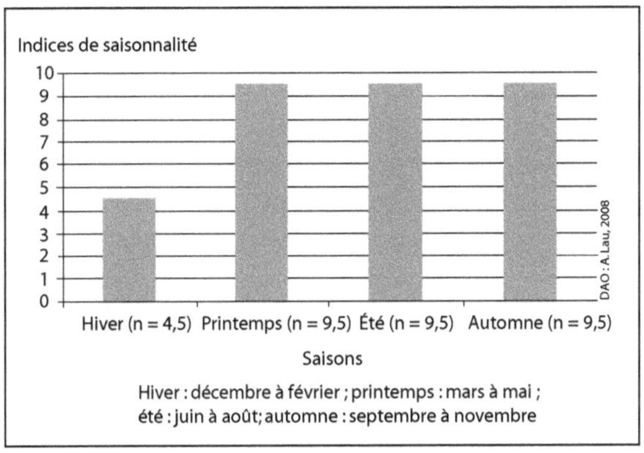

Fig. III.16 – Regroupement des indices par saison au Tureau des Gardes 10

l'hiver, les chevaux sont à leur maximum pondéral et constituent des proies de choix, même si l'espacement entre les bandes comme entre les individus au sein d'un même groupe tend à s'accroître du fait de la raréfaction des ressources alimentaires disponibles.

Conclusion

Le Tureau des Gardes 10, situé au niveau de l'interfluve Yonne-Seine, est marqué par une altération taphonomique forte des vestiges de faune, beaucoup moins sensible au niveau de la dépression topographique centrale. La conservation différentielle des témoins fauniques qui en résulte n'est donc pas systématique et renvoie aussi très certainement à l'organisation spatiale du traitement des carcasses. Si le spectre témoigne de la présence d'autres espèces, notamment le renne, les Magdaléniens se sont focalisés plus particulièrement sur la chasse aux chevaux. La quantité d'équidés présents plaide pour une multiplication des séjours sur le même lieu d'occupation. Au regard de leur nette domination spécifique du spectre de faune, il est possible d'avancer que ce site magdalénien a été dédié principalement à la préparation de la chasse, mais aussi au traitement et à la consommation des chevaux. En ce sens, les témoins lithiques se caractérisent par une forte présence d'outils et de pointes diverses (armatures de projectiles), ainsi que des foyers et une grande quantité de pierres brûlées (Lang, 1998).

La courbe de mortalité obtenue d'après les dents inférieures a permis de mettre en évidence que 89 individus au moins (NMIc) ont été abattus par les Magdaléniens. Le profil de cette courbe témoigne que les groupes familiaux ont été recherchés le plus souvent et à toutes les saisons, mais que la chasse des groupes de célibataires n'a pu être complémentaire. Ces objectifs cynégétiques débouchent sur le constat que toutes les classes d'âge ont été sollicitées, et plus particulièrement celle des individus entre 5-10 ans du fait de leur occurrence dans les deux types de bandes. Les tactiques de chasse employées renvoient à des options collectives, c'est-à-dire à l'usage de rabattage, d'interception et peut-être de piégeage en masse. Cette observation suggère que les Magdaléniens ont déplacé des groupes d'hommes, des expéditions spécialisées car aucune trace de structure d'habitation n'a pu être identifiée. Ces expéditions ont certainement tiré un grand profit de la topographie générale de la zone. En effet, l'interfluve Yonne-Seine limite singulièrement les échappatoires des bandes et les reliefs vallonnés ont pu servir pour de probables interceptions, tout en attirant les équidés par ces ressources alimentaires et la proximité constante d'eau. À côté de ces chasses de groupes entiers, il est envisageable que des tactiques d'approche aient ponctuellement eu lieu, comme le suggèreraient les nombreux vieux adultes (au- delà de 10 ans), réputés pour être plus solitaires (Berger, 1986). Ces activités cynégétiques se sont déroulées tout au long de l'année : du printemps à l'automne, la chasse aux équidés semble avoir été plus intense, tandis que l'hiver est nettement moins attestée par les indices de saisonnalité.

Diverses étapes du traitement et la consommation des équidés ont eu lieu en partie lors de l'occupation du Tureau des Gardes 10. Il est envisagé qu'une sélection des chevaux abattus ait été rapportée dans leur intégralité sur le site, laissant supposer que le lieu d'acquisition n'était pas très éloigné du site. Plusieurs hypothèses, non exclusives, permettent de comprendre la faible représentation du segment du tronc : d'abord, le contexte taphonomique et la préservation différentielle semblent les premiers à devoir être incriminés ; mais, le transport de quartiers (les filets et contre-filets) pourrait également avoir contribuer à ce biais de représentation. En outre, les segments de membres et les autopodes (les extrémités de membres) sont particulièrement bien représentés : les os longs ont été fracturés intensivement pour une consommation sur place de la moelle. Le dispositif de foyers et de pierres chauffées suggère un traitement des matières carnées en vue d'une consommation *in situ* et différée. L'estimation de l'intérêt alimentaire des chevaux est chiffrée à plus de 13 tonnes (de viande et de moelle) dans l'hypothèse la plus probable, très loin devant les apports du renne (un peu plus de 5 %).

Le Grand Canton - secteur 2

Données géographiques, chronologiques et stratigraphiques

Le gisement du Grand Canton est situé dans l'interfluve de la Seine et de l'Yonne, à l'instar du Tureau des Gardes 10, également sur la commune de Marolles-sur-Seine (*fig. III.8*). Cet interfluve présente un profil morphosédimentaire contrasté, avec le long de la Seine des buttes de sable et des dépressions relativement profondes, alors que les abords de l'Yonne sont plus plats (Deloze, Krier, 1999).

Le contexte morphosédimentaire indique que les niveaux archéologiques du Grand Canton ont été recouverts par des limons sableux de débordement, mis en place par un système hydrologique à chenaux multiples anastomosés (Bridault *et al.*, 1997 ; Julien, Rieu, 1999). Deux niveaux ont été repérés : un premier nommé « supérieur » ou « principal », un second « inférieur » non étudié (*fig. III.17*) ; trois secteurs ont été fouillés mais leur exploitation scientifique est différentielle (*fig. III8*) : le secteur 1 ; le secteur 2 (surtout représenté par la section 18, amis aussi les sections 9, 10, 17, 19, 27), le seul secteur ayant fait l'objet d'études poussées à ce jour (*fig. III.18* ; Julien, Rieu, 1999) ; le secteur 3 (section 25 et très partiellement les sections 24, 33 et 34). Des phénomènes liés à la dynamique propre de l'interfluve et à des bioturbations ont abouti à une meilleure conservation des occupations magdaléniennes dans les fonds des cuvettes sédimentaires, comme l'a montrée l'étude de la section 18 du secteur 2 (Bridault *et al.*, 1997 ; Julien, Rieu, 1999).

Des six dates réalisées sur ossements, deux ne semblent pas être acceptables (Gif 9609 et Oxa 3671 ; *tab. III.18*), du fait de leur très probable rajeunissement. Cette interprétation tendrait à être confirmée par toutes les autres obtenus au Grand Canton, ainsi qu'au Tureau des Gardes 10 (*tab. III.10*). Les occupations magdaléniennes du secteur 2 du Grand Canton se placent

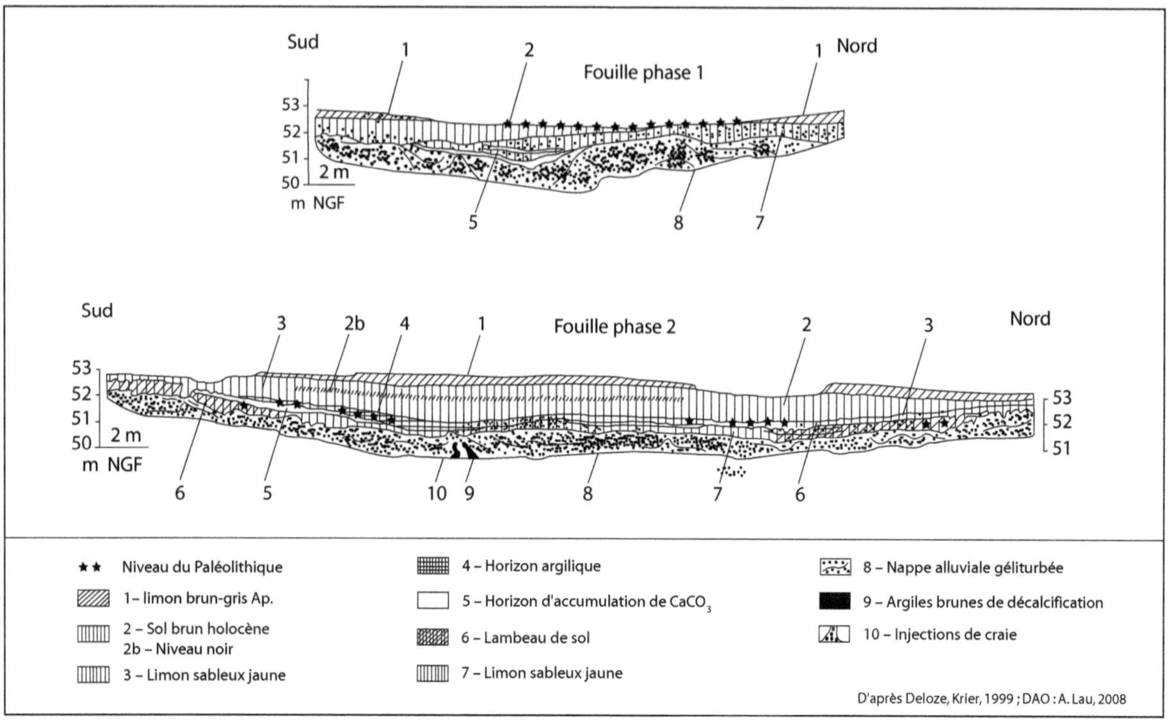

Fig. III.17 – Coupes stratigraphiques du site Le Grand Canton – secteur 2

Tab. III.18 - Datations au radiocarbone du gisement du Grand Canton

Le Grand Canton (Marolle-sur-Seine ; Seine-et-Marne)	Références laboratoire	Datations BP (2 sigmas)	Datations cal. BP (Oxcal v3.10)	Delta ^{13}C/matériel
Secteur 2-secteur 18	Gif 9608	12 880 +/- 80	15 550-14 900	-20,56 (*Rangifer*)
Secteur 2-secteur 18	Gif 9606	12 195 +/- 130	14 700-13 750	-21,08 (*Equus*)
Secteur 2-secteur 18	Gif 9607	12 080 +/- 115	14 120-13 650	-21,07 (*Equus*)
Secteur 2-secteur 18	Gif 9609	11 420 +/- 100	13 470-13 090	-21,60 (*Equus*)
Secteur 1	Oxa 3670	11 030 +/- 105	13 140-12 830	-18,20 (*Equus*)
Secteur 1	Oxa 3139	12 650 +/- 130	15 350-14 150	-20,20 (*Equus*)

DAO : A. Lau, 2008

chronologiquement à l'intérieur du Bölling, ce qui est en accord avec les observations sédimentaires (Deloze, Krier, 1999).

L'analyse spatiale du secteur 2 (fouillé sur 1 020 m^2), a permis de mettre en lumière une occupation dans laquelle les nombreuses structures de combustion ont polarisé fortement les activités domestiques et techniques. Il ressort que la dilatation des sols d'occupations et les perturbations post-dépositionnelles semblent restreintes dans le secteur 2 (Julien, Rieu, 1999). Les analyses mettent en avant que la constitution du gisement est due à une occupation répétée de groupes magdaléniens, dont le but principal était la chasse et le traitement boucher des carcasses de chevaux. La présentation des données de site s'appuie sur les travaux archéozoologiques d'Anne Bridault et de Céline Bemilli (1999), discutés dans cette étude et renforcés par des indices de saisonnalité (Bignon, 2003, 2006a, 2006b).

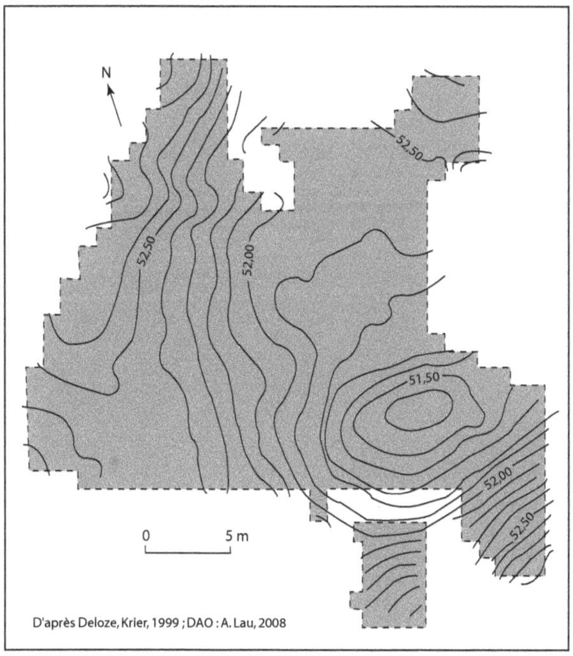

Fig. III.18 - Plan de la surface de fouille du site Le Grand Canton - secteur 2

Spectre de faune et taphonomie

À l'instar du spectre de faune du Tureau des Gardes 10 (*tab. III.11*), celui du Grand Canton – secteur 2 est composé par un nombre peu élevé d'espèces (*tab. III.19*). Un autre point commun réside en

Tab. III.19 - Spectre de faune du Grand Canton - secteur 2 (échantillons A + B)

Espèces	NRD	% NRD	NMIf	% NMIf
Cheval (cf. *Equus caballus arcelini*)	5 255	96,12	117	87,30
Renne (*Rangifer tarandus*)	209	3,82	14	10,45
Canidé	1	0,02	1	0,75
Bovidé	1	0,02	1	0,75
Mammouth (*Mammuthus primigenius*)	1	0,02	1	0,75
Total des restes déterminés (NRD)	**5 467**	**100**	**134**	**100**
Total des restes cf. renne	**27**			
Nombre de restes (NRD)	**5 494**			

D'après Bridault, Bemilli, 1999 ; PAO : A. Lau, 2008

l'écrasante domination des témoins de cheval, très largement devant le renne. À côté de ces espèces, la présence de canidé, de grand boviné et de mammouth est attestée par un seul reste.

Le contexte morphosédimentaire est très similaire à celui du Tureau des Gardes, un processus de préservation différentielle a opéré selon les mêmes principes sur le secteur 2 du Grand Canton. La topographie en cuvette a opéré comme un piège naturel et plus les témoins étaient au pied du relief, mieux ils ont été préservés (Bridault, Bemilli, 1999). La dispersion significative par le transport hydraulique est peut probable au regard des parties squelettiques représentées sur le site (*tab. III.20*), mais également compte tenu des nombreuses découvertes en connexion (phalanges et sésamoïdes). De plus, du fait de la topographie en cuvette, un tel transport aurait nécessité un courant puissant qui n'a pas été observé dans les analyses géologiques et micromorphologiques (Bridault, Bemilli, 1999).

Plusieurs fractures sur os sec ont été décelées, laissant supposer une exposition relativement prolongée des témoins avant enfouissement et une dégradation post-dépositionnelle du matériel faunique. Un grand

Tab. III.20 – Parties squelettiques de cheval au Grand Canton – secteur 2, selon les groupes de M.R. Voorhies (1969) et indice de fracturation (NR/NMPS)

Groupes	Parties squelettiques	NR	NMPS	NR/NMPS
Groupe I	Atlas	3	3	1
	Cervicales, autres	4	4	1
	Vertèbres, autres	16	8	2
	Côtes	7	7	1
Groupe II	Scapula,	121	79	1,5
	Humérus	244	67	3,6
	Radius-ulna	228	48	4,8
	Total carpiens	111	38	2,9
	Métacarpe III	76	51	1,5
	Stylet (MC II, IV)	6	6	1
	Coxal	76	50	1,5
	Fémur	197	41	4,8
	Patella	12	12	1
	Tibia	350	120	2,9
	Total tarsiens	308	103	3
	Métatarse III	70	39	1,8
	Stylet (MT II, IV)	23	23	1
	Métapode ND	234	137	1,7
	Stylet ND	16	13	1,2
	Phalange 1	377	234	1,6
	Phalange 2	267	222	1,2
	Phalange 3	49	40	1,2
	Petit sésamoïde	1	1	1
	Grand sésamoïde	7	7	1
Groupe III	Crânes	45	27	1,6
	Mandibule	97	49	2
	Total dents sup. et dents inf.	2 310	2 310	1
	Totaux	**5 255**	**3 739**	

PAO : A. Lau, 2008

nombre de fractures sur os frais sont aussi présentes signalant l'intervention humaine, car aucune trace de mâchouillage par des carnivores n'a pu être observée. Il s'en suit que le taux de fragmentation du matériel osseux est très élevé (*tab. III.20*), notamment sur les os longs des membres, mais aussi sur les carpiens et les tarsiens. La conservation différentielle semble avoir touchée plus particulièrement sur les parties squelettiques ayant une structure spongieuse (comme les vertèbres), et l'action des radicelles est le plus souvent prononcée. Ce phénomène de dissolution doit certainement être mis en correspondance avec la nature sableuse de la matrice sédimentaire, puisqu'il a atteint de façon similaire les chevaux comme les rennes.

Néanmoins, les analyses se rapportant à la densité minérale des os de chevaux que nous avons réalisé, tendent à relativiser ce phénomène de dissolution (*tab. III.21* ; *fig. III.19*). Nos résultats montrent en effet que la représentation des diverses parties squelettique du Grand Canton n'est corrélée que très faiblement avec leurs densités minérales respectives (r = 0,2411 ; ddl = 18 ; v = 0,472 [ddl = 18]). De plus, cette faible corrélation n'est pas significative, loin s'en faut. Encore plus que dans le cas du Tureau des Gardes 10, il ne faudrait donc pas imputer la représentation différentielle des parties squelettiques des chevaux du

Tab. III.21 – Valeurs de densité minérale (CT) et des % PO du Grand Canton – du secteur 2

Parties anatomiques	Abréviation	Densité (CT) moyenne	% PO
Mandibule	DN	0,96	22,85
Atlas	AT	0,51	2,50
Cervicale	CE	0,45	0,50
Côtes	RI	0,93	0,15
Scapula	SP	1,01	32,25
Humérus	HU	0,83	27,40
Radius	RA	1,04	21,80
Carpes	Carp	0,60	16,30
Métacarpe	MC	0,95	20,10
Stylet MTCII/IV	MCII/IV	0,69	1,30
Coxal	IL-IS-PU	0,96	21,25
Fémur	FE	0,70	19,45
Patella	PA	0,40	5,25
Tibia	TI	0,96	52,70
Tarse	Tars	0,62	44,55
Métatarse	MR	0,60	16,05
Stylet MTCII/IV	MTCII/IV	0,85	4,74
Phalange 1	P1	0,57	51,05
Phalange 2	P2	0,70	50,65
Phalange 3	P3	0,57	9,15

PAO : A. Lau, 2008

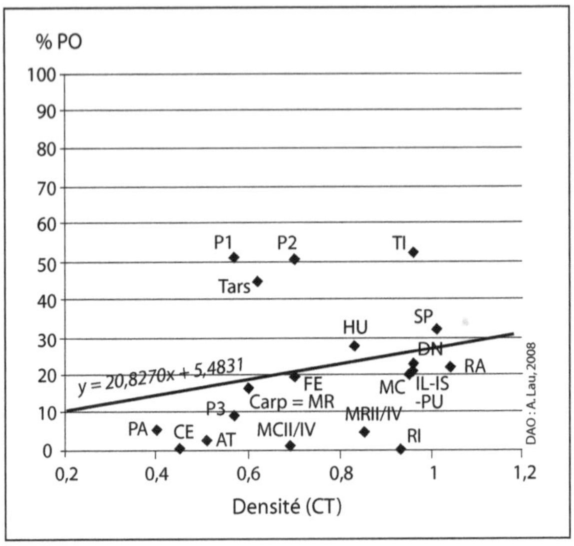

Fig. III.19 – Confrontation des % PO et des valeurs de densité minérale (CT) pour le Grand Canton – secteur 2

Grand Canton, uniquement au phénomène de fonte taphonomique. Certes, la topographie du site, le processus de recouvrement et la nature des sédiments sont des facteurs entrant un ligne de compte. Cependant, comme dans le cas du Tureau des Gardes 10, il s'agit de ne pas oublier d'ajouter à cette liste, les dissociations spatiales de traitement des carcasses opérées par les Magdaléniens, voire les transports de segments anatomiques.

Parties anatomiques présentes

Les représentations des parties anatomiques du Grand Canton ont été synthétisées à partir des décomptes des échantillons A et B du secteur 2 (Bridault, Bemilli, 1999). Toutes les parties squelettiques de cheval ont pu être identifiées dans les vestiges fauniques de cette occupation, malgré une grande variabilité entre les divers ossements (*tab. III.22* ; *fig. III.20*).

Comme cela a déjà pu être observé dans le cas du Tureau des Gardes 10, une très faible représentation des vertèbres dans leur ensemble est enregistrée, de même que pour les côtes et les phalanges unguéales. Ces éléments ont vraisemblablement souffert de la conservation différentielle. En outre, on note la présence de témoins comme les patellas ou les sésamoïdes qui permettent d'indiquer que certains chevaux ont été rapportés entiers dans l'occupation du Grand Canton. La fragmentation intentionnelle des os longs tendrait à indiquer que l'ensemble des opérations de traitement (désarticulation, décarnisation, séchage-fumage) ait eu lieu sur place. Les parties squelettiques des membres sont globalement bien représentées, même si on remarque des taux relativement faibles pour le fémur

Tab. III.22 – Fréquence des parties squelettiques de cheval par segments anaomiques au Grand Canton – secteur 2

Segments anatomiques	Parties squelettiques	% PO
Tête	Crâne	20,65
	Mandibule	22,85
	Total dents sup. et dents inf.	
	Atlas	2,50
Tronc	Cervicales, autres	0,50
	Vertébres, autres	1,55
	Coxal	21,25
	Côtes	0,15
Membre antérieur	Scapula	32,25
	Humérus	27,40
	Radius-ulna	21,80
	Total carpiens	16,30
	Métacarpe III	20,10
	Stylet (MC II, IV)	1,30
Membre postérieur	Fémur	19,45
	Patella	5,25
	Tibia	44,55
	Total tarsiens	16,05
	Métatarse III	4,74
	Stylet (MT II, IV)	
	Métapode ND	
	Stylet ND	
Extrémités des membres	Phalange 1	51,05
	Phalange 2	50,65
	Phalange 3	9,15
	Petit sésamoïde	0,15
	Grand sésamoïde	0,85

D'après Bridault, Bemilli, 1999 ; PAO : A. Lau, 2008

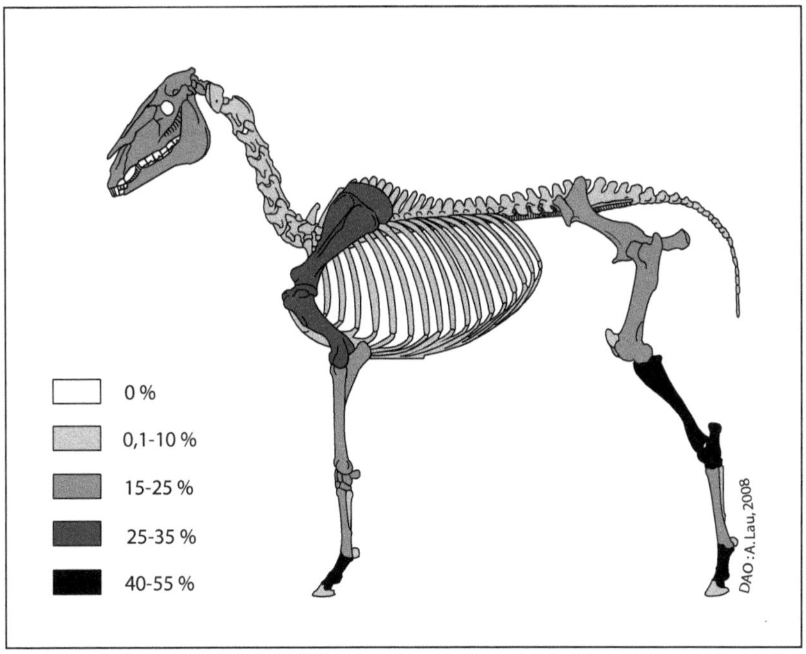

Fig. III.20 – Parties squelettiques (% PO) des chevaux du Grand Canton – secteur 2

Tab. III.23 – Détail des proportions des dents inférieures et supérieures du Le Grand Canton – secteur 2

Dents	NMPS	NMIf	% PO
Inférieures			
Pd_2	6	3	50,00
Pd_3	7	4	58,33
Pd_4	5	3	41,67
PM_2 gauche	62,9	63	53,70
PM_2 droite	53,10	54	45,30
$PM_{3/4}$ gauche	225,90	117	96,50
$PM_{3/4}$ droite	175,10	91	74,80
$M_{1/2}$ gauche	145,90	77	62,30
$M_{1/2}$ droite	144,10	76	61,50
M_2 gauche	88,90	88	75,90
M_3 droite	76,10	77	65,00
Incisives	470*		2,80
Canines			2,30
Supérieures			
Pd^2	7	4	58,33
Pd^3	10	6	83,33
Pd^4	10	6	83,33
PM^2 gauche	54	53	46,10
PM^3 droite	49,20	50	42,00
$PM^{3/4}$ gauche	140	77	59,80
$PM^{3/4}$ droite	109,20	62	46,60
$M^{1/2}$ gauche	116	65	49,50
$M^{1/2}$ droite	102,70	58	43,80
M^3 gauche	79	79	67,50
M^3 droite	75,20	76	64,20
Totaux	**2 212,30**	**117**	

* Le chiffre de 470 restes a été obtenu pour l'ensemble des incisives et des canines inférieures.

D'après Bridault, Bemilli, 1999 ; Bignon, 2003 ; PAO : A. Lau, 2008

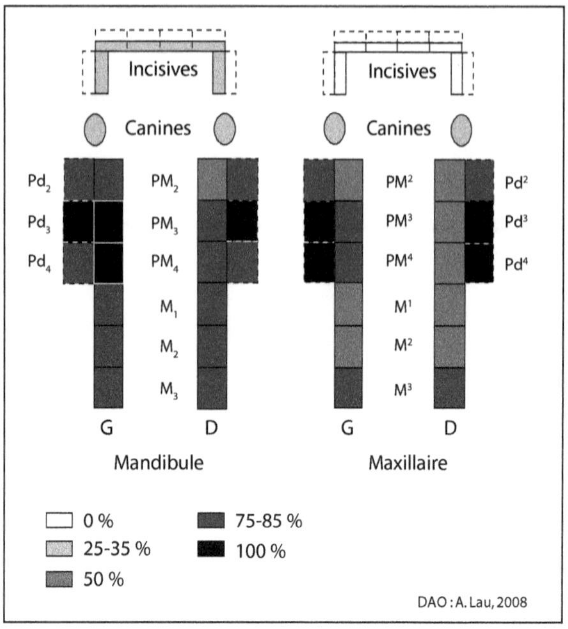

Fig. III.21 – Proportions respectives des dents (% PO) au Grand Canton – secteur 2

ou le radius par rapport au Tureau des Gardes 10. À l'exception du tibia, les os les mieux représentés concernent des parties anatomiques dépourvues d'intérêt alimentaire, tels que les tarsiens et les phalanges I et II.

En ce qui concernent les restes dentaires, on peut s'étonner de n'avoir trouver qu'un très petit nombre d'incisives et de canines (*tab. III.23* ; *fig. III.21*), alors que les représentations des parties crâniales et mandibulaires sont relativement fortes. D'une manière générale, il faut remarquer une présence plus affirmée des dents jugales inférieures par rapport aux dents jugales supérieures. Toutefois, cette observation ne prend pas en compte le cas des dents jugales déciduales pour lesquelles le phénomène s'inverse. Très peu de canines ont été découvertes, ce qui pourrait indiquer que peu d'individus mâles ont été abattus et rapportés sur le site. De même, les incisives sont peu nombreuses par rapport aux dents jugales (*tab. III.23* ; Bridault, Bemilli, 1999) et aucune d'entre elles ne porte de trace d'usure anormale liée au stress de la captivité.

Les représentations squelettiques suggèrent qu'une partie au moins des chevaux abattus ont été rapportés dans leur intégralité dans l'occupation du secteur 2 du Grand Canton (Bridault, Bemilli, 1999). Ces transports ont dû s'effectuer sur des distances relativement courtes, les équidés ayant manifestement séjourné en nombre dans la zone de l'interfluve. Comme dans le cas du Tureau des Gardes 10, il est difficile de dissocier ce qui relève de la fonte taphonomique, de l'abandon sur le site d'abattage et de la part relative au transport vers d'autres occupations. Ces questionnements sont particulièrement délicats s'agissant des segments de tronc. Néanmoins, si ces facteurs peuvent avoir agi conjointement, les dispositifs de l'occupation (foyers, pierres chauffées abondantes) tendent à favoriser l'hypothèse d'un traitement relativement fréquent de ces segments anatomiques en vue d'une consommation différée. Les taux de fragmentation des os longs témoignent également de l'extraction de la moelle, destinée à une consommation *in situ* de ces nutriments (*tab. III.24*). Cependant, la présence moins importante d'éléments comme le fémur ou le coxal particulièrement riche en viande, pourrait également avoir fait l'objet d'un transport vers d'autres occupations.

En somme, l'occupation du Grand Canton témoignerait des premières étapes de traitement boucher : écorchage, désarticulation, décharnage et préparation

Tab. III.24 – Estimation de la valeur nutritive des segments anatomiques de cheval du site Le Grand Canton – secteur 2

Segments anatomiques par niveaux	NMIf	Valeurs en GUI (en kg)	Poids (en kg)
Total cheval (entier)	117	150,23	17 576,91
Total renne (entier)	14	43,43	60,02

D'après Binford, 1978 ; Outram, Rowley-Conwy, 1998 ; PAO : A. Lau, 2008

pour une consommation différée. Cependant, il n'est pas certain que tous les individus aient été entièrement traités de façon systématique (Bridault, Bemilli, 1999) : de nombreuses connexions anatomiques ont été observées sur le terrain et suspectées lors de l'analyse. Ce comportement a été également noté par Elaine Turner (2002) dans le niveau magdalénien de Solutré, bien qu'à une échelle nettement plus fréquente.

Un potentiel de matières carnées et de moelle équivalent à plus de 17,5 tonnes a pu être dégagé de l'abattage des 117 chevaux (*tab. III.24*). Ce chiffre contraste avec les apports presque anecdotiques du renne sur ce site. L'intérêt alimentaire a pu être marginalement biaisé par le phénomène de dissolution des ossements, mais il est peu vraisemblable que ces processus aient considérablement modifié les rapports de dominations spécifiques entre ces deux taxons (Bridault, Bemilli, 1999). La comparaison des apports en matières animales consommables entre le cheval et le renne du Grand Canton montre que les équidés ont joué un rôle considérable dans la subsistance des Magdaléniens.

Profil de mortalité

Les profils de mortalité du secteur 2 du Grand Canton ont été réalisés par A. Bridault et C. Bemilli (1999), à partir des dents jugales supérieures (n = 57) et des dents jugales inférieures (n = 43) de l'échantillon A. Ces deux profils, très similaires, indiquent un pic principal sur la classe d'âge des individus de 5-10 ans (*fig. III.22*) : les jugales supérieures de 5 à 7 ans représentent 56,7 % des séries, contre 64,4 % pour les jugales inférieures de 6 à 8 ans. Les juvéniles (0-2 ans) et les subadultes (2-5 ans) sont très faiblement représentés (entre 2,5 et 3 %), ce qui a été expliqué par les auteurs par leur plus grande vulnérabilité taphonomique (Bridault, Bemilli, 1999). Cependant, cette observation demeure insuffisante pour expliquer totalement la discrétion de ces jeunes individus, bien qu'elle a certainement influencé en partie le profil de mortalité. En effet, les dents des adultes matures (au-delà de 10 ans) est très faible également, alors que ces éléments dentaires ne sont pas plus susceptibles aux processus taphonomiques que celles des adultes de la classe des 5-10 ans. Au regard de ces éléments, il faut donc considérer comme plus probable, l'hypothèse d'une sélection cynégétique des Magdaléniens sur les équidés matures de la classe 5-10 ans au Grand Canton.

Le profil des chevaux abattus au Grand Canton se distingue très nettement de celui du Tureau des Gardes 10, mais se rapproche plutôt du modèle d'interception (*stalking model*) de M.A. Levine (1983 ; chap. 2). Ce type de profil correspond à une sélection des individus en fonction de l'intérêt alimentaire représenté par les chevaux adultes par rapport aux plus jeunes (possédant moins de moelle osseuse) et aux vieux adultes (à la chair moins tendre ; chapitre 2). Ce même

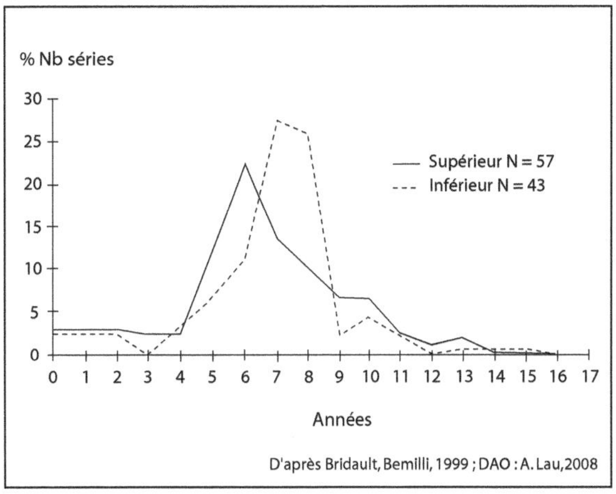

Fig. III.22 – Profil de mortalité du site Le Grand Canton – secteur 2 (échantillon A)

profil a en outre été identifié pour le site « protomagdalénien » du Blot et le site magdalénien final de Pont-de-Longues dans le Massif central (Vollmar, 2001). Pourtant, sur ces gisements, les contextes taphonomiques n'apparaissent pas avoir biaisé les profils de mortalité : cette tactique de chasse correspond bien à un comportement cynégétique appliqué par d'autres groupes magdaléniens. Une telle tactique semble également avoir été mise en œuvre lors de l'occupation du secteur 2 du Grand Canton, et répétée plusieurs fois si l'on en juge par le nombre de chevaux abattus. La cible des Magdaléniens fut potentiellement autant les groupes familiaux que les groupes de célibataires. Cependant, seuls les harems ont laissé des indices clairs de leur prédation de par la présence de juvéniles.

Indices de saisonnalité

La saisonnalité de la chasse au cheval sur le site Le Grand Canton a été envisagée à l'aide de la hauteur des couronnes des dents jugales déciduales. Un seul âge moyen a pu être calculé, tous les autres indices correspondent à des dents Pd2 ou Pd3, qui ne constituent pas des séries dissociées puisque les tentatives de « réarticulation » n'ont pas donné de résultats positifs. Nos indices des dents inférieures s'élèvent à 12, alors que ceux des dents supérieures atteignent un total de 17 éléments.

La majorité des dents (19/29) indique un âge d'abattage situé entre le 9e et le 17e mois, c'est-à-dire entre la fin de l'hiver (février) et la fin de l'été (septembre ; *fig. III.23*). Comme dans le secteur 10 du Tureau des Gardes, les indices de saisonnalité témoignent que la chasse des chevaux s'est déroulée tout au long de l'année, même si la période hivernale est beaucoup moins bien attestée que les autres saisons (*fig. III.24*). Toutefois, la saison qui recueille le plus d'indices est le printemps, devant la période estivale et l'automne. Le profil de mortalité d'interception semble être fortement marqué par les saisons de chasse propice à l'abattage de groupes plus compacts

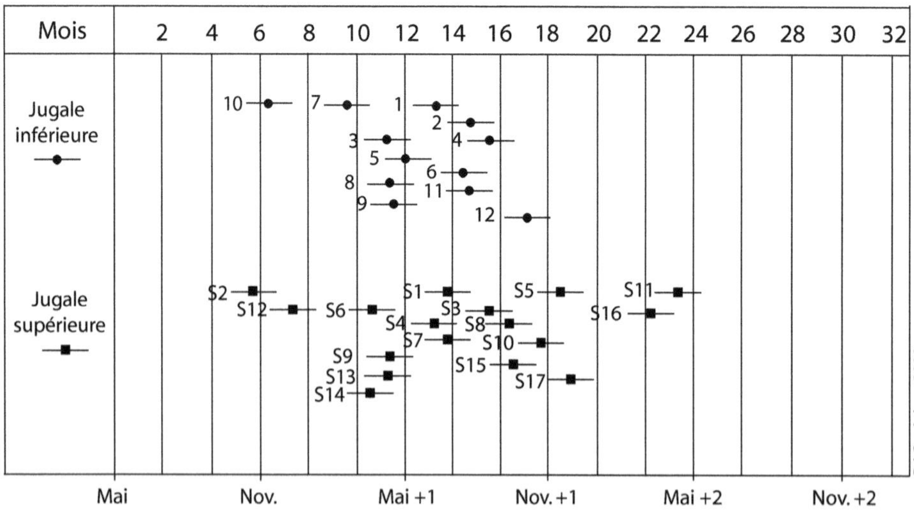

Fig. III.23 – Saisonnalité déduite des dents déciduales du Grand Canton – secteur 2

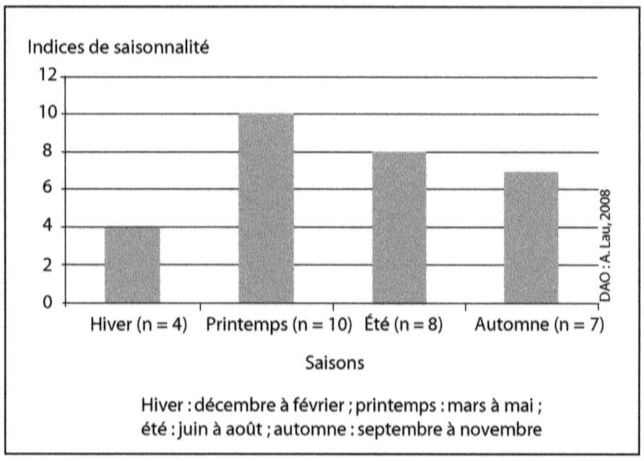

Fig. III.24 – Regroupement des indices par saison du Grand Canton – secteur 2

dans le paysage (au cours du printemps), comme dans leur espacement interindividuel (printemps-été). Cette tactique apparaît également avoir été employée lors de la saison automnale, malgré une dispersion des bandes et une augmentation de l'espace interindividuel peut-être plus grand.

Conclusion

Le contexte taphonomique du secteur 2 du site Le Grand Canton a influencé la composition des parties squelettiques de la collection faunique. Cependant, la conservation différentielle de ces témoins osseux n'est pas liée uniquement à une fonte taphonomique, mais à un ensemble de facteurs, dont la dissociation des chaînes opératoires de traitement des équidés. L'activité des carnivores est nulle et la dispersion des éléments de faune par l'agent fluviatile n'est pas significative, selon les diverses parties anatomiques présentes et les observations morphosédimentaires.

Le Grand Canton témoigne d'une occupation magdalénienne essentiellement tournée vers les activités d'acquisition, mais surtout de traitement et de consommation des chevaux. Plusieurs épisodes de chasse sont relatés d'après les vestiges découverts, visant plus particulièrement les bandes familiales et/ou les groupes de célibataires. Une sélection sur les adultes dans la force de l'âge (*prime age adults*) a été opérée par les chasseurs, dont l'activité cynégétique s'est déroulée toute l'année et en particulier au printemps. Peu d'indices témoignent d'une chasse du cheval en hiver, celle-ci étant nettement plus fréquente du printemps à l'automne. Le traitement des individus abattus s'est déroulé entièrement dans l'occupation du Grand Canton pour une partie d'entre eux, d'après les proportions des parties squelettiques déterminées. Les dispositifs techniques, comme la production lithique orientée vers un outillage performant et les nombreuses structures de combustion, convergent également pour assigner à cette occupation cette fonction de lieu privilégié de traitement des équidés. Il est probable qu'une partie des matières carnées a aussi été consommée sur place, de même que la moelle, des tissus se prêtant mal à une consommation différée. En outre, s'il a pu être avancé que les parties du tronc ont été transportées vers d'autres occupations (Bridault, Bemilli, 1999), une proportion a toutefois pu être dissoute par le phénomène de dissolution ou abandonnée sur le lieu d'abattage. Également, le transport de segment de membres pourrait être intervenu en regard du fait que les parties squelettiques les mieux représentées dans l'occupation n'ont aucun intérêt alimentaire. Finalement, le transport immédiat des produits issus du traitement des chevaux n'a pu intervenir que partiellement. En effet, l'hypothèse émise par Jean-Luc Rieu (1999) quant à la fonction de cache-réserve de nourriture des nombreux aménagements de pierre mise en évidence sur le site, doit être considérée comme une alternative vraisemblable au transport des tonnes de matières animales dégagées des chasses aux chevaux. Cette option aurait pour avantage de constituer des stocks de nourriture accessibles aux Magdaléniens, en certains points fixes d'un territoire régulièrement parcouru et ponctuellement visité.

Conclusion générale

À l'interfluve Seine-Yonne, plusieurs secteurs du Tureau des Gardes et du Grand Canton (Marolles-sur-Seine) ont révélé toute l'importance de l'exploitation des chevaux (*Equus cabalus arcelini, sensu lato*) pour les Magdaléniens du Bassin parisien (Bemilli, 1998 ; Bridault, Bemilli, 1999 ; Bignon, 2003, 2006a et b, 2007a). Liée aux processus de recouvrement des occupations, la conservation des témoins osseux est relativement défavorable dans le Tureau des Gardes 10 et le secteur 2 du Grand Canton (Lang, 1998 ; Julien, Rieu, 1999). À ce titre, les observations tirées de l'amas de cheval d'Étiolles peuvent permettrent d'imaginer comment certaines tactiques ont été mises en œuvre.

On ne peut qu'être frappé par l'étendu des occupations magdaléniennes qui étaient présentes sur une grande partie de l'interfluve Seine-Yonne et dédiées principalement aux chasses du cheval. Régionalement, les sites du Tureau des Gardes et du Grand Canton constituent pourtant à ce jour les témoignages les plus nombreux et aboutis portant sur les modalités d'exploitation des chevaux au Magdalénien. Ces gisements de Marolles-sur-Seine sont considérés comme des sites de boucherie (Bignon, 2003, 2006a et b, 2007a), temporairement fréquentés pour traiter les gibiers abattus. L'ampleur du nombre des chevaux au Tureau des Gardes 10 (n = 89 ; environ 13 tonnes de produits carnés) et au Grand Canton (n = 117 ; environ 17,5 tonnes) va dans ce sens. Le transport de chevaux entiers indiquerait un abattage à proximité : le contexte de l'interfluve Seine-Yonne offre à cet égard une configuration très favorable pour limiter la fuite des bandes. La multiplication des épisodes de chasse sur ces secteurs, fortement suggérée par le nombre considérable de chevaux abattus, est confirmée par les indices de saisonnalité. Ces derniers montrent que ces sites étaient fréquentés tout au long du cycle annuel, beaucoup moins lors de la période hivernale, le printemps venant très légèrement en tête au Grand Canton. Ces résultats orientent notre interprétation des sites de Marolles-sur-Seine vers la manifestation d'expéditions spécialisées de chasses collectives aux chevaux (de type rabattage-interception ; Bignon, *ibid.*).

Au demeurant, la remarquable différence entre les profils d'abattage intrigue, ces sites « jumeaux » partageant une forte similarité pour les autres critères de l'exploitation animale. Le Tureau des Gardes montre en effet, une représentation de toutes les classes d'âge, s'approchant d'un modèle catastrophique. Le nombre de juvéniles et de subadultes suggèrent en outre que les Magdaléniens ciblaient principalement les groupes familiaux. Au contraire, Le Grand Canton possède un profil d'abattage centré sur la classe d'âge des adultes (5-10 ans), selon nos observations non biaisées par les processus taphonomiques. Malheureusement, cette forte représentation des adultes ne permet pas de savoir la cible majoritaire, entre les groupes familiaux ou de célibataires. Seule, la présence de quelques juvéniles assure les harems ont été touchés (tout au long du cycle annuel), sans pouvoir estimer toutefois leur représentativité. En outre, cette forte sélectivité des adultes fut interprétée comme l'expression de tactiques collectives alliées à des dispositifs de type palissages ou enclos (chap. 2 ; Bignon, 2006b), à l'instar des choix cynégétiques et techniques des indiens Kiowas.

Aucun indice de capture ou d'apprivoisement de chevaux, évoquant une chasse à l'appelant, n'a pu être décelé sur des sites magdaléniens du Bassin parisien. En conséquence, tous les chevaux abattus et traités dans ce contexte relèvent de leur chasse. Les Magdaléniens régionaux ont développé essentiellement des tactiques de chasse collectives, principalement axées sur les groupes familiaux, dans les sites dominés par les restes de chevaux. Ces chasses de rabattage-d'interception étaient conduites précisément dans les habitats préférentiels où évoluaient la plupart du temps ces équidés, c'est-à-dire les fonds de vallée (Bignon, 2005b ; Bignon, Eisenmann, 2005).

CHAPITRE 4

EXPLOITATION DES CHEVAUX DANS LES SITES MAGDALÉNIENS À PRÉDOMINANCE DE RENNE

Ce chapitre dédié aux modalités d'exploitation des chevaux dans les sites dominés par la chasse du renne, envisagera essentiellement deux gisements (*fig. IV.1*) : le niveau IV-20 de Pincevent (Seine-et-Marne) et les niveaux de Verberie (Oise). Cette partie trouve sa raison d'être dans l'étude comparative de l'exploitation des chevaux qu'elle permettra d'établir, notamment dans une confrontation avec les sites magdaléniens où ces animaux ont été préférentiellement abattus (chapitre 3).

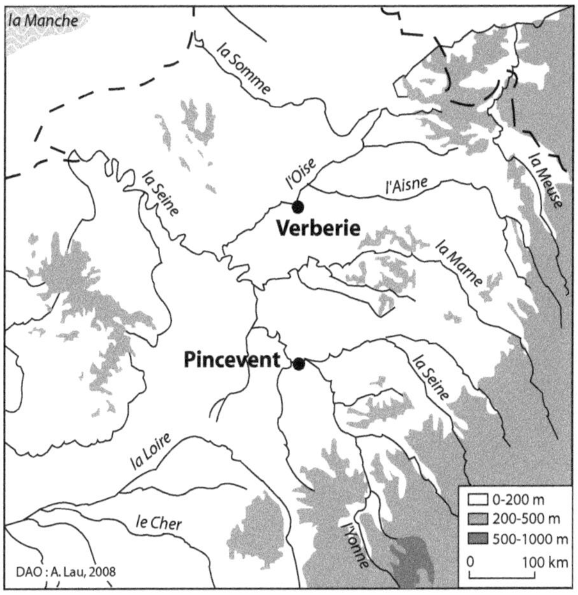

Fig. IV.1 - Localisation des sites de Pincecevent et de Verberie

Pincevent (La Grande Paroisse) – niveau IV-20

Données topographiques, chronologiques et stratigraphiques

Le site de Pincevent, dont les fouilles ont été dirigées par André Leroi-Gourhan et son équipe, possède une grande notoriété. Celles-ci ont de ce fait joué un rôle majeur dans la reconnaissance et l'homogénéisation des méthodes de terrain (la fouille planimétrique), des occupations magdaléniennes du Bassin parisien. Le gisement est situé au milieu de la plaine alluviale sur la rive gauche de la vallée de la Seine (*fig. IV.1*), légèrement en aval du confluent avec l'Yonne (Roblin-Jouve, 1994), réputé pour avoir été une zone marécageuse dans les périodes historiques (Julien, 1989). C'est sur une berge de la Seine que les groupes humains se sont installés, au détour d'un méandre.

L'horizon IV correspond à l'unité de dépôt sédimentaire (d'origine uniquement fluviatile) dans lequel toutes les couches archéologiques magdaléniennes sont reconnaissables (Roblin-Jouve, 1994 ; *fig. IV.2*). La stratigraphie de référence a été établie à partir des sections 37, 36 et 45 (*fig. IV.3*) ; l'alternance des lits de limons plus ou moins sableux, dont une empreinte en latex a favorisé la lecture, ont permis l'identification des couches archéologiques et les raccords stratigraphiques (Orliac, 1975 ; David, Orliac, 1994). Ainsi, c'est au moins 15 sols d'occupations qui ont été constitués par des groupes sociaux parfois importants (David, Orliac, 1994). Cette densité démographique a

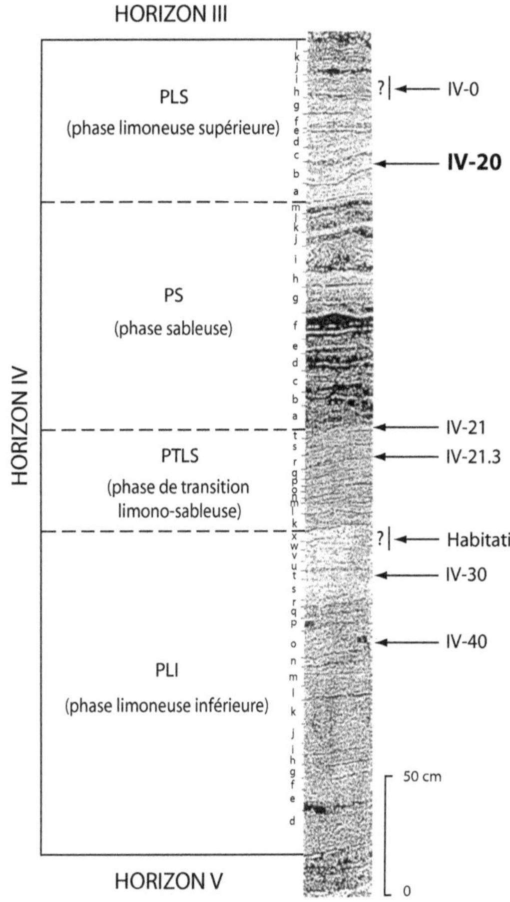

D'après Orliac, 1975 ; DAO-PAO : A. Lau, 2008

Fig. IV.2 - Niveaux magdaléniens de l'horizon stratigraphique IV du site de Pincevent

été notamment déduite des diverses unités d'occupations du niveau IV-20, fouillées sur plusieurs sections et 3 800 m² (*fig. IV3*), qui devaient accueillir au minimum plusieurs dizaines de personnes.

La localisation des implantations aux mêmes endroits dans les niveaux successifs témoigne d'une motivation particulière à réinvestir un endroit devenu familier, suggérant des épisodes d'occupation relativement proches dans le temps. Néanmoins, l'empreinte en latex a révélé que dans l'horizon IV, trois séquences pendant lesquelles la composante sableuse des sédiments a progressivement augmenté (Michel Orliac, Grégory Debout, communication orale) : à la base de l'horizon IV, au niveau du IV-21 et au niveau du IV-0. Ces enregistrements sédimentaires plus sableux pourraient correspondre à des modifications liées à l'augmentation du débit de la Seine, généralement corrélé avec une oscillation « chaude » (Pastre *et al.*, 2000).

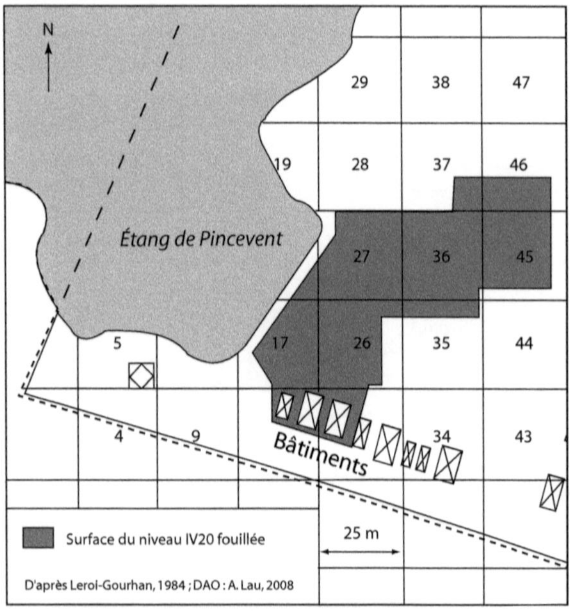

Fig. IV.3 – Plan des sections de fouille de Pincevent et surface du niveau IV20 fouillée

Les diverses datations radiocarbones réalisées sur différents niveaux de Pincevent, et ce, sur différents type de matériaux, sont toutes comprises dans la chronozone du Bölling ; elles ne correspondent pas à un étagement pourtant prévisible au regard des données stratigraphiques (*tab. IV.1* ; *fig. IV.2*). Ces difficultés sont liées d'une part, à la résolution des méthodes de datations au radiocarbone, et d'autre part, aux effets potentiels du plateau radiocarbone. Cependant, les observations morphosédimentaires permettent tout de même de confirmer l'appartenance de ces occupations magdaléniennes au Bölling (Pastre *et al.*, 2000).

L'organisation du campement découvert dans le niveau IV-20 a été particulièrement mise en lumière dans la section 36. La conservation exceptionnelle de ce niveau a permis de repérer 11 unités d'habitations, répondant toutes à un modèle d'organisation classique du gisement (Leroi-Gourhan, Brézillon, 1972). À quelques mètres de ces habitats, des aires d'activités périphériques sont marquées par la présence de foyers satellites. Les remontages des chaînes opératoires des produits lithiques ont mis en lumière la circulation de ces éléments entre les différentes unités et leur synchronie (Bodu, 1993). Des tentatives similaires ont été tentées avec des témoins osseux de renne, aboutissant à l'hypothèse d'un partage des animaux entre plusieurs unités d'habitation (Enloe, David, 1989, 1992). Néanmoins, pour ces dernières analyses, il faut rester prudent car les observations morphologiques des ossements ne sont pas aussi fiables que les remontages lithiques (des variations peuvent être relevées entre les éléments gauche et droit d'un même animal ; Jean-Denis Vigne, communication personnelle).

Spectre de faune et taphonomie

Dans le niveau IV-20 de Pincevent, l'abattage en masse des troupeaux de renne a été l'objectif principal de ces campements magdaléniens. Seules les sections 27 et 36 du niveau IV-20 seront envisagées dans cette étude. Cette occupation est certainement le niveau le plus célèbre de Pincevent, car il a bénéficié

Tab. IV.1 – Datations au radiocarbone du site de Pincevent

Pincevent (La Grande Paroisse ; Seine-et-Marne)	Références laboratoire	Datations BP (2 sigmas)	Datations cal. BP (Oxcal v3.10)	Delta ^{13}C/matériel
Niveau-Habitation 1	Gif 358	12 300 +/- 40	14 500-14 010	Charbon
Niveau IV-40	Gif 5971	12 100 +/- 120	14 300-13 650	Charbon
Niveau IV-30	Gif 6310	12 100 +/- 130	14 450-13 650	Charbon
Niveau IV-40	Oxa 149	12 400 +/- 200	15 150-13 850	Os
Niveau IV-213	Oxa 176	12 000 +/- 220	14 650-13 350	Os
Niveau IV-213	Oxa 177	12 300 +/- 220	15 050-13 750	Os
Niveau IV-20	Oxa 148	12 600 +/- 200	15 350-14 050	Os
Niveau IV-20	Gif 6283	12 120 +/- 130	14 500-13 650	Charbon
Niveau IV-20	Oxa 467	12 250 +/- 160	14 950-13 750	Charbon

PAO : A. Lau, 2008

de multiples études (Leroi-Gourhan, Brézillon, 1972 ; Enloe, 1991 ; Bodu, 1993 ; David, 1994 ; Vigne, 1994). Ce niveau archéologique, scellé par des sédiments limoneux déposés par une crue de la Seine, s'apparente à un campement magdalénien contenant plusieurs unités d'occupations (unités d'habitations et unités satellites). L'analyse archéozoologique des bois de renne, des degrés d'épiphysation du squelette post-crânien et des hauteurs de couronne des dents déciduales inférieures tendent à montrer que ces abattages ont essentiellement eu lieu au cours de la migration automnale (Enloe, 1991, 1997 ; Enloe, David, 1997). Jusqu'à notre étude, les témoins de chevaux du niveau IV-20 n'avaient pas suscité d'intérêt particulier, ce qui apparaît logique au regard de ses proportions relatives par rapport au renne (90,59 % ; *tab. IV.2*). Cependant, dans le cadre de notre approche, cette étude prend désormais tout son sens.

Tab. IV.2 - Spectre de faune du niveau IV-20 de Pincevent des sections 27 et 36

Espèces	NRD	% NRD	NMIf	% NMIf
Cheval (cf. *Equus caballus arcelini*)	33	2,50	1	1,33
Renne (*Rangifer tarandus*)	1 194	90,59	65	86,67
Loup (*Canis lupus*)	11	0,83	1	1,33
Renard (*Vulpes vulpes*)	5	0,38	2	2,67
Lièvre (*Lepus timidus*)	72	5,46	4	5,33
Loutre (*Lutra lutra*)	1	0,08	1	1,33
Mammouth (*Mammuthus primigenius*)	2	0,16	1	1,33
Total des restes déterminés (NRD)	**1 318**	**100**	**75**	**100**
Os longs indéterminés cf. *Equus*	5			
Mammifère (*Cervus* sp./*Bos* sp.)	1			
Nombre de restes (NR)	**1 124**			

PAO : A. Lau, 2008

La bonne conservation générale des vestiges fauniques du niveau IV-20 est reconnue (David, *in* Leroy-Gourhan, Brézillon, 1972 ; Enloe, 1991, 2003 ; Enloe, David, 1992, 1997 ; Enloe *et al.*, 1994). Les remarques sur la taphonomie des vestiges fauniques du niveau IV-20 sont tirées des études antérieures et des observations personnelles effectuées sur les restes de chevaux. Ainsi, l'impact de la dessiccation prononcée avant enfouissement est pratiquement nul : les traces laissées habituellement par le *weathering* sont absentes sur les restes de chevaux, mais semblent cependant plus présentes dans les zones du niveau les moins denses et dans les parties les plus surélevées (David, 1994 et comm. pers.). Les os ont parfois servi de combustible, comme l'analyse micromorphologique des structures de combustion ont pu le révéler (Wattez, 1994). Les fractures sur les ossements ont été réalisées sur os frais, montrant une fracturation en spirale et de nombreux points d'impact (David *in* Leroi-Gourhan, Brézillon, 1972 ; Enloe, 1991). Les valeurs NR/NMPS (*tab. IV.3*) indiquent un degré de fracturation faible pour l'ensemble des éléments déterminés, mais ce résultat est *a priori* influencé par le nombre réduit des témoins de faune. De surcroît, les deux tiers des restes de chevaux sont composés par des éléments carpiens ou tarsiens : ces éléments de petite taille le plus souvent et très compacts se prêtent mal à une fracturation élevée. Les biais relatifs à une dispersion-altération par les carnivores semblent n'avoir eu qu'un impact très superficiel sur la composition de l'assemblage faunique, au regard des rares pièces incriminées (David, 1994). L'occupation magdalénienne a été scellée par des limons de débordements qui n'ont perturbé l'organisation spatiale du niveau IV-20 que très faiblement (David, Orliac, 1994). Ces observations témoignent que l'impact de la dispersion fluviatile a dû être très limité.

Le niveau IV-20 témoigne assurément d'une conservation satisfaisante des témoins osseux, bien que certaines zones aient pu connaître une dissolution légèrement plus prononcée (David, 1994). Il s'en suit une fragilisation de certains témoins osseux, parfois accompagnée de traces de radicelles, celles-ci n'étant généralement étendues et profondes (J.G. Enloe, comm. pers.). La faune du niveau IV-20 de Pincevent a donc été constituée par les Magdaléniens et apparaît n'avoir subi que très peu de modifications taphonomiques. Les vestiges de renne ont donc été propices à l'analyse poussée de l'exploitation des animaux par les Magdaléniens (Enloe, 1991, 2000, 2003 ; Enloe, David, 1989, 1997). En l'occurrence, l'étude des vestiges d'équidé menée ci-dessous fera le point sur les pratiques magdaléniennes quant à cet animal pendant cette occupation ; en revanche, le faible nombre de leurs restes de ce taxon interdit un traitement statistique.

Parties anatomiques présentes

Le niveau IV-20 se caractérise par la présence prépondérante de la plupart des os longs de cheval (*tab. IV.3* ; *fig. IV.4*). En contrepartie, on remarque l'absence presque totale des éléments de la tête, seulement attestée par trois dents (voir l'analyse détaillée, ci-dessous), et du segment du tronc, uniquement représenté par un unique fragment de côte (les témoins relatifs au rachis sont totalement absents).

Les observations précédentes semblent indiquer que seuls quelques segments anatomiques de cheval pourraient avoir été introduits par les Magdaléniens, dans l'occupation correspondante au niveau IV-20. Les rares témoins observés pour ce taxon correspondent essentiellement des membres antérieurs et postérieurs, dont les éléments gauches ont été plus particulièrement identifiés. Il est donc raisonnable de penser que seuls ces éléments de cheval ont subi un traitement final dans l'occupation. Une autre alternative serait que les autres segments anatomiques aient fait l'objet d'un emport pour une consommation différée dans d'autres occupations. Quoiqu'il en soit, cette exploitation contraste singulièrement avec le travail dédié à

Tab. IV.3 – Parties squelettiques de cheval dans le niveau IV-20 de Pincevent, selon les groupes de M.R. Voorhies (1969) et indice de fracturation (NR/NMPS)

Groupes	Parties squelettiques	NR	NMPS	NR/NMPS
Groupe I	Atlas			
	Cervicales, autres			
	Vertèbres, autres			
	Côtes	1	1	1
Groupe II	Scapula,	1	1	1
	Humérus			
	Radius-ulna	1	1	1
	Total carpiens	4	4	1
	Métacarpe III			
	Stylet (MC II, IV)			
	Coxal			
	Fémur	1	1	1
	Patella			
	Tibia	1	1	1
	Total tarsiens	15	15	2
	Métatarse III	2	2	2
	Stylet (MT II, IV)	2	2	1
	Métapode ND			
	Stylet ND	2	2	1
	Phalange 1			
	Phalange 2			
	Phalange 3			
	Petit sésamoïde			
	Grand sésamoïde			
Groupe III	Crânes			
	Mandibule			
	Total dents sup.	1	1	1
	Total dents inf.	2	2	1
	Total dents ND			
	Totaux	**33**	**33**	

PAO : A. Lau, 2008

l'abattage en masse des rennes et les activités liées au traitement complet de ces animaux.

D'après le nombre de rennes abattus (en NMIc ; J.G. Enloe, comm. pers.), l'apport en nutriment des chevaux est éclipsé par la prise massive des rennes, objectif essentiel des Magdaléniens lors de l'occupation du niveau IV-20 (*tab. IV.4*). Les équidés n'en demeurent pas moins la seconde source alimentaire carnée présente sur ce niveau, devant le loup (environ 12 kg) et les lièvres (environ 10 kg).

Profil de mortalité

Le niveau IV-20 n'a livré que trois éléments dentaires isolés. Ici également, il y a une bonne correspondance entre ce chiffre et l'absence de restes crâniens ou mandibulaires découverts dans ce niveau. Malgré

Tab. IV.4 – Estimation de la valeur nutritive des segments anatomiques de cheval du niveau IV-20 de Pincevent

Segments anatomiques	NMIf	Valeurs en GUI (en kg)	Poids (en kg)
Cheval			
Membre antérieur : humérus, radius-ulna	2	7,315	14,63
Membre postérieur : fémur, tibia	2	22,605	45,21
Total cheval			**59,84**
Renne (entier)	2	43,430	3 344,11
Total renne			**3 344,11**

D'après Binford, 1978 ; Outram, Rowley-Conwy, 1998 ; PAO : A. Lau, 2008

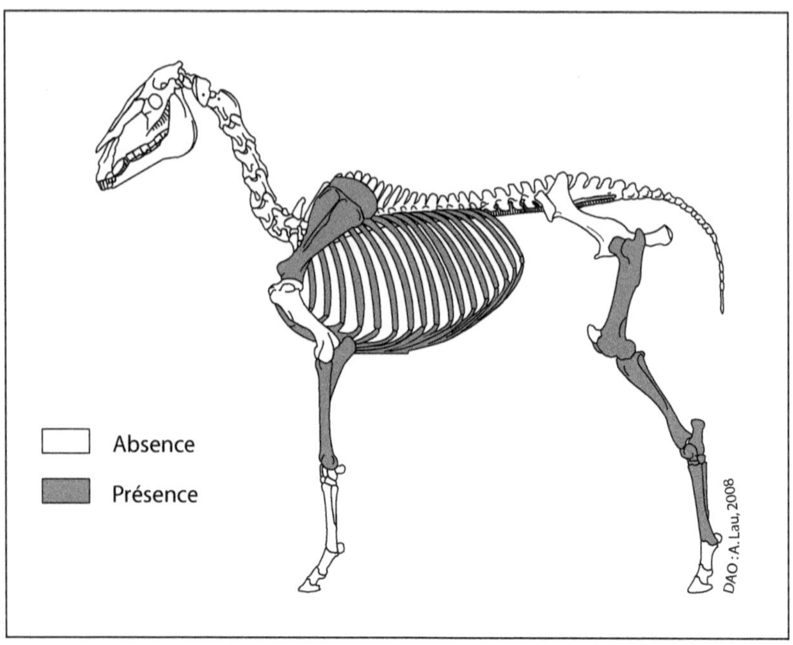

Fig. IV.4 – Parties squelettiques des chevaux du niveau IV-20 de Pincevent

cela, deux individus ont pu être identifiés (NMIc = 2), car d'âge très distinct d'après le degré d'usure. Étant isolées, il a été jugé plus prudent de laisser « ouverte » la détermination des deux dents jugales : l'une est une prémolaire inférieure, l'autre une molaire supérieure, mais il ne s'agit ni d'une PM2 inférieure ni d'une M3 supérieure.

La jugale PM3/4 inférieure se caractérise par une abrasion initiée de la surface occlusale ; les PM3 inférieures sortent à partir de 1,5 ans et les PM4 inférieures à partir de 3,5 ans, l'âge de ce jeune individu devait se situer dans cet intervalle. En raison de cette détermination relative de l'âge, il apparait raisonnable de faire répartir ce poulain entre les deux classes d'âge couvertes par l'intervalle (0-2 ans et 2-5 ans).

La jugale M1/2 supérieure pose moins de problème car son degré d'usure témoigne d'un cheval pleinement adulte. D'après la détermination morphométrique, l'âge de ce second individu serait, pour une M1 supérieure de 7,09 ans (+/- 1,49) et, pour une M2 supérieure, de 7,78 (+/- 1,15). Quel que soit l'âge de cet adulte, 7 ou 8 ans, et même en appliquant les intervalles de confiance, cet individu intègre complètement la classe d'âge 5-10 ans. C'est à cet adulte que la troisième dent, une incisive (I3 inférieure) a été rapportée, d'après son niveau d'usure.

Le faible nombre d'individus attesté sur le site (par NMIf ou NMIc) montre que les activités cynégétiques relatives aux chevaux n'ont pas été la priorité des Magdaléniens du niveau IV-20 : le NMIc de renne atteint le nombre de 77 (J.G. Enloe, comm. pers.). La tactique cynégétique employée pour abattre ces équidés pourrait relever de chasse d'approche ou de l'interception d'individus en faible nombre. Cependant, il serait surprenant d'envisager que les Magdaléniens aient mené ce type de chasse, plutôt aléatoire, alors qu'ils s'apprêteraient à intercepter une migration de rennes. L'hypothèse d'un emport de segments doit être donc privilégiée.

Indices de saisonnalité

Aucun indice de saisonnalité n'a pu être découvert à partir du matériel dentaire. En la matière, les nombreuses données relatives aux séries dentaires des rennes de première et deuxième années permettent de situer l'occupation dans une fourchette allant de septembre à octobre (Enloe, 1991, 2000a et b ; Enloe *et al.*, 1994 ; David, 1994).

Conclusion

Les observations taphonomiques concourent à considérer que le niveau IV-20 a été généralement bien conservé, laissant supposer que les enregistrements archéologiques dans les sections 27 et 36, sont très globalement fidèles à ce qu'ont pu abandonner les Magdaléniens. La dispersion des restes de faune par les carnivores et les transports fluviatiles n'ont qu'imperceptiblement modifié les vestiges osseux. Si, l'objectif principal des hommes était la chasse en masse de la migration de rennes, il ressort que le cheval était la deuxième espèce exploitée dans le niveau IV-20. Les parties squelettiques présentes semblent avoir été limitées aux membres antérieurs et postérieurs, traités et consommés sur place. Seulement deux équidés sont représentés pour toute l'occupation magdalénienne, la faiblesse des restes dentaires ne permettant pas d'aborder précisément ni les tactiques cynégétiques employées (chasse d'approche ou d'interception), ni les groupes sociaux ciblés par les chasseurs. L'estimation des parties comestibles du cheval est légèrement inférieure à 60 kg, plaçant ce taxon à la deuxième position par ordre d'importance en la matière.

La présence très majoritaire des segments de membres nous a conduit à des hypothèses sur l'emport du reste de la carcasse vers d'autres sites fréquentés postérieurement, pour y être consommé. Toutefois, à la réflexion, il apparaît plus probable que ces segments de cheval pourraient avoir été plutôt rapportés initialement au début du séjour afin d'être consommés dans l'occupation de Pincevent. À l'appui de cette hypothèse, il semble peu probable qu'une partie des chasseurs se soit démobilisée de l'objectif cynégétique prioritaire, qui était manifestement l'interception de la migration des troupeaux de rennes. Il nous semble peu crédible que les chasseurs magdaléniens aient sciemment démobilisé certains d'entre eux pour se lancer à la chasse de chevaux, plus dispersés en l'automne, alors que cette chasse collective des rennes paraît très rentable économiquement et engage la survie hivernale de la communauté entière. Ainsi, les segments de cheval auraient été apportés par les Magdaléniens dès les premiers temps de l'occupation, pour y être consommés *in situ* dans le niveau IV-20 en attendant l'arrivée de la migration des rennes. Par ailleurs, dans l'hypothèse où des carcasses entières aient été emportées, les autres parties anatomiques manquantes auraient pu être consommées en dehors des limites du site, dans des postes avancés dédiés au guet devant signaler l'arrivée de la migration de renne.

Verberie, Le Buisson Campin

Données topographiques, chronologiques et stratigraphiques

Le gisement est situé entre deux confluences de l'Oise (avec l'Aisne, 10 km en amont ; avec l'Automne, 7 km en aval), entre un resserrement rocheux et une zone marécageuse. Le site du Buisson Campin est implanté le long d'un méandre de l'Oise, placé au milieu de la vaste plaine alluviale (*fig. IV.5* ; Audouze, 1994). Les études par carottages sédimentaires, sous la direction de Jean-François Pastre (*fig. IV.6*), ont récemment permis de préciser qu'une grande partie des occupations fouillées depuis 1999 (secteurs 201-202) n'était distante qu'entre 10 et 20 mètres de la

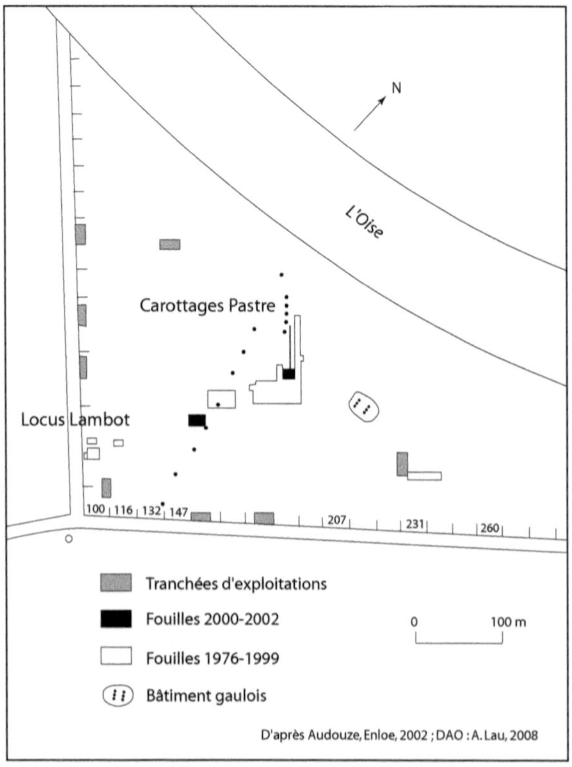

Fig. IV.5 – Position des fouilles des niveaux magdaléniens de Verberie

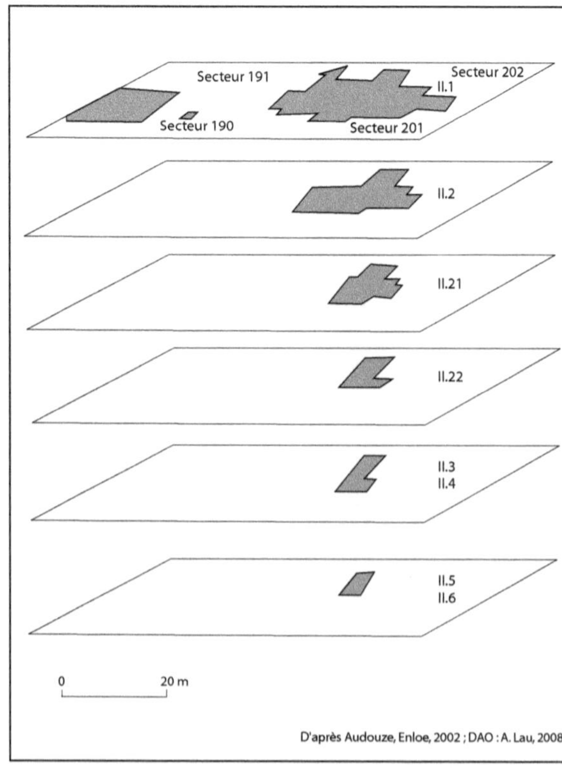

Fig. IV.7 – Superposition des niveaux magdaléniens de Verberie et de l'extension des fouilles

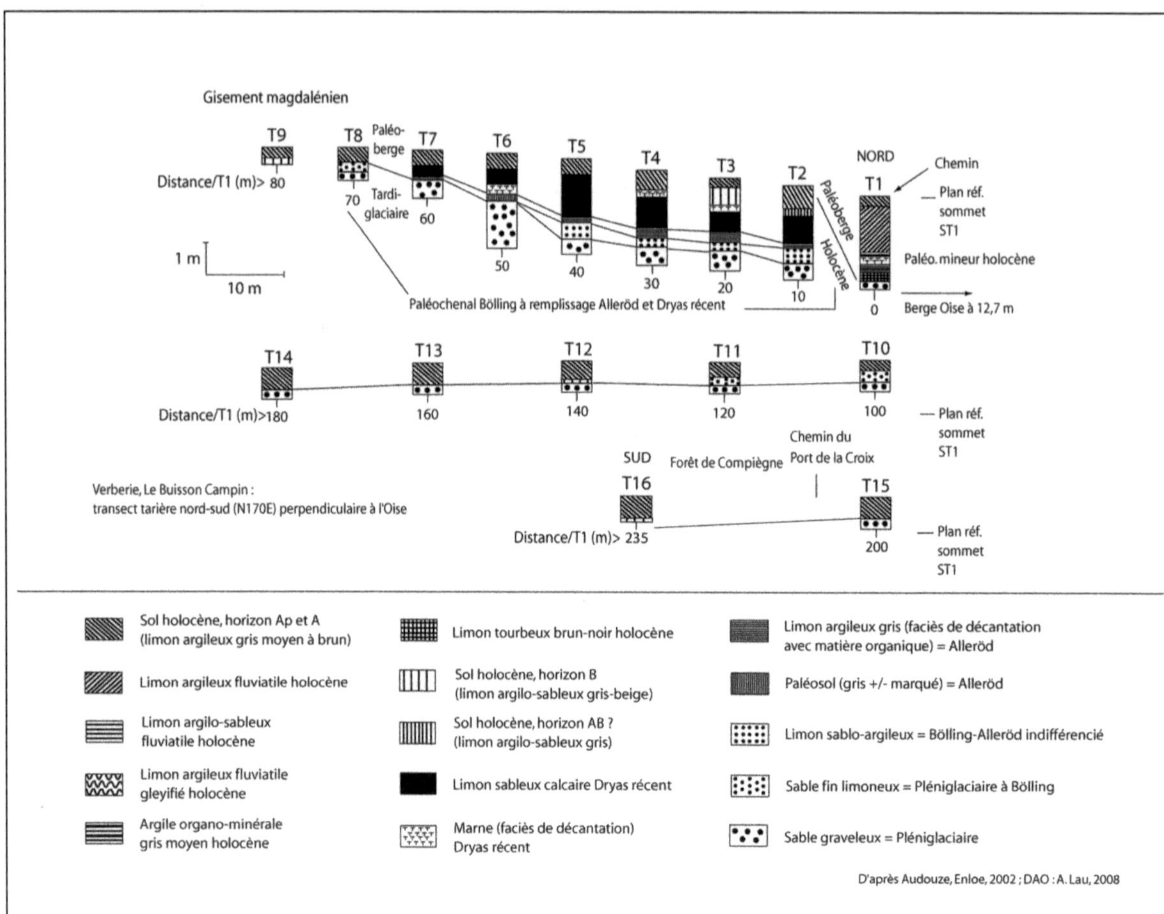

Fig. IV.6 – Stratigraphie de Verberie de la rive actuel de l'Oise jusqu'aux niveaux archéologiques

Tab. IV.5 – Datations au radiocarbone du site de Verberie

Verberie (Le Buisson Campin ; Oise)	Références laboratoire	Datations BP (2 sigmas)	Datations cal. BP (Oxcal v3.10)	Delta ^{13}C/matériel
II.1	Gif A95453	12 430 +/- 120	15 000-14 050	Os
II.2	Gif A95454	12 950 +/- 130	15 800-14 900	Os
II.3	Gif A99106	12 520 +/- 120	15 100-14 150	Os
II.3	Gif A99421	12 300 +/- 120	14 850-13 900	Os

PAO : A. Lau, 2008

berge fossile (Audouze, Enloe, 2002). Ainsi, c'est sans surprise qu'il a été constaté que les limons de débordement forment l'essentiel de la matrice sédimentaire du gisement (Roblin-Jouve, 1994). Ces limons ont permis la conservation de plusieurs épisodes d'occupation, manifestement rapprochés dans le temps (*fig. IV.7*). L'identification de ces niveaux archéologiques est inégale en termes de surface de fouille, les plus récents ayant été plus fouillés (Enloe, Audouze, 1997) : II.1 (210 m^2), II.2 (120 m^2), II.21 (80 m^2) et II.3 (35 m^2). Les derniers échantillons datations radiocarbones semblent apporter l'estimation la plus vraisemblable, en situant les occupations de Verberie au cours de la chronozone du Bölling (*tab. IV.5* ; Audouze, Enloe, 2002).

L'organisation spatiale des structures révèle l'existence d'unités d'habitation centrées autour de foyers aménagés, bordées de zones d'activités périphériques et de zones de rejets de silex et d'ossements plus ou moins denses. Également, dans le niveau II.1, le mieux connu, plusieurs espaces « vides » entourés d'amas de silex ont pu être identifiés comme des zones extérieures de travail appartenant à une aire de boucherie, semblables aux modèles d'habitation des Nunamiuts de Lewis R. Binford (1983 ; Audouze, 1987, 1994, 2006). Il ressort que les Magdaléniens sont venus pour intercepter les migrations de troupeaux de renne au cours de l'automne, d'après l'analyse des séries dentaires lactéales et les types de chasses (des chasses en masse ; Audouze, 1994 ; Enloe, 1997, 2000b ; Enloe, David, 1997). En raison des installations domestiques et en considérant l'ensemble des activités, à l'instar des niveaux IV-20 ou IV-40 de Pincevent, Verberie apparaît avoir été un campement de chasse résidentiel, associé à un lieu de chasse proche (Audouze, 1994, 2006).

Spectre de faune et taphonomie

Le gisement de Verberie, Le Buisson Campin a souvent été associé au gisement de Pincevent, comme ce dernier, il s'agit d'un site avec plusieurs niveaux d'occupation témoignant d'une chasse en masse du renne (au cours de la migration automnale), dont l'organisation spatiale a été conservée par des crues de débordement. L'étude des restes de chevaux a été menée sur six des huit niveaux identifiés ; dans toutes ces occupations, les témoins de renne dominent sans exception (99 % du NR ; Enloe, Audouze, 1997 ; Audouze, Enloe, 2002) :

- le niveau II.1 : fouillé sur 320 m^2 ; NMIc de renne = 34 ;
- le niveau II.2 : fouillé sur 120 m^2 ; NMIc de renne = 24 ;
- le niveau II.21 : fouillé sur 76 m^2 ; NMIc de renne = 32 ;
- le niveau II.22 : fouillé sur 20 m^2 ; NMIc de renne = données non disponible ;
- le niveau II.3 : fouillé sur 35 m^2 ; NMIc de renne = 7 ;
- le niveau II.4 : fouillé sur 36 m^2 ; NMIc de renne, les études archéozoologiques sont en cours par J.G. Enloe pour les trois plus anciens (II.4 à II.5).

Le spectre de faune global (*tab. IV.6*) témoigne de cette domination de l'exploitation du renne, dont l'intensité évoque notamment le niveau IV-20 de Pincevent (David, 1994 ; Audouze, Enloe, 1991 ; Enloe, Audouze, 1997 ; Enloe, 1999, 2000a et b). En termes de nombre d'individus (NMIf), les chevaux ne sont que la troisième espèce représentée (n = 6), venant après les spermophiles (n = 14). Les autres espèces sont attestées par très peu de restes, à l'image du mammouth dont seuls quelques fragments de défense ont été découverts.

Les nombres de restes de cheval ne sont pas très élevés à l'échelle du site, cette observation est encore plus patente lorsqu'on considère leur présence à l'intérieur de chaque niveau (*tab. IV.7*). Le seul niveau II.1 en recueille d'ailleurs la moitié, ce qui apparaît logique car la fouille a atteint les limites de l'occupation (Audouze, Enloe, 2002). Au regard de la faible présence des restes de cheval, la présentation des résultats pour les différents niveaux archéologiques sera réalisée successivement.

Tab. IV.6 – Spectre de faune global de Verberie : niveaux II.1, II.2, II.21, II.22, II.3, II.4

Espèces	NRD	NMIf	%NMIf
Cheval (cf. *Equus caballus arcelini*)	44	6	4,59
Renne (*Rangifer tarandus*)	-	97	74,05
Renard arctique (*Alopex lagopus*)	3	1	0,76
Spermophile (*Citellus citellus*)	-	14	10,69
Lagopède (*Lagopus lagopus*)	3	1	0,76
Autres oiseaux	-	4	3,05
Microfaune totale	12	7	5,34
Mammouth (*Mammunthus primigenius*)	4	1	0,76
Total des restes déterminés (NRD)	**-**	**131**	**100**

D'après David, 1994 ; Enloe, Audouze, 1997 ; Audouze, Enloe, 2002 ; PAO : A. Lau, 2008

Tab. IV.7 – Détails des NR et NMIf de cheval des niveaux étudiés de Verberie

Niveaux	Fragment de diaphyse (cf. *Equus*)	NRD *Equus*	NR *Equus*	NMIf *Equus*
II.1	2	20	22	1
II.2	-	4	4	1
II.21	2	1	3	1
II.22	1	1	2	1
II.3	2	2	4	1
II.4	2	7	9	1
Total	**9**	**35**	**44**	**6**

D'après Bignon, 2003 ; PAO : A. Lau, 2008

En termes taphonomiques, la faune de Verberie présente une bonne conservation générale (Enloe, Audouze, 1997 ; Enloe, David, 1997 ; Enloe, 2000a et b). Les fractures sur os sec sont rares et l'essentiel des ossements ont des fractures sur os frais (de type conchoïdale), réalisées par les hommes comme le suggèrent les points d'impact observés sur les os longs. L'activité des carnivores apparaît très limitée (J.G. Enloe, communication orale), ce qui laisse présager que les vestiges de faune découverts à Verberie offrent une image fiable des activités des Magdaléniens. Les traces de *weathering* sont quasi absentes des vestiges fauniques ce qui plaide pour un enfouissement relativement rapide et homogène des dépôts par les crues de l'Oise. Ces recouvrements semblent avoir peu affecté l'organisation spatiale des occupations, car les structures de combustion et l'agencement d'aires de travail et de rejet ont pu être parfaitement identifiés (Audouze, 1987, 1994). L'hypothèse d'une dispersion des restes fauniques par l'agent fluviale n'est pas validée par les observations morphosédimentaire et archéozoologique (*tab. IV.8* à *12*) ; à cela s'ajoute l'absence de traces de charriage et une composition de toutes les parties anatomiques du renne (Enloe, Audouze, 1997 ; Enloe, David, 1997).

Les sédiments de composition limoneuse ont certainement joué un rôle déterminant dans la conservation des témoins de faune. Effectivement, toutes les parties du squelette sont présentes pour des espèces aussi différentes que le renne ou le spermophile, le tamisage ayant par ailleurs permis de récolter des fragments de mandibule et des dents de petits rongeurs (*Microtus gregalis*, *Arvicola terrestris*, *Dicrostonyx torquatus*, *Apodemus flavicollis* ; Markova *in* Audouze, Enloe, 2002). Néanmoins, la présence de traces de radicelles est observable sur certains témoins osseux, mais il est difficile de savoir l'ancienneté de celles-ci. En effet, l'exploitation agricole du terrain n'a jamais été interrompue, même depuis la découverte du gisement. Ces activités agricoles se marquent également par une perturbation partielle des témoins sous l'action des labours profonds, ayant endommagé certains témoins fauniques et lithiques.

Tab. IV.8 – Parties squelettiques du cheval dans le niveau II.1 de Verberie, selon les groupes de M.R. Voorhies (1969) et indice de fracturation (NR/NMPS)

Groupes	Parties squelettiques	NR	NMPS	NR/NMPS
Groupe II	Scapula,			
	Humérus			
	Radius-ulna			
	Total carpiens			
	Métacarpe III	2	2	1
	Stylet (MC II, IV)			
	Coxal	2	2	1
	Fémur	3	1	3
	Patella			
	Tibia	3	2	1,5
	Total tarsiens	5	5	1
	Métatarse III	2	1	2
	Stylet (MT II, IV)			
	Métapode ND			
	Stylet ND			
	Phalange 1			
	Phalange 2			
	Phalange 3			
	Petit sésamoïde			
	Grand sésamoïde			
Groupe III	Crânes			
	Mandibule			
	Total dents sup.	3	2	1,5
	Total dents inf.			
	Total dents ND			
	Totaux	**20**	**15**	

PAO : A. Lau, 2008

Tab. IV.9 – Parties squelettiques du cheval dans le niveau II.2 de Verberie, selon les groupes de M.R. Voorhies (1969) et indice de fracturation (NR/NMPS)

Groupes	Parties squelettiques	NR	NMPS	NR/NMPS
Groupe II	Scapula,			
	Humérus	1	1	1
	Radius-ulna			
	Total carpiens			
	Métacarpe III			
	Stylet (MC II, IV)			
	Coxal	1	1	1
	Fémur			
	Patella			
	Tibia			
	Total tarsiens	1	1	1
	Métatarse III			
	Stylet (MT II, IV)			
	Métapode ND			
	Stylet ND			
	Phalange 1	1	1	1
	Phalange 2			
	Phalange 3			
	Petit sésamoïde			
	Grand sésamoïde			
	Total	**4**	**4**	

PAO : A. Lau, 2008

L'analyse poussée des reliefs topographiques des occupations magdaléniennes de Verberie conduit à reconnaître que le niveau II.1 est certainement le seul campement reconnu dans son intégralité (Audouze, Enloe, 2002). À partir du niveau II.2, ces observations et la cohérence spatiale intrinsèque des activités

Tab. IV.10 – Parties squelettiques du cheval dans le niveau II.21 de Verberie, selon les groupes de M.R. Voorhies (1969) et indice de fracturation (NR/NMPS)

Groupes	Parties squelettiques	NR	NMPS	NR/NMPS
Groupe II	Scapula,			
	Humérus			
	Radius-ulna			
	Total carpiens			
	Métacarpe III			
	Stylet (MC II, IV)			
	Coxal			
	Fémur			
	Patella			
	Tibia	1	1	1
	Total tarsiens			
	Métatarse III			
	Stylet (MT II, IV)			
	Métapode ND			
	Stylet ND			
	Phalange 1			
	Phalange 2			
	Phalange 3			
	Petit sésamoïde			
	Grand sésamoïde			
	Total	**1**	**1**	

PAO : A. Lau, 2008

Tab. IV.11 – Parties squelettiques du cheval dans le niveau II.3 de Verberie, selon les groupes de M.R. Voorhies (1969) et indice de fracturation (NR/NMPS)

Groupes	Parties squelettiques	NR	NMPS	NR/NMPS
Groupe II	Scapula,			
	Humérus			
	Radius-ulna			
	Total carpiens			
	Métacarpe III			
	Stylet (MC II, IV)			
	Coxal			
	Fémur			
	Patella			
	Tibia	1	1	1
	Total tarsiens			
	Métatarse III			
	Stylet (MT II, IV)			
	Métapode ND			
	Stylet ND			
	Phalange 1			
	Phalange 2			
	Phalange 3			
	Petit sésamoïde			
	Grand sésamoïde			
Groupe III	Crânes			
	Mandibule			
	Total dents sup.	1	1	1
	Total dents inf.			
	Total dents ND			
	Totaux	**2**	**2**	

PAO : A. Lau, 2008

permettent d'avancer que l'extension différentielle des niveaux est liée à la conservation différentielle des occupations. Lors des cycles d'alluvionnement, les limons se sont répandus dans les cuvettes et ont scellé partiellement les occupations magdaléniennes, mais en dehors de ces reliefs, l'érosion semble avoir détruit les témoins d'activités anthropiques.

Tab. IV.12 – Parties squelettiques du cheval dans le niveau II.4 de Verberie, selon les groupes de M.R. Voorhies (1969) et indice de fracturation (NR/NMPS)

Groupes	Parties squelettiques	NR	NMPS	NR/NMPS
Groupe II	Scapula,			
	Humérus			
	Radius-ulna	1	1	1
	Total carpiens			
	Métacarpe III			
	Stylet (MC II, IV)			
	Coxal			
	Fémur	2	1	2
	Patella			
	Tibia	1	1	1
	Total tarsiens			
	Métatarse III	3	1	3
	Stylet (MT II, IV)			
	Métapode ND			
	Stylet ND			
	Phalange 1			
	Phalange 2			
	Phalange 3			
	Petit sésamoïde			
	Grand sésamoïde			
	Total	**7**	**4**	

PAO : A. Lau, 2008

Parties anatomiques présentes

En dehors de l'abondance des restes de renne et de la pauvreté des témoins de chevaux, le point commun de tous les niveaux de Verberie réside dans la récurrence des représentations squelettiques de ces animaux. Effectivement, les différentes parties sont attestées pour les rennes (comme les spermophiles), dont les proportions peuvent varier, ce qui n'est pas le cas des chevaux. Les équidés ne sont représentés que par quelques dents jugales, mais surtout par les segments des membres antérieurs ou postérieurs (*fig. IV.8* à *IV.11*). Les autres parties squelettiques sont totalement absents des vestiges découverts (*tab. IV.8* à *IV.12*) : incisives, canines, éléments crâniaux et mandibule, vertèbres, côtes.

L'aspect systématique de la présence privilégiée des segments de membres suggèrent que seules ces parties anatomiques ont été rapportées sur le site. Ces choix relèvent peut-être d'une minimisation de la surcharge pondérale en vue d'un transport sélectif. À l'instar du niveau IV-20 de Pincevent, la présence de rares éléments de segments de membres pourrait évoquer un apport initial aux premiers moments des occupations, comme le suggère la présence marginale du cheval et les objectifs cynégétiques tournés vers l'exploitation du renne.

Profil de mortalité

Le niveau II.1 est, avec deux individus, l'occupation sur laquelle le plus de chevaux ont été dénombrés en NMIc. Les deux seules dents (heureusement complètes) du niveau ont permis de déterminer :

• un subadulte, à partir d'une M2 supérieure à la surface occlusale entièrement abrasée, dont la hauteur de la couronne a donné un âge de 3,48 ans (+/- 1,18).

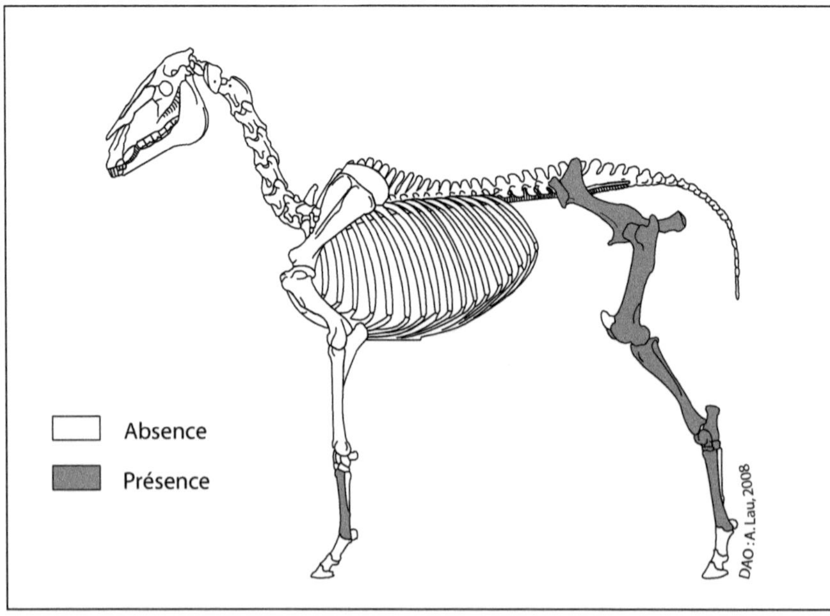

Fig. IV.8 – Parties schématiques des chevaux du niveau II.1 de Verberie

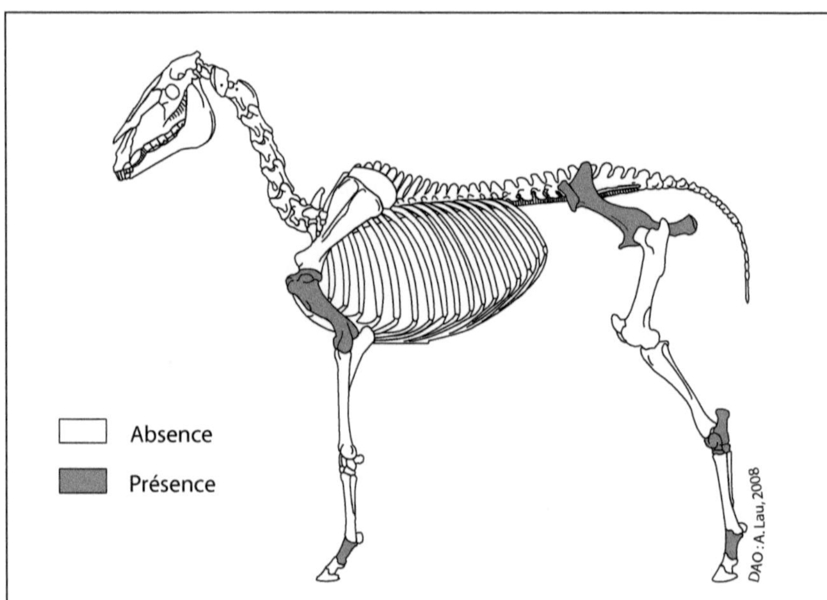

Fig. IV.9 – Parties schématiques des chevaux du niveau II.2 de Verberie

• un adulte, d'après une PM3 supérieure très usée, dont la mesure a livré un âge de 9 ans (+/- 0,99).

S'agissant des autres niveaux de Verberie, il faut noter la présence d'un fragment de molaire inférieure (M1/2) dans le niveau II.22, dont l'âge ne peut être déterminé ; le niveau II.3 a livré également une prémolaire supérieure vierge (PM3/4), l'imprécision de la détermination empêchant de savoir si l'on a affaire à un juvénile ou à un subadulte. Les niveaux II.2, II.21 et II.4 ne possèdent aucun reste dentaire. Les groupes familiaux ou de célibataires pourraient avoir été ciblés par les Magdaléniens de Verberie, aucun élément ne permettant de trancher cette question. Les tactiques de chasse des chevaux sont, elles aussi, très incertaines, mais le faible nombre d'individus abattus dans les différents niveaux pourrait suggérer une chasse d'approche ou de poursuite.

Considérant qu'il est le plus représentatif du gisement, le niveau II.1 a été choisi pour illustrer les apports respectifs des rennes et des chevaux, en termes de valeurs nutritives (*tab. IV.13*). Les valeurs obtenues pour le cheval semblent effectivement mieux correspondre à un objectif de consommation *in situ* pour la communauté résidente, tandis que celles des rennes permettent d'envisager une stratégie de stockage hivernale (Enloe, 2000a et b ; Enloe, 2003).

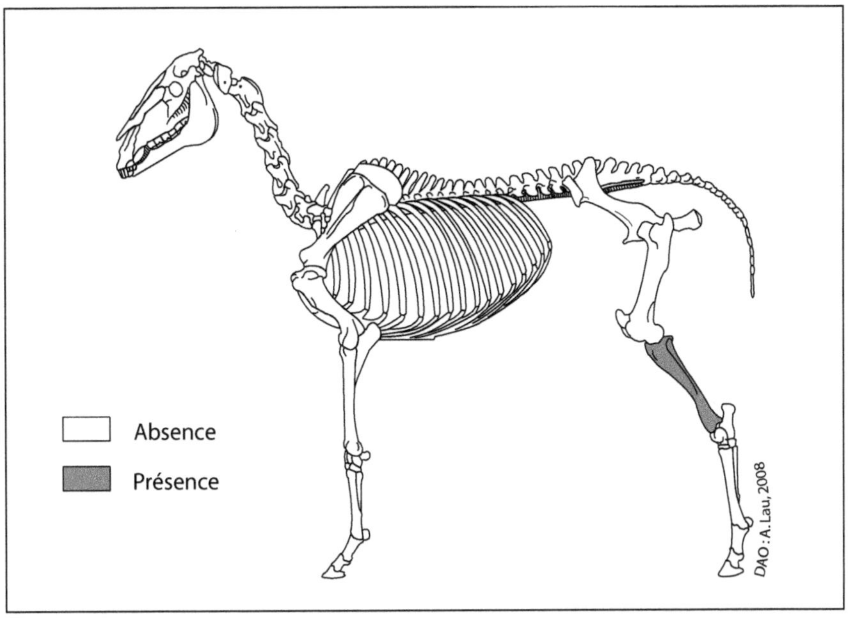

Fig. IV.10 – Parties schématiques des chevaux du niveau II.21 ou II.3 de Verberie

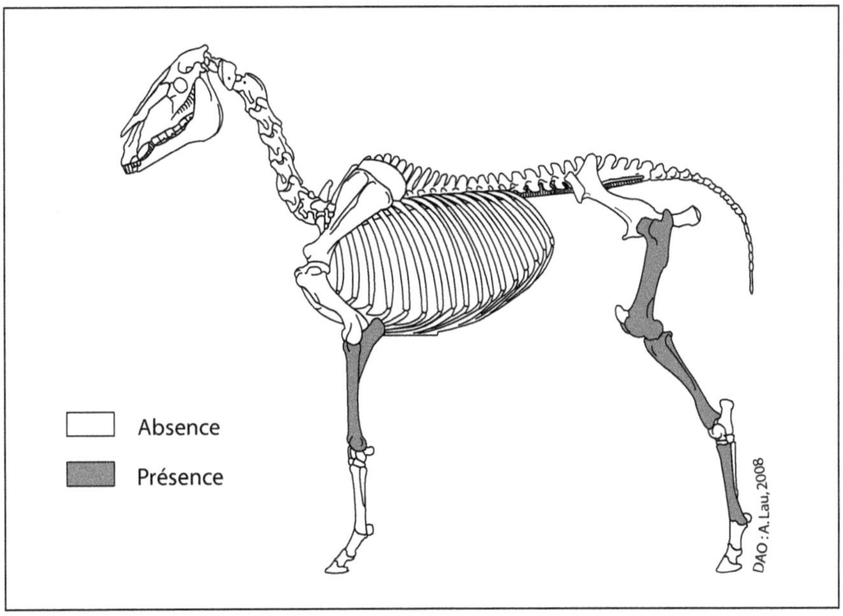

Fig. IV.11 – Parties schématiques des chevaux du niveau II.4 de Verberie

Tab. IV.13 – Estimation de la valeur nutritive des segments anatomiques de cheval du niveau II.1 de Verberie

Segments anatomiques	NMIc	Valeurs en GUI (en kg)	Poids (en kg)
Cheval Membre antérieur : scapula, humérus, radius-ulna Membre postérieur : fémur, tibia	2 2	14,065 46,355	28,13 92,71
Total cheval			**120,84**
Renne (entier)	34	43,430	1 476,62
Total renne			**1 476,62**

D'après Binford, 1978 ; Outram, Rowley-Conwy, 1998 ; PAO : A. Lau, 2008

Indices de saisonnalité

Le seul indice de saisonnalité offert par les restes dentaires des occupations magdaléniennes de Verberie a été trouvé dans le niveau II.3. La prémolaire supérieure indiquerait que l'animal a été abattu en automne, d'après la proximité de son éruption et les âges correspondants : à partir de 30 mois dans le cas d'une PM3 supérieure (novembre +/- 1 mois) ; à partir de 42 mois dans le cas d'une PM4 supérieure (novembre +/- 1 mois). Cette information n'est pas contradictoire avec l'ensemble des observations réalisées à partir des séries dentaires des rennes (David, 1994 ; Enloe, Audouze, 1997 ; Enloe, 2000a et b, 2003).

Conclusion

Le gisement de Verberie a livré plusieurs niveaux d'occupation magdalénienne, où la chasse en masse du renne fut l'objectif cynégétique principal. Les observations taphonomiques tendent à montrer une préservation et une conservation des éléments fauniques permettant d'envisager avec un minimum de biais les activités anthropiques. La présence du cheval dans les différents niveaux pris en compte est très faible, mais pourrait être expliquée par un transport sélectif des segments de membres. Le faible nombre de restes et d'individus pourrait indiquer des tactiques de chasse individuelle (d'approche ou de poursuite ?), aux dépens de groupes familiaux ou de groupes célibataires. Au demeurant, les segments de membres apportés dans les occupations de magdaléniennes ont été consommés principalement sur place. Enfin, le cheval est certainement la deuxième source alimentaire en viande des occupations magdaléniennes, cependant loin derrière le renne : les équidés ne représentent qu'un peu moins de 10 % des valeurs alimentaires du gibier principal de Verberie en termes de poids de viande et de moelle.

Conclusion générale

Comme nous étions en droit de l'attendre, la place occupée par le cheval dans les spectres de faune dominés par la chasse au renne, montre une claire rupture en termes d'exploitation par rapport aux sites où la chasse des chevaux a été privilégiée. Certaines régularités sont cependant apparues dans les différents niveaux de Verberie et du niveau IV-20 de Pincevent. D'abord, l'acquisition des chevaux s'est portée sur les groupes familiaux, les individus juvéniles figurant régulièrement dans les courbes d'abattage. Au total, un ou deux individus maximum sont représentés par niveau, ce qui pourrait être lié à une chasse individuelle, c'est-à-dire une chasse de poursuite ou d'approche. Cependant, la prise en compte des contextes archéologiques de ces sites de camp de chasse résidentielle, dont l'objectif primordial est manifestement l'abattage en masse de rennes, ne va pas en ce sens. Dans nos analyses, il apparaît plus probable d'envisager l'emport de carcasses, voire de simples segments de membre et parfois de tête. La consommation de ces produits carnés aurait alors essentiellement contribué à l'alimentation des Magdaléniens au cours de leur attente de la migration des troupeaux de renne. En accord avec cette hypothèse, il faut relever que les apports alimentaires du cheval le place systématiquement à la deuxième place derrière le renne (en termes de poids de viande et de moelle), à Verberie ou dans le niveau IV-20 de Pincevent.

Les modalités d'exploitation des chevaux paraissent être un révélateur significatif de la fonction des sites, en relation avec les objectifs cynégétiques des sociétés magdaléniennes. En ce sens, il ressort que des interrelations lient ensemble les représentations spécifiques des sites, les représentations squelettiques du cheval, l'organisation spatiale, la fonction des sites et leur occupation saisonnière. Dans le chapitre 3, nous avons vu que les sites de boucherie du Tureau des Gardes et du Grand Canton où les chevaux dominent les spectres de faune, tous les segments anatomiques sont attestés ; de plus, l'abattage des chevaux s'est déroulé toute l'année, confirmant de nombreuses réoccupation des lieux aboutissant à une surimposition spatiale de diverses activités et se caractérisant par l'absence d'unités domestiques. Au contraire, dans le niveau IV-20 de Pincevent ou dans les différents niveaux de Verberie, ces sites de camp de chasse résidentielle sont dominés par les témoins de renne et le cheval n'est attesté que de façon marginale, très généralement par des segments de membres ; ces occupations sont systématiquement centrées sur la période automnale, s'apparentent à une phase de fréquentation unique et permettent une meilleure lisibilité de l'organisation spatiale associant des activités de boucherie à des unités domestiques et satellites. Ainsi, les objectifs cynégétiques tranchés entre ces deux types de sites (domination quasi exclusive des chevaux ou des rennes), renvoient en définitive à des fonctions de site clairement distincts. Dès lors, les configurations spatiales sensiblement différentes qui en découlent ne peuvent donc être interprétées comme l'expression d'une évolution culturelle au cours du Magdaléniens (Enloe, 2000a, b et c). *A contrario*, cette variabilité dans l'organisation spatiale de ces sites magdaléniens du Bassin parisien renvoient à leur complémentarité fonctionnelle au niveau du cycle annuel de nomadisation (Audouze, 2006), se manifestant par des objectifs de chasse et des rythmes saisonniers complémentaires (Bignon, 2003, 2007a).

À l'appui de cette thèse, lorsque l'on considère la proximité du site de Pincevent avec ceux de Marolles-sur-seine (Tureau des Gardes, Grand Canton), il est difficile de ne pas évoquer le transport de portions carnées entre ces sites magdaléniens. Cette hypothèse découle de l'adéquation d'une part, des saisons d'occupations (notamment en automne), et d'autre part, du transport potentiel de segments de membres ou de rachis des sites de Marolles vers d'autres occupations et de l'apport en segment de membres attestés dans les niveaux de Pincevent. Ce scénario paraît parfaitement plausible à plusieurs égards : au regard de la proximité des sites, distants de quelques kilomètres seulement, de la cohérence chronologique des occupations, et de la complémentarité de ces gisements de premières importances dans le système de subsistance des Magdaléniens du Bassin parisien.

CHAPITRE 5

Exploitation des chevaux dans les sites magdaléniens à prédominance associée de cheval et de renne

Les sites qui seront analysés dans ce chapitre possèdent une prédominance associée des chevaux et des rennes, c'est-à-dire qu'il n'y a pas de prédominance monospécifique de l'un de ces taxons. Dans cette configuration, la représentation de ces deux animaux en NR ou en NMI est tellement forte, qu'il en ressort une domination conjointe très affirmée par rapport aux autres espèces identifiées. Compte tenu de nos précédentes conclusions relatives à la complémentarité fonctionnelle et cynégétique des sites magdaléniens dotés d'une prédominance du cheval ou du renne marquée, il sera intéressant de voir comment l'exploitation des équidés s'y est déroulée. Ainsi, ces études s'appuieront sur trois sites de Seine-et-Marne, distant de quelques kilomètres les uns des autres (*fig. V.1*) : le niveau IV-0 de Pincevent, Ville-Saint-Jacques et le Tureau des Gardes 6.

Pincevent (La Grande Paroisse) – niveau IV-0

Données topographiques, chronologiques et stratigraphiques

Un grand nombre de données contextuelles relatives au gisement de Pincevent ont déjà pu être indiquées lors de notre exposé du niveau IV-20 dans le chapitre 4. À cela, il est important de préciser que le niveau IV-0 est stratigraphiquement le dernier niveau d'occupation rapporté à la culture matérielle magdalénienne du site (*fig. V.2*). Ce niveau a été reconnu à l'intersection de plusieurs sections (34, 35, 43, 44 ; *fig. V.3*) et la poursuite des fouilles menées encore actuellement permet d'accroître encore les données relatives à cette occupation.

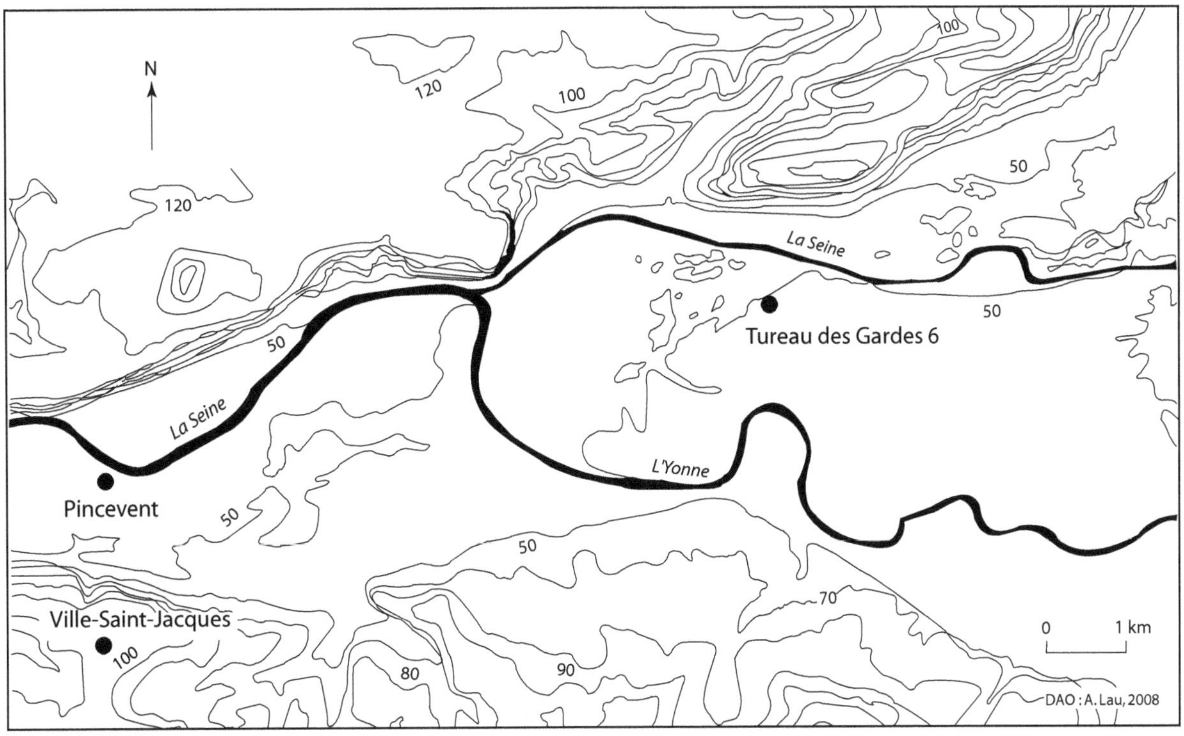

Fig. V.1 – Localisation des sites de Pincevent, de Ville-Saint-Jacques et du Tureau des Gardes 6 (Seine-et-Marne)

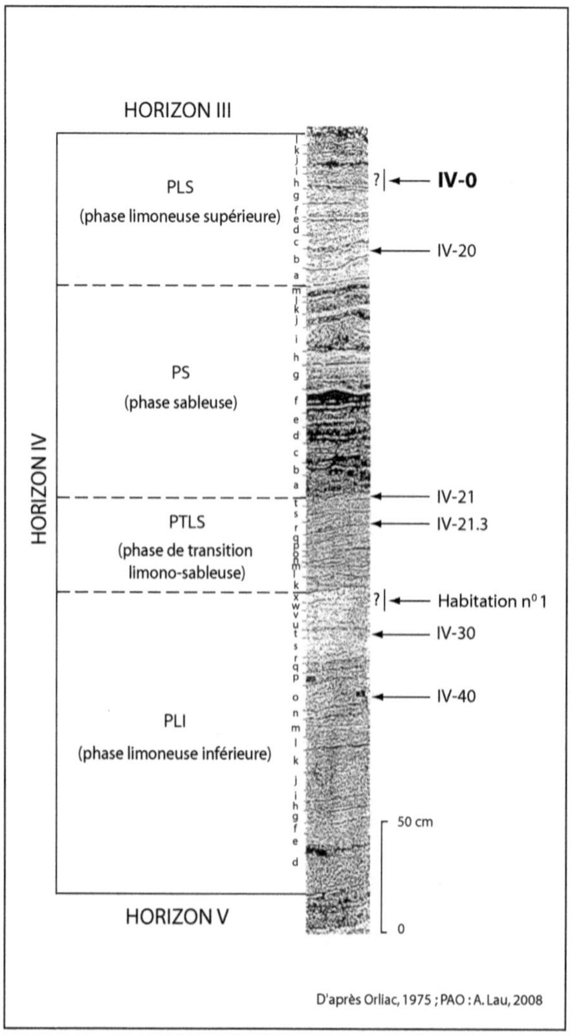

Fig. V.2 – Position du niveau IV-0 au sein de l'horizon stratigraphique IV du site de Pincevent

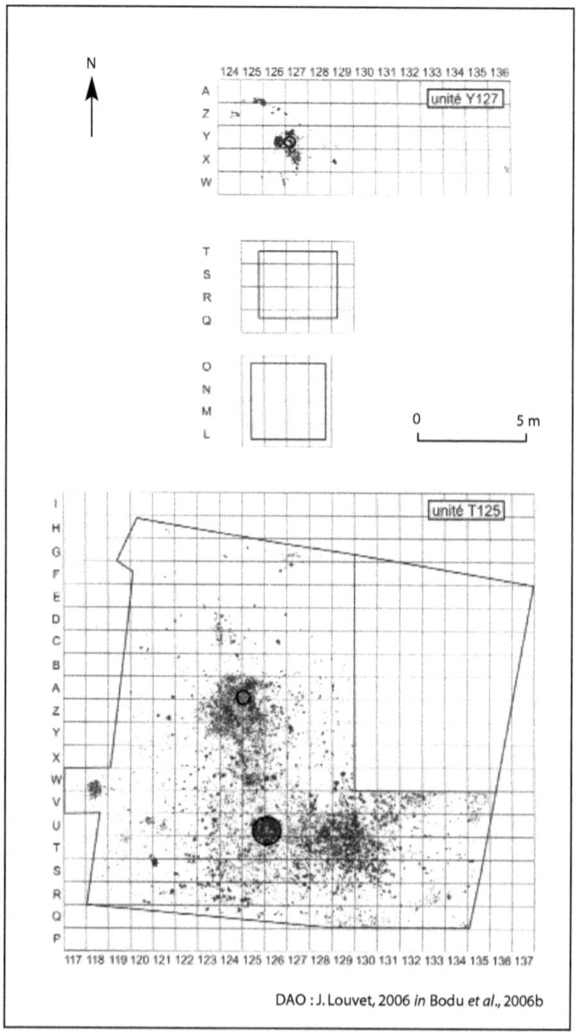

Fig. V.3 – Plan des surfaces fouillées du niveau IV-0 de Pincevent : unités T125 et Y127

Aucune datation au radiocarbone pour le niveau IV-0 n'est à cette heure disponible. Cependant ce niveau est inclus dans l'horizon sédimentaire IV de Pincevent, qui a été rattaché à la chronozone du Bölling (Pastre *et al.*, 2000), ce qui semble être parfaitement cohérent par rapport aux datations réalisées sur d'autres niveaux (voir chapitre 4, *tab. IV.1*). Il est donc logique de penser que le niveau IV-0 soit situé chronologiquement plus proche de la fin du Bölling par rapport aux autres niveaux d'occupation. Notons que cette interprétation, très largement acceptée par les chercheurs travaillant dans la région, n'est pas partagé par Michel Orliac (2006), qui propose lui de rattacher l'ensemble de l'horizon IV à la chronozone du Dryas moyen (ou Dryas II). Cette interprétation est toutefois difficile à imaginer compte tenu du débit de la Seine ayant conduit à des crues de débordement régulières et conséquentes, et ce même si la position édaphique de Pincevent aurait pu favoriser ce type de dépôts sédimentaires. Par ailleurs, l'interprétation proposée par M. Orliac n'est pas en accord avec les nombreuses données de datations au radiocarbone disponibles, effectuées sur différents types de matériaux (voir chapitre 4, *tab. IV.1*).

Deux unités d'occupations de taille peu comparable sont reconnues pour le niveau IV-0, fouillées sur environ 4 500 m² (*fig. V.3* ; Bodu *et al.*, 2006b). À côté de l'unité principale T125, un petit ensemble très cohérent a été dénommé unité Y127 et fouillé sur environ 20 m². Leur étude a été disjointe car l'unité T125 s'apparente à un ensemble archéologique témoignant de multiples interactions spatiales, ce qui a été montré sur la base de remontage de différents matériaux (silex taillés, pierres chauffées, faune). En revanche, il n'a pas été possible d'effectuer de liens semblables entre les unités T125 et Y127, en dépit de leur proximité et de deux sondages intermédiaires (Bodu *et al.*, 2006c). Il est intéressant de souligner les particularités de Y127 par rapport à T125, avec la forte architecture de son foyer, en association avec une concentration de faune en connexion anatomique, un bois transformé en bâton percé et un faible nombre d'éléments de silex. L'unité Y127 paraît avoir une cohérence autonome, peut-être celle d'une unité satellite en relation avec d'autres unités d'occupation mis au jour à l'ouest de T125 lors des fouilles 2006-2007 (sections 34 et 35).

Des études plus détaillées sur les différents témoins archéologiques sont à consulter dans la monographie publiée récemment (Bodu *et al.*, 2006b).

Spectres de faune et taphonomie

La représentation proportionnelle entre le renne et le cheval dans l'unité T125 du niveau IV-0 (*tab. V.1*) est clairement moins déséquilibrée que dans le niveau IV-20 (voir chap. 4). Toutefois, un tel équilibre n'est pas si exceptionnel pour Pincevent dans la mesure où un spectre analogue a été signalé dans le niveau IV21.3 (NR : env. 200) (Bignon, 2003), même si des fouilles doivent être engagées pour vérifier qu'il s'agit effectivement d'une même occupation.

Dans l'unité T125 du niveau IV-0, 8 637 fragments osseux ont été découverts (*tab. V.1* ; Bignon *et al.*, 2006). La détermination anatomique et spécifique est cependant réduite à 548 vestiges osseux. Le renne est l'espèce la mieux représentée en nombre de restes (70 %) comme en nombre minimum d'individus (45 %). Mais contrairement au niveau IV-20 examiné dans le chapitre 4, les témoins de cheval apparaissent nettement plus nombreux dans le niveau IV-0. Ce taxon a été reconnu d'une manière significative, puisque dans ce niveau archéologique il représente 28 % des restes déterminés. De ce fait, le rapport entre ces deux principaux animaux est plus équilibré lorsque l'on regarde le NMIc (*tab. V.1*) : les neuf chevaux (40,90 %) s'approche sensiblement des dix rennes déterminés (soit 45,45 %). À part ces taxons, deux autres espèces animales ont pu être identifiées dans l'unité T125, le loup et le lièvre (4 restes chacun), tandis qu'un petit carnivore (un renard ?) a également été signalé.

Tab. V.1 - Spectre de faune de l'unité T125 du niveau IV-0 de Pincevent (sections 34, 35, 44, 45)

Espèces	NR	%NRD	NMIc	% NMI
Cheval (*Equus caballus arcelini*)	152	27,74	9	40,90
Renne (*Rangifer tarandus*)	382	69,71	10	45,45
Loup (*Canis lupus*)	4	0,73	1	4,55
Petit carnivore	6	1,09	1	4,55
Lièvre (*Lepus* sp.)	4	0,73	1	4,55
Total des restes déterminés (NRD)	**548**	**100**	**22**	**100**
		% NRDa		
Diaphyse grand mammifère (cf. cheval)	25	5,26		
Diaphyse mammifère moyen (cf. renne)	265	87,17		
Diaphyse petit mammifère (cf. loup)	22	7,24		
Diaphyse tout petit mammifère (cf. lièvre)	1	0,03		
Total NRDa	**313**	**3,76**		
Indéterminés autres	354	4,38		
Esquilles	3 630	44,93		
Tamisage	3 792	46,93		
Total indéterminé	**8 089**	100		
Nombre total de restes (NRD)	**8 637**			

D'après Bignon *et al.*, 2006 ; PAO : A. Lau, 2008

Aux côtés des restes déterminés, des fragments de diaphyse (n = 313) ont été rattachés à des classes de taille. Les grands mammifères correspondent ici au cheval, les mammifères moyens au renne, les petits mammifères au loup, et enfin les moins grands au petit carnivore ou au lagomorphe. La forte proportion de restes indéterminés est liée, comme nous le verrons plus bas au contexte taphonomique, mais également au fait que les témoins osseux du niveau IV-0 ont été laissés pendant plusieurs années en place sans pour autant être consolidés. De fait, une forte dégradation s'est produite qui a accentué la détérioration générale observée de la faune.

Dans l'unité Y127, la faune est marquée par la présence prépondérante du cheval, qui découle de la découverte d'une carcasse démembrée de cheval (*tab. V.2*). En dehors de celle-ci, presqu'aucun autre vestige osseux ne l'accompagne, en dehors d'un fragment de métapode et d'un bois de renne transformé en bâton percé. D'autres fantômes de fragments de bois semblent avoir été observés lors de la découverte de l'unité, mais aucun n'est parvenu à survivre aux opérations de fouille.

Tab. V.2 - Spectre de faune de l'unité Y127 du niveau IV-0 de Pincevent (sections 34, 35, 44, 45)

Espèces	NR	%NR	NMIc	%NMI
Cheval (*Equus caballus arcelini*)	78	98,73	1	50
Renne (*Rangifer tarandus*)	1	1,27	1	50
Total des restes déterminés	**79**	**100**	**2**	**100**

D'après Bignon *et al.*, 2006 ; PAO : A. Lau, 2008

En termes taphonomiques, le matériel osseux du IV-0 a sensiblement subi l'attaque conjointe des radicelles et des phénomènes physico-chimiques. Cet impact sur la faune a été rendu plus facile, par rapport aux autres niveaux du gisement, car le niveau IV-0 n'est situé qu'à 1,50 m de la surface actuelle du sol (Orliac, 2006). Les phénomènes de *weathering* ont également joué un rôle déterminant en contribuant notablement à l'extrême fragmentation des témoins. C'est ce dont témoigne la grande majorité des ossements examinés (*fig. V.4*), qui présentent une altération assez prononcée, si l'on considère les proportions des stades 2 et 3 (voir *tab. III.5*, chapitre 3). Cette observation apparaît d'ailleurs aussi valable pour la vaste majorité des esquilles de moins d'un centimètre recueillies au tamisage. À cela s'ajoutent que presque les deux tiers des os sont totalement recouverts par des traces de vermiculation provoquées par les racines (*fig. V.5*). Du fait de l'omniprésence de telles altérations des surfaces osseuses, l'observation des traces de décarnisation ou désarticulation est rendue impossible.

L'action anthropique a été décelée toutefois par le plus fort degré de fracturation des os longs dans l'unité T125, comme le tableau V.3 le montre pour le cheval.

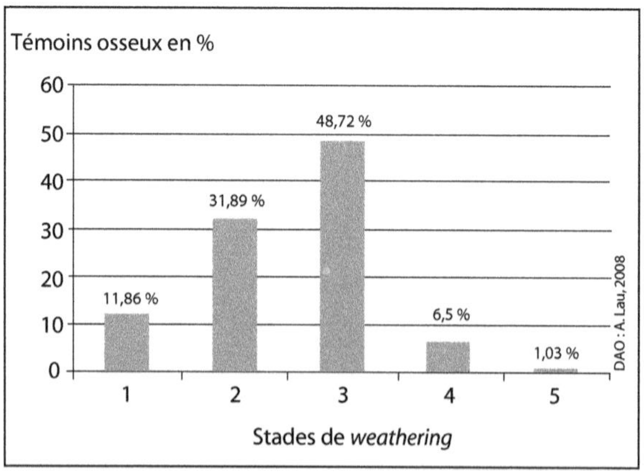

Fig. V.4 – Stades de *weathering* de l'unité T125 de la faune du niveau IV-0

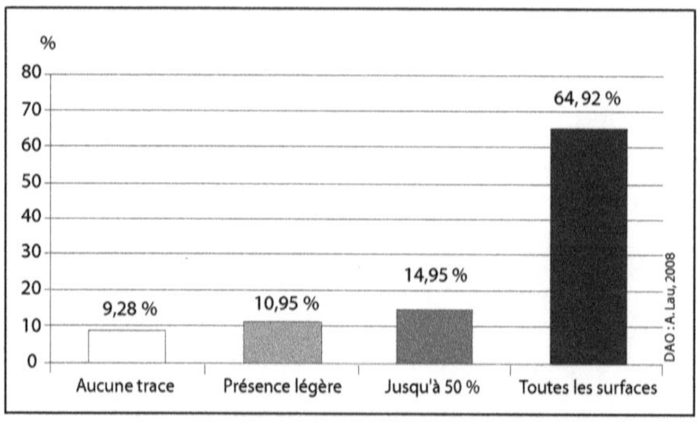

Fig. V.5 – Recouvrement des traces vermiculaires sur les surfaces osseuses

Également, les stigmates relatifs à la chauffe des témoins osseux ont été observés sur 817 restes osseux (9,44 % du NR) et pour 79 % d'entre eux, il s'agit de témoins indéterminés. D'ailleurs, la remarquable faible présence d'épiphyses a été attribuée potentiellement à la destruction physico-chimique, mais aussi à l'utilisation de ces dernières en tant que combustible (leur fragmentation empêchant leur identification ; Bignon *et al.*, 2006). Au regard de la complémentarité des parties anatomiques de cheval, il semble peu probable que l'hypothèse d'un tri sélectif dû à l'agent fluviatile puisse être retenu (*tab. V.3* et *V.4*). En outre, aucune trace de l'activité des carnivores a pu être mis en évidence.

Les méthodes pour observer les relations entre les taux de survie et la densité minérale ont été appliquées aux parties squelettiques du cheval de l'unité T125 (*tab. V.5*). La corrélation paraît positive, mais elle n'est pas significative (r = 0,511 ; ddl = 12 ; v = 0,587 [ddl = 12] ; *fig. V.6*). Ceci suggère que chez le cheval, l'impact d'une conservation différentielle a eu lieu (forte représentation des dents, absence des parties spongieuses du rachis), mais n'est pas en mesure d'expliquer à elle seule la conservation différentielle pour ce taxon. Dans le cas de l'unité Y127, la présence d'une grande partie du rachis de cheval en connexion ne peut être mise en relation avec la densité minérale des éléments osseux (*tab. V.6*). La corrélation est ici aussi positive sans être significative (r = 0,29 ;

Tab. V.3 – Parties squelettiques de cheval dans l'unité T125 du niveau IV-0 de Pincevent, selon les groupes de M.R. Voorhies (1969) et indice de fracuration (NR/NMPS)

Groupes	Parties squelettiques	NR	NMPS	NR/NMPS
Groupe I	Atlas			
	Cervicales, autres			
	Vertèbres, autres			
	Côtes			
Groupe II	Scapula,	2	2	1
	Humérus	2	1	2
	Radius-ulna	6	3	2
	Total carpiens	3	3	1
	Métacarpe III	3	3	1
	Coxal			
	Fémur	9	3	3
	Patella			
	Tibia	6	4	1,5
	Total tarsiens	4	4	1
	Métatarse III	3	3	1
	Métapode ND	2	1	2
	Stylet ND	2	1	2
	Phalange 1	3	3	1
	Phalange 2	5	5	1
	Phalange 3	1	1	1
	Petit sésamoïde			
	Grand sésamoïde	2	2	1
Groupe III	Crânes			
	Mandibule,	1	1	1
	Total dents sup.	36	36	1
	Total dents inf.	44	44	1
	Total dents ND	18		
	Totaux	**152**	**120**	

PAO : A. Lau, 2008

Tab. V.4 – Parties squelettiques de cheval dans l'unité T127 du niveau IV-0 de Pincevent, selon les groupes de M.R. Voorhies (1969) et indice de fracuration (NR/NMPS)

Groupes	Parties squelettiques	NR	NMPS	NR/NMPS
Groupe I	Atlas			
	Cervicales, autres	2	2	1
	Vertèbres, autres	14	14	1
	Côtes	57	57	1
Groupe II	Coxal	2	2	1
	Métapode ND	1	1	1
	Totaux	**76**	**76**	

PAO : A. Lau, 2008

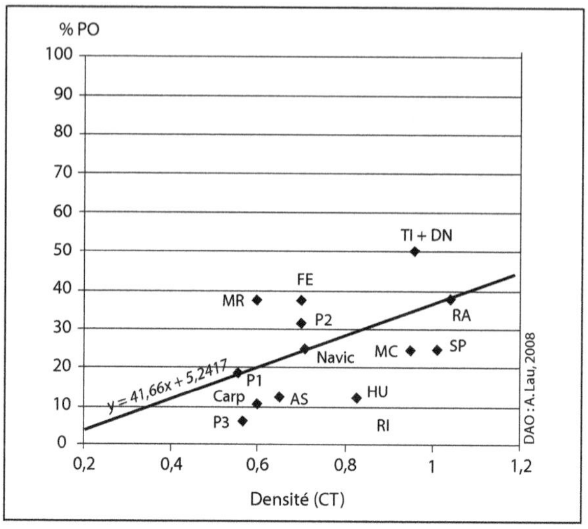

Fig. V.6 – Confrontation des % PO et des valeurs de densité minérale (CT) pour l'unité T125 du niveau IV-0 de Pincevent

Tab. V.5 - Valeurs de densité minérale (CT) et des % PO pour l'unité T125 du niveau IV-0 de Pincevent

Parties anatomiques	Abréviation	Densité (CT) moyenne	% PO
Mandibule	DN	0,96	50
Scapula	SP	1,01	25
Humérus	HU	0,83	12,50
Radius	RA	1,04	37,50
Carpes	Carp	0,60	10,71
Métacarpe	MC	0,95	25
Fémur	FE	0,70	37,50
Tibia	TI	0,96	50
Astragale	AS	0,65	12,50
Naviculaire	Navic	0,71	25
Métatarse	MR	0,60	37,50
Phalange 1	P1	0,57	18,75
Phalange 2	P2	0,70	31,25
Phalange 3	P3	0,57	6,25

PAO : A. Lau, 2008

Tab. V.6 - Valeurs de densité minérale (CT) et des % PO pour l'unité Y127 du niveau IV-0 de Pincevent

Parties anatomiques	Abréviation	Densité (CT) moyenne	% PO
Cervicale	CE	0,45	40
Thoracique	TH	0,38	66,57
Lombaire	LU	0,45	28,57
Sacrum	SC	0,37	40
Côtes	RI	0,93	52,78
Coxal	IL-IS-PU	0,64	100

PAO : A. Lau, 2008

ddl = 4 ; v = 1 [ddl = 5] ; *fig. V.7*). Plus favorables qu'en T125, les conditions taphonomiques et une matrice sédimentaire plus dense ont favorisé la fossilisation de la faune de l'unité Y127, unique à Pincevent. Le tronc de l'équidé était couché sur le flanc, mais dans la mesure aucune différence de conservation (*weathering*) n'a été constatée, on est en droit d'imaginer que le processus d'enfouissement fut rapide et homogène. Étant donné la hauteur de la cage thoracique, écrasée par la pression sédimentaire (comme l'indiqueraient les fractures sur os sec), un

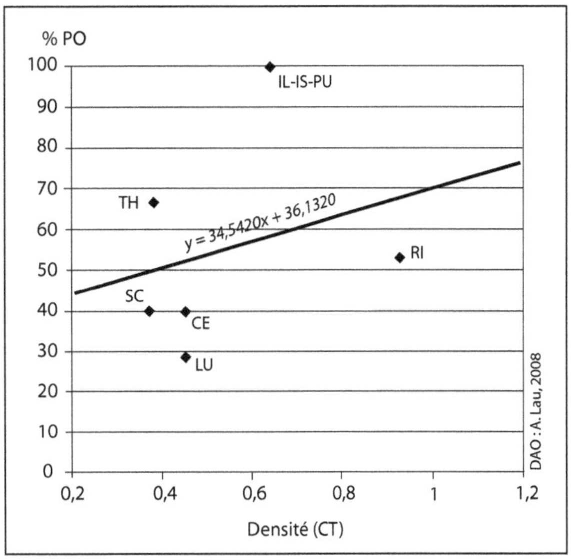

Fig. V.7 - Confrontation des % PO et des valeurs de densité minérale (CT) pour l'unité T125 du niveau IV-0 de Pincevent

fort épisode de crue doit avoir eu lieu, en dépit d'une position topographique plus basse de l'unité Y127 par rapport à T125. Cela n'a cependant pas empêché l'observation de traces de radicelles sur les témoins osseux de l'unité Y127, sans atteindre le seuil critique de l'unité T125.

En conclusion, malgré des altérations taphonomiques conséquentes liées à divers facteurs d'origine naturelle (altérations physico-chimiques et racinaires), la conservation (ou dans certains cas, l'absence) de certaines parties squelettiques de la faune de l'ensemble T125 a aussi été dépendante de certains processus de traitement anthropiques (découpe sur les lieux d'abattage, concassage, feu...). La meilleure conservation des vestiges de faune de l'unité Y127 témoigne en ce sens de l'association complexe de différents agents taphonomiques.

Parties anatomiques présentes

Dans l'unité T125, ce sont les os longs qui sont les plus représentés dans le squelette post-crânien, et surtout les tibias de cheval (*tab. V.7*). Le segment de tronc est totalement absent (vertèbres, côtes), à l'instar des éléments crâniens (les dents mises à part ; *fig. V.8*). La médiocrité générale de la conservation de la matière osseuse peut expliquer en partie cet état de fait, les parties squelettiques précitées étant particulièrement fragiles. Toutefois, on sait que la densité minérale des restes de cheval n'a pas eu une contribution systématique significative quant à leur préservation : une dissociation de la chaîne opératoire du traitement boucher n'est donc pas à exclure. Les restes dentaires représentent environ 64 % des restes de cheval déterminés (97/152). On note un certain équilibre entre les éléments supérieurs et inférieurs. Un grand nombre d'incisives supérieures et de jugales inférieures manquent, laissant présager

Tab. V.7 – Représentation des parties squelettiques des chevaux de l'unité T125 du niveau IV-0 de Pincevent

Segments anatomiques	Parties squelettiques	% PO
Tête	Crâne Mandibule Total dents sup. Total dents inf. Atlas	 20
Tronc	Cervicales, autres Vertèbres, autres Coxal Côtes	
Membre antérieur	Scapula Humérus Radius-ulna Total carpiens Métacarpe III Stylet (MC II, IV)	20 10 30 8,57 30
Membre postérieur	Fémur Patella Tibia Total tarsiens Métatarse III Stylet (MT II, IV)	30 40 11,43 30
Extrémités des membres	Métapode ND Stylet ND Phalange 1 Phalange 2 Phalange 3 Petit sésamoïde Grand sésamoïde	 15 25 5 5
	Totaux	

D'après Bignon *et al.*, 2006 ; PAO : A. Lau, 2008

Tab. V.8 – Représentation des parties squelettiques des chevaux de l'unité Y128 du niveau IV-0 de Pincevent

Segments anatomiques	Parties squelettiques	% PO
Tronc	Vertèbres cervicales, autres Vertèbres thoraciques Vertèbres lombaires Vertèbres sacrées Coxal Côtes	40 66,67 28,57 40 100 52,78
Extrémités des membres	Métapodes ND Stylet ND Phalange 1 Phalange 2 Phalange 3 Petit sésamoïde Grand sésamoïde	25

D'après Bignon *et al.*, 2006 ; PAO : A. Lau, 2008

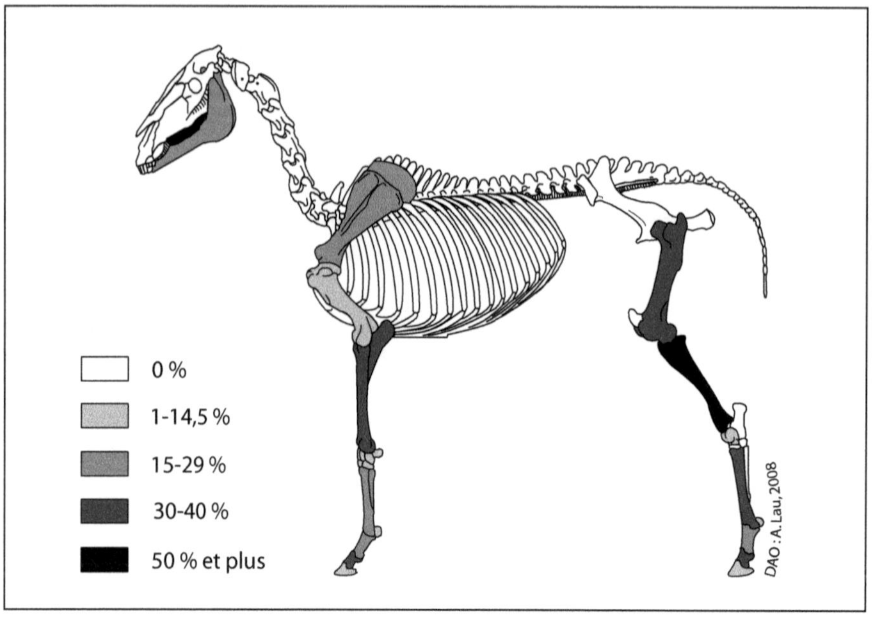

Fig. V.8 – Parties squelettiques (% PO) des chevaux de l'unité T125 du niveau IV-0 de Pincevent

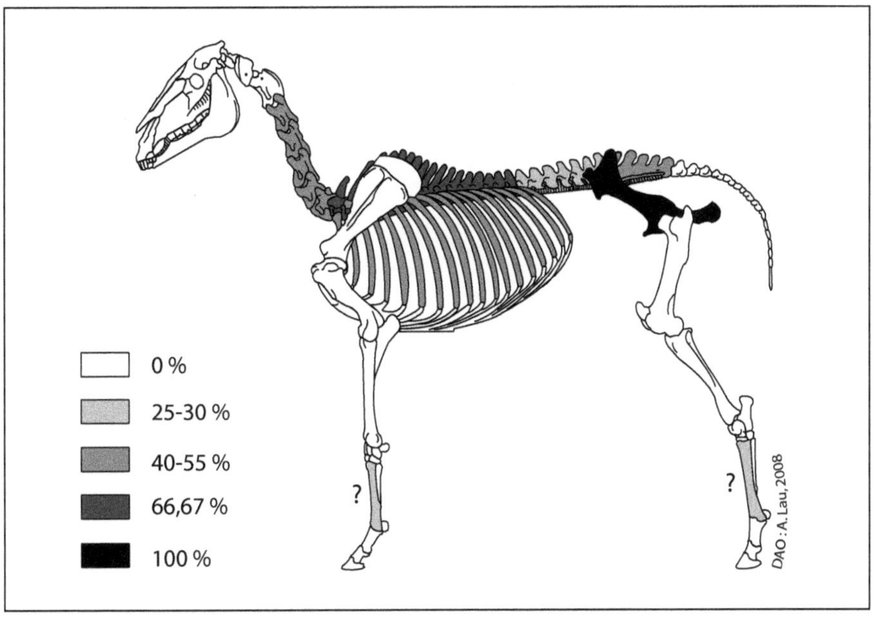

Fig. V.9 – Parties squelettiques (% PO) des chevaux de l'unité Y127 du niveau IV-0 de Pincevent

l'importance de la fragmentation des crânes et des mandibules lors du traitement des carcasses. L'absence totale de témoins fauniques rattachés aux parties crâniennes contraste avec la forte présence des séries jugales supérieures. Enfin, comme nous l'aborderons plus bas, l'absence des canines peut être expliquée par le jeune âge des individus et éventuellement par l'abattage exclusif de juments subadultes et adultes, qui développent plus rarement ces dents.

L'unité Y127 est remarquable en revanche par la présence d'un segment du tronc de cheval en connexion, à quelques mètres duquel se trouve un bassin entier appartenant certainement au même animal (*tab. V.8*). Le contraste est saisissant avec les observations faites sur le matériel de l'unité T125, car les taux de survie du cheval (% PO) en Y127 montrent une très bonne représentation des côtes et des vertèbres et du coxal (*fig. V.9*). En comparant les deux unités du niveau IV-0, la très grande complémentarité des parties squelettiques de ces deux ensembles fauniques est remarquable.

Pour expliquer une telle complémentarité, plusieurs hypothèses peuvent être proposées. D'abord, il a été envisagé que cette carcasse puisse correspondre à ce qu'auraient laissé d'autres prédateurs, tels que les loups, plus aptes à s'approprier les segments de membre ou de tête pour les consommer à l'écart. Cependant, un tel scénario paraît peu crédible, dans la mesure où aucune des traces typiques que laissent les prédateurs n'a pu être observée et de la structuration très claire de l'unité Y127. L'hypothèse la plus argumentée est celle d'une dissociation spatiale du traitement boucher des carcasses de cheval a été avancée (Bignon, 2003 ; Bignon *et al.*, 2006). À l'appui de ce scénario, quatre traces de silex sur deux fragments de côtes montrent que les Magdaléniens ont opéré une décarnisation de la carcasse, vraisemblablement à l'aide des lames ou des outils découverts à proximité.

Le traitement de cet animal aurait conduit au détachement des membres, de l'encolure et du crâne à partir de l'unité Y127. Des observations ethnographiques pourraient illustrer les choix opérés par les Magdaléniens. Ces modèles tendent à confirmer que la corpulence des équidés pousse les chasseurs à réaliser des choix dans les segments privilégiés en vue d'un transport (Blumenchine, 1986 ; Gifford-Gonzalez, 1989) :

• à part les vertèbres cervicales, la majeure partie du rachis et le coxal n'est que très rarement transportée en dehors du site d'abattage ;

• les membres sont généralement détachés pour être transportés en entier vers le camp de base.

Commencée dans l'unité Y127, la poursuite du traitement de cette carcasse aurait-elle eu lieu dans l'unité T125 ? Il n'est pas possible de répondre positivement à cette question dans la mesure où, comme cela a été signalé précédemment, aucun lien ne montre de relation entre les deux unités du niveau IV-0. Si des relations ne sont pas effectuées à l'avenir avec d'autres unités actuellement en cours de fouilles et tout aussi proche de T125, l'unité Y127 montre néanmoins que ce schéma opératoire a bel et bien été appliqué par les Magdaléniens à une période subcontemporaine.

Ce modèle de dissociation des chaînes opératoire de traitement des carcasses de cheval est renforcé par la différence de conservation entre les unités du IV-0. Si une fonte taphonomique semble avoir eu lieu dans l'unité T125, les éléments du rachis auraient particulièrement dû pâtir d'un tel phénomène. Cependant, deux arguments pourraient faire penser que l'absence du squelette axial aurait pu découler de la dissociation dans l'espace des différentes étapes du traitement des chevaux. D'abord, il faut remarquer que plusieurs ossements de densité minérale relativement faible, comme les phalanges ou des carpes, sont pourtant attestés dans l'unité T125. Ensuite, la présence d'éléments dentaires abondants (à défaut de fragments osseux du crâne) et de segments de membres dans l'unité T125 ne contredit pas que ce schéma de découpe y ait été effectivement mis en œuvre.

Au demeurant, les opérations de décarnisation et d'extraction de la moelle ont eu lieu dans l'unité d'occupation T125. Le rejet final de très nombreux fragments de diaphyse montre que cette séquence du traitement boucher se déroulait majoritairement *in situ*. La modalité des stratégies de rejet des témoins osseux renvoie clairement à des rejets groupés (Debout *et al.*, 2006), recouvrant des zones où des pierres chauffées très fragmentées ont également été abandonnées. Cette structuration spatiale des témoins archéologiques pourrait faire penser à des rejets consécutifs à la confection de bouillons gras pour extraire la graisse encore contenue dans les ossements, de cheval notamment.

Si l'on suit l'indice général d'utilité (GUI) réalisé pour le cheval par Allan K. Outram, Peter Rowley-Conwy (1998), les 9 chevaux de l'unité T125 du niveau IV-0 auraient pu offrir un maximum de 1 350 kg d'apports alimentaires (*tab. V.9*). Ces derniers représentent environ 75 % de la nourriture des Magdaléniens de cette unité, dans la mesure où les dix rennes abattus ne permettent de rassembler, au maximum, « que » 430 kg de produits alimentaires. Bien

Tab. V.9 – Estimation de la valeur nutritive des segments anatomiques de cheval de l'unité T125 du niveau IV-0 de Pincevent

Segments anatomiques	NMIc	Valeurs en GUI (en kg)	Poids (en kg)
Total cheval	9	150,23	1 352,07
Total renne	10	43,43	434,30

D'après Binford, 1978 ; Outram, Rowley-Conwy, 1998 ; PAO : A. Lau, 2008

sûr, une partie de ces produits alimentaires a pu être emportée ailleurs, ou consommée auparavant, si l'on en juge par la représentativité différentielle des diverses éléments squelettiques. Ainsi, bien que le spectre de faune peut apparaître équilibré en NMIc, sur le plan des potentiels nutritionnels, les apports des chevaux sont clairement plus conséquents que ceux des rennes. Quant à l'unité Y127, les produits alimentaires d'un cheval peuvent être comptabilisés (soit 150 kg).

Profil de mortalité

L'unité T125 sera au cœur de notre discussion, dans la mesure où le cheval de l'unité Y127 ne peut donner d'âge et être comptabilisé, du fait de ce qui vient d'être dit plus haut. Ainsi, les 9 chevaux dans l'unité T125 (NMIc) ont été individualisés d'après les restes dentaires, grâce aux méthodes de réarticulation des séries dentaires et de détermination de l'âge à partir des dents déciduales (*tab. V.10* ; Bignon, 2003 ; Bignon *et al.*, 2006).

Construit à partir de ces données, le profil de mortalité de l'unité T125 du niveau IV-0 montre la prédominance des classes d'âges les plus jeunes, celles des juvéniles et des subadultes (*fig. V.10*). La classe des adultes est assez faiblement représentée, tandis que celles des adultes de plus de 10 ans sont totalement absentes. Pourtant, les dégradations de la faune exposées ci-dessus ne peuvent pas être incriminées pour expliquer ce déséquilibre paléodémographique. En effet, dans cette optique, c'est au contraire les dents des plus jeunes individus, plus fragiles (Guadelli, 1998), qui sont les plus susceptibles de disparaître.

En tout état de cause, la composition démographique qui émerge de nos déterminations suggère que pour cette unité de l'occupation IV-0, les objectifs cynégétiques des Magdaléniens se sont portés de façon privilégiée sur des groupes familiaux (ou harems). Cette déduction émane du fait que seuls les bandes familiales intègrent des juvéniles (classe d'âge des 0 à 2 ans ; Levine, 1979, 1983 ; Bignon, 2003 ; voir chapitre 2). Il est admis que les poulains et les subadultes, par manque d'expérience quant aux risques de prédation et parce que plus curieux, sont les plus susceptibles d'être la proie d'un grand prédateur (Bignon, 2006b). Cette situation paraît être en adéquation avec le profil de mortalité de l'unité T125 du niveau VI-0 de Pincevent (*fig. V.10*).

Indices de saisonnalité

Le fait d'avoir un grand nombre de chevaux juvéniles ou subadultes est un avantage pour faciliter la compréhension de la saisonnalité des chasses s'étant déroulées dans l'unité T125. Ainsi, sept individus sur les neuf au total ont livré des indices de saisonnalité, ce qui permet d'éclairer considérablement notre approche.

Pour quatre des sept chevaux ayant donné un indice de saisonnalité, la mort est intervenue au cours de l'automne, vers le mois de novembre (4 subadultes de 2,5 ou de 3,5 ans ; *tab. V.10*). Parallèlement, deux poulains indiquent un abattage au cours de la période hivernale. Il s'agit d'un juvénile d'environ 9 mois (début février ± 1 mois) et d'un autre juvénile plus âgé, ayant environ 20 mois (début janvier ± 1 mois). Enfin, un jeune cheval s'approchant de 2 ans témoigne de l'existence d'un épisode de chasse des équidés au début du printemps (mai ± 1 mois). Pour ce qui concerne les deux chevaux adultes, dont la saison d'abattage n'a pu être

Tab. V.10 – Données relatives à la détermination du NMIc du cheval pour l'unité T125 du niveau IV-0

Individu	Mètre carré-numéro	Dent	Latéralité	Âge	Classe d'âge
C-1	Q129 n° 84	Pd_{2-3-4}	G	9 mois (8,84 +/- 1 mois)	Classe 0-2 ans = 1 individu
C-2	T128 n° 273 T129 n° 182 T128 n° 354	Pd_{2-3-4} $+ M_2$	D	20 mois (19,9 +/- 1 mois)	Classe 0-2 ans = 1 individu
C-3	G124 n° 1	Pd^{2-3-4} $+ PM^{2-3-4}$ $+ M^{1-2}$	G	2 ans (19,9 +/- 1 mois)	Classe 0-2 ans = 0,5 individu Classe 2-5 ans = 0,5 individu
C-4	Y124 n° 43 Y126 n° 26	PM^2 M^1	D G	2,5 ans	Classe 2-5 ans = 1 individu
C-5	Z124 n° 36	PM^{3-4}	G	3,5 ans	Classe 2-5 ans = 1 individu
C-6	Z124 n° 33	PM^{3-4} $+ M^{1-2-3}$	G	3,5 ans	Classe 2-5 ans = 1 individu
C-7	Z123 n° 21	PM^{2-3-4} $+ M^{1-2-3}$	G	3,5 ans	Classe 2-5 ans = 1 individu
C-8	R123 n° 34 T129 n° 58	PM^4 $+ M^{1-2-3}$ PM_2	G D	Environ 6 ans (6,47 +/- 1,22 ans) (6,71 +/- 1,01 ans)	Classe 5-10 ans = 1 individu
C-9	Y124 n° 32 Z123 n° 20	PM_{2-3} PM_{1-2-3}	G D	Environ 6 ans (6,33 +/- 1,07 ans)	Classe 5-10 ans = 1 individu

Bignon *et al.*, 2006 ; PAO : A. Lau, 2008

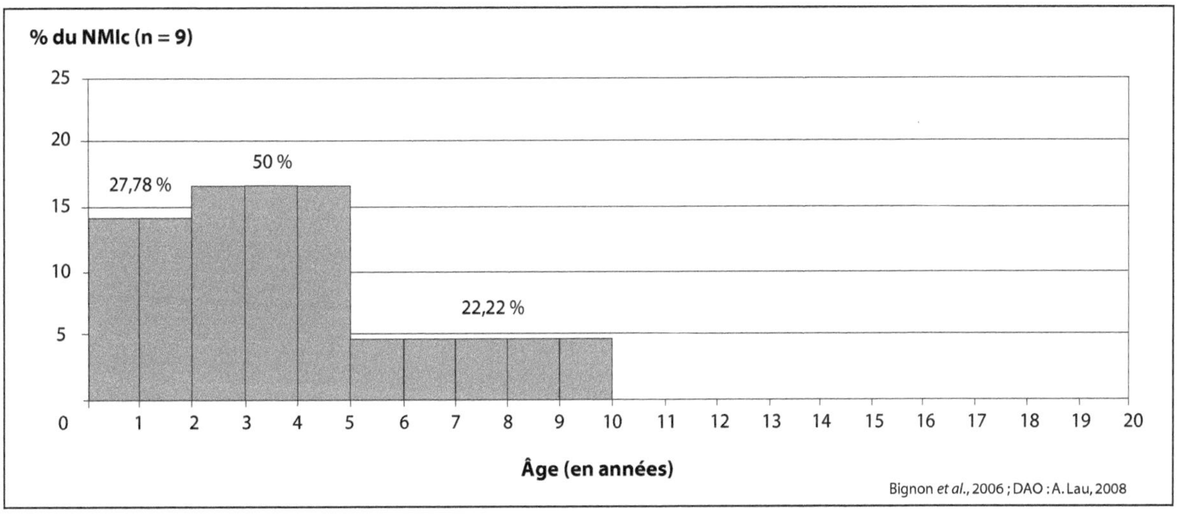

Fig. V.10 – Profil de mortalité des chevaux de l'unité T125 du niveau IV-0 de Pincevent

directement déterminée, ils ont pu être tués à l'automne ou s'il s'agit de juments accompagnées de leurs poulains, plus tard dans l'hiver. Nous verrons ci-dessous que l'analyse spatiale de la répartition des séries dentaires apporte quelques informations à ces questionnements. Les indices de saisonnalité des rennes et des chevaux du niveau IV-0 tendent donc à se distinguer nettement des indices connus jusqu'ici d'une fréquentation strictement automnale du site dans les niveaux sous-jacents (*fig. V.11*). Ils semblent bien témoigner d'une occupation sur plusieurs mois allant de l'automne jusqu'au printemps. D'après l'ensemble de ces données, les chevaux auraient donc été abattus, soit au cours d'un long séjour, soit lors d'au moins deux ou trois périodes distinctes d'occupation du site.

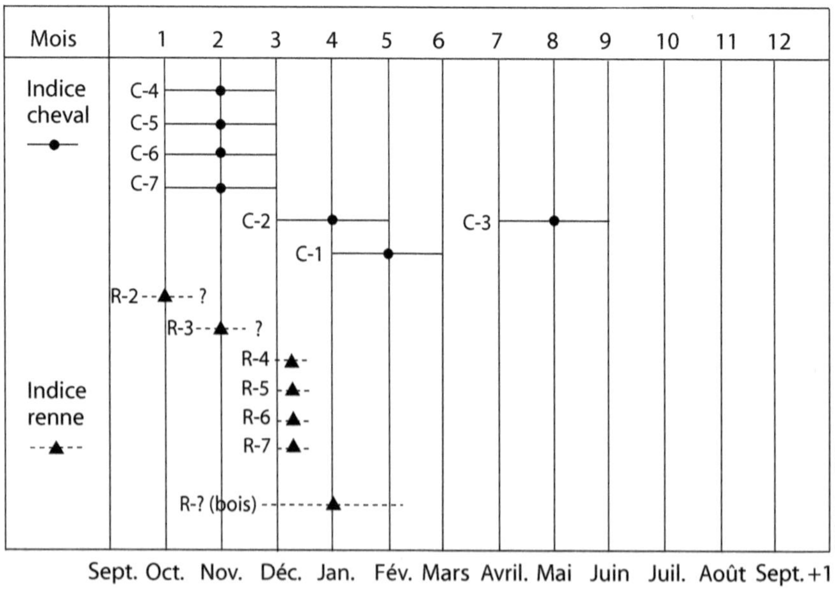

Fig. V.11 – Saisonnalités déduites des séries dentaires du renne et du cheval pour le niveau IV-0

En conclusion, l'automne correspond donc à une période de chasse la plus rentable et marque plus certainement un épisode unique de chasse collective dédié aux harems de chevaux. À côté de cela, certaines chasses, plus étalées dans les premiers mois de la saison froide, ont adopté des tactiques individuelles, compte tenu de la très forte dispersion des chevaux à cette époque de l'année. Enfin, un unique poulain témoigne de la présence des Magdaléniens dans l'unité T125 au printemps, mais cette découverte isolée, de surcroît en limite de fouille, est délicate à interpréter : indique-t-elle la poursuite de chasse individuelle à cette période de l'année ? N'est-elle que l'un des animaux abattus (les autres restant à découvrir) ou implique-t-elle que la taille du groupe vivant alors dans l'unité T125 ne pouvait alors mettre en œuvre de chasse collective ?

Conclusion

L'unité T125 du niveau IV-0 de Pincevent a révélé des périodes d'occupations et des chasses atypiques pour le site (Bignon *et al.*, 2006). La domination conjointe est pratiquement équilibrée entre les chevaux (n = 9) et les rennes (n = 10), bien qu'en termes de poids de viandes les équidés représentent une source alimentaire beaucoup plus conséquente. Les modalités de traitement boucher des carcasses de cheval ont révélé un schéma de découpe sur l'unité Y127, qui a peut-être également été appliqué à T125, si toutefois ces unités n'ont pas été tout à fait contemporaines.

Pour les chevaux, deux modalités d'acquisition semblent correspondre également à différentes périodes de l'année. Un épisode de chasse collective soit la plus plausible à la période de l'automne (abattage de quatre subadultes), c'est-à-dire au maximum pondéral des équidés et un espacement interindividuel réduit au sein des bandes (Bignon, 2006b ; Bignon *et al.*, 2006). Par ailleurs, des chasses individuelles sélectives sur les juvéniles ont été menées à des moments différents au cours de l'hiver (n = 2) et peut-être au printemps (n = 1). Cette tactique de chasse individuelle durant l'hiver renvoie à l'espacement maximum existant alors entre les chevaux au sein d'une bande et entre chacune de leurs bandes, et peut-être encore au début du printemps. Comme en réponse à ces pratiques cynégétiques des équidés, la chasse du renne semble varier du schéma tactique habituel des Magdaléniens du Bassin parisien, entrevue dans le niveau IV-20 de Pincevent ou à Verberie (chapitre 4). De façon inhabituelle, les Magdaléniens y ont élaboré des chasses individuelles et sélectives, après la migration automnale – soit au début de la période hivernale, et donc aux dépens de petits groupes dispersés de rennes.

De surcroît, une forte cohérence des indices de saisonnalité transparaît dans la distribution spatiale des séries dentaires de l'unité T125 (Debout *et al.*, 2006 ; *fig. V.12*). La pertinence des données de saisonnalité se fait jour dans la répartition différentielle des rejets groupés de faune dans cette unité du niveau IV-0. Il en ressort une forte adéquation entre les saisonnalités, le degré d'agrégation des animaux, les tactiques choisies et le nombre de chasseurs à l'œuvre. Selon nous, il est également envisageable qu'après l'automne, la taille du groupe magdalénien se soit réduite au cours de l'occupation. Cette hypothèse aurait l'avantage d'expliquer à la fois le changement de type de chasse des chevaux et le faible nombre d'animaux abattus au cours de l'hiver, incompatible avec la présence d'une large communauté humaine.

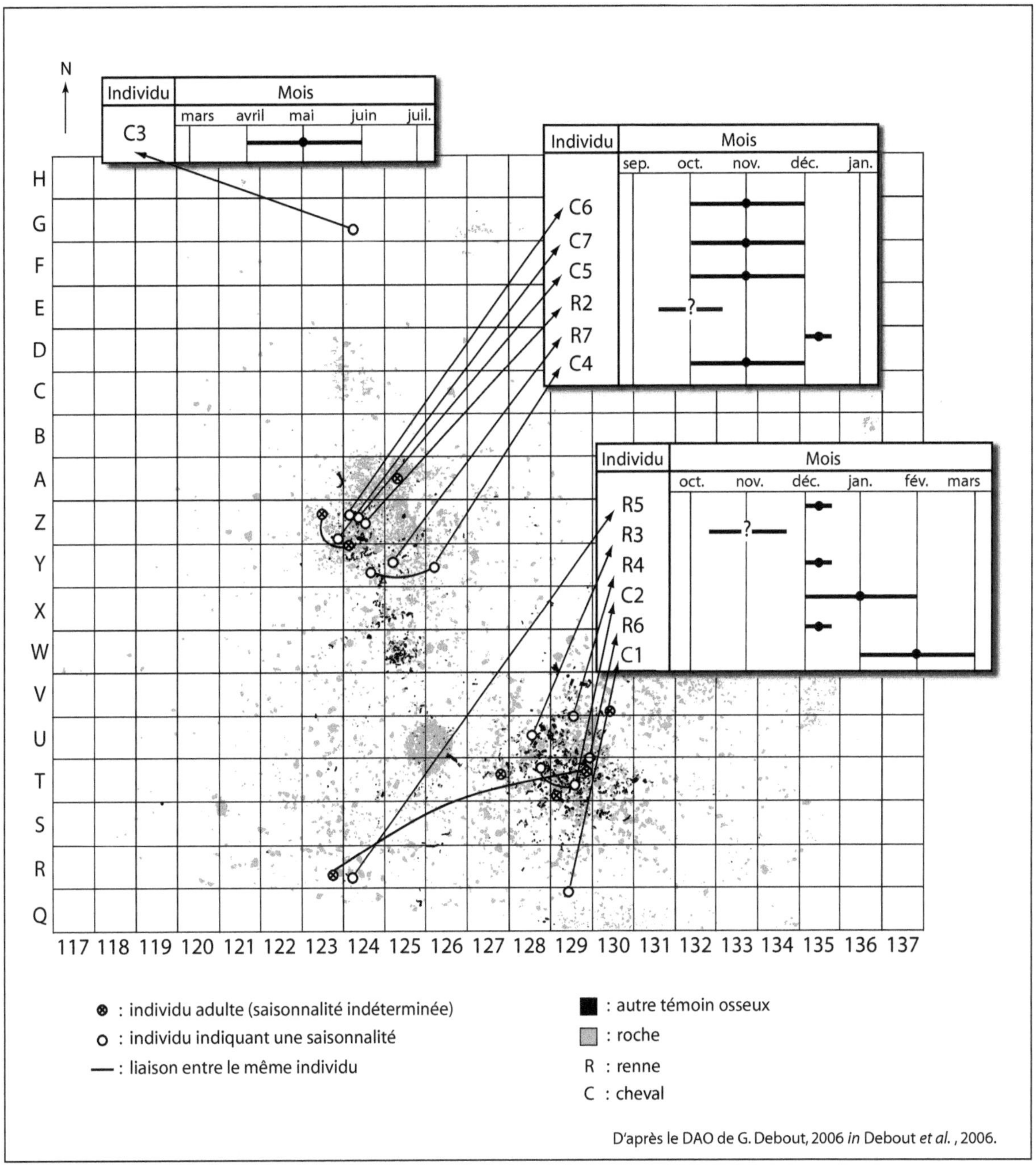

Fig. V.12 – Répartition spatiale des séries dentaires de renne et de cheval au sein de l'unité T125 du niveau IV-0 de Pincevent

Ville-Saint-Jacques, Le Tilloy

Données topographiques, chronologiques et stratigraphiques

Le site magdalénien de Ville-Saint-Jacques, Le Tilloy est essentiellement connu grâce au sondage d'environ 20 m² réalisé en 1970 sous la direction de Michel Brézillon (1971 ; *fig. V.13*).

D'autres sondages, plus restreints, ont été conduits par M. Orliac en 1988, et l'on a connaissance également de nombreux ramassages de surface s'étant écoulés depuis 1971. L'intérêt du site est renforcé par ailleurs du fait de sa proximité avec Pincevent, car il est situé à l'aplomb de ce dernier, sur un plateau au sud à environ deux kilomètres à vol d'oiseau (*fig. V.1*). Sa grande proximité avec les différents secteurs du Tureau des Gardes ou du Grand Canton (Marolles-sur-Seine) est tout aussi remarquable. En outre, les études menées sur le matériel lithique confirment la dotation au Magdalénien final et une parenté manifeste avec les industries retrouvées à Pincevent (Schmider, 1971 ; Valentin, 1995). Cette détermination paraît confortée par les datations au radiocarbone réalisées sur la faune (*tab. V.11*).

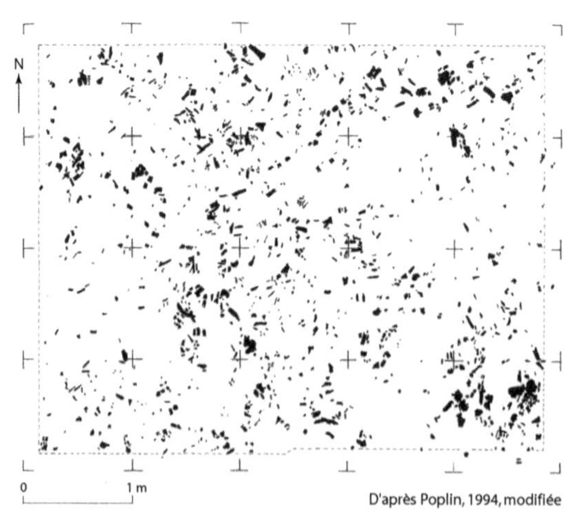

Fig. V.13 – Plan de répartition des témoins de faune observés dans le sondage « Brézillon » de Ville-Saint-Jacques

Tab. V.11 – Datations au radiocarbone du site de Ville-Saint-Jacques, Le Tilloy

Ville-Saint-Jacques (Seine-et-Marne)	Références laboratoire	Datations BP (2 sigmas)	Datations cal. BP (Oxcal v3.10)	Matériel
Sondage 1970	Oxa 730	12 300 +/- 160	14 950-13 750	Os
Sondage 1970	Oxa 731	12 240 +/- 160	14 850-13 750	Os

PAO : A. Lau, 2008

Le sondage de 1970 a révélé le faible enfouissement du niveau archéologique (à environ 30 cm de la surface du sol actuel), sans pouvoir mettre en évidence de structuration spatiale. Cela renvoie très vraisemblablement aux activités agricoles s'y étant déroulées, ainsi qu'à la faible profondeur du niveau magdalénien. Le réexamen récent des témoins de faune de cet ancien sondage (Bignon, 2007c) était particulièrement nécessaire, car le gisement de Ville-Saint-Jacques semble s'étendre potentiellement sur une grande partie du plateau du Gâtinais, suggérant une fréquentation intense (Degros *et al.*, 1994).

Spectre de faune et taphonomie

Une première étude des restes de faune du sondage « Brézillon » a été opérée peu de temps après les fouilles par François Poplin, mais ces travaux n'ont pas fait l'objet d'une publication et aucune diffusion du rapport n'a eu lieu (Degros *et al.*, 1994). En 2003, il a été donc décidé de reprendre l'analyse archéozoologique de la collection issue du sondage « Brézillon », dans le cadre du programme collectif de recherche (PCR) « Habitats et peuplements tardiglaciaires dans le Bassin parisien » dirigé par Boris Valentin, Pierre Bodu et Michèle Julien.

Comparativement à la faible étendue de la surface de fouille du sondage « « Brézillon », environ 20 m² (*fig. V.13*), il est intéressant de remarquer que la collection faunique est proportionnellement abondante. C'est ce dont témoignent les données quantitatives issues de notre étude, en termes de nombre de reste total ou de nombre minimum d'individu (*tab. V.12*). Les différentes espèces que nous avons pu déterminer confirme la liste spécifique initialement obtenue par F. Poplin (Degros *et al.*, 1994). Le renne est l'espèce animale la plus largement reconnue, devant les témoins attribués au cheval, puis viennent de façon plus rare l'ours, le loup et un mustélidé indéterminé. Ce dernier taxon n'est attesté que par un unique fragment de mandibule de jeune sujet, et la relative indétermination tient au fait qu'il présente des similitudes avec le putois (*Putorius* sp.), mais s'en distingue par la taille et la robustesse.

Dans le détail, les restes déterminés (n = 835) représentent un peu plus de 59 % du total des restes osseux de la collection du sondage de Ville-Saint-Jacques (*tab. V.12*). Le renne totalise presque les deux tiers des témoins déterminés quel que soit le critère quantitatif (% NR = 63,47 % ; % NMIf = 67,86 %). Il domine ainsi le cheval, ce dernier étant néanmoins l'autre composante de poids de l'assemblage faunique (NR = 36,05 % ; NMIf = 21,43 %). Ces deux taxons écrasent numériquement très largement le spectre de faune, par rapport aux autres espèces animales identifiées, qui deviennent du même coup très marginales.

Notre analyse taphonomique des témoins de Ville-Saint-Jacques a permis de mieux appréhender cette collection magdalénienne et son apport archéozoologique. Ainsi, les traces d'intervention des carnivores sur les ossements de la collection faunique de Ville-Saint-Jacques sont très anecdotiques (0,18 %). Les Magdaléniens sont donc les principaux agents accumulateurs et acteurs de modification sur les os frais avant enfouissement. En ce sens, 47,55 % des os longs montrent les stigmates de fracturation sur os frais (*fig. V.14*) ; en outre, on compte 24,59 % d'écrasement en place, et une large proportion des os longs porte également des marques de fracturation sur os sec (87,33 %). Une modification de ces éléments osseux par l'action du feu est également à signaler, à hauteur

Tab. V.12 – Spectre de faune du sondage « Brézillon » de Ville-Saint-Jacques

Espèces	NR	% NR	NMIf	% NMIf
Cheval (cf. *Equus caballus arcelini*)	301	36,05	6	21,43
Renne (*Rangifer tarandus*)	530	63,47	19	67,86
Ours (*Ursus* sp.)	2	0,24	1	3,57
Loup (*Canis lupus*)	1	0,12	1	3,57
Mustélidé indéterminé	1	0,12	1	3,57
Total des restes déterminés (NRD)	**835**	**100**	**28**	**100**
Restes ND de taille II (Rangifer)	227			
Restes ND de taille II-III	253			
Restes ND de taille III (*Equus/Bos*)	38			
Restes ND (incluant les esquilles)	62			
Total des restes de faune (NR)	**1 415**			

PAO : A. Lau, 2008

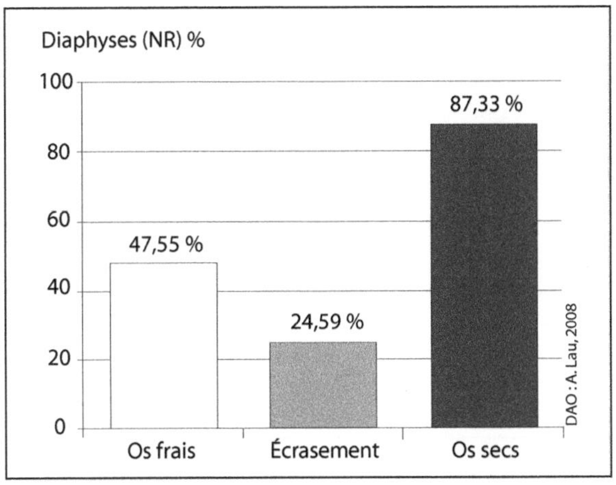

Fig. V.14 – Pourcentages des modalités de fragmentation-fracturation des diaphyses dans le sondage « Brézillon » de Ville-Saint-Jacques

Tab. V.13 – Données taphonomiques du sondage « Brézillon » de Ville-Saint-Jacques

Weathering (%)	Trace de radicelles (%)	Classes de taille (%)
Stade 1 - 0,29 Stade 2 - 3,54 Stade 3 - 37,17 Stade 4 - 47,87 Stade 5 - 11,14	Stade 1 (aucune trace) - 0,29 Stade 2 (quelques traces) - 1,52 Stade 3 (1/2 surface) - 7,81 Stade 4 (surface entière) - 90,38	A (1 cm²) - 0,65 B (2-3 cm) - 26,94 C (3-6 cm) - 50,72 D (5-10 cm) - 19,90 E (10-15 cm) - 1,65 F (+ de 10-15 cm) - 0,14

PAO : A. Lau, 2008

de 6,38 %, pouvant prendre différents aspects selon l'intensité de la chauffe (de couleur marron jusqu'à une couleur blanche avec reflets nacrés). Les observations relatives au *weathering* indiquent que les ossements ont subi des altérations différentielles, pour plus des deux tiers d'entre eux très prononcées (*tab. V.13*). Ces résultats conduisent à émettre l'hypothèse d'un processus d'enfouissement inégal des témoins de faune, relativement lent pour la grande majorité de ceux-ci. De plus, un apport éolien d'une fraction sableuse des sédiments en contexte de versant de coteau qui fait augmenter l'acidité des sols, n'est pas à exclure. Cette position topographique peut également expliquer une certaine lenteur dans le processus de recouvrement sédimentaire des occupations magdaléniennes.

La densité minérale des témoins osseux de Ville-Saint-Jacques apporte des informations intéressantes quant à la conservation sur ce site. Les ossements de chevaux soumis à ces analyses (*tab. V.14* ; *fig. V.15*) montrent une corrélation positive entre la quantité des parties anatomiques découvertes (% NMIf) et leurs densités minérales respectives (CT). Toutefois, cette corrélation s'avère non significative selon les valeurs de la table du coefficient de corrélation (r = 0,3786 ; ddl = 21 ; v = 0,4227 [ddl = 20] et v = 0,3809 [ddl = 25]). Il ressort donc que si la densité minérale a joué un rôle dans la conservation des témoins fauniques, elle ne peut être considérée comme l'unique facteur expliquant les proportions respectives de l'assemblage archéozoologique.

Tab. V.14 – Valeurs de densité minérale (CT) et des % PO à Ville-Saint-Jacques

Parties anatomiques	Abréviation	Densité (CT) moyenne	% PO
Mandibule	DN	0,96	83,33
Axis	AX	0,43	33,33
Cervicale	CE	0,45	3,33
Thoracique	TH	0,38	2,77
Lombaire	LU	0,45	9,52
Côtes	RI	0,93	1,39
Scapula	SP	1,01	41,66
Humérus	HU	0,83	33,33
Radius-ulna	RA	1,04	58,33
Carpes	Carp	0,60	7,14
Métacarpe	MC	0,95	33,33
Coxal	IL-IS-PU	0,96	33,33
Fémur	FE	0,70	66,66
Patella	PA	0,40	8,33
Tibia	TI	0,96	66,66
Astragale	AS	0,65	50
Calcaneum	CA	0,60	41,66
Naviculaire	Navic	0,71	16,66
Métatarse	MR	0,60	41,66
Phalange 1	P1	0,57	50
Phalange 2	P2	0,70	75
Phalange 3	P3	0,57	50
MP résid	MTPS	0,93	8,33

PAO : A. Lau, 2008

L'hypothèse d'une dissociation spatiale des chaînes opératoires lors du traitement bouché a été évoquée ailleurs pour expliquer les déséquilibres parfois constatés entre les parties anatomiques (Bignon, 2007c). En outre, la figure V.14 révèle la très forte fragmentation des éléments fauniques, alors que les témoignages d'écrasement en place concernent presque 1 vestige osseux sur 4. La faible profondeur d'enfouissement expose aussi la faune de Ville-Saint-Jacques à d'autres actions, naturelles et anthropiques. Ainsi, il faut noter que 9 témoins sur 10 sont entièrement recouverts par les traces de radicelles, celles-ci apparaissant comme quasi systématiques (*tab. V.13*). Ces chiffres illustrent particulièrement bien

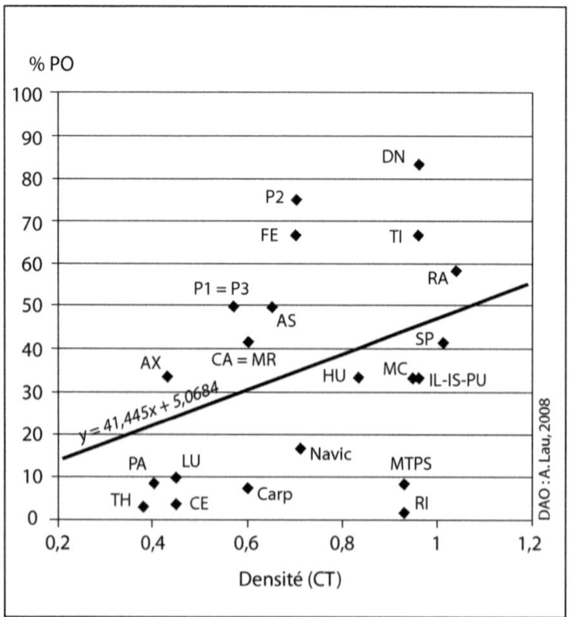

Fig. V.15 – Confrontation des % PO
et des valeurs de densité minérale (CT)
pour les témoins du sondage « Brézillon » à Ville-Saint-Jacques

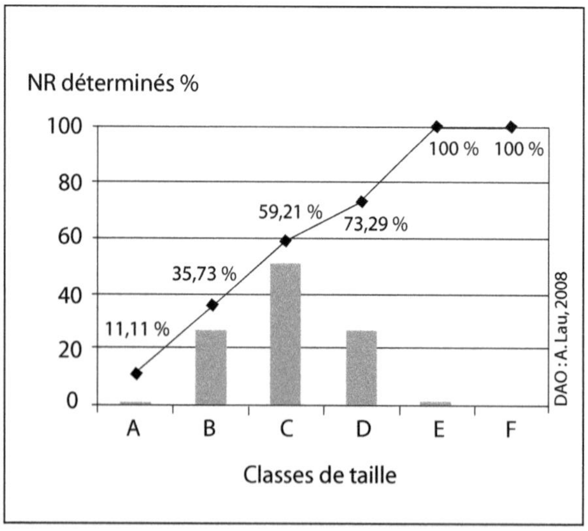

Fig. V.16 – Rapport entre les classes de taille des esquilles osseuses et le taux de détermination spécifiques à Ville-Saint-Jacques

les altérations liées à l'activité biologique des plantes lorsque les vestiges osseux sont enfouis à une faible profondeur. Cette faible profondeur d'enfouissement est essentielle pour comprendre pourquoi 53 % des témoins fauniques possèdent des traces d'impacts post-dépositionnels, essentiellement dues aux activités humaines. Ces dernières transparaissent par ailleurs à travers le nombre de points de rouille attestés sur les pièces lithiques et la déstructuration spatiale des occupations magdaléniennes de Ville-Saint-Jacques (Degros *et al.*, 1994).

La conjonction de tous ces facteurs taphonomiques aboutit à des proportions contrastées entre classes de taille des témoins fauniques (*tab. V.13*). Les fragments osseux les plus petits (A) comme les plus grands (E, F) sont très rares, tandis que les trois quarts ont des tailles plutôt modestes (B, C). Si une détermination performante est manifeste sur les plus grosses classes de taille (D, E, F ; *fig. V.16*), elle ne s'exerce que sur un nombre restreint de restes (21,8 %). En revanche, l'identification spécifique est rendue clairement moins systématique avec les fragments de modules relativement réduits (B, C) alors qu'ils regroupent 77,66 % de la faune. Globalement, le taux de détermination spécifique de Ville-Saint-Jacques (61,38 %) peut apparaître élevé en regard des conditions taphonomiques exposées ci-dessus. La faible représentation des témoins de la classe A amène à penser que les plus petites esquilles n'ont peut-être pas fait l'objet d'un prélèvement systématique lors du sondage réalisé par M. Brézillon en 1971. Ce biais introduit dans la collecte tendrait alors à accroître « artificiellement » le taux de détermination de la faune.

Parties anatomiques présentes

À l'inverse de ce qui a été observé pour le renne (Bignon, 2007c), chez le cheval les parties crâniennes sont particulièrement bien représentées (*tab. V.15* ; *fig. V.17*). En particulier, les témoins de mandibules de cheval et nombreux condyles occipitaux ont pu être déterminés. En revanche, il est très singulier d'observer que les dents d'équidé ne cadrent pas avec cette bonne représentation du segment de tête. Ces éléments dentaires s'avèrent en tout les cas bien en deçà de leur présence habituelle dans les faunes magdaléniennes régionales (Bignon, 2003 ; voir chapitre 3). Également très faiblement représentés, les éléments du rachis sont rares si l'on excepte l'axis, à commencer par les côtes et les vertèbres. Pour ces dernières, une sous-estimation est vraisemblable, du fait du nombre de fragments indéterminés (à l'instar de ce qui prévalait pour les restes de renne, Bignon, 2007c). Quand à eux, les segments de membres ont globalement des représentations relativement élevés en % PO. C'est plus particulièrement le cas des éléments des membres postérieurs (fémur, tibia, astragale). Les phalanges sont étonnamment bien attestées, ce qui n'est guère le cas en revanche pour les métapodes et les carpes. À l'exception des vertèbres sacrées et caudales, toutes les parties squelettiques ont été déterminées à Ville-Saint-Jacques.

Il ressort de nos analyses que les représentations anatomiques du cheval (comme du renne), ne semblent pas strictement liées aux altérations taphonomiques. Si ces dernières ont joué un rôle certain dans la conservation différentielle des témoins des deux principaux grands gibiers, ces phénomènes ne peuvent expliquer seuls l'aspect contradictoire des données. Il en va ainsi des déséquilibres entre éléments ayant les mêmes potentiels de préservation, la présence de nombreuses vertèbres et le très faible nombre de dents. Nos observations tendent à montrer que la

Tab. V.15 – Fréquences des parties squelettiques des chevaux par segments anatomiques dans le sondage « Brézillon » de Ville-Saint-Jacques

Segments anatomiques	Parties squelettiques	% PO
Tête	Crâne	66,66
	Mandibule	83,33
	Total dents sup.	32,26
	Total dents inf.	21,66
	Dents ND	
Tronc	Axis	33,33
	Cervicales	3,33
	Thoracique	2,77
	Lombaire	9,52
	Côtes	1,39
Membre antérieur	Scapula	41,66
	Humérus	33,33
	Radius-ulna	58,33
	Carpes	7,14
	Métacarpe	33,33
Membre postérieur	Coxal	33,33
	Fémur	66,66
	Patella	8,33
	Tibia	66,66
	Astragale	100
	Calcaneum	41,66
	Naviculaire	16,66
	Cuboïde	16,66
	Grand cunéiforme	25
	Métatarse	41,66
Extrémités des membres	Phalange 1	50
	Phalange 2	75
	Phalange 3	50
	Petit sésamoïde	12,50
	Grand sésamoïde	
	MP résid	8,33
	Métapode ND	

PAO : A. Lau, 2008

représentation différentielle des parties anatomiques de Ville-Saint-Jacques serait due plus vraisemblablement à une répartition non aléatoire des témoins de faune. En ce sens, des déséquilibres entre éléments gauches et droites sont assez généralement remarqués dans diverses parties anatomiques, chez le cheval comme chez le renne. Aussi, nous sommes plus enclins à penser que l'extension de la surface du sondage n'a pas permis de cerner l'ensemble des opérations liées au traitement boucher des animaux. Ainsi, il est donc probable que nous n'avons accès ici qu'à une partie limitée de ces activités, entraînant des représentations squelettiques incomplètes. Cette hypothèse suppose dès lors la dissociation des chaînes opératoires des matières animales sur un espace organisé plus large, ce qui est très vraisemblable lorsque l'on considère l'extension initiale du gisement (voir plus haut).

Profil de mortalité

Le nombre de chevaux découverts dans le sondage « Brézillon » s'élève à 6 individus. Compte tenu du faible nombre de dents découvertes, il est à noter que le NMIc réalisé à partir de ces éléments est égal au NMIf déterminé à l'aide des éléments du squelette post-crânien, ce qui est plutôt inédit dans le contexte de notre étude. Dans le détail, le NMIf a été établi sur la base des 6 astragales gauches, alors qu'aucune droite n'a pu être décelée… Quant à lui, le NMIc parvient au même nombre minimum de cheval. Le travail de réarticulation des séries dentaires a permis de préciser l'âge de ces 6 chevaux (*tab. V.16*). Le faible nombre de chevaux n'autorise pas de réaliser des profils d'abattage paléodémographique. La présence du poulain

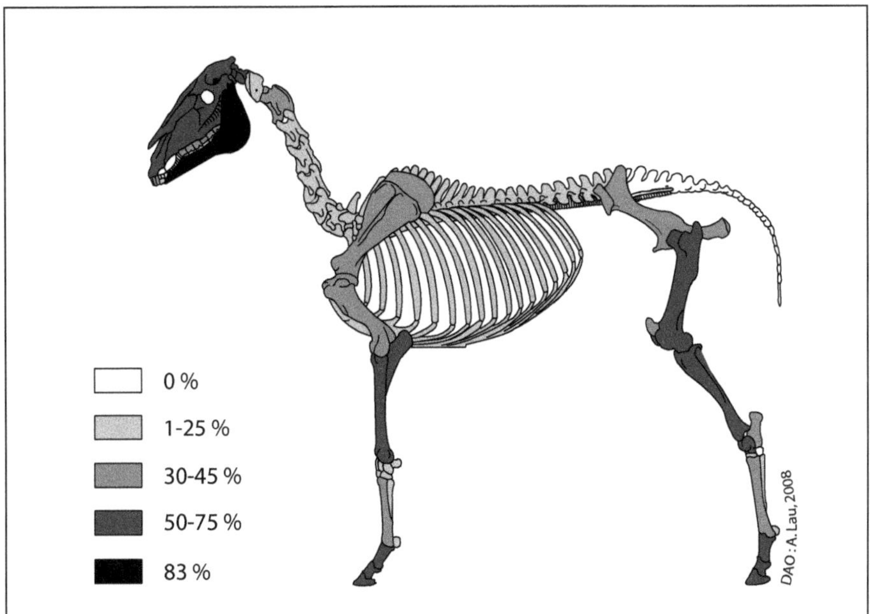

Fig. V.17 – Parties squelettiques (% PO) des chevaux du sondage « Brézillon » à Ville-Saint-Jacques

Tab. V.16 – Âge des chevaux déterminés par le NMIc dans le sondage « Brézillon » à Ville-Saint-Jacques

NMIc	Âge des individus	Classe d'âge
1	13,84 mois (+/- 1 mois)	Juvénile (0-2 ans)
1	4-5 ans	Subadulte (2-5 ans)
2	6-7 ans ; 7-8 ans	Adulte (5-10 ans)
2	12 ans ; 13-14 ans	Vieil adulte (10-15 ans)

D'après Bignon, 2003 ; PAO : A. Lau, 2008

nous permet d'avancer qu'au moins un harem d'équidés a été pris pour cible par les Magdaléniens de Ville-Saint-Jacques. Cependant, les cinq autres individus, du fait de leur âge, pourraient tout aussi bien avoir été abattus au sein de groupes de célibataires ou de harems. Ainsi, cette composition de classe d'âge et le faible nombre d'individu n'est pas en mesure d'affirmer que seuls des harems ont été chassés à Ville-Saint-Jacques, mais ces groupes d'équidés ont été au moins partiellement la cible des Madgaléniens sur ce site.

Pour le renne, le nombre minimum d'individu (NMIf) de 19 individus a été déterminé à partir des humérus distaux gauches. Du fait de la rareté des éléments dentaires, l'âge des rennes n'ait connu que pour un peu moins d'un tiers des individus, à une exception tous adultes (Bignon, 2007c).

Malgré la carence certaine des dents, il est possible d'avancer d'après les nombreux témoins du squelette post-crânien, que la plupart de ces gibiers étaient des animaux adultes. Ces observations rendent-elles compte fidèlement des véritables objectifs de chasse des Magdaléniens à Ville-Saint-Jacques ? Là encore, la probable répartition et conservation différentielle ne favorise pas de réponses claires.

Indices de saisonnalité

Le seul individu à avoir donné un indice de saisonnalité pour les chevaux, est le plus jeune équidé, dont l'âge a été estimé à 13,84 mois (+/- 1 mois ; *tab. V.16*). Cette saisonnalité n'est pas rare, car elle est également attestée dans les sites environnant Ville-Saint-Jacques : à Pincevent dans les niveaux IV-0, mais aussi IV-21.3 (Bignon, 2003), et bien évidemment au Tureau des Gardes 10 ou au Grand Canton ou à Étiolles (voir chapitre 3).

De même, un unique indice de saisonnalité a été relevé pour le renne, et encore, il est tiré d'un individu de 27-30 mois, un âge très limite lorsque l'on cherche ce type d'information. Toutefois, si l'on considère que le pic des naissances intervient pour les rennes dans la première moitié du mois de juin (Parker, 1972), ce renne aurait été abattu entre mi-août et mi-novembre. Cette période de l'année (fin de l'été et début d'automne) a été documentée abondamment pour l'abattage de ce taxon, non loin de là, à Pincevent (niveau IV-0 et IV-20 ; *infra* et chapitre 4).

Malgré l'intérêt de ces informations, il est difficile d'estimer de façon détaillée la saisonnalité des chasses magdaléniennes de Ville-Saint-Jacques. La représentativité des indices par rapport aux nombres d'animaux abattus (1/19 pour les rennes, 1/6 pour les chevaux) et la représentativité du sondage « Brézillon » par rapport à l'échelle initiale présentie pour le gisement, n'incitent guère à une généralisation de nos maigres indices. Tout au plus elles représentent des périodes « minimum » d'occupations magdaléniennes à Ville-Saint-Jacques.

Conclusion

La révision des témoins de faune du site Magdalénien de Ville-Saint-Jacques permet de dresser un bilan du potentiel archéologique du gisement en la matière. Parmi les activités qui se sont déroulées sur le site, celles découlant des pratiques cynégétiques occupent une grande place. En témoigne le nombre minimum d'animaux abattus qui s'élève à presque un individu par mètre carré pour les seuls rennes : au total, il s'agit de 28 animaux (dont 19 rennes et 6 chevaux) pour 20 m^2 Cette densité animale montre que l'extension initiale de Ville-Saint-Jacques devait avoir un fort potentiel faunique, suggérant de multiples épisodes d'occupation à l'image des vastes gisements voisins de Marolles-sur-Seine. En ce sens, la répétitivité de la fréquentation des lieux est selon nous révélée par l'intensité du traitement de ces grands gibiers déployée par les Magdaléniens de Ville-Saint-Jacques. Ces animaux semblent avoir été ramenés en entier, au moins pour une partie d'entre eux, ce qui suggère que le lieu d'abattage était dans l'environnement proche du site.

En revanche, plus dur est de déterminer les modalités tactiques de leur acquisition. Malheureusement, la sous-représentation des dents, qui paraît liée à un rejet différentiel des parties anatomiques, limite dans le même temps d'affiner une interprétation étayée des tactiques de chasse employées. Néanmoins, il est intéressant de souligner que pour les chevaux comme pour les rennes, toutes les classes d'âges sont représentées (*tab. V.16* ; Bignon, 2007c) : cette observation tend à mettre en évidence le caractère non sélectif des objectifs cynégétiques. La forte densité du nombre de renne découvert dans le sondage « Brézillon » témoigne de l'intensité de la chasse et du traitement de ces gibiers, qui suggère la mise en œuvre de chasses collectives. Par ailleurs, les indices de saisonnalité, trop peu nombreux, témoignent cependant de deux périodes d'occupation. Un poulain indique avoir été abattu au printemps, alors qu'un renne âgé d'environ 27-30 mois pourrait indiquer la période automnale. Ces informations soulignent que les Magdaléniens de Ville-Saint-Jacques revenaient donc à différentes périodes sur ces lieux, sans pour autant avoir les mêmes objectifs de chasse.

Finalement, le sondage réalisé par M. Brézillon en 1970 offre un aperçu significatif de la richesse initiale du gisement de Ville-Saint-Jacques. À travers cet « échantillon » des occupations, nos observations nous conduisent à postuler qu'il subsisterait à l'échelle du gisement une relative organisation spatiale, malgré les perturbations causées par les travaux agricoles. Au-delà de ce constat, l'ensemble de ces données tendrait à indiquer que Ville-Saint-Jacques pourrait avoir été le lieu de traitement de chasses collectives monospécifiques, menées à différentes périodes de l'année.

Tureau des Gardes 6

Données topographiques, chronologiques et stratigraphiques

Le sondage du Tureau des Gardes 6 a été effectué par Patrick Gouge au début des années 1990, lors d'une opération de sauvetage liée à l'aménagement de l'autoroute A5 (Gouge, Lang, 1994 ; Gouge, Mordant, 1994). Cette fouille s'est inscrite dans le même contexte topographique et géographique que les opérations menées au Tureau des Gardes 10 et au Grand Canton (chapitre 3, *fig. III.8*).

L'étude récente des vestiges lithiques conduite par Grégory Debout (inédit) est en mesure d'indiquer une attribution culturelle au Magdalénien supérieur. Ces éléments de chronologie relative sont cohérents avec les données obtenues par les méthodes physiques de datation qui place le Tureau des Gardes 6 dans le Bölling, à l'instar du Tureau des Gardes 10 et du Grand Canton (*tab. V.17*). Il semble raisonnable de ne pas retenir l'échantillon « Ly 6989 », vraisemblablement dégradé, dans la mesure où il paraît improbable d'envisager le maintien du renne au cœur de l'Alleröd dans le Bassin parisien.

Tab. V.17 - Datations au radiocarbone du Tureau des Gardes 6

Tureau des Gardes 6 (Marolles-sur-Seine ; Seine-et-Marne)	Références laboratoire	Datations BP (2 sigmas)	Datations cal. BP (Oxcal v3.10)	Matériel
TDG6	Ly 6988 (AMS)	12 290 +/- 90	14 750-13 900	Os (*Equus*)
TDG6	Ly 6989 (AMS)	11 420 +/- 100	13 470-13 090	Os (*Rangifer t.*)

PAO : A. Lau, 2008

Le Tureau des Gardes 6 correspond à un sondage de petite taille, environ 5 m^2, qui a livré une très grande quantité de matériel lithique, faunique, ainsi que deux foyers (un en cuvette dans la coupe sud, un autre à plat ; *fig. V.18*). Comme la figure V.19 peut l'évoquer seule une partie de l'organisation spatiale des occupations magdaléniennes est conservée, dans la mesure où le niveau archéologique semble se relever dans la partie la plus au nord. Ce phénomène, pour l'instant inédit pour les occupations magdaléniennes de l'interfluve Seine-Yonne (Christine Chaussé, communication personnelle), pourrait être la conséquence d'un froid intense mais doit faire l'objet d'analyses plus

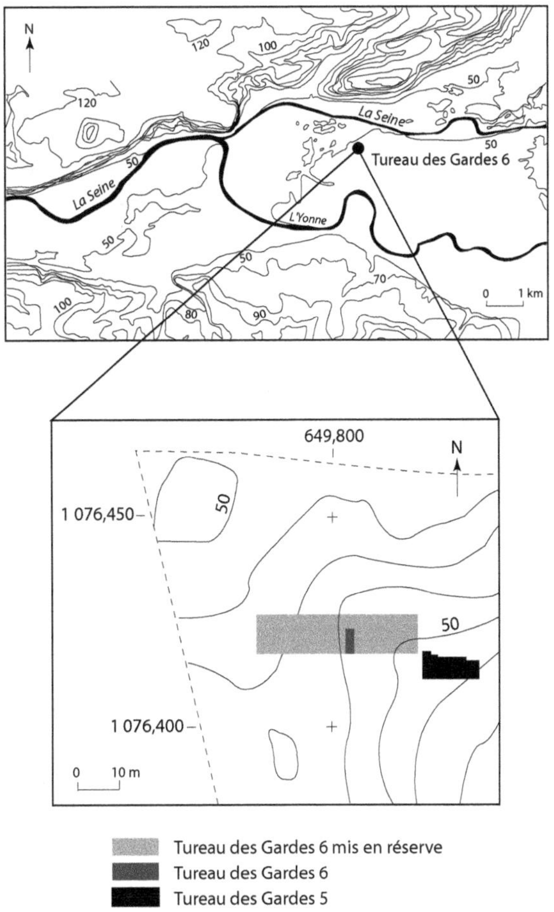

D'après Gouge, Lang, 1994 ; DAO : A. Lau, 2008

Fig. V.18 - Localisation géographique et topographique du Tureau des Gardes 6

approfondies. De telles observations sont prévues dans le projet d'une reprise des fouilles du Tureau des Gardes 6, que nous désirons engager conjointement avec G. Debout. En effet, à la suite des rapports des opérations dirigées par P. Gouge (1992, 1994), un secteur d'environ 200 m^2 autour du sondage initial a été mis en réserve en accord avec les aménageurs de l'autoroute A5.

Spectre de faune et taphonomie

Une étude préliminaire des témoins de faune a été réalisée par Anne Bridault (1994), à la suite de la découverte du Tureau des Gardes 6. Cependant, cette collection n'a pas l'objet d'une analyse approfondie, nécessitant un examen plus long que celui qui avait été accordée initialement aux études archéozoologiques.

Dans le cadre du PCR « Habitats et peuplements tardiglaciaires du Bassin parisien » (Programmes P7 et P8, région Centre-Nord), nous avons engagé le réexamen des témoins de faune du Tureau des Gardes. Nos travaux ont confirmé l'extrême richesse du site, dont la densité en restes fauniques demeure inégalée pour les sites magdaléniens de la région (*tab. V.18*). La prédominance associée de nombreux chevaux et de rennes est remarquablement élevé si l'on se réfère à la dimension

Tab. V.18 – Spectre de faune du Tureau des Gardes 6

Espèces	NR	% NR	NMIf	% NMIf
Cheval (cf. *Equus caballus arcelini*)	704	75,94	10	47,62
Renne (*Rangifer tarandus*)	201	21,68	8	38,10
Lièvre (*Lepus* sp.)	5	0,54	1	4,76
Spermophile indéterminé	4	0,43	1	4,76
Oiseau indéterminé	13	1,41	1	4,76
Total des restes déterminés (NRD)	**927**	**100**	**21**	**100**
Taille II (cf. renne)	9			
Taille II-III	6			
Taille III (cf. cheval)	12			
Total des restes indéterminés	**28**			
Nombre de restes (NRt)	**955**			

D'après Bignon, 2007a ; PAO : A. Lau, 2008

restreinte de la surface du sondage (5 m²). Ici, à l'inverse de Ville-Saint-Jacques, ce sont les restes de chevaux qui représentent plus des deux tiers des témoins déterminés et presque la moitié du NMIf établi à partir du métacarpe et du tibia. Ils se positionnent donc devant les rennes, qui totalisent cependant plus d'un quart des vestiges fauniques et surtout 38 % du NMIf (sur la base des M3 et des humérus).

Les autres espèces sont très marginales dans le spectre de faune, il s'agit du lièvre, de spermophile et d'oiseau (*tab. V.18*). Cette diversité est tout de même intéressante au regard de la surface de fouille prise en considération.

Les études se poursuivent encore à l'heure actuelle sur cette riche collection. De ce fait, les analyses taphonomiques qui seront dévelopées ci-dessous se

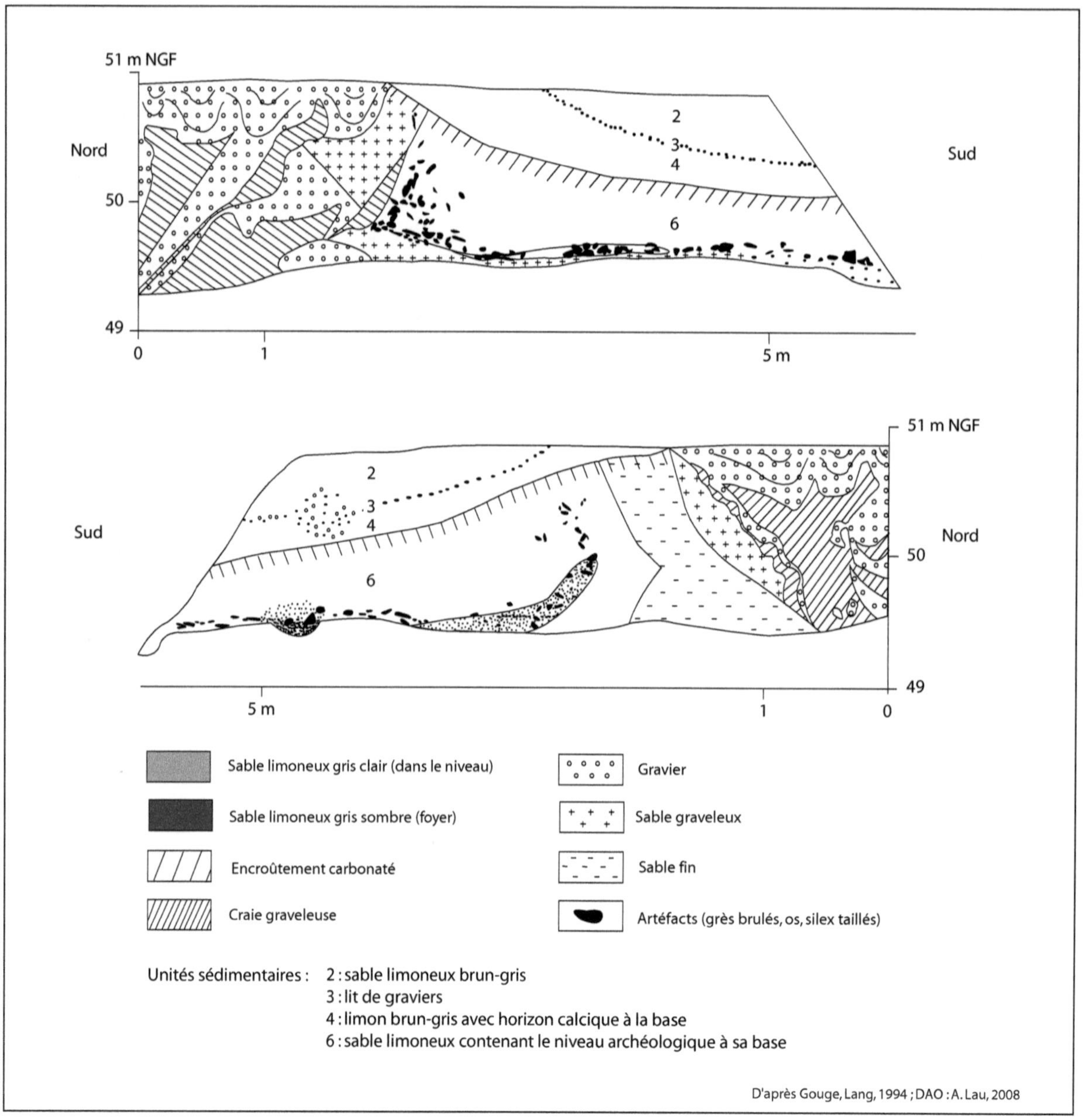

Fig. V.19 – Coupes stratigraphiques est (en haut) et ouest (en bas) du Tureau des Gardes 6.
Au nord, structure de cryoturbation ; au sud, les artéfacts visibles en coupe (noir)

sont fondées exclusivement sur les restes de cheval (*tab. V.18*), représentant plus des deux tiers des témoins de faune.

Les traces laissées par des carnivores sur ce materiel archéozoologique ont été attestées, mais demeurent très marginales (1,65 %). L'homme s'avère donc être le principal agent accumulateur de cette collection faunique. D'après nos observations, les marques d'impact par percussion et les traces d'activités techniques identifies s'élèvent à 4,57 %. En outre, le taux de fracturation est très élevé et touché plus de trois éléments diaphysaires sur 4 (*fig. V.20*), alors que les taux d'écrasement et de fragmentation sur os sec sont relativement faibles. D'ailleurs, à l'appui du taux de fracturation, le rapport NR/NMPS montre bien que les os longs des chevaux ont été plus particulièrement fracturés (*tab. V.19*). Les témoins osseux ont également subi de façon prononcée des altérations de l'action du feu (*fig. V.21*). De telles traces sont en effet été observées de manière quasi systématique sur les témoins de chevaux au Tureau des Gardes 6.

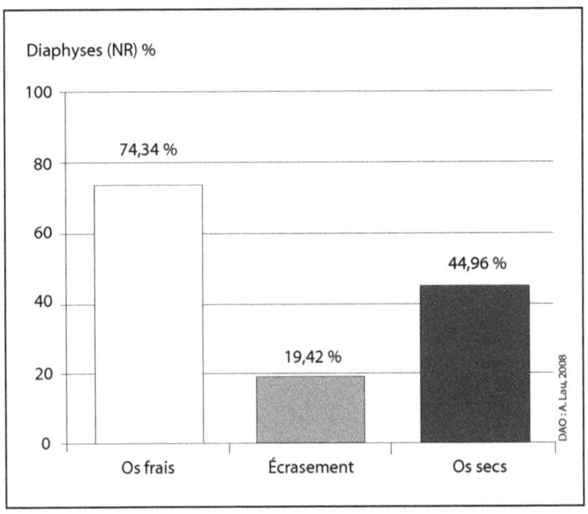

Fig. V.20 – Pourcentages des modalités de fragmentation-fracturation des diaphyses au Tureau des Gardes 6

Parallèlement aux traces laissées par les hommes sur cette collection, il est remarquable que plus des deux tiers des témoins ne montrent pas ou peu de traces d'altérations liées au *weathering* (*tab. V.20*). Même si ces dégradations ostéologiques présentent une variabilité qui pourrait suggérer un processus de recouvrement sédimentaire complexe, moins de 7,5 % des ossements analysés présentent des stigmates prononcés (stades 4 et 5). L'hypothèse d'un tri fluvial des éléments fauniques selon les groupes de Michael R. Voorhies (1969) doit cependant être écartée, au regard des données du tableau V.19. Dans notre idée, les perturbations stratigraphiques évoquées lors de la présentation du niveau archéologique témoignent peut-être d'une réexposition partielle temporaire, d'une minorité de vestiges osseux

Tab. V.19 – Parties squelettiques du cheval au Tureau des Gardes 6, selon les groupes de M.R. Voorhies (1969) et détails du NR et NMPS

Groupes Voorhies (1969)	Parties squelettiques	NR G	NR D	NR ND	Total NR	NMPS
Groupe I	Atlas			2	2	2
	Cervicales, autres			7	7	5
	Vertèbres thoraciques			9	9	8
	Vertèbres lombaires			2	2	2
	Vertèbres sacrées			3	3	1
	Côtes	4	9		13	13
Groupe II	Scapula,	7	10	3	20	11
	Humérus	15	16	2	33	10
	Radius-ulna	15	28	8	51	17
	Total carpiens	30	12		42	42
	Métacarpe III	13	5	1	19	15
	Stylet (MC II, IV)	8	2		10	6
	Coxal	8	9	10	27	11
	Fémur	25	20	1	45	13
	Patella	1	2		3	3
	Tibia-fibula	31	31	8	70	18
	Total tarsiens	22	23		45	44
	Métatarse III	11	11		22	13
	Stylet (MT II, IV)	6	7		13	9
	Métapode ND	1		12	13	6
	Stylet ND			2	2	1
	Phalange I	3	4	9	16	16
	Phalange II	4	10	1	15	14
	Phalange III	6	4	1	11	11
	Petit sésamoïde			5	5	4
	Grand sésamoïde			5	5	5
Groupe III	Crânes			2	2	2
	Mandibule	7	14	21	42	9
	Total dents sup.	30	29	1	60	60
	Total dents inf.	40	50		90	90
	Total dents ND	1	1	5	7	7
	Totaux	**288**	**297**	**120**	**704**	**555**

PAO : A. Lau, 2008

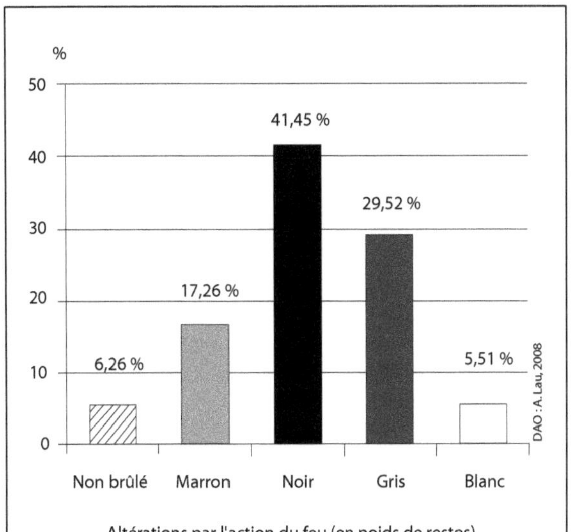

Fig. V.21 – Traces de l'action du feu sur les témoins osseux de cheval au Tureau des Gardes 6

Tab. V.20 – Données taphonomiques du Tureau des Gardes 6

Weathering (%)	Trace de radicelles (%)	Classes de taille (%)
Stade 1 - 20,48 Stade 2 - 46,80 Stade 3 - 25,23 Stade 4 - 7,13 Stade 5 - 0,36	Stade 1 (aucune trace) - 21,57 Stade 2 (quelques traces) - 40,43 Stade 3 (1/2 surface) - 27,06 Stade 4 (surface entière) - 11,34	A (1 cm²) - 0 B (2-3 cm) - 2,74 C (3-6 cm) - 18,65 D (5-10 cm) - 54,66 E (10-15 cm) - 19,38 F (+ de 10-15 cm) - 4,57

PAO : A. Lau, 2008

Tab. V.21 – Valeurs de densité minérale (CT) et des % PO au Tureau des Gardes 6

Parties anatomiques	Abréviation	Densité (CT) moyenne	% PO
Mandibule	DN	0,96	15
Atlas	AT	0,51	20
Cervicale	CE	0,45	8,33
Thoracique	TH	0,38	4,44
Lombaire	LU	0,45	3,33
Vertèbres sacrées	SC	0,36	10
Côtes	RI	0,93	7,22
Scapula	SP	1,01	55
Humérus	HU	0,83	50
Radius	RA	1,04	85
Carpes	Carp	0,60	30
Métacarpe	MC	0,95	75
Métacarpe II/IV	MC II/IV	0,69	15
Coxal	IL-IS-PU	0,96	55
Fémur	FE	0,70	65
Patella	PA	0,40	15
Tibia	TI	0,96	90
Astragale	AS	0,65	27,50
Calcaneum	CA	0,60	55
Naviculaire	Navic	0,71	27,50
Métatarse	MR	0,60	65
Métatarse II/IV	MR II/IV	0,85	22,50
Phalange 1	P1	0,57	40
Phalange 2	P2	0,70	35
Phalange 3	P3	0,57	27,50

PAO : A. Lau, 2008

situés au nord du sondage. Aussi complexe soit-il, ce processus d'enfouissement doit cependant ne pas avoir eu de conséquences sur la bonne conservation des vestiges, évoquée à propos des traces de *weathering*, mais aussi montrée par la faible présence des traces de radicelles (*tab. V.20*). Sur ce dernier point, il faut noter là encore, que plus de 60 % des restes de faune ne possèdent pas ou très peu de marques de l'action des racines. Pourtant, cette information est particulièrement significative lorsque l'on considère que près de 80 % des témoins osseux sont de grandes dimensions (classes D, E et F ; *tab. V.20*).

Si l'essentiel de paramètres taphonomiques pris en considération ci-dessus témoigne de la très bonne conservation de la faune au Tureau des Gardes, les analyses de densité minérale ne vont pas en ce sens (*tab. V.21* ; *fig. V.22*). Effectivement, la corrélation densité (CT) - % PO s'avère positive et significative (r = 0,5935 ; ddl = 23 ; v = 0,415 [ddl = 23]). Selon ces résultats, la densité minérale serait seule en capacité d'expliquer la conservation des témoins fauniques de cheval. En contradiction manifeste avec les observations taphonomiques précédentes, il convient de relativiser la portée réelle des analyses de densité minérale au regard de la faible surface des fouilles du Tureau des Gardes 6 (5 m²). Ce paramètre archéologique semble biaisé partiellement les proportions respectives des parties anatomiques déterminées. Dans cet ordre d'idée, il faut remarquer que de nombreux fragments de vertèbre n'ont pu être attribuées spéficiquement et ne sont comptabilitées qu'en éléments de « taille II ou III » (*tab. V.18*). De plus, certains déséquilibres dans la latéralisation de parties squelettiques (carpe, métacarpe, stylet antérieur, tibia, phalanges 2 et 3), suggèrent fortement une dissociation spatiale des

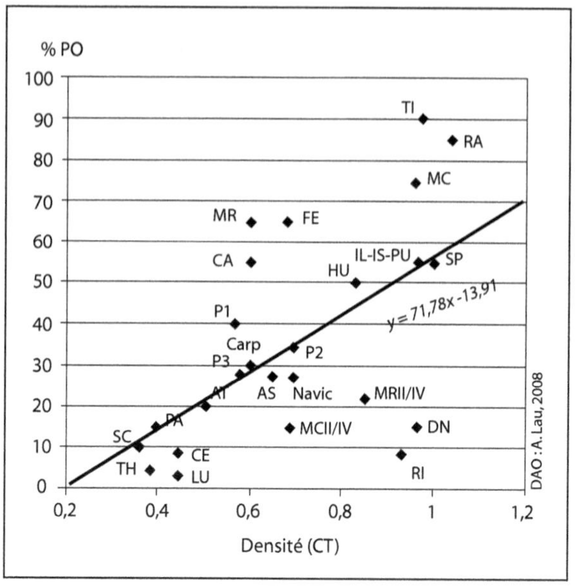

Fig. V.22 – Confrontation des % PO et des valeurs de densité minérale (CT) pour les témoins de cheval au Tureau des Gardes 6

chaînes opératoires du traitement. Ces phénomènes doivent permettre d'expliquer les résultats aberrants obtenus par les analyses de densité minérale.

Parties anatomiques présentes

Comme il a déjà été possible de l'évoquer, toutes les parties squelettiques ont été attestées au Tureau des Gardes, et ce, en dépit de la très petite surface fouillée. Néanmoins, des différences de proportions assez nettes distinguent la représentation des segments anatomiques (*tab. V.19, V.21* ; *fig. V.23*). Le segment de tête est assez peu présent, en dehors des éléments dentaires dont nous reparlerons plus bas. De même, en dehors de l'atlas, les diverses parties du rachis ont généralement des taux de survie (% PO) très faibles. Les segments de membres, antérieur et postérieur, sont très clairement les mieux représentés au Tureau des Gardes 6, notamment le tibia, le radius-ulna et le métacarpe.

Les éléments dentaires montrent aussi une certaine disparité entre les dents inférieures, un tiers plus nombreuses que les supérieures (*tab. V.19* ; *fig. V.24*). Ces différences d'effectifs se vérifient entres les dents jugales déciduales ou définitives ; les dents déciduales s'avèrent en outre toujours moins fréquentes que les dents définitives.

À l'aide de l'indice général d'utilité (GUI) et du NMIf de dix chevaux déterminé au Tureau des Gardes 6, il est possible d'envisager les apports nutritionnels représentés par cet animal. Selon cette estimation minimale (*tab. V.22*), c'est environ 1,5 tonnes de produits alimentaires qui ont pu être dégagées par les Magdaléniens. Ce chiffre est étonnamment élevé si on le rapporte d'une part, aux 5 m² de fouille, et d'autre part, à l'apport alimentaire beaucoup plus limité des 8 rennes.

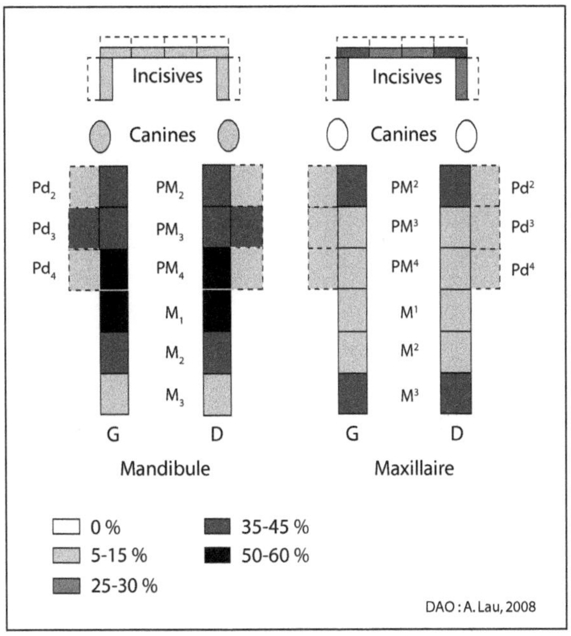

Fig. V.24 – Proportions respectives des dents (% PO) au Tureau des Gardes 6

Tab. V.22 – Estimation de la valeur nutritive des segments anatomiques de cheval et du renne au Tureau des Gardes 6

Segments anatomiques	NMIc	Valeurs en GUI (en kg)	Poids (en kg)
Total cheval (entier)	10	150,23	1 502,30
Total renne (entier)	8	43,43	347,44

D'après Binford, 1978 ; Outram, Rowley-Conwy, 1998 ; PAO : A. Lau, 2008

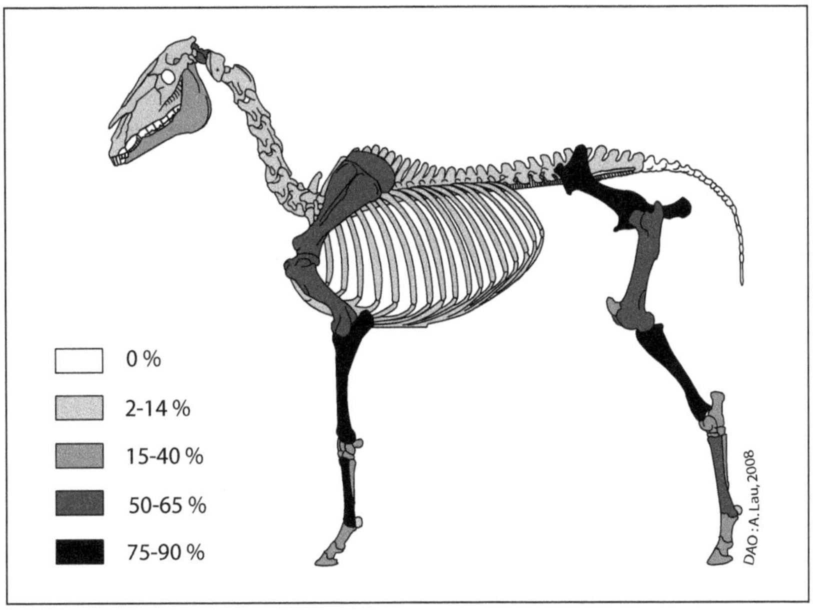

Fig. V.23 – Parties squelettiques (% PO) des chevaux au Tureau des Gardes 6

Profil de mortalité

Le profil de mortalité déduit de nos dernières analyses, ont mis en évidence un NMIc de 22 chevaux, soit un chiffre nettement plus élevé que ne le laissait supposer le MNIf (n = 10). À elle seule, la classe d'âge des juvéniles (0-2 ans) totalise presque la moitié des équidés dénombrés au Tureau des Gardes 6, avec 10 sujets identifiés (*fig. V.25*). La conséquence directe de cette forte proportion de juvénile sur le profil de mortalité, est une sous-représentation de toutes les autres classes d'âges. Ainsi, les 4 subadultes (2-5 ans), les 4 adultes (5-10 ans) et les trois vieux animaux de plus de 10 ans paraissent bien peu nombreux. Néanmoins, la composition paléodémographique des chevaux du Tureau des Gardes 6 ne cadre pas réellement avec les modèles d'abattage « catastrophique » ou de chasse attritionnelle, et se distingue du modèle « *prime age* » centré sur la classe d'âge des adultes. Ce profil de mortalité pourrait être interprété comme la preuve que les chasseurs magdaléniens ont plus particulièrement ciblé ces poulains sur ce site. Toutefois, comme nous l'avons vu lors des analyses taphonomiques, la représentativité des témoins fauniques peut être rendue parfois incertaine par des effets pervers dus à la répartition différentielle des vestiges fauniques.

Dans l'attente de nouvelles données qui pourront confirmer ou infirmer la tendance de ce profil d'abattage des chevaux, il est préférable de retenir les chasses magdaléniennes ont particulièrement ciblées les harems. Se faisant, toutes les classes d'âges sont représentés et plus que toutes les autres, celle des juvéniles est sensiblement majoritaire. L'autre enseignement qui ressort de l'individualisation des séries dentaires, est l'extrême densité de la faune, rendue encore plus surprenante au regard du chiffre de 22 équidés du NMIc. Cette concentration de carcasses suggèrent que les Magdaléniens ont réalisé plusieurs d'expéditions cynégétiques, plus certainement des chasses collectives.

Indices de saisonnalité

Comme cela était le plus vraisemblable, plusieurs épisodes de chasse ont contribué à la concentration faunique observée dans le Tureau des Gardes 6. La répartition des indices de saisonnalités dans la figure V.26 tendrait à montrer que l'hiver et le printemps ont été privilégiés par les Magdaléniens pour mener les expéditions de chasse aux dépens des chevaux. Il faut néanmoins préciser qu'un seul juvénile se trouve pleinement au cœur de cette saison. En effet, 6 indices (représentant 4 individus) se placent à la charnière de l'hiver et du printemps (février-mars), ainsi qu'un autre (représentant 1 individu) se situe à la fin de l'automne et du début de l'hiver (novembre-

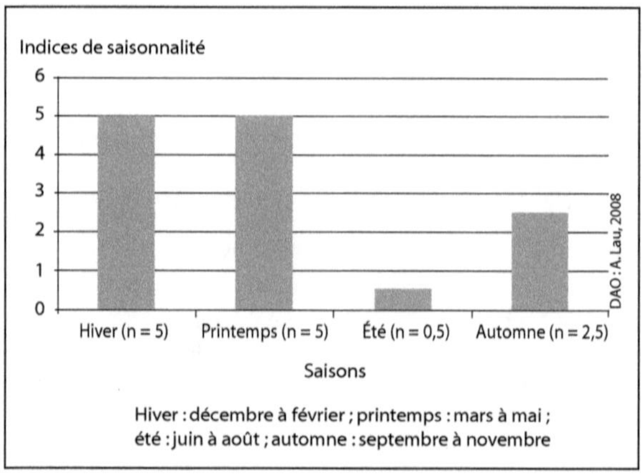

Fig. V.26 – Regroupement des indices par saison au Tureau des Gardes 6

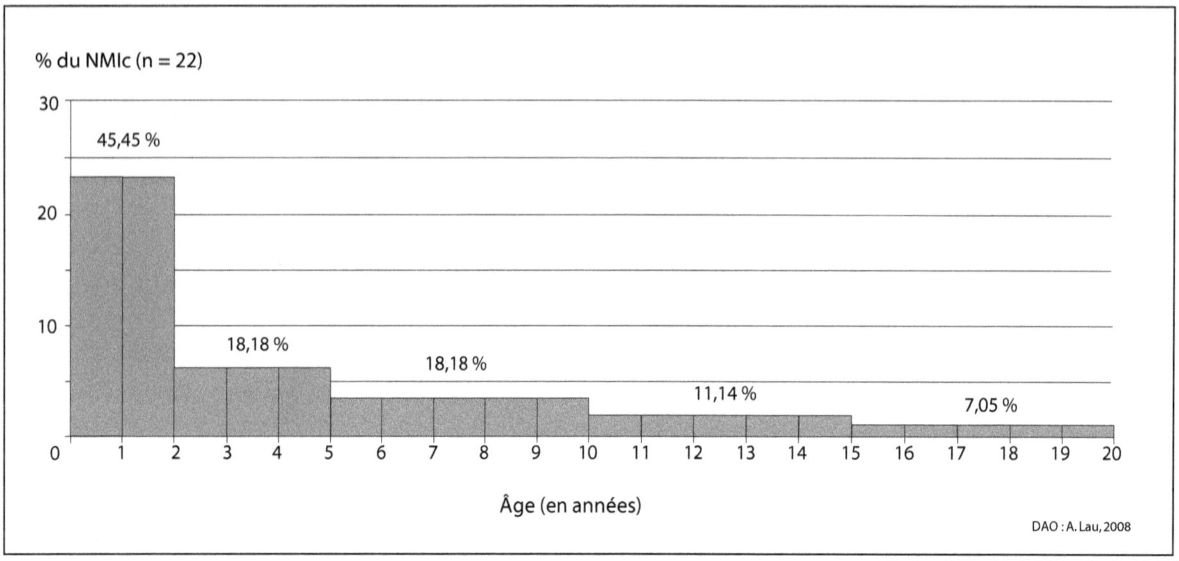

Fig. V.25 – Profil de mortalité des chevaux du Tureau des Gardes 6

décembre). Ainsi, les deux grandes périodes pendant lesquelles la majorité des chasses semble s'être déroulée, sont donc au cours de l'automne-début d'hiver et à la fin de l'hiver-début de printemps. Dans l'état actuel de nos connaissances, un épisode peu documenté a eu lieu au cœur de l'hiver (début février), ainsi qu'un autre entre à la fin de l'été et le début de l'automne (début septembre). Le Tureau des Gardes 6 a donc été fréquenté par les Magdaléniens tout au long de l'année, notamment à l'automne et à la fin de l'hiver-début de printemps, comme cela fut déjà observé au Tureau des Gardes 10 ou au Grand Canton (voir chapitre 3).

Conclusion

En dépit des limites intrinsèques du site, imposées par une surface de fouille très réduite, le Tureau des Gardes n'en demeure pas moins l'un des sites magdaléniens les plus prometteurs du Bassin parisien. La richesse de la faune constatée témoigne d'une bonne conservation des témoins osseux et ouvre des perspectives intéressantes, notamment parce que son spectre de faune correspond à une domination conjointe du cheval et du renne.

Les futures opérations de fouille amèneront certainement leur lot de surprises, mais permettront de vérifier les incidences causées par la répartition différentielle des vestiges de faune. Il n'est pas impossible que l'élargissement de la surface fouillée aboutisse à un rééquilibrage du profil paléodémographique, en faveur des chevaux adultes et subadultes. Si cette hypothèse ne devait se vérifier, il faudrait alors peut-être admettre la correspondance au Tureau des Gardes 6 entre une chasse préférentielle aux dépens des juvéniles et les périodes extrêmes de la mauvaise saison (fin automne-début hiver et fin hiver-début printemps).

Conclusion générale

L'examen de ces sites ou niveau d'occupation attribués au Magdalénien ayant livré des spectres de faune à prédominance associée cheval-renne révèle un certain nombre d'informations nouvelles, par rapport aux sites à prédominance du cheval ou du renne. En termes d'exploitation des chevaux, ce type de spectre témoigne de la mise en place de tactiques de chasse collective dans le niveau IV-0 de Pincevent comme au Tureau des Gardes 6, et peut-être également à Ville-Saint-Jacques (la chasse y est non sélective). Comme cela fut déjà observé dans les sites à prédominance du cheval, les harems ont été des cibles privilégiés par les Magdaléniens dans ces trois sites, de même que la saisonnalité des chasses à l'automne et à la charnière de l'hiver et du printemps. Il nous est donc possible de montrer que majoritairement ces stratégies de chasse des chevaux décrites pour les sites à prédominance associée, sont similaires à celles développées généralement au Magdalénien sur les sites dédiés à l'exploitation de ces équidés (chapitre 3 ; Bignon, 2003, 2006a, 2007a). Toutefois, ces pratiques cynégétiques ne sont pas exclusives pour le niveau du IV-0 où des chasses individuelles semblent avoir été menées au cours de l'hiver. En l'état actuel de nos connaissances du Tureau des Gardes 6, cette configuration pourrait également s'appliquer à deux équidés isolés, respectivement abattu au cours de l'hiver et un autre tué en fin de l'été-début d'automne.

En dehors de ces enseignements sur les comportements cynégétiques, il convient d'en tirer d'autres relatifs à l'organisation socio-économique des Magdaléniens, en repartant des données de terrain. De fait, les sites à prédominance associée cheval-renne du Bassin parisien ont été découverts dans deux types de contextes archéologiques.

D'une part, le niveau VI-0 de Pincevent est intégré à un site multistratifié, plus connu pour ses différents niveaux à prédominance de renne (IV-20, IV-30, IV-40, Habitation n° 1 ; Leroi-Gourhan, Brézillon, 1966 ; David, 1972, 1994 ; Enloe, David, 1989, 1997). Ainsi, le niveau VI-0 pourrait faire figure d'exception, si un autre niveau, le IV.21.3, ne présentait pas lui aussi un spectre de faune à prédominance associée cheval-renne (Bignon, 2003). Il est d'ailleurs très intéressant de constater que ces niveaux d'occupation manifestant une double priorité cynégétique, s'intercalent à Pincevent aux occupations plus sensiblement dédiées aux chasses préférentielles du renne et à son exploitation (Bignon, *ibid.*, 2006a ; Debout, en préparation).

D'autre part, Ville-Saint-Jacques et le Tureau des Gardes 6, bien que dans des contextes topographiques distincts, renseignent sur la présence de spectre à prédominance associée cheval-renne au sein de vastes sites ayant un niveau unique ou principal. Ces gisements semblent avoir été constitués au gré d'une multitude d'occupations successives se recouvrant potentiellement, aboutissant à l'élargissement des espaces livrant des vestiges archéologiques (Julien, Rieu, 1999). Ce processus a été rendu possible en raison d'une rythmicité plus lente de l'enfouissement des occupations, occasionnant une extension des limites des occupations, *a contrario* de la stratification rapide et très régulière des occupations observées à Pincevent. Si l'on s'intéresse aux différents secteurs connus du Tureau des Gardes, on remarque là encore une certaine variabilité des objectifs de chasse. Le Tureau des Gardes 10 a un spectre de faune où la chasse préférentielle des chevaux a été diagnostiquée (chap. 3), ce qui le distingue du spectre faunique du Tureau des Gardes dans lequel le cheval prédomine en association avec le renne.

Ce constat d'alternance des objectifs de chasse sur un même site, qu'il s'agisse d'un site stratifié ou de vastes complexes d'occupations, induit par conséquent que la fonction des sites magdaléniens n'était pas figée. Au contraire, nos analyses archéozoologiques montrent que les groupes magdaléniens entretenaient une certaine souplesse dans leur organisation. Il est possible d'avancer que cette relative flexibilité socio-économique a pu servir à s'ajuster en partie aux aléas climato-environnementales (Bignon *et al.*, 2006) : événements liés à l'instabilité du climat, catastrophes écologiques, effondrements démographiques des populations animales, etc. En ce sens, les résultats que nous avons développé sur les sites à prédominance associée des chevaux et des rennes, apportent des arguments en faveur de l'hypothèse « synchronique » ou de complémentarité fonctionnelle (chap. 1 ; Bignon, 2007a).

CHAPITRE 6

Exploitation des chevaux à l'Azilien ancien du Closeau (Hauts-de-Seine)

Ce chapitre est dédié au site du Closeau, le seul gisement envisagé dans cette étude dont l'industrie n'est pas magdalénienne, mais relève de l'Azilien ancien. Le but de ce chapitre est de permettre une meilleure compréhension des pratiques cynégétiques des Aziliens anciens, une entité culturelle assez rarement identifiée dans le Bassin parisien. L'autre finalité de cette partie est dans un premier temps d'offrir à cet ouvrage une perspective comparatiste culturelle au cœur de la même région de notre étude. En effet, si les groupes aziliens anciens ont recherché d'autres grands gibiers ailleurs dans la région (voir chapitre 2), ils ont plus particulièrement ciblé les chevaux dans le site du Closeau (Hauts-de-Seine). Aussi, l'analyse des comportements cynégétiques des Aziliens anciens du Closeau, nous permettra de comparer directement les tactiques et les stratégies de chasse avec les Magdaléniens, ayant évolué dans une relative synchronie (voir chap 2).

Le locus 4

Données topographiques, chronologiques et stratigraphiques

Sa découverte est liée aux recherches préventives précédant les travaux autoroutiers de l'A86 dans la commune de Rueil-Malmaison (Bodu, 1995, 1998). Situés sur la rive gauche de la Seine, plusieurs niveaux d'occupation ont été dégagés, mettant au jour le plus vaste campement relatif à tradition azilienne d'Europe (25 000 m^2 décapés ; Bodu, 2000). Le gisement se trouve en fond de vallée, dans la plaine alluviale, les occupations semblent avoir été implantées sur les berges d'un bras fossile de la Seine (*fig. VI.1*). Le site du Closeau est localisé en contrebas du Mont-Valérien (distant d'environ 4 km à l'est) et des coteaux de la Jonchère (à 300 m au sud), donnant une allure relativement encaissée à la vallée, dont la plaine alluviale se rétrécie à son niveau (Bodu, 1995).

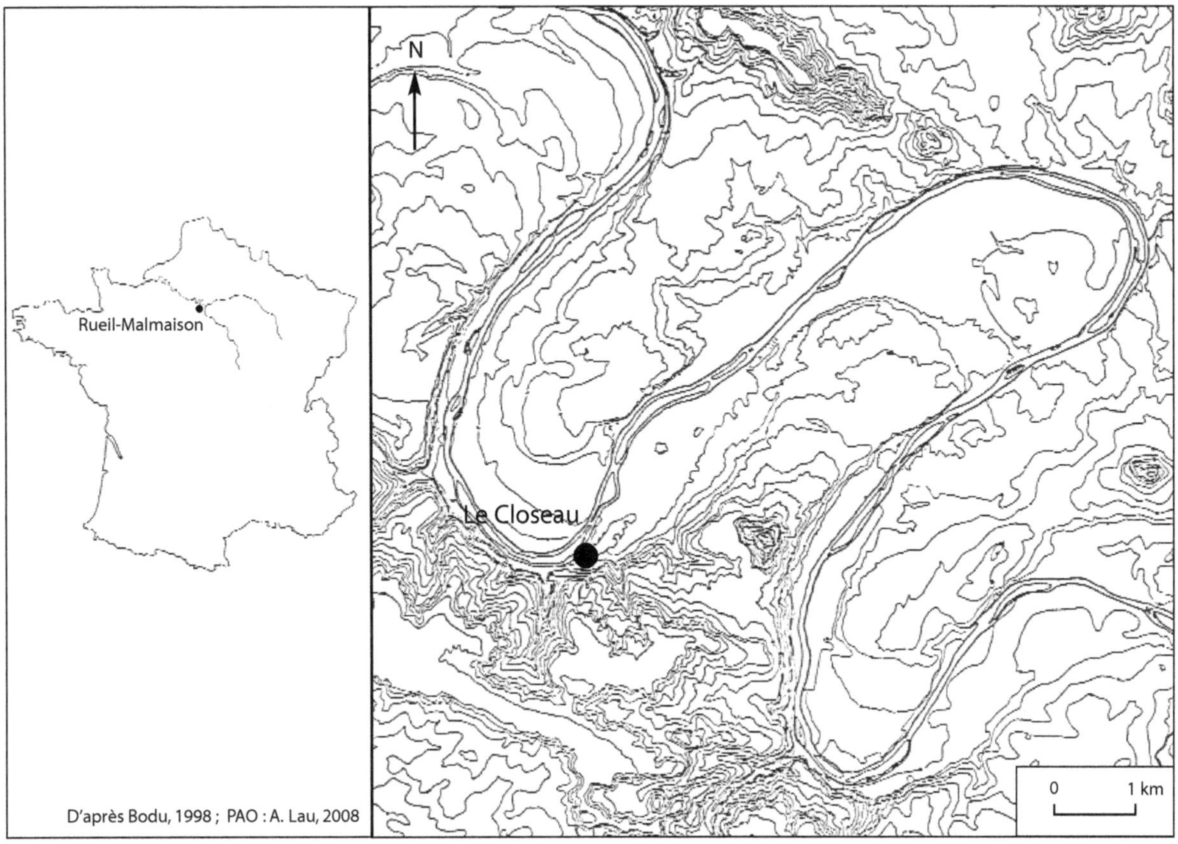

Fig. VI.1 – Localisation du site du Closeau (Rueil-Malmaison)

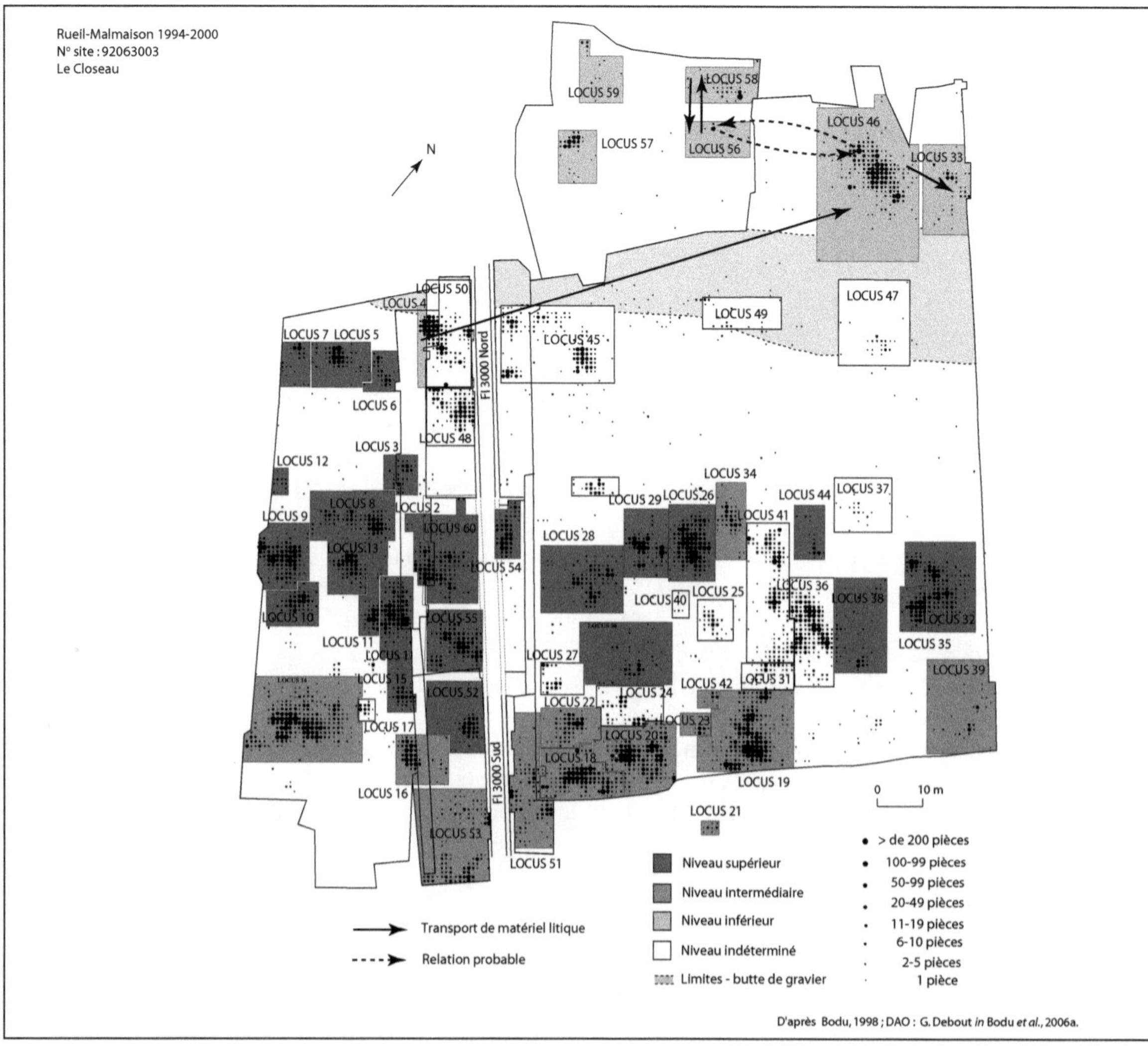

Fig. VI.2 – Plan des différents locii de l'Azilien ancien (niveau inférieur) et relations de mise en évidence

Trois niveaux (inférieur, médian et supérieur) ont été reconnus stratigraphiquement et culturellement, ceux-ci ayant été confirmé par les datations radiocarbones réalisées (Bodu, 2000). Cinq locii de taille variable appartiennent à ce niveau inférieur (*fig. VI.2*), recouvert par des limons de débordement (locii 4, 33, 46, 56 et 58 ; Bodu, 1998 ; Bodu, 2000) : les locii 4 et 46 sont de véritables unités d'habitation (avec des aménagements en blocs de pierre conséquents visant à consolider la structure d'habitation ; les locii 33, 56 et 58 sont plus modestes et s'apparentent à des unités satellites à vocation technique (*a priori* rattachées au locus 46). Des recherches récentes ont permis de montrer que le niveau ancien devait être considéré comme un campement englobant potentiellement toutes les unités du niveau ancien (Bodu *et al.*, 2006a ; Debout, en préparation). Cette interprétation est soutenue par les remontages effectués entre différents produits de débitage (notamment en les locii 4 et 46) et du probable partage des restes de lion (locii 46 et 56). Pour autant, il n'est pas dans notre propos de s'avancer sur le fait que toutes les unités ont réellement été systématiquement occupées et interactives. En outre, il faut observer que les locii 4 et 46 sont situés de part et d'autre d'une butte de sable et de graviers (*fig. VI.2* ; Bodu, 1995, 1998), qui indique des dépôts sédimentaires attribués à un ancien chenal de la Seine. Le locus 4 a été découvert au sud de ce relief, soit plus en retrait du cours de la Seine, tandis que le locus 46, au nord de la butte, est plus proche du fleuve. Ce positionnement différent entre les locii 4 et 46 a eu des implications quant aux modalités de recouvrement sédimentaire de ces occupations, avec des conséquences taphonomiques sur lesquels nous reviendrons plus bas.

Le niveau inférieur, qui nous intéresse plus particulièrement, a été découvert sous un niveau de sable pédogénéisé de couleur grise attribué à l'Alleröd (il s'agit du « sol Alleröd », niveau repère observé dans plusieurs gisement du Bassin parisien et de la Somme ; Chaussé, 2005). Ces observations sont totalement en accord avec les éléments de datation au radiocarbone disponibles (*tab. VI.1*). Ces occupations de l'Azilien ancien du Bassin parisien se positionnent donc chronologiquement entre la deuxième moitié du Bölling (Bodu, 2000 ; Bignon, Bodu, 2006 ; Bodu *et al.*, 2006a).

Tab. VI.1 – Datations au radiocarbone du niveau ancien du Closeau

Le Closeau (Rueil-Malmaison ; Hauts-de-Seine)	Références laboratoire	Datations BP (2 sigmas)	Datations cal. BP (Oxcal v3.10)	Matériel
Locus 4	Oxa 5680	12 090 +/- 90	14 140-13 760	Os
Locus 4	Oxa 6338	12 050 +/- 100	14 130-13 720	Os
Locus 46	GrA 11664	12 350 +/- 60	14 750-14 050	*Equus*
Locus 46	GrA 11665	12 360 +/- 60	14 800-14 050	*Cervus*
Locus 46	GrA 18816	12 350 +/- 70	14 800-14 000	*Sus scrofa*
Locus 46	AA 1881	12 423 +/- 67	14 900-14 100	*Sus scrofa*
Locus 46	AA1882	12 248 +/- 66	14 500-13 900	*Panthera leo*
Locus 33	GrA 10892	12 510 +/- 80	15 000-14 200	*Equus*
Locus 33	GrA 18815	12 480 +/- 70	14 950-14 150	*Bos* Sp.
Locus 56	GrA 18919	12 340 +/- 70	14 750-14 000	*Cervus*

PAO : A. Lau, 2008

Spectre de faune et taphonomie

L'étude de la collection faunique du locus 4 a été réalisée par Anne Bridault (1995), dans le cadre du premier rapport de diagnostique du site. Le locus 4 a été fouillé sur une surface de 130 m^2 et a livré un spectre de faune dominé par les restes de chevaux (*tab. VI.2 ; fig. VI.3*). Ce taxon est beaucoup mieux représenté que toutes les autres espèces ayant été retrouvées dans ce même locus, à commencer par le cerf, le sanglier, le lièvre et un oiseau non déterminé. Cette liste des espèces contraste avec les taxons généralement présents au Bölling dans les sites magdaléniens aux côtés du cheval, notamment l'association faunique du cerf et du sanglier (chap. 2).

L'analyse taphonomique du locus 4 révèle une conservation médiocre des témoins osseux (Bridault, 1995). En termes de préservation faunique, il a pu être noté que certaines pièces tendent à se déliter en baguettes (dû à l'incidence du *weathering*) et que des bords de fracture présentent un émoussé. Ces caractéristiques contrastent avec le fait que la majorité des ossements a été fracturée alors que ceux-ci étaient frais, ce qui permet d'imaginer un enfouissement différentiel des témoins. La préservation du matériel osseux a été biaisée partiellement par les activités humaines : d'un point de vue pondéral, un peu plus de 8 % des témoins de faune ont été altérés par l'action du feu (Bignon, 1998). Il est donc vraisemblable que certaines parties squelettiques ont été détruites lors de l'occupation. En outre, la fracturation des vestiges fauniques est très élevée, ce qui explique essentiellement le peu d'ossement déterminable par rapport à la quantité initialement découverte (*tab. VI.2*). Ce phénomène est donc moins perceptible sur les éléments identifiés, comme les montrent les taux NR/NMPS du tableau VI.3.

Tab. VI.2 – Spectre de faune du Closeau, locus 4

Espèces	NRD	% NRD	NMIf	% NMIf
Cheval (cf. *Equus caballus arcelini*)	136	91,90	3	42,90
Cerf (*Cervus elaphus*)	6	4,10	1	14,30
Sanglier (*Sus scrofa*)	3	2	1	14,30
Lièvre (*Lepus* sp.)	2	1,40	1	14,30
Oiseau indéterminé	1	0,70	1	14,30
Total des restes déterminés (NRD)	**148**	**100**	**7**	**100**
Bois de cerf	9			
Total côtes et vertèbres ND	46			
Total des restes indéterminés	3 706			
Nombre de restes (NR)	**3 900***			

* Total du nombre de restes avec les esquilles.

D'après Bridault, 1995 ; Bemilli, 2000 ; PAO : A. Lau, 2008

S'agissant de la dispersion fluviatile, bien qu'aucun ossement relatif au groupe I n'a pu être observé (*tab. VI.3*), cette hypothèse est peu vraisemblable au regard de la conservation de l'organisation spatiale des vestiges (Bodu, 1995 ; Bignon, 1998, 2000). En ce sens, plusieurs remontages ont pu être effectués par A. Bridault (1995), illustrant que la grande majorité des témoins n'a pas significativement été déplacée lors de l'enfouissement. Aucune trace d'intervention de carnivores sur les témoins de faune du locus 4 n'a pu être mise en évidence, plaçant les groupes aziliens comme seuls agents accumulateurs de la faune.

Les vestiges fauniques sont pour l'essentiel parcourus par des traces de radicelles, qui, alliées aux altérations de la dissolution, empêchent d'observer de probables traces d'activités anthropiques. Par ailleurs, l'absence des vertèbres et des côtes peut-être à mettre en rapport avec la conservation différentielle des témoins de faune. Ceux-ci ont pu subir une dégradation accentuée liée à un recouvrement plus lent, moins homogène, à mettre en rapport le positionnement du locus 4 par rapport à la butte de sable. Il s'en suit que les os les plus fragiles et les plus spongieux ont mal résisté à ces

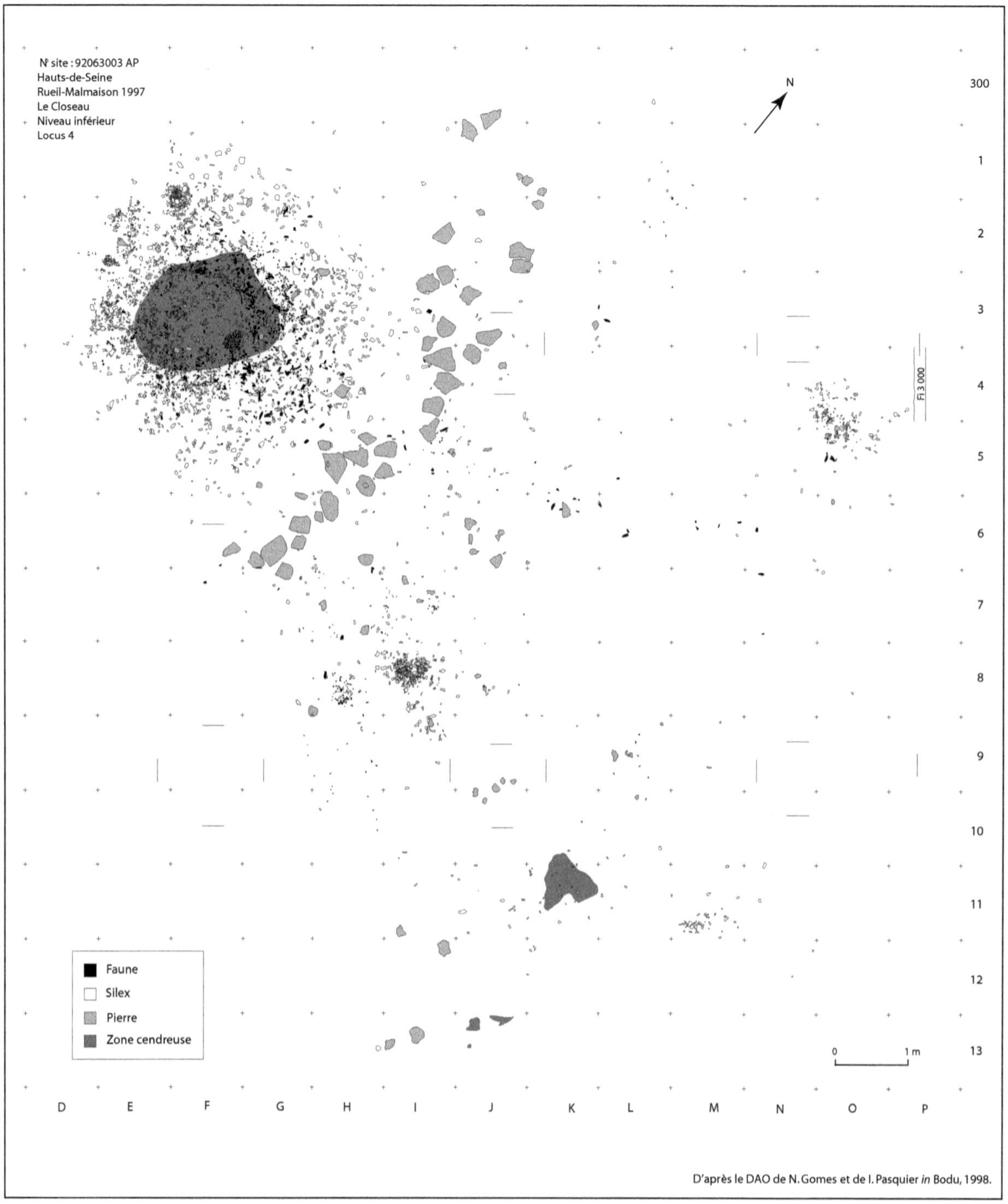

Fig. VI.3 – Plan de répartition des vestiges du locus 4 au Closeau (niveau inférieur)

altérations chimiques : c'est le cas des vertèbres et des côtes (certaines ont été identifiées, mais n'ont pu être déterminées spécifiquement). Toutefois, les analyses de densité (CT) doivent relativisé ce point de vue (*tab. VI.4* ; *fig VI.4*). Les % PO des parties squelettiques de cheval du locus 4 montre une corrélation positive avec leurs densités minérales respectives, mais celle-ci n'est pas significative (r = 0,496 ; ddl = 10 ; v = 0,648 [ddl = 10]). Le facteur anthropique a donc pu avoir des conséquences par rapport aux proportions relatives des différentes parties squelettiques de cheval du locus 4. Cette hypothèse sous-entend que des échanges ont pu être opérés par les Aziliens anciens entre unités d'occupations, comme cela a pu être mis en lumière avec les silex taillés (Bodu *et al.*, 2006a ; Debout, en préparation).

Tab. VI.3 - Parties squelettiques de cheval dans le locus 4 du Closeau, selon les groupes de M.R. Voorhies (1969) et indice de fracturation (NR/NMPS)

Groupes	Parties squelettiques	NR	NMPS	NR/NMPS
Groupe I	Atlas			
	Cervicales, autres			
	Vertèbres, autres			
	Côtes			
Groupe II	Scapula,	1	1	1
	Humérus	2	1	2
	Radius-ulna	4	2	2
	Total carpiens	2	2	1
	Métacarpe III	1	1	1
	Stylet (MC II, IV)			
	Coxal	1	1	1
	Fémur	2	2	1
	Patella			
	Tibia	4	3	1,33
	Total tarsiens	5	2	2,50
	Métatarse III	1	1	1
	Stylet (MT II, IV)			
	Métapode ND	3		
	Stylet ND			
	Phalange 1	1	1	1
	Phalange 2			
	Phalange 3			
	Petit sésamoïde	1	1	1
	Grand sésamoïde	1	1	1
Groupe III	Crânes	1	1	1
	Mandibule	3	1	3
	Total dents sup.	21	14	
	Total dents inf.	19	18	
	Total dents ND	62		
	Totaux	**135**	**53**	

PAO : A. Lau, 2008

Tab. VI.4 - Valeurs de densité minérale (CT) et des % PO pour le locus 4 du Closeau

Parties anatomiques	Abréviation	Densité (CT) moyenne	% PO
Mandibule	DN	0,96	16,66
Scapula	SP	1,01	16,66
Humérus	HU	0,83	16,66
Radius	RA	1,04	33,33
Total carpiens	Carp	0,60	4,76
Métacarpe III	MC	0,95	16,66
Coxal	IL-IS-PU	0,96	16,66
Fémur	FE	0,70	37,50
Tibia	TI	0,96	50
Toal tarsiens	Tars	0,65	4,76
Métatarse III	MR	0,60	16,66
Phalange 1	P1	0,57	8,33

PAO : A. Lau, 2008

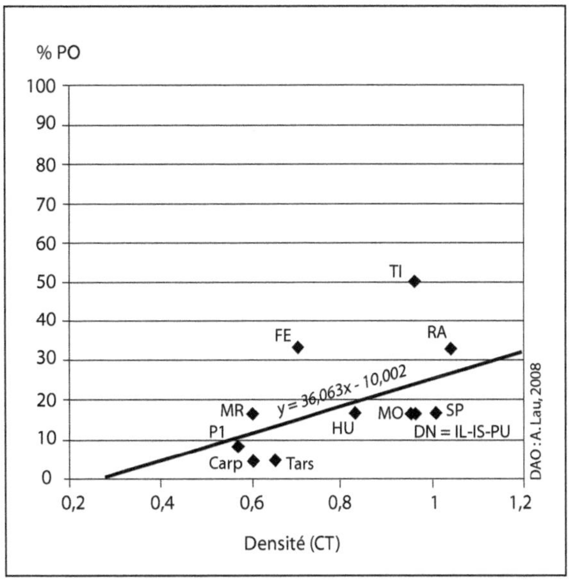

Fig. VI.4 - Confrontation des % PO et des valeurs de densité minérale (CT) dans le locus 4 du Closeau

Parties anatomiques présentes

Les biais taphonomiques et anthropiques évoqués précédemment rendent difficile l'appréciation des phases de traitement et de consommation s'étant déroulées dans le locus 4. Pourtant, ce traitement semble avoir eu lieu essentiellement à l'intérieur de la structure d'occupation, à la périphérie de la zone de combustion centrale (Bignon, 1998, 2000). Avec un nombre de restes très faible (N = 135), les représentations % PO des parties squelettiques du cheval du locus 4 ne peuvent être considérées comme statistiquement significatives. En conséquence, la figure VI.5 illustre les parties squelettiques en termes de présence-absence.

L'extrême pauvreté des restes relatifs au segment du tronc peut être expliquée par l'intensité de la dissolution, mais d'autres hypothèses non exclusives peuvent être aussi avancées. Il est en effet possible que les rachis des chevaux aient pu être abandonnés sur le lieu d'abattage (ou une partie d'entre eux) et que certains coxaux puissent avoir été rapportés dans le locus 4, au regard du grand intérêt alimentaire de cette région anatomique. Il ne faut pas négliger non plus l'hypothèse d'un transport de ces parties après séchage ou fumage pour une consommation différée hors du site. Cette dernière possibilité gagne en crédit par la présence relativement élevée de dents qui suggèrent un transport jusqu'au site des crânes (eux-mêmes représentés par un modeste témoin ; *tab. VI.3*), pour y être abandonnés.

Les segments des membres antérieurs et postérieurs semblent avoir été rapportés par quartier pour être désarticulés et décharnés, comme l'atteste la présence des phalanges et des sésamoïdes. L'extraction de la moelle a également été pratiquée dans le site, ainsi que permettent de le penser les fragments d'os longs fraîchement fracturés. À l'instar de ces aliments se conservant mal, d'autres parties ayant les mêmes propriétés auraient pu

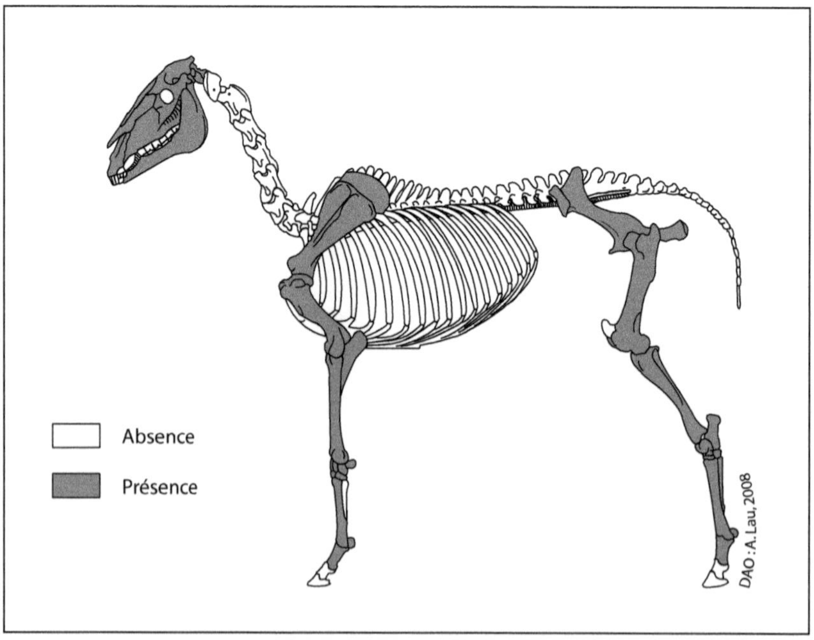

Fig. VI.5 – Parties squelettiques des chevaux du locus 4 au Closeau

y être consommées, comme les abats. Néanmoins, les parties squelettiques les plus charnues comme l'épaule (scapula et humérus) ou la cuisse (coxal et fémur) sont moins bien représentées que les derniers os longs respectifs des membres antérieur (le radius-ulna) et postérieur (le tibia). Ces « sous-représentations » pourraient évoquer leur consommation à l'extérieur du site ou un transport vers d'autres locii.

Profil de mortalité

L'examen des restes dentaires a permis de constituer six ensembles de dents jugales formant des séries inférieures et supérieures plus ou moins complètes, droites et/ou gauches. À partir de ces regroupements, un NMIc de 5 individus a été obtenu par l'estimation de l'âge des séries en fonction de la hauteur de leurs couronnes. Ainsi, à défaut de pouvoir proposer un profil de mortalité avec ce faible NMIc, le détail des individualisations des séries dentaires met en évidence la présence des chevaux suivants :

• un poulain de 1 an (classe 0-2 ans) : d'après la composition et l'usure de la série supérieure (associant des dents de lait supérieures gauches et droites), l'âge étant confirmé par les hauteurs des deux Pd2 (12,14 mois [+/- 1 mois]) ;

• un poulain d'environ 15 mois (classe 0-2 ans) : réunissant des dents inférieures droites et gauches, l'âge de cet individu a été estimé à partir de la mesure d'une Pd3 droite (15,08 mois [+/- 1 mois]) ;

• un adulte (classe 5-10 ans) : attesté par des séries supérieures droite et gauche, l'âge moyen obtenu est de 6,56 ans [+/-1,18 an] ;

• un adulte d'environ 9-10 ans (classe 5-10 ans = 0,56 ; classe 10-15 ans = 0,44) : ce cheval a été déterminé par le fort recouvrement de séries droites et gauches inférieures (9,42 ans [+/-1,22]) et supérieures (10,3 ans [+/- 1,26]) ;

• un vieil adulte de 12 ans (classe 10-15 ans) : la série inférieure gauche 2 a permis de calculer un âge moyen de 12,2 (+/- 1,23) pour cet équidé.

Cette composition paléodémographique témoigne d'une forte représentation de la classe d'âge 0-2 ans (2 individus sur 5), signifiant que les groupes familiaux ont été pris pour cible par les chasseurs aziliens. Hormis la présence d'un adulte de 6 ans, les autres individus les deux derniers individus sont de vieux animaux, dont les âges ont été estimés à 9-10 et environ 12 ans. De fait, le bilan paléodémographique qui ressort du locus 4 fait plutôt penser au modèle attritionnel.

Finalement, l'estimation pondérale minimale des chevaux abattus s'élève à environ 450 kg de viande et de moelle, si l'on ne tient compte que des 3 individus adultes du NMIf (*tab. VI.5*). Néanmoins, la mise en évidence de deux juvéniles dans le NMIc doit permettre d'ajuster cette estimation vers un chiffre plus élevé, aux environs de 600-650 kg, du fait de la moindre corpulence des poulains (Outram, Rowley-Conwy, 1998). Ce chiffre dépasse considérablement les apports respectifs de toutes les autres espèces présentes sur le site.

Tab. VI.5 – Estimation de la valeur nutritive des segments anatomiques de cheval dans le locus 4 du Closeau

Segments anatomiques	NMIf	Valeurs en GUI (en kg)	Poids (en kg)
Total cheval (adultes)	3	150,23	450,69

D'après Binford, 1978 ; Outram, Rowley-Conwy, 1998 ; PAO : A. Lau, 2008

Indices de saisonnalité

Les indices de saisonnalité du locus 4 ont été fournis par les séries dentaires des deux poulains. L'individu âgé d'un an (12,14 mois) indique, avec son intervalle de confiance, une saison d'occupation située entre début avril et début juin. L'âge du second juvénile a été estimé à 15 mois, soit entre début juillet et fin août. Il semble donc que l'occupation du locus 4 ait connu au moins deux séjours, que l'on peut raisonnablement interpréter comme très bref au regard de la faible densité de vestiges lithiques (Bodu, 2000). Au moins deux épisodes de chasse doivent donc être envisagés pour rendre compte de la composition paléodémographique des chevaux du locus 4. De surcroît, on peut noter qu'il devait s'agir à chaque fois de groupes familiaux au regard de l'abattage d'un juvénile à ces deux périodes. Ce faible nombre de juvénile, rapporté aux deux abattages distincts, est finalement très faible compte tenu que les plus jeunes animaux, juvéniles et subadultes, sont les plus nombreux dans les harems. Cette observation conduit à penser qu'un nombre plus élevé d'épisodes de chasse s'est déroulé, s'étant soldé par la mort des plus vieux animaux. Selon cette hypothèse, il faudrait envisager que les Aziliens ancien aient de préférence mis en œuvre des chasses de poursuite et/ou d'approche, menés par des chasseurs isolés ou en très petits nombres. Nous verrons plus bas qu'avec un plus grand nombre de chevaux abattus dans le locus 46, cette interprétation se trouve renforcée. Cependant, cette tactique a pu s'appliquer également à des groupes de célibataires : cette hypothèse est soutenue par la présence des vieux adultes et la découverte de trois canines bien développées appartenant plus certainement à deux mâles.

Conclusion

Le locus 4 du Closeau a probablement connu un processus d'enfouissement relativement inégal, doublé d'une destruction différentielle. Cependant, à cette conservation délicate des vestiges fauniques, il faut ajouter la probable redistribution des éléments squelettiques qui brouille notre perception des représentations anatomiques des chevaux.

Néanmoins, des précisions décisives ont été apportées et elles éclairent les modalités d'exploitation des chevaux par les Aziliens anciens sur le locus 4. En premier lieu, la recherche des reconstitutions des séries dentaires et la détermination de l'âge les caractérisant ont permis de mettre en évidence la présence de cinq individus. Les indices de saisonnalité, tirés des deux poulains, indiquent que le locus 4 a été occupé au moins à deux reprises, au début du printemps et au cours de l'été, même si d'autres épisodes sont suspectés.

Ces observations tendent à montrer que le nombre de chevaux abattus est relativement faible au cours des épisodes de chasse et que les proies appartiennent majoritairement aux classes d'âges les plus extrêmes. Ces caractéristiques évoquent l'impact démographique du modèle attritionnel et suggèrent que la tactique de chasse employée par les Aziliens anciens était une chasse de poursuite ou d'approche. Celle-ci a été répétée à deux reprises sur des groupes familiaux, comme l'indiquent les deux juvéniles abattus à deux saisons différentes. Différentes étapes du traitement des chevaux s'étant déroulées dans l'espace confiné d'une structure d'occupation peuvent être inférées : désarticulation, décharnement, fracturation des os longs et vraisemblablement fumage d'une partie des éléments rapportés. La présence d'hématite (sous la forme de fragments et de coloration en plusieurs endroits dans les sédiments), de nombreux grattoirs en silex ayant laissés certaines traces de leur utilisation (Beyries, 1998), incitent à penser que le travail des peaux est intervenu in situ (Bodu, 1998).

La faible quantité de vestiges lithiques semble évoquer la brièveté des séjours par un nombre restreint d'individus (Bodu, 1995). En outre, l'orientation des chaînes opératoires tend à montrer le caractère très fonctionnel de l'occupation du locus 4 : d'une part, vers la production de lames et d'outils divers, et d'autre part, vers celle de pointes de projectiles. Ces options semblent correspondre au traitement des matières animales, principalement des chevaux, en un temps réduit. Le locus 4 du Closeau pourrait alors être reconnue comme un camp de chasse, visité de façon répétée au gré des besoins, tel un appuie logistique implanté au cœur d'un territoire de chasse. Cette fonction serait en mesure d'expliquer la quantité de matière lithique retrouvée intacte dans le locus, ainsi que l'investissement dans les aménagements structuraux de l'occupation, alors que les séjours semblent n'avoir eu qu'une durée limitée.

Le locus 46

Données topographiques, chronologiques et stratigraphiques

Fouillé sur 195 m², le locus 46 a été découvert dans la continuité des opérations de sauvetage sur l'autoroute A 86 ayant permis de trouver le locus 4, sur la commune de Rueil-Malmaison (*fig. VI.1*, *VI.2*). La remarquable similarité avec le locus 4, de l'organisation spatiale des aménagements structuraux de l'habitat, mais aussi des productions lithiques, ont été immédiatement remarquées (*fig. VI.6* ; Bodu, 1998). Cette similarité est d'autant plus intéressante que des remontages de produits de débitage en silex ont pu être effectués entre ces unités 4 et 46 (Bodu *et al.*, 2006 ; Debout, en préparation), distantes seulement de quelques dizaines de mètres.

Spectre de faune et taphonomie

De même, le spectre de faune connaît une richesse et une diversité très comparable comme Céline Bemilli (1998, 2000) a pu le noter (*tab. VI.6*). C'est le cheval

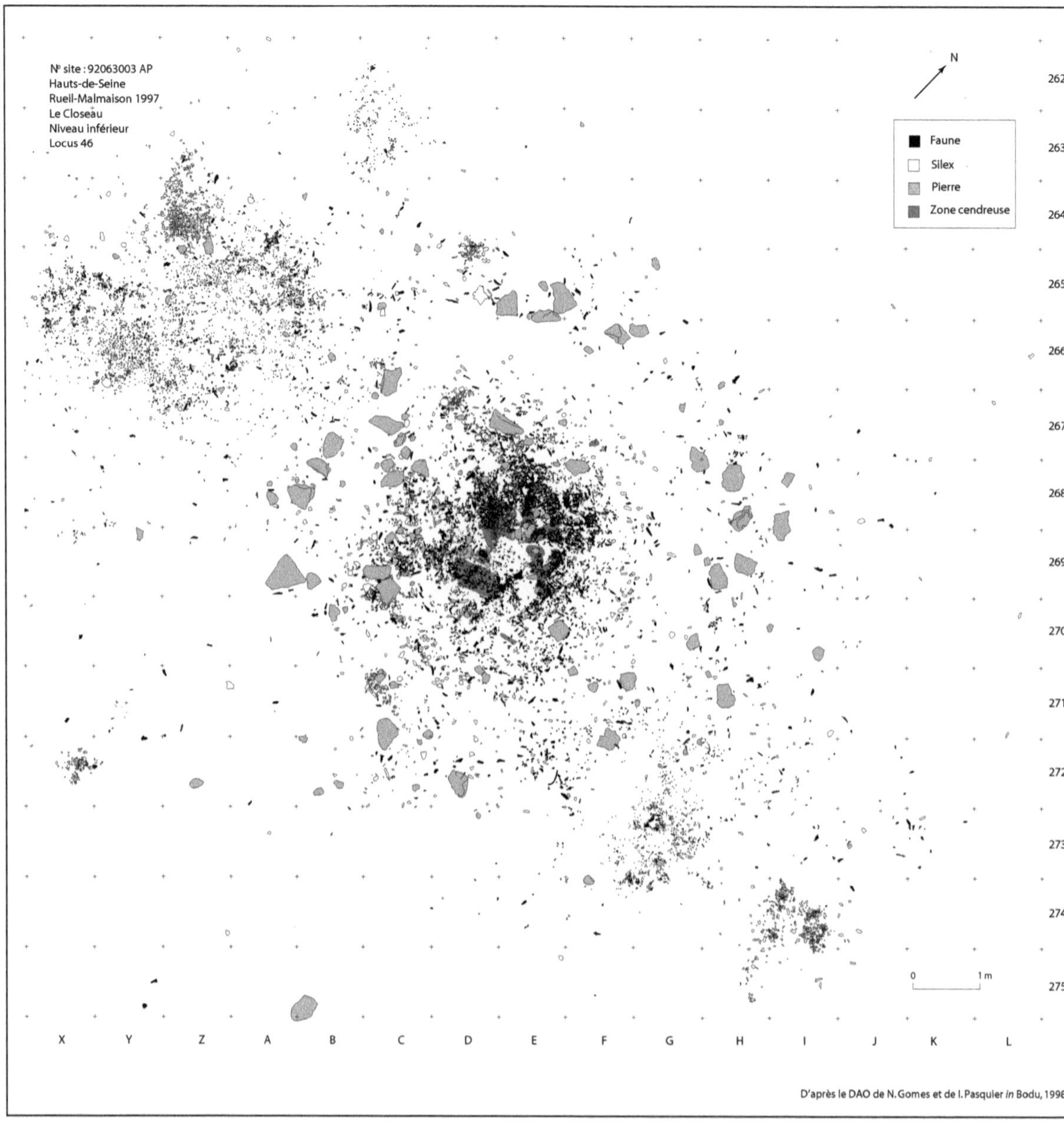

Fig. VI.6 – Plan de répartition des vestiges du locus 46 au Closeau (niveau inférieur)

qui domine très nettement en NR et NMIf, devant les vestiges de cerf, de sanglier et de lièvre. Néanmoins, l'une des caractéristiques les plus étonnantes du locus 46 réside en la présence de plusieurs témoins de lion (*Panthera spelaea* ; n = 12), montrant que cet animal a été consommé (fracture sur os frais ; Bemilli, 2000) et rejeté à la périphérie du foyer central, au même titre que les autres animaux (Bignon, 1998, 2000). D'autres fragments appartenant à un lion ont été déterminés ultérieurement par C. Bemilli sur le locus 56, voisin du locus 46 (*fig. VI.2* ; Pierre Bodu, communication personnelle). Ne comptabilisant dans ces deux unités qu'un seul animal, l'hypothèse la plus vraisemblable est de considérer qu'il s'agit du même lion, dont les rejets de traitement ont pu se retrouver dans ces deux locii.

Les traces de *weathering* sont très faibles, voire inexistantes, et la préservation exceptionnelle du sol d'occupation laisse supposer un enfouissement des dépôts homogène, rapide et non violent. L'hypothèse d'un transport fluviatile significatif des restes fauniques est très improbable, comme le montrent les représentations des différentes parties squelettiques (*tab. VI.7*). Les traces de l'activité des carnivores sont extrêmement insignifiantes, les marques de mâchonnement n'ont touché que 0,2 % du nombre de reste (Bemilli, 1998). La fracturation des restes osseux est en revanche très élevée (*tab. VI.7*) : les fractures en spirale ont été relevées sur l'essentiel du matériel faunique, témoignant des activités humaines dans l'occupation. Ces dernières se marquent également dans les taux d'os

Tab. VI.6 - Spectre de faune du Closeau, locus 46

Espèces	NRD	% NRD	NMIf	% NMIf
Cheval (cf. *Equus caballus arcelini*)	494	67,40	6	42,90
Cerf (*Cervus elaphus*)	181	24,70	4	28,60
Sanglier (*Sus scrofa*)	25	3,40	1	7,10
Loup (*Canis lupus*)	7	1	1	7,10
Lion (*Panthera spelaea*)	12	1,60	1	7,10
Lièvre (*Lepus* sp.)	14	1,90	1	7,10
Total des restes déterminés (NRD)	**733**	**100**	**14**	**100**
Total côtes et vertèbres ND	470			
Total des restes indéterminés	3 123			
Nombre de restes (NR)	**3 856***			

* Total du nombre de restes sans les esquilles.

Bemilli, 2000 ; PAO : A. Lau, 2008

Tab. VI.7 - Parties squelettiques de cheval dans le locus 46 du Closeau, selon les groupes de M.R. Voorhies (1969) et indice de facturation (NR/NMPS)

Groupes	Parties squelettiques	NR	NMPS	NR/NMPS
Groupe I	Atlas	1	1	1
	Cervicales, autres	14	3	4,67
	Vertèbres, autres	16	8	2
	Côtes	14	14	1
Groupe II	Scapula,	16	9	1,78
	Humérus	28	9	3,11
	Radius-ulna	22	5	2,75
	Total carpiens	13	13	1
	Métacarpe III	11	5	2,2
	Stylet (MC II, IV)	7	7	1
	Coxal	10	6	1,67
	Fémur	24	10	2,4
	Patella			
	Tibia	36	12	3
	Total tarsiens	15	15	1
	Métatarse III	10	5	2
	Stylet (MT II, IV)	4	4	1
	Métapode ND	14		
	Stylet ND	5	5	
	Phalange 1	13	7	1,86
	Phalange 2	8	5	1,60
	Phalange 3	3	3	1
	Petit sésamoïde	1	1	1
	Grand sésamoïde	5	4	1,25
Groupe III	Crânes	25	4	6,25
	Mandibule	24	3	8
	Total dents sup.	48	44	1,09
	Total dents inf.	48	33	1,33
	Total dents ND	153	153	1
	Totaux	**558**	**388**	

PAO : A. Lau, 2008

ayant subi l'action du feu (Bignon, 1998, 2000) : 86,13 % du nombre de reste et des esquilles trouvées dans le tamisage (en poids de reste) portent de telles traces. Il faut donc envisager une destruction assez importante des éléments squelettiques rapportés dans le locus 46 par les Aziliens anciens.

S'agissant de la conservation des témoins fauniques, là encore, il faut souligner l'état de fraîcheur exceptionnel des vestiges. Comme le note C. Bemilli (1998), mêmes les parties squelettiques les plus fragiles comme les cartilages intercostaux calcifiés (le sternum) ou les fragments de crânes sont relativement bien attestés, de même que les côtes ou les vertèbres. En ce sens, la très bonne conservation des restes de lièvre confirme le diagnostique d'une faune idéalement préservée. L'état de surface des restes osseux est très rarement altéré par l'impact des phénomènes physico-chimiques et les traces de radicelles sont peu fréquentes. À l'inverse du locus 4, les témoins fauniques du locus 46 ont bénéficié d'un contexte taphonomique très favorable, ce qui fait de cette occupation un précieux témoignage des activités cynégétiques des Aziliens anciens (Bemilli, 1998, 2000).

Curieusement, les analyses de densité (CT) confrontées aux % PO de cheval semblent moins favorables que ce que nous pourrions être en droit d'attendre pour le locus 46 (*tab. VI.8* ; *fig. VI.7*). Le coefficient de corrélation entre ces deux paramètres est effectivement positif, et n'est que de très peu non significatif comme le laisse suggérer la pente de la droite de corrélation

Tab. VI.8 - Valeurs de densité minérale (CT) et des % PO pour le locus 46 du Closeau

Parties anatomiques	Abréviation	Densité (CT) moyenne	% PO
Mandibule	DN	0,96	50
Atlas	AT	0,51	16,67
Cervicales, autres	CE	0,45	8,33
Coxal	IL-IS-PU	0,96	33,33
Côtes	RI	0,93	6,48
Scapula	SP	1,01	75
Humérus	HU	0,83	75
Radius	RA	1,04	41,67
Total carpiens	Carp	0,60	15,48
Métacarpe III	MC	0,95	41,66
Stylet (MC II, IV)	MC II-VI	0,69	14,58
Fémur	FE	0,70	83,33
Tibia	TI	0,96	100
Total tarsiens	Tars	0,65	17,86
Métatarse III	MR	0,60	41,67
Stylet (MT II, IV)	MR II-IV	0,85	8,33
Phalange 1	P1	0,57	29,17
Phalange 2	P2	0,70	20,83
Phalange 3	P3	0,57	12,50

PAO : A. Lau, 2008

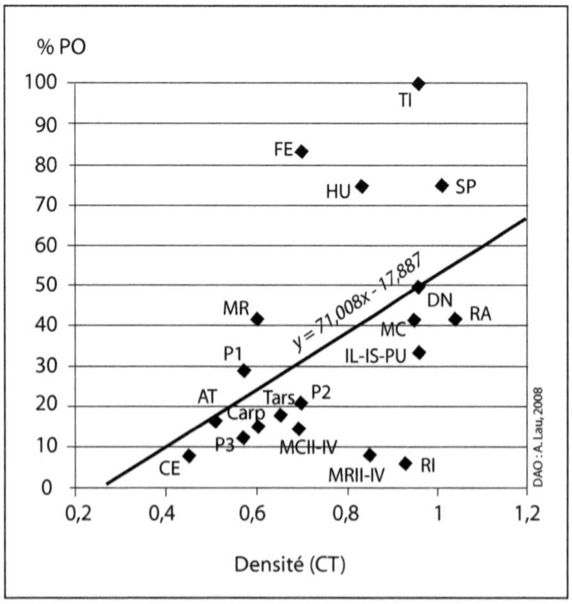

Fig. VI.7 - Confrontation des % PO et des valeurs de densités minérales (CT) pour le locus 46 du Closeau

(r = 0,474 ; ddl = 17 ; v = 0,485 [ddl = 17]). Ce résultat est plutôt contradictoire avec l'exposé d'un contexte taphonomique favorable sur le locus 46, décrit ci-dessus. Aussi, nous envisageons plus certainement que les résultats de densité minérale des témoins de cheval subissent des biais liés aux comportements anthropiques : l'utilisation d'ossements comme combustible et les transports de segments anatomiques.

Tab. VI.9 - Parties squelettiques de cheval par segments anatomiques dans le locus 46 du Closeau

Segments anatomiques	Parties squelettiques	% PO
Tête	Crâne	66,67
	Mandibule	50
	Total dents sup.	
	Total dents inf.	
	Atlas	16,67
Tronc	Cervicales, autres	8,33
	Vertèbres, autres	2,42
	Coxal	33,33
	Côtes	6,48
Membre antérieur	Scapula	75
	Humérus	75
	Radius-ulna	41,67
	Total carpiens	15,48
	Métacarpe III	41,66
	Stylet (MC II, IV)	14,58
Membre postérieur	Fémur	83,33
	Patella	
	Tibia-fibula	100
	Total tarsiens	17,86
	Métatarse III	41,67
	Stylet (MT II, IV	8,33
	Métapode ND	
	Stylet ND	
Extrémités des membres	Phalange 1	29,17
	Phalange 2	20,83
	Phalange 3	12,50
	Petit sésamoïde	2,08
	Grand sésamoïde	16,67

D'après Bemilli, 1998 ; Bignon, 2003 ; PAO : A. Lau, 2008

Parties anatomiques présentes

L'essentiel des restes de faune (99 %) a été découvert à l'intérieur de l'habitat et des zones de vidanges de foyer (Bignon, 1998, 2000), impliquant que les activités de traitement et de consommation s'y soient également déroulées. Les parties squelettiques présentes dans l'occupation du locus 46, montrent que tous les segments anatomiques sont représentés sur le site. Cette observation permet d'avancer qu'au moins un certain nombre de chevaux a été rapporté sous la forme de carcasses entières sur le site (*tab. VI.9, IV.10*).

Les variations de proportions entre les segments indiquent que les parties squelettiques du tronc sont nettement moins bien représentées que celles des membres antérieurs ou postérieurs (*fig. VI.8*). Dans ces segments du squelette appendiculaire, il faut noter que les plus fortes représentations correspondent aux parties les plus charnues : scapula et humérus pour le membre antérieur, fémur et tibia pour le membre postérieur. On remarquera également la présence relativement élevée des parties crâniales et mandibulaires, cohérente avec celle des éléments dentaires (*tab. VI.9* ; *fig. VI.9*). Enfin, les extrémités de membres sont attestées dans le locus 46, même si peu nombreuses, montrant qu'une partie au moins d'entre elles n'a pas été abandonnée sur les sites d'abattage.

Les différentes étapes du traitement des chevaux semblent avoir pris place dans l'occupation : désarticulation, décharnement, exploitation des os longs pour récupérer la moelle osseuse et vraisemblablement le traitement des peaux (au regard de la présence d'hématite et de nombreux grattoirs). Les chaînes opératoires de ces activités liées aux matières premières animales ont pu prendre place partiellement dans différents endroits, comme le suggère la proximité du locus 33 (*fig. VI.2* ; Bignon, 1998 ; Bodu, 1998 ; Bemilli, 2000) : non étudiée ici, cette petite unité associe quelques fragments osseux et lithiques et deux zones de combustion. Il s'agit certainement d'une zone d'activité spécialisée dans le traitement animal lié au locus 46. Cependant, l'analyse spatiale des restes de faune du locus 46 a montré que toutes les opérations du traitement des équidés, comme des autres espèces, se déroulaient dans l'espace intérieur de l'habitation, y compris au niveau du foyer (Bignon, 1998, 2000). De même, le concassage des os longs visant l'extraction et la consommation de la moelle ont eu lieu au sein de la structure d'occupation. En outre, la forte représentation des parties charnues des segments de membres semble être redevable d'une consommation sur place de ces éléments (*fig. VI.8*). Néanmoins, cette forte

Tab. VI.10 – Détail des proportions des dents inférieures et supérieures du site Le Closeau, locus 46

Dents	NMPS	NMIc	% PO
Inférieures			
Pd_2	2	2	14,29
Pd_3	2	2	14,29
Pd_4			
Id_1	2	2	14,29
Id_2	2	2	14,29
Id_3	1	1	7,14
PM_2	1	1	12,50
PM_3	3	3	37,50
PM_4	1	1	12,50
M_1	4	4	50
M_2	3	3	37,50
M_3	1	1	12,50
I_1	3	2	37,50
I_2	2	1	25
I_3	3	2	37,50
$M_{1/2}$	1	1	
$PM_{3/4}$	1	1	
Canines	2	2	25
Supérieures			
Pd^2	2	2	14,29
Pd^3	7	5	50
Pd^4	2	1	14,29
$Pd^{3/4}$	1	1	
Id^1	1	1	7,14
Id^2	3	3	21,43
Id^3	2	2	14,29
PM^2	2	2	25
PM^3	6	4	75
PM^4	6	4	75
M^1	2	1	25
M^2	1	1	12,50
M^3	1	1	12,50
I^1	7	5	87,50
I^2	2	1	12,50
I^3			
$M^{1/2}$	3	2	
$PM^{3/4}$	1	1	
Canines	1	1	25
Totaux	**84**	**67**	

D'après Bignon, 2003 ; PAO : A. Lau, 2008

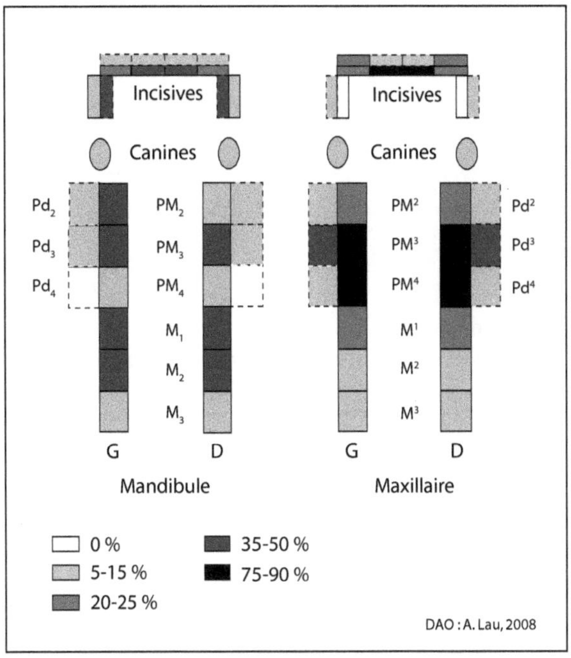

Fig. VI.9 – Proportions respectives des dents (% PO) dans le locus 46 du Closeau

présence des parties hautes des membres est peut-être liée aux objectifs d'extraction de la moelle et leur entière consommation au cours de l'occupation n'est pas démontrée. En revanche, la faible présence des parties squelettiques du rachis s'accorde mal avec l'abondance relative des parties crâniales ou mandibulaires et ne peut être expliquée uniquement par une conservation différentielle, au regard d'un contexte taphonomique plutôt favorable.

Deux hypothèses doivent être envisagées : soit ces parties ont été abandonnées sur les sites d'abattages ; soit elles ont été traitées dans d'autres locus que

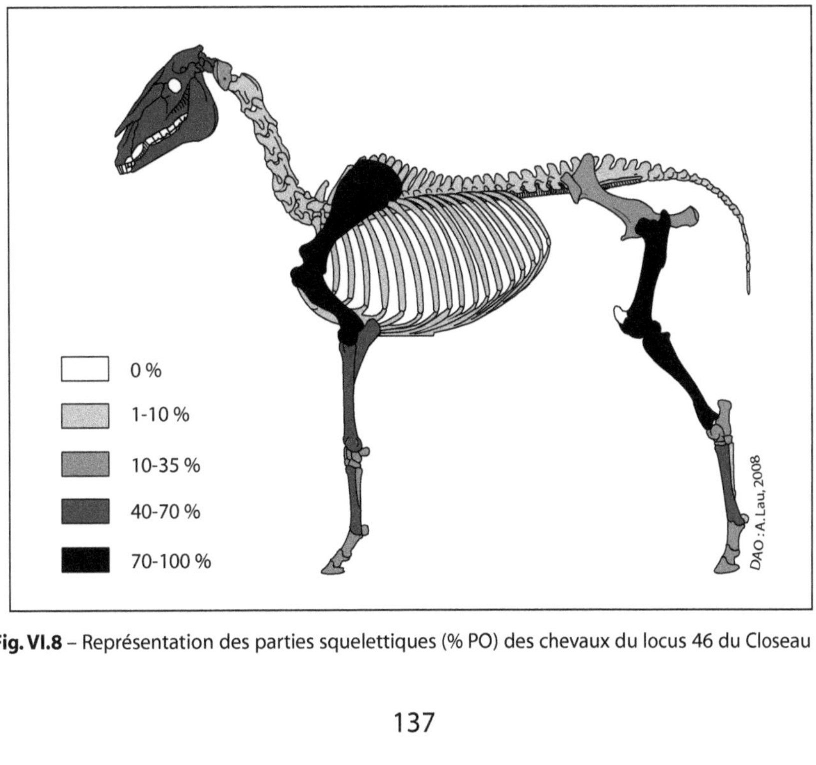

Fig. VI.8 – Représentation des parties squelettiques (% PO) des chevaux du locus 46 du Closeau

l'unité 46, voire transportées vers d'autres occupations que ceux du Closeau. Le traitement dans d'autres lieux extérieurs au locus 46 paraît plus vraisemblable, au regard du fait que certains chevaux ont été rapportés entiers comme le montrent les parties squelettiques (*tab. VI.9*, *VI.10*) et que l'intérêt alimentaire du rachis dépasse celui de tous les autres segments attestés, eux, sur le site (membres, crânes, extrémités de membres). On ne peut toutefois pas exclure l'emport vers d'autres occupations de portions telles les plats de côtes, aisément transportables après séchage ou fumage.

Une première estimation des apports alimentaires tirés du cheval a été réalisée en se fondant seulement sur le chiffre du NMIf, soit six équidés (*tab. VI.11*). Le rôle décisif de la chasse des chevaux transparaît immédiatement, en considérant que près d'une tonne de viande, abats et moelle osseuse a pu être capté ainsi par les Aziliens anciens. Nous reviendrons sur cette estimation, qui d'après le NMIc issu des déterminations poussées sur les séries dentaires, doit très probablement être sensiblement majoré.

Profil de mortalité

L'analyse des restes dentaires a permis d'individualiser des dents ou séries en fonction des types de dents : incisives (n = 12), jugales supérieures (n = 9), jugales inférieures (n = 6). À partir de ces regroupements, des correspondances ont été recherchées afin de reconnaître idéalement les éléments dentaires d'un maximum d'individus, c'est-à-dire déterminer le NMIc. Ces études ont abouti à une augmentation considérable du nombre d'individus entre le NMIf (n = 6 ; *tab. VI.6*) et le NMIc (n = 12). Cet écart s'explique par une recherche approfondie sur les dents déciduales, parfois très nombreuses sur certains rangs et de même latéralisation (*tab. VI.10* ; *fig. VI.9*), et l'aide précieuse d'un référentiel adapté (notamment pour les incisives déciduales).

En somme, la classe d'âge 0-2 ans est très fortement représentée (7,5 individus sur 12, soit 62,5 % du NMIc) et relègue les autres classes à de très faibles pourcentages (*tab. VI.12* ; *fig. VI.10*). Une telle présence des juvéniles est réellement inhabituelle, en comparaison des profils

Tab. VI.11 – Estimation de la valeur nutritive des segments anatomiques de cheval dans le locus 46 du Closeau

Segments anatomiques	NMIf	Valeurs en GUI (en kg)	Poids (en kg)
Total cheval (adultes)	6	150,23	901,38

D'après Binford, 1978 ; Outram, Rowley-Conwy, 1998 ; PAO : A. Lau, 2008

Tab. VI.12 – Représentation par classes d'âge des chevaux du locus 46 au Closeau

Classes d'âge	NMIc	% NMIc total par classe	% NMIc par année de classe
0-2 ans	7,50	62,50	31,25 (x2)
2-5 ans	1,05	8,75	2,92 (x3)
5-10 ans	2,07	17,25	3,45 (x5)
10-15 ans	1,38	11,50	2,30 (x5)
15-20 ans	0	0	0
Totaux	**12**	**100**	**100**

PAO : A. Lau, 2008

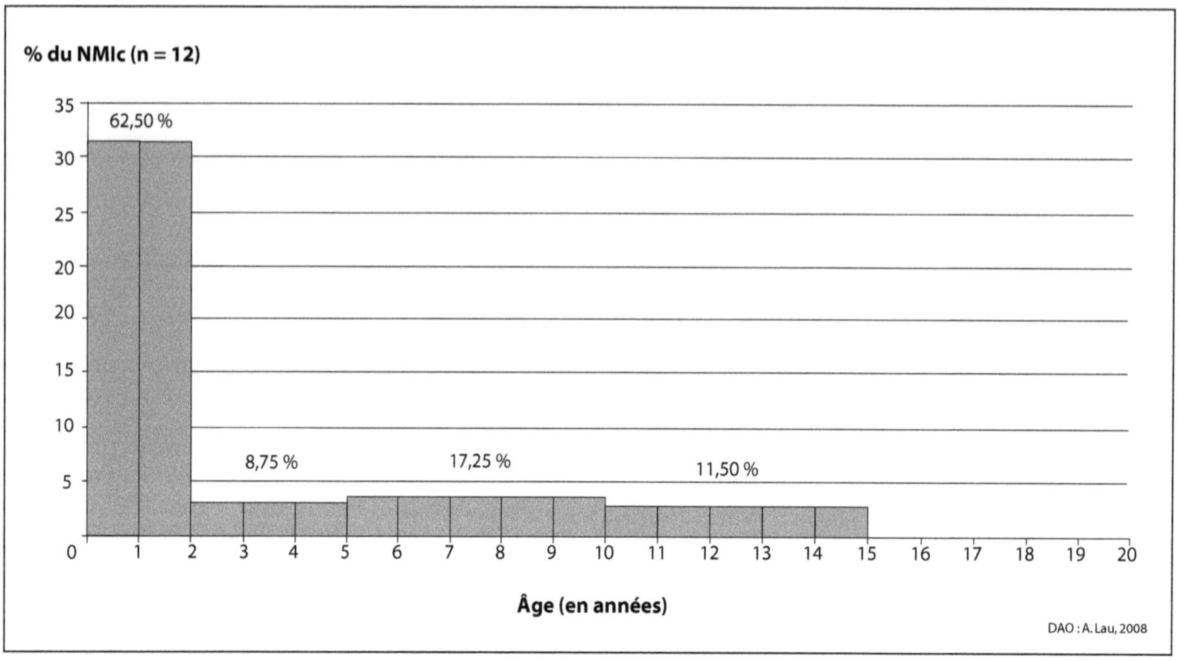

Fig. VI.10 – Profil de mortalité des chevaux du site Le Closeau, locus 46

d'abattage qui ont pu être mis en évidence dans les différents sites du Magdalénien régional. Mais aussi surprenante qu'elle soit, l'allure du profil d'abattage en « L » du locus 46 illustre idéalement la forme typique d'une chasse attritionnelle. Si la réalisation des classes d'âge tend à répartir sur plusieurs années la présence des individus, il faut se rappeler que seuls deux individus sont attestés entre 3 et 10 ans (à environ 5 et 7 ans), alors que deux individus ont été reconnus entre 10 et 12-13 ans.

D'emblée, la représentation des juvéniles suggère une chasse aux groupes familiaux, l'âge des autres individus et leur importance relative n'étant pas contradictoire avec cette hypothèse. Cependant, il faut remarquer que le subadulte-adulte d'environ 5 ans possède des canines déjà fortement développées, suggérant qu'il s'agit d'un mâle. Cette observation tendrait plutôt à considérer que cet individu devait plus assurément avoir intégré un groupe de célibataires à cet âge avancé, à moins d'envisager un étalon ayant renoncé à son rôle de reproducteur pour rester dans le harem de sa naissance (chap. 2). Y a-t-il eu différents groupes chassés et donc plusieurs épisodes cynégétiques ? Cette question intéresse les choix de tactique de chasse, mais nécessite la prise en compte des données de saisonnalité.

Indices de saisonnalité

La présence d'un nombre relativement élevé de juvéniles est très favorable à l'exploration des saisons d'occupation du locus 46. Ces indices ont fait l'objet d'une représentation synthétique afin de rendre compte de la totalité des indices recueillis (*fig. VI.11*).

Comme le montre la figure VI.12, le printemps semble avoir été privilégié par les Aziliens anciens pour lancer leurs opérations cynégétiques aux dépens des chevaux. Une très large majorité de témoins souligne la prépondérance de la chasse à la fin de l'hiver (février) et au début du printemps (5/8 juvéniles). La saison automnale a été propice à ces activités de chasse aux équidés (surtout vers novembre, 2-8 individus), alors qu'une seule dent témoigne d'un épisode de chasse vers la fin de l'été-début automne (août-septembre). Ces résultats permettent d'inférer que le site a connu plusieurs périodes d'occupation, liées à la chasse au cheval, plus soutenue à la fin de l'hiver au début du printemps et à l'automne. Ces informations paraissent parfaitement correspondre à la nécessité de s'établir dans une habitation isolant les hommes du froid, ce qui est vraisemblable d'après les grands aménagements en pierre du locus 46 (Bodu, 1998). En ce sens, ces résultats apporteraient une meilleure compréhension de la concentration spatiale de l'essentiel des vestiges de faune à l'intérieur de l'habitation ou dans les zones de vidanges de foyer (Bignon, 1998, 2000).

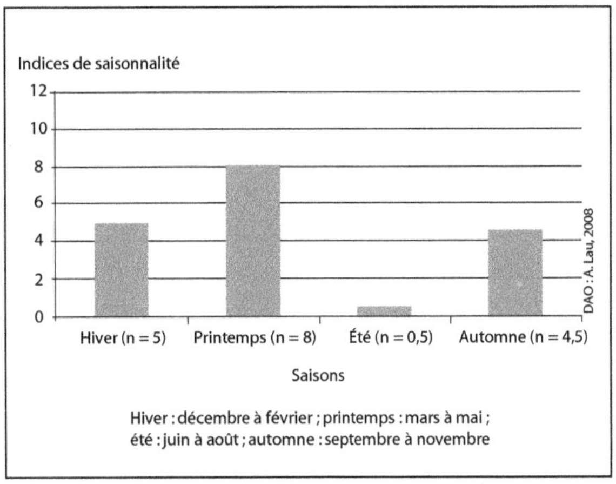

Fig. VI.12 - Regroupement des indices par saison dans le locus 46 du Closeau

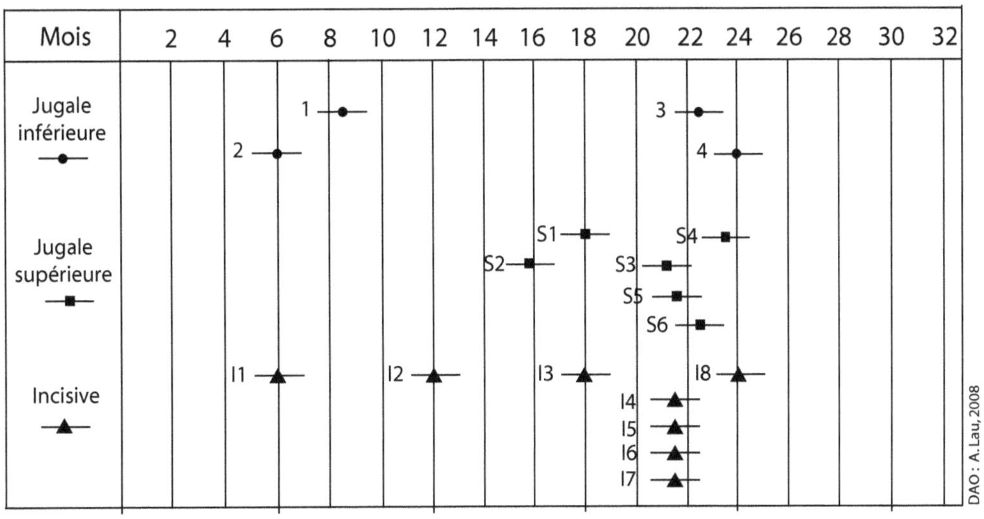

Fig. VI.11 - Saisonnalité déduite des séries dentaires du site Le Closeau, locus 46

Par ailleurs, les indices de saisonnalité permettent d'éclairer la structuration démographique de la courbe de mortalité et les tactiques de chasse employées par les Aziliens anciens. D'après ces données, l'occupation du locus 46 a connu au moins trois épisodes de chasse (relative aux différentes saisons), durant lesquels des juvéniles ont systématiquement été abattus. Il faut donc en conclure que les groupes familiaux étaient particulièrement recherchés par les chasseurs. Néanmoins, la multiplication des épisodes cynégétiques et la présence de deux mâles d'environ 5 ans et 10-13 ans (d'après l'usure et la taille des canines), suggèrent que les Aziliens ont également visé des célibataires en groupe ou isolés. Enfin, la tactique de chasse la plus vraisemblable est celle de la chasse de poursuite ou d'approche, la seule à pouvoir expliquer à la fois le peu d'individus abattus par rapport au nombre d'expédition cynégétique et la composition démographique du profil de mortalité. La multiplication de tels épisodes de chasse rend crédible le transport d'animaux entiers du site d'abattage (sous forme de quartiers ou par segments dans le cas des membres) vers une occupation dédié au traitement. Ainsi au gré de leurs différents séjours dans le locus 46, les Aziliens anciens auraient rapporté les 12 chevaux abattus, soit environ 1,4 tonnes de viande et de moelle (4 adultes ou subadultes – 150 kg ; 8 juvéniles ou subadultes – 100 kg).

Conclusion

Les conditions de préservation des restes fauniques du locus 46 étant très favorables, il est possible d'envisager l'exploitation des chevaux avec précision. Ce taxon a été, pour les Aziliens anciens du Closeau, le gibier de préférence et il a pu être montré que 12 individus ont été victimes des activités cynégétiques de ces groupes humains. Les proportions paléodémographiques des équidés chassés apparaissent très déséquilibrées : les juvéniles et les subadultes totalisent 8 individus auxquels s'ajoutent deux vieux adultes d'environ 10 et plus. Associée à la multiplication des épisodes de chasse, ce profil démographique permet d'avancer que les Aziliens anciens ont développé des tactiques de chasse de poursuite ou d'approche. Ces différents temps de chasse semblent être intervenus essentiellement entre la fin de l'hiver et le début du printemps, mais aussi à l'automne et plus rarement en été. Le traitement des chevaux dans leur intégralité apparaît vraisemblable pour la plupart des individus, prenant place essentiellement à l'intérieur de la structure d'habitation, ce qui montre une cohérence d'ensemble avec les indices de saisonnalité. La consommation des équidés est déroulée en partie sur place, comme l'illustre la fracturation des os longs et les fortes représentations des parties riches des membres antérieures et postérieures. Cependant, une certaine proportion de ces produits a pu faire l'objet d'un transport vers d'autres occupations, de même des quartiers entiers de rachis, ceux-ci étant très faiblement attestés dans le locus 46.

À l'image du locus 4, le locus 46 ne témoigne pas d'un séjour prolongé comme le suggère la quantité de vestiges lithiques taillés (Bodu, 1998, 2000). Également, la production lithique, similaire dans ses proportions respectives entre les locii 4 et 46, est tournée vers la production de lame, d'outils divers et de pointes à dos et un approvisionnement en matière première abondante et pour l'essentiel intacte (Bodu, Valentin, 1997 ; Bodu, 2000). Ces caractéristiques, associés aux données archéozoologiques de l'exploitation des chevaux, plaiderait pour attribuer au locus 46 le statut de camp de chasse. Cette fonction semble également cohérente au regard de l'investissement consenti dans l'aménagement de la structure d'habitat et son utilisation intensive (Bignon, 1998, 2000). Les locus 46 du niveau inférieur du Closeau pourrait donc un site de camps de chasse, élément charnière dans le système logistique azilien ancien (voir chap. 7).

Conclusion générale

Les plus anciens témoignages d'occupation azilienne dans le Bassin parisien découverts au Closeau (niveau inférieur), ont été analysés dans cette étude. Les locii 4 et 46, possédant des occupations fortement structurées (Bodu, 1995, 1998), témoignent de l'intérêt alimentaire prépondérant joué par les chevaux dans le système de subsistance des Aziliens anciens. L'analyse conjointe des courbes d'abattage et des saisons d'occupation a montré que les unités 4 et 46 ont connu plusieurs épisodes de chasse. Ces activités cynégétiques témoignent de la fréquentation sur ces sites intervenant principalement en fin d'hiver-début de printemps et à l'automne, mais beaucoup plus rarement été.

Au Closeau, les chevaux abattus étant majoritairement des juvéniles, il est possible d'avancer que les chasseurs aziliens ont majoritairement recherché les groupes familiaux. Les adultes sont nettement plus rares dans ces occupations, dominés même par les vieux adultes (d'environ 10 ans et plus). Cette composition paléodémographique illustre des chasses attritionnelles menées par des chasseurs isolés ou en très petits groupes. Ces chasses donnent accès à l'abattage d'un faible nombre de proies par chasse, le plus souvent juvéniles ou relativement âgés. Ainsi, la multiplication des temps de chasse dans les locii 4 et 46 n'a pas abouti à l'abattage d'un très grand nombre de chevaux (le chiffre de 12 équidés est cependant atteint dans le locus 46). Nos observations confirment que les Aziliens anciens ont mené des chasses de poursuite et/ou d'approche, aux dépens des harems ou des groupes de célibataires, moins efficaces que les chasses collectives magdaléniennes.

D'après les meilleures conditions taphonomiques observées pour le locus 46, les Aziliens semblent avoir rapporté le plus souvent les animaux abattus dans leur intégralité (par segments ou en quartiers pour le tronc des chevaux). Toutes les opérations de traitement boucher se sont déroulées à l'intérieur des structures d'habitat. Ces comportements spatiaux offrent une grande cohérence avec les saisons d'occupations (principalement en fin d'hiver-début de printemps et automne). Cependant, les périodes d'occupation du locus 4 (printemps, été) ne cadrent pas avec cette explication. Mais alors, peut-être faut-il envisager que l'essentiel du traitement se soit déroulé à l'intérieur des structures d'habitat pour ne pas alerter les chevaux dans les environs. On sait que les chevaux sont très sensibles aux signaux olfactifs qui se dégagent des produits carnés de leurs congénères tués (chap. 2). Dès lors, il est possible que les structures d'habitat aient servi à abriter l'essentiel du traitement boucher afin de ne pas compromettre des chasses individuelles déjà relativement aléatoires.

Les os longs ont été systématiquement fracturés pour en consommer la moelle. Il convient de s'interroger si, comme chez les Magdaléniens, les tissus carnées impropres à la conservation pourraient avoir été consommés *in situ*. Une consommation différée des quartiers du rachis et des produits carnés issus des membres est également envisagée d'après les observations réalisées du locus 46. Toutefois, des transports entre les différents locii du niveau ancien du Closeau doivent également être envisagés pour expliquer certaines sous-représentations de segments anatomiques de cheval.

La brièveté des séjours, estimée à environ un mois en fonction des quantités de produits lithiques (Bodu, 1995, 1998, 2000), contraste avec l'intensité des phases de traitement des animaux (Bignon, 1998, 2000). Ces observations, alliées aux modalités cynégétiques développées pour abattre les chevaux (principal gibier des occupations), tendent à favoriser l'hypothèse selon laquelle les occupations 4 et 46 pourraient avoir eu pour fonction d'être des camps de chasse. Leur réoccupation régulière à différents moments de l'année, les témoignages des multiples activités liées à l'acquisition ou au traitement des animaux vont tous en ce sens (Bignon, Bodu, 2006 ; Bodu *et al.* 2006a).

CHAPITRE 7

Chasses, modes de vie et immersion environnementale au Magdalénien et à l'Azilien ancien du Bassin parisien : conclusions et perspectives

Au terme de cet ouvrage, plusieurs enseignements émergent de l'examen des principaux ensembles archéozoologiques qui permettent de rendre compte de l'exploitation des chevaux au Magdalénien et à l'Azilien ancien du Bassin parisien. Dans un premier temps, une série de conclusions peuvent être formulées brièvement, pour faire ressortir les principales caractéristiques de notre objet d'étude. Dans un second temps, des perspectives se dégagent de ces résultats, nous conduisant à une discussion critique sur l'organisation socio-économique et l'évolution des Magdaléniens dans le Bassin parisien. À la lumière des arguments soutenus, nous formulerons une modélisation comparée du mode de vie des sociétés au Magdalénien et à l'Azilien ancien.

Conclusions

Aucun indice de capture ou d'apprivoisement de chevaux n'a pu être décelé sur des sites magdaléniens du Bassin parisien, évoquant une chasse à l'appelant ou, selon les hypothèses de Paul G. Bahn (1978, 1980, 1984a et b, 1989, 1990), relatives au contrôle de troupeaux de grands mammifères par les groupes humains au Paléolithique. En conséquence, tous les chevaux abattus et traités dans ce contexte relèvent de leur chasse.

Prépondérance des gibiers et chasse des chevaux au Magdalénien dans le Bassin parisien

Comme nous l'avons observé tout au long de ce travail, les modalités d'exploitation des chevaux révèlent de façon significative la variabilité des occupations de ces sociétés magdaléniennes. En l'occurrence, les représentations spécifiques des sites conditionnent la fonction des sites, et en cela influent directement sur les représentations squelettiques du cheval et l'organisation spatiale des occupations (*fig. VII.1*).

Sites à prédominance de chevaux

Dans les sites à prédominance de cheval, les modalités d'exploitation de ces équidés ont été examinées grâce aux sites d'Étiolles (l'amas de cheval) et notamment les sites de Marolles-sur-Seine. Ainsi, le Tureau des Gardes 10 et le Grand Canton témoignent des vastes occupations magdaléniennes de l'interfluve Seine-Yonne, dédiées en majeure partie à la chasse du cheval. Régionalement, la concentration de témoins fauniques dans ces sites documente les modalités d'exploitation des chevaux au Magdalénien. Ces sites de boucherie de Marolles-sur-Seine, ont été fréquentés de façon répétée et temporaire pour y traiter les gibiers abattus, sans avoir laissé d'unités d'habitation (Lang, 1998 ; Julien, Rieu, 1999). Le dénombrement des chevaux abattus au

Spectre de faune	Site à prédominance de chevaux	Site à prédominance de rennes	Site à prédominance associée cheval-renne
Nombre de chevaux abattus			
Tactique de chasse	Chasses collectives	Emport de segments anatomiques voire chasses individuelles ?	Chasses collectives et/ou chasses individuelles
Nombre de chasseurs	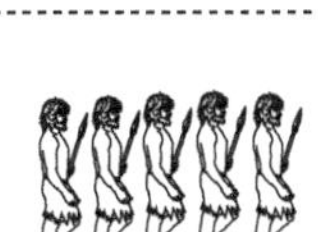	 ?	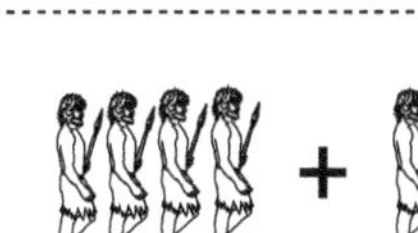 +
Fonction du site	Site de boucherie	Site de camp de chasse résidentiel	Site de boucherie ou de camp de chasse résidentiel

DAO : A. Lau, 2008

Fig. VII.1 – Synthèse des modalités d'exploitation des chevaux au Magdalénien selon les types de spectre de faune dans le Bassin parisien

Tureau des Gardes 10 (n = 89 ; environ 13 tonnes de produits carnés) et au Grand Canton (n = 117 ; environ 17,5 tonnes) illustre l'intensité des activités d'acquisition et de traitement des carcasses. Le transport de chevaux entiers indique que l'abattage des équidés s'est déroulé de préférence dans les environs immédiats. Cette hypothèse paraît à cet égard particulièrement pertinente, car les caractéristiques géographiques de l'interfluve Seine-Yonne offre une configuration très favorable pour limiter la fuite des bandes. La multiplication des épisodes de chasse tout au long de l'année, suggérée par le nombre considérable de chevaux abattus, est confirmée par les indices de saisonnalité. Les tactiques de chasse mises en place par les Magdaléniens ont pu être identifiées grâce aux études paléodémographiques. Les profils de mortalités permettent d'évoquer des chasses collectives aux dépens des chevaux (de type rabattage-interception) pour Étiolles et les sites de Marolles-sur-Seine. Au regard de l'extension de ces deux derniers gisements, il serait même opportun de parler d'expéditions spécialisées à ces fins cynégétiques. Toutefois, si le profil d'abattage du Tureau des Gardes 10 se rapproche singulièrement d'une population naturelle, celui décrit au Grand Canton tendrait à montrer une sélection poussée sur la classe d'âge des adultes (5-10 ans). Cette forte sélectivité peut être interprétée comme l'expression de tactiques collectives alliées à des dispositifs de type palissages ou enclos (Bignon, 2006b), à l'instar des choix cynégétiques et techniques des indiens Kiowas (chapitre 2).

Sites à prédominance de rennes

Dans les spectres de faune dominés par la chasse au renne, l'étude des rares témoins de chevaux des différents niveaux de Verberie et du niveau IV-20 de Pincevent ont montré l'existence de mêmes caractéristiques. La présence récurrente de juvéniles établit que l'acquisition de ces chevaux s'est portée sur les groupes familiaux. Le faible nombre d'équidé (un ou deux individus maximum par niveau), pourrait se rapporter à une chasse individuelle (soit d'interception, soit d'approche). Pourtant, cette interprétation ne cadre pas avec ces sites de camp de chasse résidentielle, dédiés en priorité à l'abattage en masse de rennes. Il nous paraît plus crédible d'envisager l'emport de segments anatomiques voués à être consommés *in situ*, ou à des postes de guet à l'extérieur des limites du site, dans l'attente de la migration des troupeaux de renne. À ce titre, l'hypothèse de transport de portions carnées entre les sites de Pincevent (niveau VI-20) et ceux de Marolles-sur-seine (Tureau des Gardes, Grand Canton), est très vraisemblable, ne serait-ce que de part la proximité de ces sites clés du Magdalénien régional. Cette forte présomption est de plus renforcée par leur fréquentation automnale avérée et de leur complémentarité en termes de segments anatomiques (présence-absence, taux de représentation).

Sites à prédominance associée cheval-renne

Le niveau IV-0 de Pincevent et les sites de Ville-Saint-Jacques et du Tureau des Gardes 6 ont été analysés dans le cadre de spectres de faune à prédominance associée cheval-renne. Toutes ces nouvelles données sur les modalités d'exploitation des chevaux renvoient à des études récentes et en cours. Ce type de spectre se caractérise par la mise en place de tactiques de chasse collective dans le niveau IV-0 de Pincevent comme au Tureau des Gardes 6. La chasse des chevaux non sélective reconnue à Ville-Saint-Jacques est peut-être également à associer à ces comportements cynégétiques. Les harems ont été, là encore, des cibles privilégiées par les Magdaléniens dans ces trois sites. À l'instar de ceux qui avaient été observés dans les sites à prédominance du cheval, ces sites ont été fréquentés à plusieurs moments de l'année, mais les indices de saisonnalité témoignent de chasses plus fréquentes à l'automne et à la charnière de l'hiver et du printemps. De façon prépondérante, des tactiques de chasse collectives furent employées pour atteindre les chevaux, même si des chasses individuelles semblent avoir eu lieu en hiver dans le niveau du IV-0 de Pincevent, voire au Tureau des Gardes 6. Le traitement des carcasses et une consommation partielle *in situ* de la moelle et des produits carnés conduissent à classer le Tureau des Gardes 6 et Ville-Saint-Jacques dans les sites de boucherie. Quant au niveau IV-0, la fonction des occupations est plus certainement celle d'un site de camp de chasse résidentielle, compte tenu des structures d'habitat identifiés dans l'unité T125 (Julien, 2006).

Prépondérance des gibiers et chasse des chevaux à l'Azilien ancien dans le Bassin parisien

Les locii 4 et 46 du Closeau, appartenant aux plus anciennes occupations aziliennes du Bassin parisien, ont été étudiés dans le cadre de notre enquête sur la chasse des chevaux au Tardiglaciaire. Les chevaux ont été les proies préférentielles dans ces unités d'occupation et les profils de mortalité montrent que les chasseurs aziliens ont majoritairement recherché les groupes familiaux. Nos analyses paléodémographiques de ces équidés présentent des profils de type attritionnel, dans lesquels les juvéniles et les vieux adultes sont largement majoritaires. Ces résultats permettent de conclure que ces sociétés ont mis en œuvre des chasses individuelles (poursuite, approche). Ces chasses signifient qu'un faible nombre de proies est abattu par épisode de chasse. Ce type de profils paraît inévitable lorsque nous confrontons la grande mobilité des chevaux par rapport aux chasseurs isolés. Une multiplication des temps de chasse dans les locii 4 et 46 a pu être démontrée dans les locii 4 et 46 grâce aux indices de saisonnalité. Ces données ont établi qu'à travers les activités cynégétiques, la fréquentation dans ces occupations a eu lieu principalement en fin d'hiver-début de printemps et à l'automne, mais plus rarement en été.

Sur la base du locus 46, le mieux conservé, il est possible d'avancer qu'une majeure partie des animaux abattus a été rapportée sur le site dans leur intégralité. Toutes les opérations de traitement boucher se sont déroulées à l'intérieur des structures d'habitat, où certaines parties périssables (la moelle notamment) semblent avoir été consommées. Parallèlement, les quartiers du rachis et des produits carnés issus des membres pourraient avoir fait l'objet d'une consommation différée dans le locus 46. Toutefois, il convient de ne pas négliger le possible transport entre les différents locii du niveau ancien du Closeau, comme le « partage » des témoins de lion entre les locii 46 et 56 qui permettent de l'envisager. La brièveté des séjours (d'après les faibles quantités de vestiges), l'investissement des structures des locii 4 et 46 et l'intensité des phases de traitement des animaux, nous conduisent à voir en ces occupations des camps de chasse.

Saisonnalité d'abattage et comportements des chevaux

Quelles que soient les tactiques de chasse adoptées, très majoritairement collectives pour les Magdaléniens ou essentiellement individuelles pour les Aziliens anciens, celles-ci ont ciblé de manière préférentielle les groupes familiaux (ou harems) de chevaux. Cette constante est ponctuellement agrémentée dans les sites magdaléniens par l'acquisition de rares équidés provenant des groupes de célibataires, mais celle-ci est toujours minoritaire. Comment est-il possible d'expliquer une telle régularité ?

Pour trouver des réponses à cette question, il faut revenir sur les enseignements éthologiques des chevaux (chap. 2). Tout d'abord, si les groupes de célibataires ne jouent qu'un rôle marginal, la raison est probablement à mettre sur le compte de leurs déplacements plus aléatoires par rapports aux harems, et donc moins prévisibles pour les chasseurs. Ensuite, il faut se rappeler que les tactiques collectives visent l'abattage d'un maximum d'individus en un minimum de temps. C'est pourquoi il n'est pas surprenant de constater que les groupes familiaux ont été régulièrement exploités par les chasseurs magdaléniens, car ils représentent des bandes plus nombreuses. C'est d'ailleurs cette caractéristique qui fait que différents grands prédateurs d'équidés s'attaquent en priorité aux groupes familiaux.

Au cours de notre travail, il a pourtant été possible de vérifier que les chasses de chevaux ne se sont pas déroulées de façon égale selon les différentes saisons de l'année (*fig. VII.2*). Pour les Magdaléniens et les Aziliens anciens du Bassin parisien, le printemps est la période la plus enregistrée dans les indices de saisonnalité devant l'automne, associé à l'hiver pour les groupes aziliens. Il n'est pas sans intérêt de revenir sur les disparités entre les saisons, à la lumière des rythmes d'agrégation-dispersion des bandes et des comportements migratoires des chevaux (chap. 1 et 2).

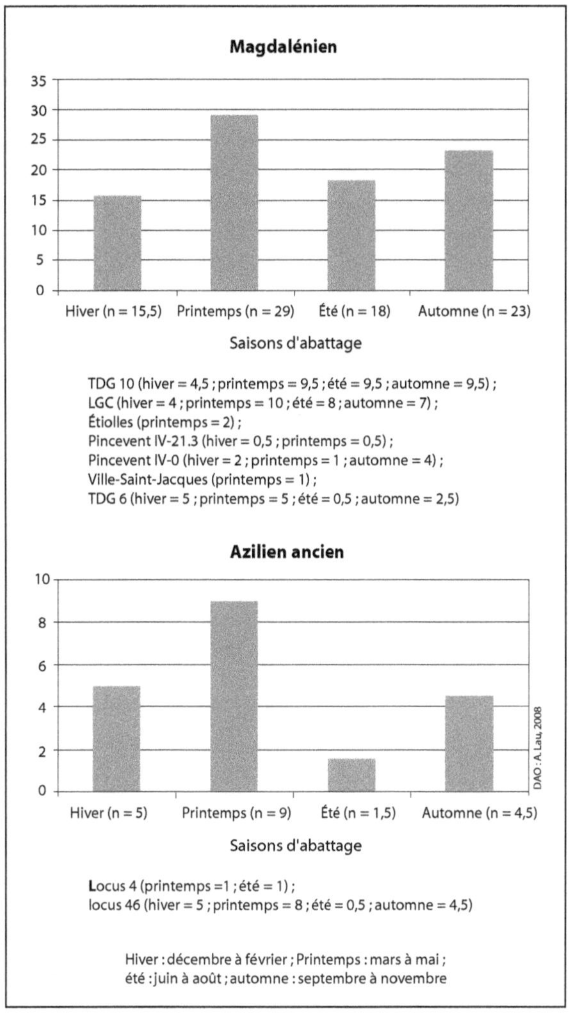

Fig. VII.2 – Synthèse régionale et culturelle des indices de saisonnalité des chasses de chevaux

L'hiver est la saison la plus faiblement représentée par les indices de saisonnalité chez les Magdaléniens, alors pour les Aziliens anciens, cette période est la deuxième saison de chasse aux chevaux. Néanmoins, l'abattage de chevaux au cœur même de l'hiver est rarement signalé par nos indices. La très grande majorité des indices décomptés à cette saison relève en fait d'épisodes de chasse intervenant aux deux charnières de la période hivernale, soit avec l'automne et surtout le printemps. D'ailleurs, sur tous les sites magdaléniens dominés par le cheval, la seule période de chasse récurrente est celle intervenant en fin d'hiver-début de printemps. À ce moment, un maximum de bandes convergent dans les plaines alluviales et s'y concentrent pour se nourrir des premières ressources de la nouvelle période de croissance végétale (chap. 1). Cette période est un véritable *bottleneck* démographique pour les populations de chevaux qui doivent alors reprendre des forces. Pour les juments, cet impératif est lié au délabrement physique qui est le leur eu égard à l'imminence, soit de leur mise bas, soit d'une gestation prochaine. Pour les mâles, il s'agit de récupérer une grande vitalité pour aborder dans les meilleures conditions les inéluctables luttes entre les étalons du printemps. Ces moments de faiblesse, comme la moindre mobilité des bandes à cette période (chap. 2), semblent avoir inspiré particulièrement les Magdaléniens comme les Aziliens anciens pour lancer leurs opérations cynégétiques aux dépens des chevaux. Il est très instructif de relever que cette période préférentielle de chasse a également été rapportée à propos des indiens nord-américains Kiowas dans leurs chasses de chevaux.

Saison privilégiée pour les chasseurs magdaléniens, également pour les Aziliens anciens (*fig. VII.2)*, le printemps s'avère être une saison cruciale dans de la vie sociale des chevaux. Cette période est marquée par plusieurs temps forts que nous venons d'évoquer, le pic des mises bas et les luttes entre étalons pour le contrôle des harems. Selon nous, l'attractivité des chevaux pour les chasseurs tardiglaciaires tient en grande partie au fait que c'est à cette période que les bandes connaissent une mobilité spatiale de moindre importance ; c'est aussi le moment où un certain nombre d'étalons blessés constituent pour les hommes, autant de proies facilement accessibles (chap. 2).

La saison estivale n'est particulièrement bien attestée que dans les sites magdaléniens de Marolles-sur-Seine (*fig. VII.2*). Il faut considérer qu'à cette période de l'année, les groupes de chevaux étaient à peine plus dispersés dans le paysage par rapport à la période printanière et qu'ils pourraient avoir occupé leurs habitats préférentiels. À cet égard, leur localisation aurait fait l'objet d'une anticipation cynégétique efficiente. Cependant, la relative abondance des bandes d'équidés dans la zone de l'interfluve Yonne-Seine pourrait apparaître en contradiction avec le modèle de migration régionale exposé dans le chapitre 1. Toutefois, dans ses observations sur les mustangs du Nevada, Joel Berger (1986) souligne que si la plupart des bandes entame leurs migrations vers de nouveaux pâturages d'altitude, de nombreux mustangs vont rester dans leurs habitats habituels. En fait, par cause à effet, seules les bandes les plus fortes ont la force pour s'élancer vers ces migrations saisonnières, alors que celles qui sont encore trop faibles préfèrent demeurer sur place pour tenter de reprendre des forces au cours de la bonne saison. De tels schémas comportementaux ont pu intervenir au Tardiglaciaire, surtout dans la zone de l'interfluve Seine-Yonne, dont la configuration édaphique est particulièrement favorable pour l'alimentation des chevaux (Bignon, 2005b ; Bignon, Eisenmann, 2006).

La saison automnale est bien attestée dans les occupations magdaléniennes et aziliens anciens (*fig. VII.2*). L'attractivité du cheval à cette période lorsque est pleinement compréhensible compte tenu de son fort intérêt alimentaire. C'est en effet la période pendant laquelle ils sont au maximum de leur condition pondérale, c'est-à-dire très riches en graisse, dans leurs tissus musculaires et dans la moelle osseuse, pour mieux affronter l'hiver. Cependant, le grand inconvénient de la saison automnale est que les bandes d'équidés sont plus dispersées et de moins en moins compactes (chap. 1). Cette plus grande dispersion contribue à expliquer le choix tactique des Magdaléniens, qui ont opté pour des chasses collectives de chevaux visant à obtenir des produits carnés ou alimentaire de grande richesse avant l'hiver. Nous allons voir plus bas, comment les chasses individuelles à cette période ont pu apparaître comme viable pour les Aziliens anciens.

Stratégies de chasse des chevaux et cultures préhistoriques au Tardiglaciaire

Intégration des chasses dans le paysage

À l'exception de Ville-Saint-Jacques, l'emplacement des sites magdaléniens est systématiquement observé à proximité immédiate des majeurs cours d'eau, à l'instar des occupations du niveau ancien du Closeau. Or nos analyses paléoécologiques ont justement montré que les habitats préférentiels des chevaux tardiglaciaires correspondaient aux berges fluviales, aux plaines inondables à graminées et aux marais (Bignon, 2005b ; Bignon, Eisenmann, 2006). Il ressort donc que le choix de l'implantation spatiale des occupations humaines visaient à minimiser l'espacement entre les lieux de chasses et les lieux de traitement des carcasses. En accord avec cette thèse, il nous a souvent été possible de souligner la forte probabilité qu'une partie au moins des carcasses a pu être rapportée entières dans les sites pour y être traitée.

Il est par ailleurs intéressant de remarquer l'adéquation entre les tactiques de chasses, employées respectivement par les Magdaléniens et les Aziliens anciens, et leur localisation dans le paysage. Par ce terme, nous désignons la combinaison complexe qui unit dans un espace donné les facteurs suivant :

- un contexte climatique (précipitation, température, régime d'évapotranspiration) ;
- des caractéristiques géographiques (topographie, formations morphosédimentaires, paramètres altitudinaux, longitudinaux et latitudinaux) ;
- un réseau hydrographique (compétence, nombre et variabilité des cours d'eau) ;
- un peuplement biologique (communautés végétales et animales).

Comme nous serions en droit de l'attendre, ces facteurs nous paraissent avoir été complètement intégrés par les chasseurs tardiglaciaires. Il faut noter les correspondances entre les tactiques choisies pour la chasse des chevaux et le choix préalable de leur intégration dans le paysage. Cela a été manifestement le cas de toute l'aire géographique de l'interfluve Yonne-Seine dans le Bassin parisien, paysage largement ouvert, qui fut néanmoins régulièrement utilisée par les Magdaléniens pour abattre les chevaux. L'utilisation de cette délimitation naturelle de l'espace pour mener des chasses collectives d'interception ou de rabattage de bandes entières, n'est certainement pas un hasard. Cette « barrière fluviale », particulièrement sensible pour les équidés (chap. 2), a manifestement contribué aux succès cynégétiques des Magdaléniens, en contraignant ou en orientant la fuite de ces gibiers très mobiles. Cette utilisation judicieuse des contextes environnementaux par les Magdaléniens a déjà été évoquée pour rendre compte de l'exploitation des rennes régulière à Pincevent (Julien, 1989). L'anticipation et la recherche d'efficacité qui caractérisent les productions lithiques des Magdaléniens, comme les tactiques de chasse du renne, semblent donc être applicables aussi aux chasses du cheval.

Au demeurant, il nous paraît que les tactiques de chasses individuelles de poursuite ou d'approche menées par les Aziliens anciens renvoient à des observations similaires. Dans le cadre de ces chasses, aux résultats plus aléatoires, le choix de les mettre en œuvre dans des paysages plus fermées se révèlent être un choix plutôt judicieux. En effet, le coteau sud de la Seine aux environs du Closeau est particulièrement abrupte. À cet égard, il est susceptible d'empêcher leur fuite ou de contraindre grandement leurs possibilités sur toute la rive sud de la Seine (soit du même côté que leurs occupations. Remarquons également, que le site du Closeau est situé à l'extrémité sud d'une section de la Seine où la vallée est remarquablement plus encaissée qu'ailleurs dans la région, notamment en comparaison avec la zone de Marolles-sur-Seine. En cela, ces tactiques ont pu bénéficier de points d'observation surélevés en utilisant les coteaux escarpés, et en cela, favoriser l'approche ou la poursuite d'un gibier en fuite. Ces tactiques de chasse, majoritairement mises en œuvre à la fin de l'automne et au début de l'hiver et à la fin de l'hiver et au début du printemps, ont de ce fait pu bénéficier de la recherche par les chevaux, d'abris ou de refuges qu'offrent le coteau sud.

Tactiques de chasse et techniques d'acquisition

Les données archéozoologiques exposées tout au long de ce travail témoignent de la régularité et du succès manifeste des chasses collectives et individuelles des chevaux, engagées respectivement par les Magdaléniens et les Aziliens anciens. Cette simple observation amènent à se demander d'emblée comment ces hommes ont réussi à approcher leur gibier.

Du point de vue des équidés, et compte tenu des comportements des équidés face aux prédateurs (chap. 2), il est peu vraisemblable que des hommes aient pu facilement s'approcher à moins d'une trentaine de mètres. À défaut d'une vision très performante, ce sens est largement compensé chez les équidés par un odorat des plus efficaces (Groves, 1974 ; Berger, 1986 ; Duncan, 1992). À ce moyen de détection particulièrement aiguisé, il faut ajouter à la distance de fuite la vitesse de course des équidés… et les hommes accusent en la matière un très sérieux handicap.

Du côté des chasseurs, il a donc fallu trouver des moyens pour réduite la distance de fuite des équidés, quelles que soient les tactiques mises en œuvre. Préalablement à la chasse, la surveillance quotidienne des mouvements de populations animales assure aux chasseurs l'observation de la fluctuation des ressources (Kelly, 1983). Le processus d'acquisition du gibier comprend deux phases distinctes (Torrence, 1983) : la recherche des proies et la poursuite ou l'interception de celles-ci.

Dans le cas des chasses individuelles de chevaux menées par les Aziliens anciens, les armes de jet ont dû aider les chasseurs à réduire la distance critique entre le gibier et le chasseur (Oswalt, 1976 ; Torrence, 1983). Ainsi, par les armes de jet, ces Aziliens ont été en mesure de prendre à revers la marge de sécurité des chevaux les moins vigilants. Afin d'approcher les bandes, les données ethnographiques rapportent qu'une attention particulière est alors apportée par les chasseurs pour masquer leur odeur corporelle (chap. 2), de même que la prise en compte des vents.

Pour les chasseurs magdaléniens, la difficulté a été de masquer les expéditions humaines de plusieurs individus pour développer leurs chasses collectives, certainement fuies par ces gibiers. Dès lors, à côté des choix des contextes environnementaux et des armes de jet, les Magdaléniens ont pu concevoir et utiliser des dispositifs structuraux (palissades, enclos avec ou sans échappatoires), facilitant l'abattage des chevaux suite à leur rabattre. Cette hypothèse semble plus spécifiquement envisageable au Grand Canton où une sélection marquée des individus adultes a pu être relevée (chap. 3). Des dispositifs de piégeage de grande taille ont pu également être développés par les Magdaléniens pour obtenir en une seule opération un très grand nombre de chevaux, surtout s'il s'agit de groupes familiaux.

Chez les Magdaléniens, il est capital de revenir sur l'emploi des armes de jet. En effet, deux types d'armatures en silex ont été employés par ces chasseurs dans le Bassin parisien (Valentin, 1995, 2000a) : des lamelles à dos, associées à des sagaies lancées à l'aide de propulseurs ; les pointes à dos, interprétées comme des armatures axiales qui auraient pu servir l'emploi d'arc et de flèches. Toutefois, la présence de ces pointes n'implique pas obligatoirement l'existence de l'arc dans les techniques d'acquisition des Magdaléniens (Valentin, 2000b ; Pierre Bodu, communication personnelle), comme certains auteurs l'avaient avancé (Thévenin, 1997 ; Lang, 1998). En outre, les sites magdaléniens du Bassin parisien laissent transparaître une dichotomie entre les techniques d'acquisition et les gibiers (Valentin, 1995, 2000a et b ; Julien, Rieu, 1999) :

• d'une part, les lamelles à dos exclusivement représentées dans les sites où l'exploitation des rennes a été chassé en masse (Pincevent IV-20, Verberie) ;
• d'autre part, les pointes apparaissent principalement dans les sites où les chasseurs ont ciblé majoritairement les chevaux, mais sont systématiquement des armatures minoritaires (sauf au Tureau des Gardes 7 ; Lang, 1998).

Les projectiles des Aziliens anciens du Closeau, dont le gibier principal a été également le cheval, sont quant à eux exclusivement des pointes à dos. Faut-il alors interpréter une utilisation des pointes dans le cas des activités cynégétiques des chevaux ?

Les études expérimentales ont mis en évidence que les pointes en silex sont les armatures les plus meurtrières et aggravent sensiblement le saignement des animaux touchés ; en revanche, elles ont une durée d'utilisation restreinte et ne sont presque jamais réutilisables, à l'inverse des sagaies en bois de renne (Knecht, 1997). Il faudrait en déduire que les chasseurs tardiglaciaires cherchaient sciemment à faire saigner les chevaux (pour faciliter la poursuite des animaux blessés). Dans le cadre de la chasse du renne, cet objectif ne serait pas prioritaire et l'emploi des sagaies aurait permis d'économiser cette matière première et surtout un temps précieux pour un éventuel réarmement, car la confection d'une sagaie nécessite un plus long investissement technique (Knecht, 1997 ; Pelegrin, 2000). Ainsi, les chasses aux dépens des chevaux au Tardiglaciaire dans le Bassin parisien, tendraient donc à valider globalement les modèles développés par Jacques Pelegrin (2000) :
• au Magdalénien, l'utilisation majoritaire de sagaies armées de lamelles à dos correspondraient aux chasses collectives, très rentables et se déroulant dans un espace circonscrit, ce qui permet la récupération des traits fortement investis ;
• à l'Azilien ancien, les chasses individuelles, plus aléatoires et occasionnant une perte plus fréquente des traits armés de pointes à dos (J. Pelegrin, communication orale), sont en accord avec une confection et un réarmement plus rapides.

Toutefois, si ces correspondances entre les armatures et les types de chasses sont opérantes, la relation entre l'augmentation des pointes à dos et la chasse des chevaux n'est pas significative. En effet, lorsque nous considérons que l'association entre la présence conjointe d'un fort taux de pointes à dos dans les armatures en silex et une forte activité de la chasse des chevaux dans des sites parisiens, n'est pas régulièrement validée : dans le site de Marsangy, les pointes sont attestées (quoique nettement minoritaires), mais le gibier reste largement dominé par les rennes. Inversement, au Grand Canton, les pointes sont très faiblement représentées par rapport aux lamelles, alors que le cheval domine largement le spectre de faune. Comme le souligne Boris Valentin (2000a : 101), « c'est surtout leur absence [les pointes à dos] sur les sites d'Étiolles, Pincevent et Verberie qui pose problème ». Cet auteur ajoute qu'aucune démonstration ne vient étayer l'hypothèse d'un développement tardif de la confection et l'utilisation de ces armatures axiales.

Par ailleurs, les pointes en silex sont totalement absentes des sites neuchâtelois de Champréveyres et de Monruz, alors que le gibier principal a été là aussi, le cheval. Il faut donc considérer que les techniques de chasse ont pu varier pour les activités cynégétiques visant le cheval, en fonction des sites (des préférences personnelles des chasseurs ?) comme des régions (Bassin parisien, Plateau suisse). Peut-être, faut-il y voir là une manifestation des variations dans les traditions techniques magdaléniennes, observable dans différents faciès régionaux de cette culture (Eriksen, 2000). À cela, il est nécessaire d'évoquer d'autres variables qui ont pu avoir un rôle considérable dans le choix des armes de jet :
• les modalités d'agrégation-dispersion des chevaux, ou tout autre grand gibier, en fonction des saisons ;
• l'éventualité de rôles distincts attribués aux différents chasseurs (notamment une proximité différentielle par rapport aux proies), lors des épisodes de chasses collectives.

Perspectives

Discussion sur la pertinence des modèles « diachronique » et « synchronique » pour le Magdalénien du Bassin parisien

Après avoir examiné dans le détail les principales données relatives à l'exploitation des chevaux au Magdalénien dans le Bassin parisien, une discussion critique peut être tenue pour établir le cadre dans lequel nous envisagerons le mode de vie et l'évolution de ces groupes. Cette discussion renvoie aux débats relatifs aux modèles « diachronique » et « synchronique » (Olive *et al.*, 2000 ; Valentin, Pigeot, 2000 ; Bignon, 2006a, 2007a ; Enloe, 2007), dont les principaux arguments ont été exposés dans le chapitre 1.

Un improbable modèle « diachronique »

La plausibilité même du modèle « diachronique » est remis en cause de manière significative, et ce, sur plusieurs points, en termes paléoécologique et climatique, mais aussi culturel (Bignon, 2003, 2006a, 2007a). Ainsi sur le plan socioculturel, le modèle « diachronique » postule une spécialisation monospécifique des activités de chasse (Enloe, 1997, 2000a, b et c, 2007). Cependant, d'après les données actuelles, nous ne disposons d'aucun élément pour démontrer que la seule chasse des rennes aurait pu assurer la subsistance des groupes magdaléniens tout au long de l'année. Or, les faits archéologiques rassemblés à Verberie et certains niveaux de Pincevent (IV-40, Habitation n° 1, IV-20) ne parviennent à montrer le rôle décisif du renne qu'à l'automne (Enloe, 1991, 1997). Si l'on se réfère aux données disponibles pour les douze sites magdaléniens ayant livré de la faune (chap. 1), il ressort que les stratégies magdaléniennes n'assignent jamais au renne d'autre rôle significatif à aucune autre saison (Bignon, 2003, 2006a).

Quant à l'idée d'un basculement des stratégies de chasse monospécifique, elle ne repose en définitive que sur la composition faunique du niveau IV20 à Pincevent, qui, comparée au niveau IV-0, illustrerait une « évolution culturelle ». C'est oublié un peu rapidement que dans la stratigraphie de Pincevent, entre les niveaux dans lesquels nous avons observé des chasses spécialisées au renne, s'intercalent des niveaux à prédominance associée cheval-renne, soit le IV.21.3, puis plus récemment le IV-0 (Bignon, 2003 ; Bignon, 2006a).

Le modèle « diachronique » avance qu'à une exploitation prépondérante des rennes par les Magdaléniens aurait succédé au cours d'une évolution progressive celle tout autant prépondérante des chevaux. Cette transformation radicale des pratiques cynégétiques serait le fruit de plusieurs facteurs en interaction : d'abord, un changement climatique aurait conduit à la remontée des rennes plus au nord (pour y retrouver des températures plus froides), entraînant un changement culturel (Enloe, 2000b et c, 2007). Mais alors, il est difficile de comprendre pourquoi les Magdaléniens, supposés être des chasseurs hyper-spécialisés, n'ont pas tout simplement suivi vers le nord leurs populations de rennes, plutôt que de se risquer à une évolution culturelle aussi radicale ?

A contrario de ce scénario évolutif, plusieurs faits archéologiques et écologiques remettent en question le modèle « diachronique » :

• Un changement climatique ? depuis le dernier maximum glaciaire la fin du Paléolithique (vers 18 000 BP) est marquée par une forte instabilité climatique, ne prenant fin qu'au début de l'Holocène (10 000 BP). L'occupation des Magdaléniens du Bassin parisien est située entre 13 000 et 12 000 BP : cette période recouvre donc la fin du Dryas ancien (Dryas I) et toute la chronozone du Bölling (12 700-12 000 BP). Cette dernière période débute par réchauffement brutal, mais elle est suivie ensuite par une nette tendance au refroidissement et une forte instabilité, ponctuée d'incessantes oscillations de fortes amplitudes (chapitre 1, *fig. I.1* ; Björck *et al.*, 1998). La multiplication de ces événements climatiques tardiglaciaires rend peu crédible l'idée d'un moment unique de changement climatique. De plus, on peut se demander pourquoi les populations de renne auraient migré vers le nord du Bassin parisien (pour avoir des températures plus fraîches), alors que la tendance au Bölling est plutôt celle d'un refroidissement ? D'ailleurs, de très nombreux sites dans une large moitié sud de la France attestent de la présence locale de population de renne jusqu'à la fin du Bölling.

• Un changement culturel ? La significative homogénéité culturelle des Magdaléniens du Bassin parisien est observable à travers leurs productions lithiques ; les spécialistes démentent en outre l'assimilation trop généralement faite entre la chasse des chevaux et la présence de pointes à dos (P. Bodu, comm. pers. ; Valentin, 2006). Par ailleurs, il est exact qu'il existe une grande variabilité des schémas d'organisation spatiale au Magdalénien dans le Bassin parisien (Leroi-Gourhan, Brézillon, 1966, 1972 ; Pigeot, 1987, 2004 ; Olive, 1988 ; Audouze, 2006), perceptible ne serait-ce qu'au sein même des niveaux de Pincevent (Habitation n° 1, IV20, IV0). Elle s'élargit encore si nous intégrons d'autres sites tels qu'Étiolles ou les occupations de Marolles-sur-Seine. Cependant, cette variabilité ne peut être interprétée comme le signe d'un changement culturel, car en l'occurrence il s'agit plutôt d'agencements fonctionnels différenciés (Julien, Rieu, 1999 ; Debout *et al.*, 2006 ; Julien, 2006 ; Julien, Karlin, 2007).

• Des déplacements biogéographiques dans l'environnement ? Au Paléolithique supérieur, la steppe à mammouth caractérise les peuplements très diversifiés d'animaux et de végétaux vivant dans des paysages en mosaïque très ouverts (Guthrie, 1982, 1984). Malgré leur variabilité de composition régionale, quatre animaux sont alors systématiquement identifiés dans toute l'Eurasie (Hopkins *et al.*, 1982 ; Bignon, 2003) : le mammouth, le bison, le renne et le cheval.

La disparition de la steppe à mammouth n'intervient en Europe occidentale qu'après le Bölling et le Dryas II, soit à partir de la chronozone Alleröd (vers 11 800 BP ; Bignon, 2003). Ainsi, les faits archéologiques montrent que le renne et le cheval se retrouvent conjointement dans de très nombreux sites appartenant à différentes cultures du Paléolithique supérieur. Même dans des conditions les plus glaciaires, comme dans le site badegoulien de Oisy au sud du Bassin parisien (vers 16 000 BP ; Bignon, 2005a), ces deux espèces ont été chassées par les groupes humains.

La présence associée des rennes et des chevaux jusqu'à la fin de la steppe à mammouth est très vraisemblable, dans la mesure où ces animaux sont plus dépendants de la disponibilité de ressources que des conditions thermiques (Chernov, 1985 ; Groves, 1974). Pour preuve, ces cervidés et ces équidés partagent encore aujourd'hui les mêmes habitats, sous de hautes latitudes, comme en Islande ou encore en Sibérie septentrionale (Iakoutie ; Maj, 2003, 2004). Cette coexistence entre les chevaux et les rennes tient au fait qu'ils ne sont pas des concurrents écologiques, puisqu'ils ont des systèmes digestifs les conduisant à avoir des régimes alimentaires significativement différents (Guthrie, 1990 ; Duncan, 1992). En ce sens, des analyses des isotopes stables du collagène l'ont démontré dans plusieurs régions tout au long du Paléolithique supérieur (Drucker, 2001 ; Drucker *et al.*,

2003b). Ces données isotopiques, appliquées aux sites magdaléniens du Bassin parisien, valident également l'absence d'une concurrence écologique cheval-renne (Drucker, 2006 ; comm. orale).

Dès lors, nous avons pu montrer que la distribution des populations de chevaux et de rennes n'est pas strictement liée aux variations de températures, ni en lien avec une improbable concurrence écologique. Mais alors, pourrait-elle être liée aux déplacements de biozonations ? D'après les observations des écologues spécialistes, il paraît particulièrement impensable que des écosystèmes de pâture puissent « migrer » géographiquement en réponse à des changements climatiques (McNaughton, 1994, p. 381) : « [...] *hypothetical projections of ecosystem 'migration' in response to the geographic movement of climatic zones ignore the nutritional constraints operating in ecosystems* ». Les raisons invoquées par cet auteur soulignent l'unicité des combinaisons entre les propriétés édaphiques, climatiques et environnementales, forgée au gré d'une histoire évolutive singulière. Ainsi, par exemple, les écosystèmes de Yellowstone ou de Serengeti seraient détruits si les conditions climatiques qu'elles connaissent actuellement changeaient (McNaughton, 1994). L'ensemble de ces observations apporte des arguments décisifs qui vont dans le sens d'une réelle coexistence écologique des chevaux et des rennes au sein d'écosystèmes complexes mais relativement stables.

Le cadre interprétatif du modèle « synchronique »

Comme nous venons de le voir, le modèle « diachronique » n'est pas en mesure de démontrer la plausibilité archéologique de son scénario. Au-delà de ce constant, il apparaît même qu'un ensemble d'arguments scientifiques de différents domaines et de données archéologiques tendent à aller à son encontre. Compte tenu des éléments évoqués précédemment, et à la lumière des résultats développés dans cet ouvrage sur l'exploitation des chevaux, il ressort que le cadre interprétatif du modèle « synchronique » doit être privilégié. À l'appui de ce modèle, l'examen des sites à prédominance associée des chevaux et des rennes montre qu'il ne s'agit pas d'une configuration anecdotique, bien au contraire. Les recherches récentes permettent de montrer que ce type de spectre de faune est attesté dans 3 des 12 sites magdaléniens dans lesquels des témoins de faune ont été conservés : le niveau IV-0 de Pincevent, Villes-Saint-Jacques, el Tureau des Gardes 6. De plus, les sites dominés conjointement par les chevaux et les rennes offrent l'un des arguments les plus significatifs de leur exploitation préférentielle synchrone, et en cela, apportent des arguments qui démontrent la réalité archéologique d'une complémentarité fonctionnelle des chasses en fonction des saisons (voir plus bas).

De surcroît, cette double exploitation préférentielle des chevaux et des rennes paraît parfaitement envisageable sur le plan de la biomasse de ces herbivores (chap. 1). En ce sens, les analyses morphométriques ont démontré la fragmentation régionale des populations en Europe occidentale au Tardiglaciaire, des chevaux (Bignon *et al.*, 2005 ; Bignon, Eisenmann, 2006), comme des rennes (Weinstock, 1997). Cette configuration biogéographique tend à favoriser une forte densité démographique des populations animales (Bennett, 1999), comme c'est le cas de nos jours dans les régions arctiques ou périarctiques (Chernov, 1985).

Essai de modélisation des modes de vie au Magdalénien dans le Bassin parisien

Nous reprendrons le terme de *morphologie sociale*, défini par Marcel Mauss (1950), pour décrire les modes de vie des sociétés humaines du Tardiglaciaire. Ce concept exprime initialement la capacité des sociétés esquimaudes à faire fluctuer suivant les saisons, la nature et la composition de leurs groupements sociaux, fortement concentrées en hiver et très dispersées en été. Cet éminent auteur relève à ce propos la forte adéquation entre la morphologie sociale de ces chasseurs-cueilleurs et les rythmes de concentration-dispersion des gibiers (Mauss, 1950 : 441) : « Il y a, par suite de cette technique, phénomène social, un véritable phénomène de symbiose qui oblige le groupe à vivre à la façon de son gibier ». S'agissant des cultures préhistoriques du Tardiglaciaire de la région parisienne, nous visons plus particulièrement à mettre en lumière ces interactions (voir le modèle des migrations régionales de chevaux du chap. 1).

Tactiques et stratégies de chasse : les rennes et les chevaux

Nous avons établi (chap. 2) que les pratiques cynégétiques peuvent être distinguées entre les tactiques (modalités et techniques mis en jeu lors d'un épisode de chasse) et les stratégies (la planification de ces épisodes sur un ou plusieurs cycles annuels ; Bignon, 2006a, b, 2007a).

Sur le plan tactique, la grande majorité des chasses du renne se caractérise par une chasse collective sur de larges troupeaux, visant un abattage massif à la sortie d'un gué (Julien, 1989 ; Audouze, Enloe, 1991 ; Enloe, 1991, 1997 ; David, 1994 ; Enloe, David, 1989, 1997 ; Enloe, Audouze, 1997). Plus rarement, une chasse plus individuelle sur des modestes groupes de rennes à d'autres saisons est documentée sur le niveau IV-0 de Pincevent et au Grand Canton (Bridault, Bemilli, 1999 ; Bignon *et al.*, 2006). Les stratégies de chasse du renne s'articulent à partir des migrations automnales afin d'optimiser l'abattage sur un court laps de temps, en anticipant la régularité des routes usitées par ce taxon. Le but était certainement la constitution de réserves alimentaires pour l'hiver, ainsi qu'un approvisionnement de matières premières de qualité (bois, peaux, tendons, etc.).

En ce qui concerne les chevaux, les tactiques de chasse au Magdalénien sont très régulièrement des chasses collectives, chasse de rabattage ou d'interception, visant plus particulièrement les groupes familiaux. Dans les sites où les rennes dominent quasi exclusivement (Verberie, Pincevent), l'hypothèse de chasses individuelles a été formulée. Cependant, l'hypothèse d'un apport de segments de membres et de crânes provenant d'autres sites est privilégiée. On peut aussi remarquer que le lieu d'acquisition des chevaux se situe toujours dans ou aux abords directs des grandes plaines. L'interfluve Seine-Yonne est certainement un contexte topographique et hydrographique hautement stratégique qui a facilité le conditionnement de la fuite des bandes de chevaux, lors des assauts magdaléniens. En termes de stratégies de chasse, il faut observer dès lors une récurrence des mêmes objectifs cynégétiques tout au long de l'année. Il est toutefois possible d'observer un pic à la sortie de l'hiver et au printemps, mais également un relatif désintérêt cynégétique lors la saison hivernale. Néanmoins, les chevaux sont exploités en abondance tout au long du cycle annuel et s'affirme de ce fait comme le véritable pilier des stratégies alimentaires. De plus, il est également un grand pourvoyeur de matières premières animales (peaux, crins, tendons, etc.).

Les indices de saisonnalité du cheval ont donc une grande portée, puisqu'ils apportent des arguments décisifs en faveur du modèle « synchronique » (*fig. VII.3*). En effet, l'observation globale des données de saisonnalité montrent une complémentarité des chasses entre le cheval et le renne. Seul un recouvrement en automne des activités de chasse de ces deux animaux est observé, et ceci entre les sites très proches de Marolles-sur-Seine et de Pincevent. Stratégiquement, cette redondance des objectifs de chasse illustre donc très vraisemblablement la recherche d'un stockage de produits carnés, en prévision de la mauvaise saison (Bignon, 2006a).

Morphologie sociale des Magdaléniens du Bassin parisien

Sur la base de nos connaissances actuelles, le cheval et le renne ont été les deux proies préférentielles complémentaires des Magdaléniens dans le Bassin parisien (Bignon, 2003, 2006a, 2007a). Ces chasses visaient peut-être à prévenir de l'instabilité climatique de la fin du Paléolithique, pouvant occasionner des catastrophes démographiques ponctuelles chez les populations animales. Il n'est donc pas interdit de penser que ces facteurs climatiques et écologiques aient pu dissuader les Magdaléniens de spécialiser leur économie de subsistance sur une unique ressource animale. La souplesse d'une telle économie à double proie préférentielle est d'ailleurs en accord avec la recherche

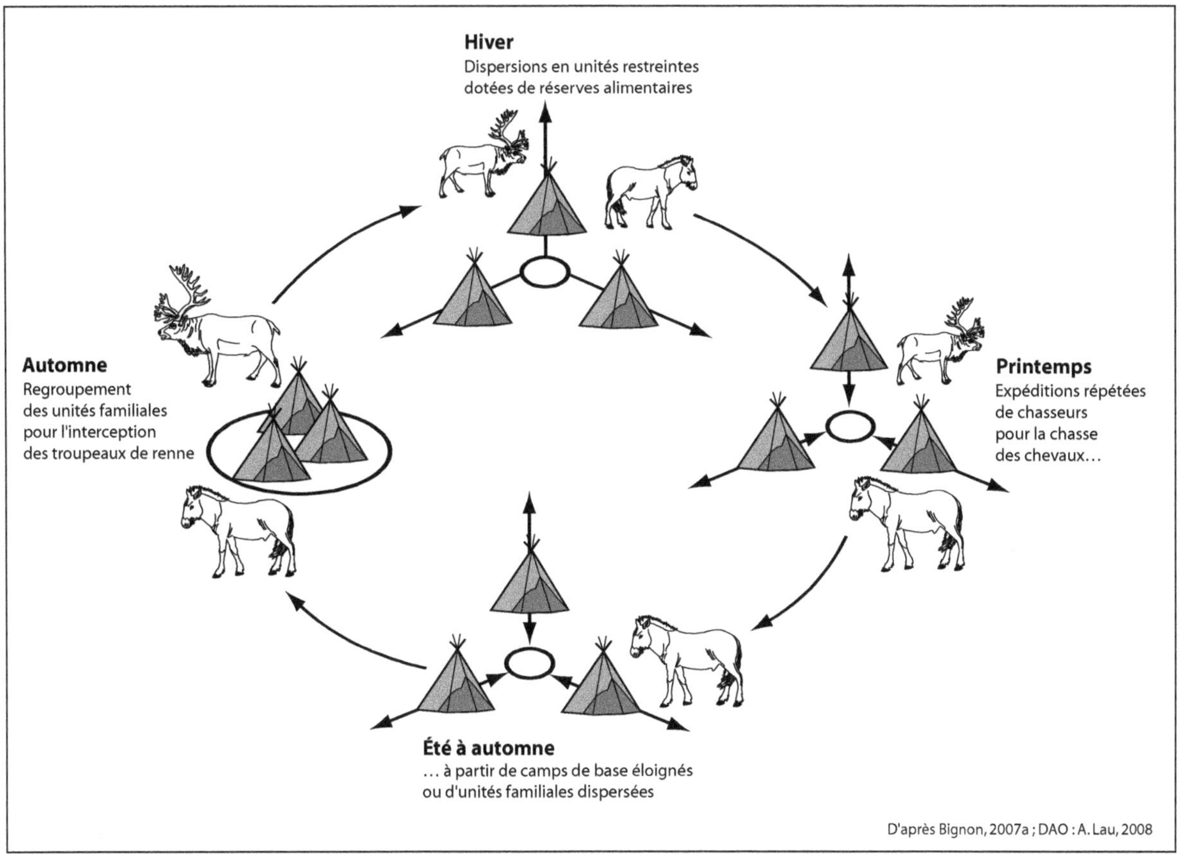

Fig. VII.3 - Modélisation de la morphologie sociale des Magdaléniens du Bassin parisien

d'anticipation et d'efficacité, décrite pour les systèmes techniques mises en œuvre chez les Magdaléniens du Bassin parisien (Audouze *et al.*, 1988).

Le nombre élevé de chasseurs, leurs tactiques collectives, l'abattage et le traitement simultanés de nombreuses carcasses et le stockage de produits alimentaires, suggèrent très clairement l'existence de grands groupes sociaux au Magdalénien dans le Bassin parisien. Ces groupes magdaléniens semblent avoir ajusté leur mobilité logistique en majeure partie en fonction de leur principal gibier, le cheval (*fig. VII.3*). En termes de mobilité et de division sociale des activités, ce système impliquerait donc une participation différentielle du corps social selon des priorités saisonnières, d'ordre alimentaire et/ou technique. Ainsi, à partir des données archéozoologiques, il est possible d'esquisser la morphologie sociale des Magdaléniens du Bassin parisien, qui se serait ajustée aux rythmes d'agrégation-dispersion des deux principaux gibiers (Bignon, 2003, 2006a) :

• celle-ci serait rythmée par des expéditions de toute la communauté pour des chasses collectives au moment de migrations automnales de rennes, comme à Verberie ou sur le niveau IV20 de Pincevent ;

• il s'ensuivrait, à la période hivernale, une dispersion de la communauté sous la forme de plusieurs unités en cellules restreintes, suivant celle des rennes ou des chevaux. C'est ce que suggèrerait la raréfaction des chasses sur les sites du Tureau des Gardes 10 et du Grand Canton (Bignon, 2006a, 2007a), ou l'occupation du niveau IV0 de Pincevent (Bignon *et al.*, 2006 ; Debout *et al.*, 2006) ;

• à la fin de l'hiver et au début de printemps, des expéditions spécialisées de chasseurs auraient opéré des chasses collectives sur les bandes de chevaux, attirées par les nouvelles ressources des fonds de vallée (Bignon, 2005b) ;

• la répétition de telles expéditions, du printemps à l'automne, est observable sur les très grandes surfaces d'occupation de Marolles-sur-Seine (Bignon, 2006a), à quelques kilomètres de Pincevent. Toutefois, pour cette grande partie de l'année, il n'est pas possible de savoir si ces expéditions de chasse étaient formées à partir d'unités restreintes relativement dispersées ou émanaient d'un regroupement social constitué dès le début de la période de « soudure » ;

• l'hypothèse d'un stockage de produits alimentaires dans des caches (Julien, Karlin, 2007), comme au Grand Canton (Rieu, 1999), exploitables à différents moments de l'année (Bignon, 2006a), vient compléter un système de type logistique.

Comme Pincevent ou le Tureau des Gardes le montre, il faut toutefois garder en mémoire le constat d'alternance des objectifs de chasse sur un même site. Cette observation conduit à envisager que la fonction des sites magdaléniens n'était pas figée dans leur système logistique. Comme l'illustrent nos analyses archéozoologiques et le modèle de morphologie sociale, les groupes magdaléniens entretenaient une certaine souplesse dans leur organisation. Là encore, il est plausible que cette relative plasticité dans leur dispositif socio-économique puisse servir à s'ajuster en fonction aux aléas climato-environnementales.

Essai de modélisation des modes de vie à l'Azilien ancien dans le Bassin parisien

Nos analyses sur la chasse des chevaux des unités d'habitats du niveau ancien du Closeau ont eu pour intérêt de montrer un net contraste entre les comportements cynégétiques à l'Azilien ancien et au Magdalénien dans la région (Bignon, Bodu, 2006). Les études archéozoologiques contribuent donc significativement à un réexamen de l'organisation socio-économique des Aziliens anciens. Les chasses menées par les Aziliens anciens concernent en effet d'autres gibiers que ceux habituellement abattus par les Magdaléniens (cerf, sanglier, lion !?), et elles se caractérisent aussi par d'autres tactiques de chasse aux chevaux (Bridault, 1995 ; Bemilli, 2000 ; Bignon, Bodu, 2006). Si la fonction du niveau ancien du Closeau renvoie en majeure partie à la préparation des épisodes de chasse et au traitement des animaux abattus (Bodu *et al.*, 2006a), ces occupations permettent d'élargir la réflexion à leur morphologie sociale.

Quel modèle logistique pour les Aziliens anciens ?

Une série d'observations témoigne d'une claire anticipation des besoins, qui évoque une organisation socio-économique de type logistique. Il en va ainsi de l'investissement remarquable dans la forte structuration des occupations 4 ou 46 (Bodu, 1995, 1998, 2000). De même, il faut noter l'importation sur le site de produits lithiques de bonne qualité en silex exogène (Bodu, *ibid.* ; Bodu *et al.*, 2006a). Enfin, les Aziliens anciens du Closeau ont manifestement constitué des réserves alimentaires à partir des chevaux abattus (chap. 6), emportées vers d'autres occupations en vue d'une consommation différée. Cet objectif doit être également rapporté pour certaines parties anatomiques très nutritives du sanglier (Bemilli, 2000).

Il est cependant nécessaire de nuancer cette perception logistique de l'organisation socio-économique des Aziliens anciens. La prise en considération d'autres données archéologiques tendrait au contraire à évoquer une organisation liée à une mobilité résidentielle (Bodu *et al.*, 2006a). D'abord, la fréquentation du Closeau par des cellules sociales de taille restreinte semble avérée sur la base du faible nombre de chasseurs, la faible densité des vestiges et un degré de perturbation limité. La structure démographique azilienne dans ces occupations est, d'après la découverte de débitages malhabiles (Debout, en préparation), de nature potentiellement ou ponctuellement familiale. Ensuite, les chasses individuelles des chevaux, à faible rendement, ont été répétées toute l'année, impliquant leur démultiplication en termes de stratégies de chasse. De surcroît, ce rythme de fréquentation des occupations se double d'une faible durée des séjours.

Malgré les enseignements tirés des occupations du Closeau, la modélisation de l'organisation socio-économique des premiers Aziliens n'est pas encore bien définie. Celle-ci doit relever d'une combinaison originale entre mobilité logistique et résidentielle. Toutefois dans l'optique des données en notre possession, il possible de préciser que Le Closeau a dû s'insérer dans un ensemble d'occupations similaires, au sein d'un territoire plutôt resserré (Bodu *et al.*, 2006a). Cette hypothèse s'appuie sur le fait qu'en dépit de la répétition des épisodes de chasse et des réserves alimentaires, les séjours avaient une faible durée et qu'entre ceux-ci, le laps de temps paraît également faible (notamment dans le locus 46).

Morphologie sociale des Aziliens anciens du Bassin parisien

L'essor du modèle socio-économique des premiers Aziliens pourrait être lié à l'exploitation particulière d'un secteur du paysage en mosaïque dans le Bassin parisien. Ce milieu, moins ouvert que les grandes vallées alluviales de la Seine, aurait permis à certains groupes d'adopter des options économiques différentes de celles des Magdaléniens. La perception de ces changements s'exprimerait en majeure partie par le changement des tactiques de chasse et un renouvellement partiel des gibiers de prédilection.

Moins fréquent que les restes d'équidés, le cerf est assez bien représenté au Closeau (chap. 6), alors qu'il est sporadique au Magdalénien (déterminé dans l'Yonne, uniquement à Marsangy et Étigny-le-Brassot ; Poplin, 1992 ; Lhomme *et al.*, 2004). Par conséquent, la chasse dont le cerf a été l'objet au Closeau doit être considérée comme un trait cynégétique fort à l'Azilien ancien. De même, la présence dans plusieurs locii du niveau ancien du Closeau de sanglier (*Sus scrofa*) et de lion (*Panthera spelaea*), est également en rupture avec la composition des faunes chassées du Magdalénien régional (Bignon, 2003 ; Bignon, 2006a, 2007a).

Si la chasse aux chevaux du Closeau constitue un trait d'union avec les faunes chassées par les groupes magdaléniens régionaux ; paradoxalement, cet objectif cynégétique le distingue des autres sites de l'Azilien ancien du Bassin parisien (chap. 2). À Gouy, le cheval n'est pas présent, en dépit des nombreuses gravures ayant donné le nom à la grotte. En revanche, on y retrouve d'autres espèces et notamment le cerf, le sanglier et le loup. La composition faunique d'Hangest III.1 est quant à elle exclusivement réduite à un taxon, l'aurochs. Entre ces sites, ces disparités prononcées dans les choix cynégétiques des Aziliens anciens contrastent avec la présence systématique dans les sites magdaléniens des chevaux et des rennes.

Cette observation des premiers moments de la culture azilienne va dans le sens d'une homogénéité moindre des stratégies de chasse, ce qui n'est pas le cas des productions lithiques. Selon nous, cette variabilité des comportements cynégétiques illustre l'exploitation de ressources rattachées à des environnements en mosaïque, à partir d'une gamme identique de solutions techniques et tactiques. Ces manifestations sont peut-être à interpréter comme un ancrage territorial plus restrictif, se traduisant par un morcellement accru des groupes sociaux, à l'instar des scénarios mésolithiques récemment proposés (Costa, Marchand, 2006). Il doit être envisagé qu'une distinction culturelle intervient entre les Magdaléniens et les premiers groupes aziliens du Bassin parisien, par l'affranchissement des contraintes liées à une acquisition de ressources animales standardisées, dominée par le cheval et le renne. Cette différenciation, avec son cortège d'implications socio-économiques souligné plus haut, est-elle la première étape qui conduira les sociétés aziliennes de l'Alleröd à s'affranchir des contraintes liées à la recherches des matériaux lithiques de qualité constante (Valentin, 2000b) ?

Dans l'hypothèse d'une filiation culturelle, ce processus pourrait relater idéalement une tendance archéologique, occasionnant une période de transition (au sens de Virginie Guillomet-Malmassari, 2005), comme B. Valentin le décrit (*ibid.* : 257) : « Ces contraintes pesaient sur les sociétés magdaléniennes comme sur celles qui ont vécu une première phase d'azilianisation. S'en affranchir pourrait correspondre à un gain notable pour des sociétés caractérisées par une mobilité résidentielle élevée, comme le suggère divers indices économiques disponibles à propos des groupes nettement azilianisés. ».

Cependant, le Tardiglaciaire de l'Europe occidentale et centrale se caractérise par certaine effervescence. Les grands complexes culturels (Magdalénien, Creswellien, Hambourgien, Azilien – groupes à Federmesser) se développent dans de nouvelles aires par mouvements de populations, d'information, d'idées, de dispositifs (Eriksen, 2000 : 163) : « [...] *thus there will also be some degree of contemporaneity or even co-existence of different cultural traditions* ». Et de fait, la contemporanéité relative entre Aziliens anciens et Magdaléniens dans le Bassin parisien est établie au regard des datations radiocarbones, mais aussi et surtout au niveau des observations morphosédimentaires (chap. 2 ; Bodu, 1998, 2000 ; Valentin, Pigeot, 2000). Le degré d'imprécision de ces estimations chronologiques amène à considérer que leur coexistence, en sens strict, n'est pas démontrable. Malgré tout, cette hypothèse ne peut être rejetée *a priori* au regard des différences significatives des tactiques et stratégies de chasse, des proies préférentielles, des productions lithiques (mode de percussion, armatures) et des morphologies sociales respectives. Leur existence stricte est donc théoriquement plausible.

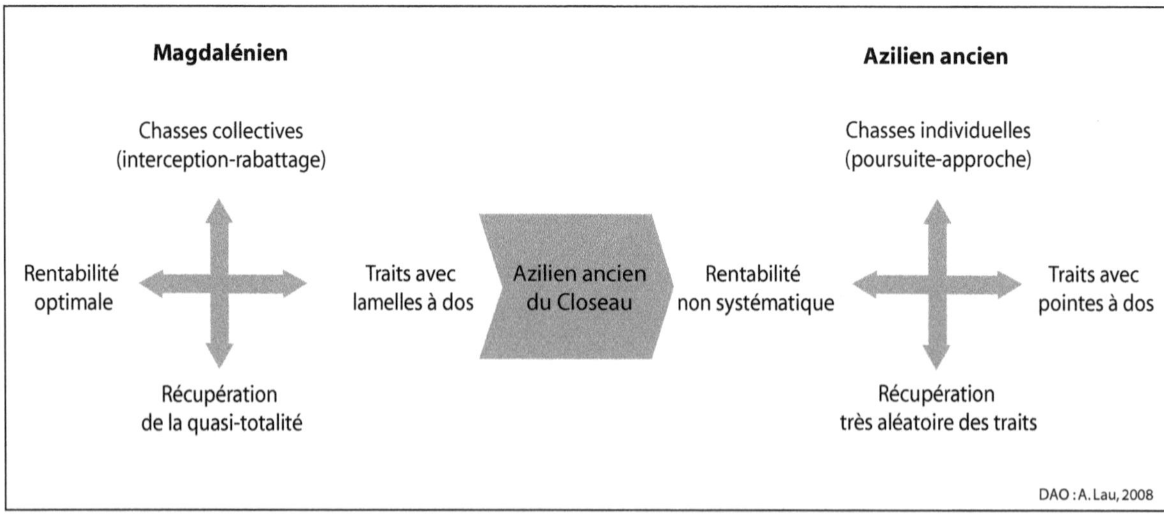

Fig. VII.4 – Modèle de changement techno-économique du Magdalénien supérieur à l'Azilien

Comme nous l'avons montré, les interrelations entre les modalités de chasse, la morphologie sociale et les milieux exploités entretiennent donc des rapports étroits. L'image du kaléidoscope, utilisé par Claude Lévi-Strauss (1962 : 50-52) pour décrire les réarrangements structuraux, illustre comment la modification d'un paramètre entraîne le basculement du système tout entier. Les dispositifs des Magdaléniens et des Aziliens anciens offre un exemple idéal pour montrer par pertinence de nos résultats archéozoologiques (*fig. VII.4*). À l'origine, J. Pelegrin (2000) a formulé l'hypothèse d'un basculement des modalités de production du silex et l'adoption de la pierre tendre, associée à de nouvelles armatures, les pointes à dos. Aussi, cette évolution technique devrait être en relation directe avec un changement des conditions de chasse. Comme nos travaux sur les chevaux l'ont montré précédemment, les tactiques de chasse des Magdaléniens et des Aziliens anciens du Bassin parisien, renforcent l'hypothèse de J. Pelegrin.

Ainsi, à l'instar des Magdaléniens, il est possible d'avancer ici aussi que les comportements cynégétiques et la mobilité des Aziliens anciens sont intimement liés aux rythmes d'agrégation-dispersion des ressources animales et de la structuration de l'environnement (Mauss, 1950 ; Torrence, 1983). Au cours de l'Alleröd, l'extension des groupes aziliens pourrait être rattachée à l'extension progressive de cette « niche » exploitée par les Aziliens anciens. En ce sens, la multiplication des occupations découvertes au Closeau permet de suivre le développement des traditions aziliennes sur le même lieu pendant plus d'un millénaire (Bodu, 1998). Parmi les rares témoins de faune qui ont pu être découverts dans ces occupations aziliennes plus récentes, Céline Bemilli (2000) a pu déterminer que ces sociétés ont continué à chasser le cheval, ainsi que des grands bovinés.

La persistance des populations de chevaux dans le Bassin parisien ne sera pas interrompue au début de l'Holocène, comme dans d'autres régions de France (Bignon, 2003), puisque les derniers chasseurs de chevaux sauvages ont été signalés à Bercy au Néolithique ancien (Tresset, 1996).

RÉFÉRENCES BIBLIOGRAPHIQUES

ALIX P., RIEU J.-L., BODU P., BRIDAULT A., VALENTIN B. (1994) – Les chasseurs de chevaux de Marolles. *Archéologia*, hors série, n° 3, p. 22-24.

ANTOINE P., FAGNART J.-P., LIMONDIN-LOZOUET N., MUNAUT A.-V. (2000) – Le Tardiglaciaire du Bassin de la Somme, éléments de synthèse et nouvelles données. *Quaternaire*, vol. 11, n° 2, p. 85-98.

AMANN R.P., THOMPSON Jr D.L., SQUIRES E.L., PICKETT B.W. (1979) – Effects of age and frequency of ejaculation on sperm production and extragonadal sperm reserves in stallions. *Journal of Reproduction and Fertility*, supplement, 27, p. 1-6.

ATKINSON T.C., BRIFFA K.R., COOPE G.R. (1987) – Seasonal temperatures in Britain during the past 22,000 years, reconstructed using beetle remains. *Nature*, vol. 325, p. 587-592.

AUDOUZE F. (1987) – The Paris Basin in magdalenian times. In : SOFFER O. (ed.), *The Pleistocene Old World: Regional Perspectives*. New York, Londres : Plenum Press, p. 183-200.

AUDOUZE F. (1992) – L'occupation magdalénienne du Bassin parisien. In : RIGAUD J.-P., LAVILLE H., VANDERMEERSCH B. (dir.), *Le Peuplement magdalénien. Paléogéographie physique et humaine*. Actes du colloque de Chancelade, 1988. Paris : Éditions du CTHS, p. 345-355.

AUDOUZE F. (1994) – Verberie. In : TABORIN Y. (dir.), *Environnements et habitats magdaléniens dans le centre du Bassin parisien*. Paris : Éditions de la Maison des sciences de l'Homme (Documents d'archéologie française n° 43), p. 167-172.

AUDOUZE F. (2006) – Essai de modélisation du cycle annuel de nomadisation des Magdaléniens du Bassin parisien. *Bulletin de la Société préhistorique française*, t. 103, n° 4, p. 683-694.

AUDOUZE F., ENLOE J.G. (1991) – Subsistence strategies and economy in the Magdalenian of the Paris Basin, France. In : BARTON R.N.E., ROBERT A.J., ROE D.A. (dir.), *The Late Glacial in North-West Europe: Human Adaptation and Environmental Change at the End of the Pleistocene*. Londres : British Archaeological Reports (Research Report, n° 77), Council for British Archaeology, p. 63-71.

AUDOUZE F., ENLOE J.G. (2002) – *Verberie. Le Buisson Campin (Oise)*. Rapport de fouilles programmées pluriannuel 2000-2002.

AUDOUZE F., CAHEN D., KEELEY L., SCHMIDER B. (1981) – Le site magdalénien du Buisson Campin à Verberie (Oise). *Gallia Préhistoire*, t. 24, fasc. 1. Paris : CNRS Éditions, p. 99-143.

AUDOUZE F., KARLIN C., CAHEN D., DE CROISSET E., COUDRET P., LARRIERE M., MASSON P., MAUGER M., OLIVE M., PELEGRIN J., PIGEOT N., PLISSON H., SCHMIDER B., TABORIN Y. (1988) – Taille du silex et finalité du débitage dans le Magdalénien du Bassin parisien. In : OTTE M. (dir), *De la Loire à l'Oder. Les civilisations du Paléolithique final dans le Nord-Ouest européen*. Colloque de l'Union internationale des sciences préhistoriques et protohistoriques, Liège, 1985. Liège : Études et recherches archéologiques de l'université de Liège, 25, British Archaeological Reports International Series, 444, vol. 1, p. 55-84.

AZÉMA M. (2006) – La représentation du mouvement au Paléolithique supérieur. Apport du comparatisme éthographique à l'interprétation de l'art pariétal. *Bulletin de la Société préhistorique française*, t. 103, n° 3, p. 479-505.

BAHLOUL K., PERELADOVA O.B., SOLDATOVA N., FISENKO G., SIDORENKO E., SEMPERE A.J. (2001) – Social organization and dispersion of introduced kulans (*Equus hemionus kulan*) and Przewalski horses (*Equus przewalskii*) in the Bukhara Reserve, Uzbekistan. *Journal of Arid Environments*, 47, p. 309-323.

BAHN P.G. (1978) – The 'unacceptable face' of the West European Upper Palaeolithic. *Antiquity*, 52, p. 183-192.

BAHN P.G. (1980) – Crib-biting: tethered horses in the Palaeolithic ? *World Archaeology*, vol. 12, n° 2, p. 212-217.

BAHN P. G. (1984a) – Pre-Neolithic control of animals in western Europe: the faunal evidence. In : GRIGSON C., CLUTTON-BROCK J., *Animals and archaeology, husbandry in Europe*. British Archaeological Reports International Series, 227, p. 27-34.

BAHN P.G. (1984b) – *Pyrenean prehistory*. Warminster : Aris and philips.

BAHN P.G. (1989) – Comments of white husbandry and herd control in the Upper Paleolithic. *Current Anthropology*, vol. 30, n° 5, p. 617-620.

BAHN P.G. (1990) – Motes and beams: a further response to white on the Upper Paleolithic. *Current Anthropology*, vol. 31, n° 1, p. 71-76.

BALLOU J.-D. (1994) – Population biology. In : BOYD L., HOUPT K.A. (eds.), *Przewalski's horse. The History and Biology of an Endangered Species*. New York : University of New York Press, p. 93-114.

BARBAULT R. (1992) – *Écologie des peuplements. Structure et dynamique de la biodiversité*. Paris : Masson.

BARNOSKY A.D., KOCH P.L., FERANEC P.L., FERANEC R.S., WING S.L., SHABEL A.B. (2004) – Assessing the causes of Late Pleistocene extinctions on the continents. *Science*, vol. 306, p. 70-75.

BARONE R. (1986) – *Anatomie comparée des mammifères domestiques*. Tome I : Ostéologie. Paris : Vigot.

BARTRAM L.E. (1993) – Ethnoarchaeology of marrow craking: implications for the recognition of prehistoric subsistence organization. In : HUDSON J. (ed.), *From Bones to Behavior: Ethnoarchaeological and Experimental Contributions to the Interpretation of Faunal Remains*. Center for Archaeological Invertigations, Occasional Paper n° 21. Board of Trustees. Southern Illinois University.

BEHRENSMEYER A.K., HILL A.P. (1980) – *Fossils in the Making. Vertebrate Taphonomy and Paleoecology*. Chicago, Londres : The University of Chicago Press.

BELL R.H.V. (1970) – The use of the herb layer by grazing ungulates in the Serengeti. In : WATSON A., *Animal Populations in Relation to their Food Resources*. Oxford : Blackwell, p. 111-127.

BELL R.H.V. (1971) – A Grazing Ecosystem in the Serengeti. *Scientific American*, vol. 225, n° 1, p. 86-93.

BEMILLI C. (1998) – La grande faune. Analyse préliminaire des séries des secteurs I, III, V et VI. In : LANG L., *Marolles-sur-Seine : Le Tureau des Gardes - Vestiges d'implantations du Paléolithique supérieur*. Document final de synthèse de diagnostique, Service régional de l'archéologie d'Île-de-France. Saint-Denis : AFAN, p. 56-77.

BEMILLI C. (2000) – Nouvelles données sur les faunes aziliennes du Closeau, Rueil-Malmaison (Hauts-de-Seine). In : PION G. (dir.), *Le Paléolithique supérieur récent : nouvelles données sur le peuplement et l'environnement*. Actes de la table ronde de Chambéry 12 au 13 mars 1999, mémoire XXVIII. Paris : Société préhistorique française, p. 29-38.

BENNETT A.F. (1999) – *Linkages in the Landscape. The Role of Corridors and Connectivity in Wildlife Conservation*. Cambridge : International Union for Conservation of Nature and Natural Resources.

BERGER J. (1986) – *Wild Horses of the Great Basin. Social Competition and Population Size*. Chicago : University of Chicago Press, 330 p.

BEYRIES S. (1998) – Le travail de la peau : essai d'interprétation des vestiges du niveau inférieur (locus 4). In : BODU P. (dir.), *« Le Closeau ». Deux années de fouille sur un gisement azilien et belloisien en bord de Seine, Rueil-Malmaison (Hauts-de-Seine)*. Document final de synthèse de sauvetage urgent. Paris : Association pour les fouilles archéologiques nationales ; Saint-Denis : Service régional de l'archéologie d'Île-de-France, p. 369-371.

BIGNON O. (1998) – *Analyses spatiales des restes fauniques du niveau à Federmesser ancien du site du Closeau (Hauts-de-Seine)*. Mémoire de DEA « Environnement et archéologie », université Paris X-Nanterre.

BIGNON O. (2000) – Analyse spatiale de la faune du site du Closeau (Hauts-de-Seine). Approche fonctionnelle et comportementale du locus 46. Table ronde du laboratoire de Préhistoire et Technologie : des comportements techniques dans la Préhistoire. *Ateliers*, n° 20, p. 207-237.

BIGNON O. (2003) – *Diversité et exploitation des équidés au Tardiglaciaire en Europe occidentale. Implication pour les stratégies de subsistance et les modes de vie au Magdalénien et à l'Azilien ancien du Bassin parisien*. Thèse de doctorat en Préhistoire, université Paris X-Nanterre, 856 p.

BIGNON O. (2005a) – La faune. In Bodu P., Chehmana L., Debout G. (eds.), *Le Gisement badegoulien du Mont-Saint-Aubin Oisy (Nièvre)*. Document final de synthèse de fouille programmée (autorisation tri-annuelle 2003-2005). Nanterre, p. 61-81.

BIGNON O. (2005b) – Habitat préférentiel et connectivité des chevaux tardiglaciaires d'Europe occidentale (*Equus caballus arcellini*, Guadelli, 1991). *Archeofauna*, 14, p. 267-284.

BIGNON O. (2006a) – De l'exploitation des chevaux aux stratégies de subsistance des Magdaléniens du Bassin parisien. *Gallia Préhistoire*, t. 48, p. 181-206.

BIGNON O. (2006b) – Chasse aux chevaux dans le Magdalénien. Interactions chasseurs-proies et implications socio-économiques. In : Sidéra I. (dir.), Vila É., Erikson P., *La Chasse. Pratiques sociales et symboliques*. Colloques de la Maison René-Ginouvès. Paris : De Broccard, p. 168-179.

BIGNON O. (2006c) – Approche morphométrique des dents déciduales d'*Equus caballus arcelini* (*sensu lato*, Guadelli 1991) : critères de détermination et estimation de l'âge d'abattage. *Comptes rendus de l'Académie des sciences-Palevol*, vol. 5, 8, p. 1005-1020.

BIGNON O. (2007a) – L'autre « Civilisation du renne »... pour une réinterprétation des stratégies cynégétiques au Magdalénien dans le Bassin parisien. In : Beyries B., Vaté V. (eds.), *Les Civilisations du renne d'hier et d'aujourd'hui : approches ethnohistoriques, archéologiques et anthropologiques*. Actes des XXVIIe rencontres internationales d'archéologie et d'histoire d'Antibes (19-21 octobre 2006). Antibes : Éditions APDCA, p. 223-241.

BIGNON O. (2007b) – Erratum/Approche morphométrique des dents déciduales d'*Equus caballus arcelini* (*sensu lato*, Guadelli 1991) : critères de détermination et estimation de l'âge d'abattage. *Comptes rendus de l'Académie des sciences-Palevol*, vol. 5, 8, p. 1005-1020.

BIGNON O. (2007c) – La faune du site magdalénien de Ville-Saint-Jacques « Le Tilloy » (sondage « Brézillon » ; Seine-et-Marne) perspectives comparatistes dans le Bassin parisien. *Bulletin de la Société préhistorique française*, t. 104, n° 2, p. 237-243.

BIGNON O., BAYLAC M., VIGNE J.-D., EISENMANN V. (2005) – Geometric morphometrics and the population diversity of Late Glacial horses in Western Europe (*Equus caballus arcelini*): phylogeographic and anthropological implications. *Journal of Archaeological Science*, 32, p. 375-391.

BIGNON O., BODU P. (2006) – Stratégie cynégétique et mode de vie à l'Azilien ancien dans le Bassin parisien : les apports de l'exploitation des chevaux du Closeau (niveau inférieur ; Rueil-Malmaison, Hauts-de-Seine). *L'Anthropologie*, vol. 3, 110, p. 401-417.

BIGNON O., EISENMANN V. (2006) – Western European Late Glacial horses diversity and its ecological implications. In : Mashkour M., Meadows R. (eds.), *Equids in the Ancient World*, vol. 3. Proceedings of 9th ICAZ « Equid Session », Durham, G.-B., august 2002, New York : Oxbow Books series, p. 161-171.

BIGNON O., ENLOE J.-G., BEMILLI C. (2006) – Chapitre II.1 : Étude archéozoologique de l'unité T125 : originalité de la chasse des rennes et des chevaux. In : Bodu P., Julien J., Valentin V., Debout G., Un dernier hiver à Pincevent : les Magdaléniens du niveau IV-0. *Gallia Préhistoire*, 48, p. 18-35.

BINFORD L.R. (1978) – *Nunamiut Ethnoarchaeology*. New York, San Francisco, Londres : Academic Press, coll. « Studies in Archaeology », 509 p.

BINFORD L.R. (1980) – Willow smoke and dogs' tails: hunter-gatherer settlement systems and archaeological site formation. *American Antiquity*, 45, 1, p. 4-20.

BINFORD L.R. (1981) – *Bones. Ancient Men and Modern Myths*. New York, Londres, Toronto : Academy Press, coll. « Studies in Archaeology », 320 p.

BINFORD L.R. (1982) – The archaeology of place. *Journal of Anthropology and Archaeology*, n° 1, p. 5-31.

BINFORD L.R. (1983) - *ln pursuit oflhe pasto: decoding the archaeological records*. Londres : Thames and Hudson, 256 p.

BJÖRCK S., WALKER M.J.C., CWYNAR L.C., JOHNSEN S., KNUDSEN K.L., LOWE J.-J., WOHLFARTH B., INTIMATE Members (1998) – An event stratigraphy for the last termination in the North Atlantic region based on the Greenland ice-core record: a proposal by the INTIMATE group. *Journal of Quaternary Science*, vol. 13, n° 4, p. 283-292.

BLONDEL J. (1995) – *Biogéographie. Approche écologique et évolutive*. Paris : Masson.

BLUMENSCHINE R.J. (1986) – Carcasse consumption sequences and the archaeological distinction of scavenging and hunting. *Journal of Human Evolution*, n° 15, p. 639-659.

BODU P. (1993) – *Analyse typotechnologique du matériel lithique de quelques unités du site magdalénien de Pincevent (Seine-et-Marne). Applications spatiales, économiques et sociales.* Thèse de l'université Paris 1 Panthéon-Sorbonne, 3 vol.

BODU P. (1995) – *Le Closeau, Rueil-Malmaison (92063003 AP/Hauts-de-Seine).* Document final de synthèse de diagnostic (1/11/94-15/01/95). Paris : Association pour les fouilles archéologiques nationales ; Saint-Denis : Service régional de l'archéologie d'Île-de-France ; Nanterre : Direction départementale de l'équipement des Hauts-de-Seine.

BODU P. (1998) – *« Le Closeau ». Deux années de fouille sur un gisement azilien et belloisien en bord de Seine, Rueil-Malmaison (Hauts-de-Seine).* Document final de synthèse de sauvetage urgent. Paris : Association pour les fouilles archéologiques nationales ; Saint-Denis : Service régional de l'archéologie d'Île-de-France, 3 vol.

BODU P. (2000) – Que sont devenus les Magdaléniens du Bassin parisien ? Quelques éléments de réponse sur le gisement azilien du Closeau (Rueil-Malmaison, France). In : VALENTIN B., BODU P., CHRISTENSEN M. (dir.), *L'Europe centrale et septentrionale au Tardiglaciaire.* Actes de la table ronde internationale de Nemours (14-15-16 mai 1997), mémoires du Musée de Préhistoire d'Île-de-France, n° 7. Nemours : Éditions APRAIF, p. 315-340.

BODU P., FAGNART J.-P. (1997) – L'Azilien et les cultures septentrionales. *Bulletin de la Société préhistorique française*, t. 94, n° 3, p. 307-308.

BODU P., VALENTIN B. (1997) – Groupes à Federmesser ou Aziliens dans le Sud et l'Ouest du Bassin parisien. Propositions pour un nouveau modèle d'évolution. *Bulletin de la Société préhistorique française*, t. 94, n° 3, p. 341-347.

BODU P., DEBOUT G., BIGNON O. (2006a) – Variabilité des habitudes tardiglaciaires dans le Bassin parisien : l'organisation spatiale et sociale de l'Azilien ancien du Closeau. *Bulletin de la Société préhistorique française*, t. 103, n° 4, p. 711-728.

BODU P., JULIEN J., VALENTIN V., DEBOUT G. (ed. sc.) (2006b) – Un dernier hiver à Pincevent : les Magdaléniens du niveau IV-0 (Pincevent, La Grande Paroisse, Seine-et-Marne). *Gallia Préhistoire*, t. 48, p. 1-180.

BODU P., AVERBOUTH A., BIGNON O., DUMARÇAY G. (2006c) – Une autre unité sur le niveau IV-0 ? L'unité Y127 de la section 44. In : BODU P., AVERBOUTH A., BIGNON O., DUMARÇAY G., Un dernier hiver à Pincevent : les Magdaléniens du niveau IV-0 (Pincevent, La Grande Paroisse, Seine-et-Marne). *Gallia Préhistoire*, t. 48, p. 140-148

BOND W.J. (1994) – Keystone species. In : SCHULZE E.D., MOONEY H.A., *Biodiversity and Ecosystem* Function. New York : Springer-Verlag, p. 237-253.

BOUMAN I., BOUMAN J. (1994) – The history of Przewalski's horse. In : BOYD L., HOUPT K.A. (eds.), *Przewalski's Horse. The History and Biology of an Endangered Species.* New York : University of New York Press, p. 5-38.

BOUVIER J.-M. (1985) – Notes et monographies *techniques* 17, p. 259-277. In : MAGNY M. (1995). *Une histoire du climat, des derniers mammouths au siècle de l'automobile.* Paris : Édition Errance, coll. « Des Hespérides ».

BOYD L. (2002) – A new generation of Przewalski's horses inhabits the Mongolian steppe. *Natural History*, vol. 3, n° 6, p. 56-61.

BOYD L., HOUPT K.A. (eds) (1994) – *Przewalski's horse. The History and Biology of an Endangered Species.* New York : University of New York Press

BRAIN C.K. (1981) – *The Hunters or the Hunted ? An Introduction to African Cave Taphonomy.* Chicago : University of Chicago Press, 384 p.

BRAVARD J.-P., MAGNY M. (2002) – *Les Fleuves ont une histoire. Paléo-environnement des rivières et des lacs français depuis 15 000 ans.* Paris : Éditions Errance.

BRIDAULT A. (1994) – Annexe - Analyse préliminaire des séries fauniques du secteur 1 Nord et du sondage 1 (fouilles de 1993). In : GOUGE P., LANG L., *Marolles-sur-Seine « Le Tureau des Gardes » 1993.* Centre départemental d'archéologie de la Bassée, Conseil général de Seine-et-Marne, p. 1-8.

BRIDAULT A. (1995) – Analyse archéozoologique de la grande faune. In : BODU P., *Le Closeau, Rueil-Malmaison* (92063003 AP/Hauts-de-Seine). Document final de synthèse de diagnostic (1/11/94-15/01/95). Paris : Association pour les fouilles archéologiques nationales ; Saint-Denis : Service régional de l'archéologie d'Île-de-France ; Nanterre : Direction départementale de l'équipement des Hauts-de-Seine, p. 66-74.

BRIDAULT A. (1996) – Le problème de l'exploitation du gibier au « Tureau des Gardes » (Marolles-sur-Seine, Seine-et-Marne). In : PAUTRAT Y., THÉVENIN A. (dir.), *Paléolithique supérieur et Épipaléolithique dans le Nord-Est de la France.* Table ronde, Dijon, 1995. Dijon : Cahiers archéologiques de Bourgogne, n° 8, p. 141-151.

BRIDAULT A. (1997) – Chasseurs, ressources animales et milieux dans le Nord de la France, de la fin du Paléolithique à la fin du Mésolithique : problématique et état de la recherche. In : FAGNART J.-P., THÉVENIN A. (dir.), *Le Tardiglaciaire en Europe du Nord-Ouest.* Colloque du CTHS, Amiens, 1994. Paris : Éditions du CTHS, p. 165-176.

BRIDAULT A., BEMILLI C. (1999) – La chasse et le traitement des animaux. In : JULIEN M., RIEU J.-L. (dir.), *Occupations du Paléolithique supérieur dans le Sud-Est du Bassin parisien.* Paris : Éditions de la Maison des sciences de l'Homme (Documents d'archéologie française n° 78), p. 50-64.

BRIDAULT A., BIGNON O., BEMILLI C. (2003) – L'exploitation du cheval au Tardiglaciaire dans le Bassin parisien. In : COSTAMAGNO S., ENLOE J.G. (eds.), *Mode de vie au Magdalénien : l'apport de l'archéozoologie.* Actes du XIVe congrès IUSPP. de Liège (11 sept. 2001). Oxford : British Archaeological Reports International Series, 1144, p. 33-45.

BRIDAULT A., LANG L., RIEU J.-L. (1996) – Occupations magdaléniennes en Bassée. Notes et informations. *Bulletin du Groupement archéologique de Seine-et-Marne*, n° 32-34, p. 289-293.

BRIDAULT A., LANG L., RIEU J.-L. (1997) – Les sites magdaléniens du Grand Canton et du Tureau des Gardes à Marolles-sur-Seine (Seine-et-Marne). In : THÉVENIN A., VILLES A. (dir.), *Le Paléolithique supérieur de l'Est de la France : de l'Aurignacien à l'Ahrensbourgien.* Actes de la table ronde de Chaumont, 1994. Reims : Mémoire de la Société archéologique champenoise, 13, p. 119-128.

BUNN H. (1983) – Comparative analysis of modern bone assemblages from a San hunter-gatherer camp in the Kalahari desert, Botswana, and from a spotted hyena den near Nairobi, Kenya. In : CLUTTON-BROCK J., GRIGSON C., *Animal and Archaeology. 1. Hunters and their Prey.* Oxford : British Archaeological Reports International Series, 163, p. 143-148.

BUNN HT, KROLL E.M. (1986) – Systematics butchery by Plio-Pleistocene hominids at Olduvai Gorge, Tanzania. *Current Anthropology*, n° 27, p. 431-452.

CAMAZINE S., DENEUBOURG J.-L., FRANKS N.R., SNEYD J., THELAURAZ G., BONABEAU B. (2001) – *Self-Organization in Biological Systems.* Princeton : Princeton University Press, coll. « Princeton Studies in Complexity ».

CAMPITELLI S., CARENZI C., VERGA M. (1982) – Factors which influence parturition in the mare and and development in the foal. *Applied Animal Ethology*, n° 9, p. 7-14.

CATLIN G. (1844) – *North American Indians.* New York : Dover Publications, Inc., 2 vol.

CHAIX L., MENIEL P. (1996) – *Éléments d'archéozoologie.* Paris : Errance.

CHATELAIN E. (1992) – *Dents, diagnose de l'âge des animaux domestiques.* Laboratoire d'anatomie de l'école nationale vétérinaire de Lille.

CHAUSSÉ C. (2005) – Les horizons pédologiques du Closeau à Rueil-Malmaison (92). Premiers éléments de diagnose. In : VALENTIN B., BODU P., JULIEN M. (dir.), *Projet collectif de recherche 2003-2005, « Habitats et peuplements tardiglaciaires du Bassin parisien »*, région Centre-Nord, SRA d'Île-de-France, p. 87-93.

CHERNOV Y.I. (1985) – *The Living Tundra.* Cambridge : Cambridge University Press (Studies in Polar Research).

CHOLLET A. (1960) – *Carte géomorphologique du Bassin parisien.* Paris : CNRS Éditions.

CHVALA M., LYNEBORG L., MOUCHA J. (1972) – *The Horse Flies of Europe.* Copenhague : Entomological Society of Copenhagen.

CLUTTON-BROCK J. (1992) – *Horse Power. A History of the Horse and the Donkey in Human Societies.* Londres : Natural History Museum Publications.

COOPE G.R., ELIAS S.A. (2000) – The environment of Upper Palaeolithic (Magdalenian and Azilian) hunters at Hauterive-Champréveyres, Neuchâtel, Switzerland, interpreted from coleopteran remains. *Journal of Quaternary Science*, vol. 15, n° 2, p. 157-175.

COOPE G.R., LEMDAHL G., LOWE J.J., WALKLING A. (1998) – Temperature gradients in Northern Europe during the last glacial-Holocene transition (14-9 14C kyr BP) interpreted from coleopteran assemblages. *Journal of Quaternary Science*, vol. 13, n° 5, p. 419-433.

CORDY J.-M. (1990) – La faune du Tardiglaciaire en Haute-Normandie. In : FOSSE G., ROPARS A., HABASQUE G. (dir.), *Derniers chasseurs. Premiers agriculteurs.* Actes du Museum de Rouen. Rouen : Direction régionale des affaires culturelles ; Direction des antiquités préhistoriques de Haute-Normandie, p. 13-14.

COSTAMAGNO S. (1999) – *Stratégies de chasse et fonction des sites au Magdalénien dans le Sud de la France.* Thèse de doctorat en préhistoire et géologie du Quaternaire, Bordeaux : Université de Bordeaux I.

COUDRET P., FAGNART J.-P. (1997) – Les industries à Federmesser dans le bassin de la Somme : chronologie et identité des groupes culturels. *Bulletin de la Société préhistorique française*, t. 94, n° 3, p. 349-359.

COUDRET P., LARRIERE-CABIRAN M., OLIVE M., PIGEOT N., TABORIN Y. (1994) – Étiolles. In : TABORIN Y. (dir.), *Environnements des habitats magdaléniens dans le centre du Bassin parisien.* Paris : Édition de la Maison des sciences de l'Homme (Documents d'archéologie française n° 43), p. 132-146.

DAVID F. (1972) – Annexe III - Témoins osseux. In LEROI-GOURHAN A., BRÉZILLON M., *Fouilles de Pincevent : essai d'analyse ethnographique d'un habitat magdalénien (la section 36).* Paris : CNRS Éditions (VIIe supplément à *Gallia Préhistoire*), p. 295-320.

DAVID F. (1994) – La faune de mammifères de Pincevent et de Verberie. In : TABORIN Y. (dir.), *Environnements et habitats magdaléniens dans le centre du Bassin parisien.* Paris : Éditions de la Maison des sciences de l'Homme (Documents d'archéologie française n° 43), p. 105-110.

DAVID F., ORLIAC M. (1994) – Pincevent. In : TABORIN Y. (dir), *Environnements et habitats magdaléniens dans le centre du Bassin parisien.* Paris : Éditions de la Maison des sciences de l'Homme (Documents d'archéologie française n° 43), p. 154-166.

DEBOUT G., BIGNON O., ENLOE J.G. (2006) – Répartition des témoins animaux : une gestion de l'espace rythmée par les saisons ? In BODU P., JULIEN J., VALENTIN V., DEBOUT G., Un dernier hiver à Pincevent : les Magdaléniens du niveau IV-0. *Gallia Préhistoire*, t. 48, p. 134-135.

DEBOUT G. (préparation, 2008) – *Le Passage du Magdalénien à l'Azilien dans le Bassin parisien. Analyse de la séquence stratigraphique de Pincevent (Seine-et-Marne) et du niveau inférieur du Closeau (Hauts-de-Seine).* Thèse de doctorat, en Préhistoire, université Paris 1 Panthéon-Sorbonne.

DEGROS J., SCHMIDER B., VALENTIN B. (1994) – Ville-Saint-Jacques. In : TABORIN Y. (dir), *Environnements et habitats magdaléniens dans le centre du Bassin parisien.* Paris : Éditions de la Maison des sciences de l'Homme (Documents d'archéologie française n° 43), p. 176-178.

DELOZE V., KRIER V. (1999) – Le contexte géographique de la région. In : JULIEN M., RIEU J.-L. (dir.), *Occupations du Paléolithique supérieur dans le Sud-Est du Bassin parisien.* Paris : Éditions de la Maison des sciences de l'Homme (Documents d'archéologie française n° 78), p. 16.

DELPECH F. (1999) – Biomasse d'ongulés au Paléolithique et inférences sur la démographie. *Paleo*, n° 11, p. 19-42.

DEMESSE L. (1980) – *Techniques et économie des pygmées Babinga.* Paris : Institut d'ethnologie, Musée de l'Homme.

DEMOULE J.-P (1995) – Les datations au carbone 14 sont-elles utiles ? *Revue archéologique ouest*, supplément n° 7, p. 135-138.

DJINDJIAN F. (2000) – Identité, chronologie et territoires du Magdalénien en Europe occidentale : questions posées. In : PION G., *Le Paléolithique supérieur récent : nouvelles données sur le peuplement et l'environnement.* Actes de la table ronde de Chambéry, mémoire XXVIII. Paris : Société préhistorique française, p. 95-112.

DRUCKER D. (2001) – *Validation méthodologique de l'analyse isotopique d'ossements fossiles et apports aux reconstructions paléoécologiques du Paléolithique supérieur du Sud-Ouest de la France.* Thèse de doctorat en géochimie, université Paris 6 Pierre et Marie Curie.

DRUCKER D. (2006) – Teneurs en carbone-13 et en azote-15 du collagène de grands mammifères du site d'Étiolles. In : OLIVE M. (dir.), *Étiolles.* Rapport triennal 2004-2006. Nanterre, MAE, p. 57-65.

DRUCKER D., BOCHERENS H., BRIDAULT A., BILLIOU D. (2003a) – Cabon and nitrogen isotopic composition of red deer (*Cervus elaphus*) collagen as a tool for tracking palaeoenvironnemental change during the Late-Glacial and Early Holocene in the Northern Jura (France). *Palaeo*, 195, p. 375-388.

DRUCKER D., BOCHERENS H., BILLIOU D. (2003b) – Evidence for shifting environmental conditions in Southwestern France from 33,000 to 15,000 years ago derived from carbon-13 and nitrogen-15 natural abundances in collagen of large herbivores. *Earth and planetary science letters*, 216, p. 163-173.

DUCOS P. (1968) – *L'Origine des animaux domestiques en Palestine*. Bordeaux : Institut de Préhistoire de l'université de Bordeaux VI.

DUNCAN P. (1992) – *Horses and Grasses. The Nutritional Ecology of Equids and their Impact on the Camargue*. Berlin : Springer.

DUNCAN P., COWTAN P. (1980) – An unusual choice of habitat helps horses avoid biting flies. *Biology of Behaviour*, n° 5, p. 55-60.

DUNCAN P., VIGNE J.-D. (1979) – The effect of group size in horses on the rate of attacks by blood-sucking flies. *Animal Behaviour*, n° 27, p. 623-625.

ENLOE J.G. (1991) – *Subsistence Organization in the Upper Paleolithic: Carcass Refitting and Food Sharing at Pincevent*. Doctoral dissertation, University of New Mexico.

ENLOE J.G. (1992) – Le partage de la nourriture à partir des témoins archéologiques : une application ethnoarchéologique. In : GALLAY A., AUDOUZE F., ROUX V. (eds.), *Ethnoarchéologie : justification, problèmes, limites*. Actes des XIIe rencontres internationales d'archéologie et d'histoire d'Antibes. Juan-les-Pins : Éditions APDCA, p. 307-323.

ENLOE J.G. (1997) – Seasonality and age structure in remains of *Rangifer tarandus*: Magdalenian hunting strategy at Verberie. In : KOKABI M., WAHL J. (eds), *Anthropozoologica*, n° 25-26. Actes du 7e colloque international d'archéozoologie (Konstanz, 26/09/1994-01/10/1994). Paris : HASRI, p. 95-102.

ENLOE J.G. (2000a) – Le Magdalénien du Bassin parisien au Tadiglaciaire : la chasse au rennes comparée à celle d'autres espèces. In : PION G. (dir.), *Le Paléolithique supérieur récent : nouvelles données sur le peuplement et l'environnement*. Actes de la table ronde de Chambéry 12 au 13 mars 1999, mémoire XXVIII. Paris : Société préhistorique française, p. 39-45.

ENLOE J.G. (2000b) – Readaptation: changes in Magdalenian subsistence and social organization. In : PETERKIN G.L., PRICE H.A. (eds), *Regional Approaches to Adaptation in Late Pleistocene Western Europe*. Oxford : British Archaeological Reports International Series, 896, p. 115-120.

ENLOE J.G. (2000c) – Chasse au cheval dans le Bassin parisien. *La Recherche*, n° 332, p. 20-22.

ENLOE J.G. (2003) – Food sharing past and present: archaeological evidence for economic and social interactions. *Before Farming*, 1, n° 1, p. 1-17.

ENLOE J.G. (2007) – L'écologie du renne et les adaptations des chasseurs : un apercu du Paléolithique. In : BEYRIES B., VATÉ V. (eds.), *Les Civilisations du renne d'hier et d'aujourd'hui : approches ethnohistoriques, archéologiques et anthropologiques*. Actes des XXVIIe rencontres internationales d'archéologie et d'histoire d'Antibes (19-21 octobre 2006). Antibes : Éditions APDCA, p. 209-222.

ENLOE J.G., AUDOUZE F. (1997) – Le rôle de l'environnement dans la vie des chasseurs magdaléniens du Bassin parisien. In : FAGNART J.-P., THÉVENIN A. (dir.), *Le Tardiglaciaire en Europe du Nord-Ouest*. Colloque du CTHS, Amiens, 1994. Paris : Éditions du CTHS., p. 177-186.

ENLOE J.G., DAVID F. (1989) – Le remontage des os par individus : le partage du renne chez les Magdaléniens de Pincevent (La Grande Paroisse, Seine-et-Marne). *Bulletin de la Société préhistorique française*, t. 86, n° 9, p. 275-281.

ENLOE J.G., DAVID F. (1992) – Food sharing in the Paleolithic: carcass refitting at Pincevent. In : HOFFMAN J.-L., ENLOE J.G. (eds.), *Piecing together the past: applications of refitting studies in archaeology*. Oxford : British Archaeological Reports International Series, 578, p. 296-315.

ENLOE J.G., DAVID F. (1997) – Rangifer herb behavior: Seasonality of hunting in the Magdalenian of the Paris Basin. In : JACKSON L.J., THACKER P.T., *Caribou and Reindeer Hunters of the Northern Hemisphere*. Worldwide Archaeology Series 6. Brookfiels : Avebury Press, p. 52-68.

ENLOE J.G., DAVID F., HARE T.S. (1994) – Patterns of faunal processing at section 27 of Pincevent: the use of spatial analysis and ethnoarchaeological data in the interpretation of archaeological site structure. *Journal of Anthropological Archaeology*, n° 13, p. 105-124.

ERIKSEN B.V. (1991) – *Change and continuity in a prehistoric hunter-gatherer society: a study of cultural adaptation in late glacial-early postglacial southwestern Germany*. Archaeologica Venatoria, 12. Tübingen : Archaeologica Venatoria, Institut für Urgeschichteder Universität Tübingen, 232 p.

ERIKSEN B.V. (2000) – Patterns of ethnogeographic variability in Late Pleistocene Northwestern Europe. In : PETERKIN G.L., PRICE H.A. (eds.), *Regional Approaches to Adaptation in Late Pleistocene Western Europe.* Oxford : British Archaeological Reports International Series, 896, p. 147-168.

FARB P. (1968) – *Man's Rise to Civilization as shown by the Indians of North America.* New York : Dutton.

FAGNART J.-P. (1992) – Le Paléolithique final dans le Nord de la France : le Magdalénien et les cultures septentrionales. In : RIGAUD J.-P., LAVILLE H., VANDERMEERSCH B. (dir.), *Le Peuplement magdalénien. Paléogéographie physique et humaine.* Actes du colloque de Chancelade, 1988. Paris : Éditions du CTHS, p. 247-258.

FAGNART J.-P., COUDRET P. (2000) – Données récentes sur le Tardiglaciaire du bassin de la Somme. In : PION G., *Le Paléolithique supérieur récent : nouvelles données sur le peuplement et l'environnement.* Actes de la table ronde de Chambéry, mémoire XXVIII. Paris : Société préhistorique française, p. 113-126.

FERNANDEZ P. (2001) – *Étude paléontologique et archéozoologique des niveaux d'occupations moustériens au Bau de l'Aubesier (Monieux, Vaucluse) : implications biochronologiques et palethnologiques.* Thèse de 3e cycle, université Claude Bernard - Lyon I.

FERNANDEZ P., LEGENDRE S. (2003) – Mortality curves for horses from the Middle Palaeolithic site of Bau de l'Aubener (Vaucluse, France) : methodological, palaeo-ethnological, and palaeo-ecological approaches. *Journal of Archaeological Science,* vol. 30, 12, p. 1577-1598.

FONTANA L. (1998) – Mobilité et subsistance au Magdalénien supérieur et final en Auvergne. In : BRUGAL J.-P., MEIGNEN L., PATOU-MATHIS M. (eds.), *Économie préhistorique : les comportements de subsistance au Paléolithique.* Actes des XVIIIe rencontres internationales d'archéologie et d'histoire d'Antibes. Sophia Antipolis : Éditions APDCA, p. 373 -386.

FONTANA L. (2000) – La chasse au renne au Paléolithique supérieur dans le Sud-Ouest de la France : nouvelles hypothèses de travail. *Paleo,* n° 12, p. 141-164.

FOSSE P. (1994) – L'hyène des cavernes comme agent d'accumulation des ossements à Lunel-Viel 1 (Hérault, France) : Observations préliminaires. In : PATOU-MATHIS M., *Outillage peu élaboré en os et en bois de cervidés : taphonomie, bone modification.* Artefacts 9, VIe table ronde. Belgique : Éditions du Centre d'études et de documentation archéologiques, p. 91-96.

FRITZ C., TOSELLO G. (2001) – Le cheval, acteur privilégié de l'art paléolithique. In : BRUN P. (dir.), *Le Cheval, symbole de pouvoir dans l'Europe préhistorique.* Exposition du 31 mars au 12 novembre 2001. Nemours : Musée de Préhistoire d'Île-de-France, p. 14-30.

GALLAY A. (1986) – *L'Archéologie demain.* Paris : Belfond Science.

GARCIA M.C., FREEDMAN J., GINTHER O.J. (1979) – Interaction of seasonal and ovarian factors in the regulation of LH and FSH secretion in the mare. *Journal of Reproduction and Fertility,* supplement, 27, p. 103-111.

GIFFORD-GONZALEZ D. (1989) – Ethnographic analogues for interpreting modified bones: some cases from East Africa. In : BONNICHSEN R., SORG M.H. (eds.), *Bone Modification.* Maine : University of Maine, p. 179-246.

GOUGE P., LANG L. (1994) – *Marolles-sur-Seine « Le Tureau des Gardes » 1993.* Centre départemental d'archéologie de la Bassée, Conseil général de Seine-et-Marne.

GOUGE P., MORDANT D. (1994) – *Campement de chasseurs magdaléniens à Marolles-sur-Seine (Seine-et-Marne) - Le Tureau des Gardes (1991-1993) bilan et évaluation.* Centre départemental d'archéologie de la Bassée, Conseil général de Seine-et-Marne.

GROVES C.P. (1974) – *Horses, Asses and Zebras in the Wild.* Devon : David & Charles.

GUADELLI J.-L. (1991) – Les chevaux de Solutré (Saône et Loire, France). In : RAYNAL J.-P., MIALLIER D. (dir.), *Datation et caractérisation des milieux pléistocènes.* Actes des symposiums 11 et 17 de la 11e RST, Clermont-Ferrand, 1 986. *Cahiers du Quaternaire,* vol. 16. Paris : CNRS Éditions, p. 261-336.

GUADELLI J.-L. (1998) – Détermination de l'âge des chevaux fossiles et établissement des classes d'âge. *Paleo,* 10, p. 87-93.

GUILLOMET-MALMASSARI V. (2005) – Le développement de la Préhistoire au XIXe siècle : un apprivoisement du temps. *Bulletin de la Société préhistorique française,* t. 102, n° 4, p. 709-714.

GUTHRIE R.D. (1982) – Mammals of the mammoth steppe as paleoenvironmental indicators. In : HOPKINS D.M., MATTHEWS J.R. J.V., SCHWEGER C.E., YOUNG S.B. (eds), *Paleoecology of Beringia.* New York, Londres : Academic Press, p. 307-328.

GUTHRIE R.D. (1984) – Mosaïcs, allelochemics and nutrients. An ecological theory of late Pleistocene megafaunal extinctions. In : MARTIN P.S., KLEIN R.G. (eds.), *Quaternary Extinctions. A Prehistoric Revolution.* Arizona : University of Arizona Press, p. 259-298.

GUTHRIE R.D. (1990) – *Frozen Fauna of the Mammoth Steppe: the Story of the Blue Babe.* Chicago : University of Chicago Press.

HABERMEHL K.H. (1975) – *Die Altersbestimmung bei Haus-und Labortieren.* Berlin : Paul Parey Verlag.

HODGE F.W. (1907) – *Handbook of American Indians of Mexico.* Washington : Gouvernment printing office, vol. 1.

HOEBEL E.A. (1960) – *The Cheyenne Indians of the Great Plains.* New York : Holt, Rinehart and Winston (Cases studies in cultural anthropology).

HOPKINS D.M., MATTHEWS J.V. Jr, SCHWEGER S.B., YOUNG S.B. (1982) – *Paleoecology of Beringia.* New York : Academic Press.

HOUPT K.A., BOYD L. (1994) – Social behavior. In : BOYD L., HOUPT K.A. (eds.), *Przewalski's Horse. The History and Biology of an endangered Species.* New York : University of New York Press, p. 229-254

HUGHES J.P., STABENFELDT G.H., EVANS J.W. (1975) – The oestrous cycle of the mare. *Journal of Reproduction and Fertility*, supplement, 23, p. 161-166.

JULIEN M. (1989) – Activités saisonnières et déplacements des Magdaléniens dans le Bassin parisien. In : RIGAUD J.-P. (dir.), *Le Magdalénien en Europe. La Structuration du Magdalénien.* Colloque UISPP, Mayence. Liège : Études et recherches archéologiques de l'université de Liège, 38, p. 177-191.

JULIEN M. (2006) – À la recherche des campements d'hiver dans le Magdalénien du Bassin parisien. *Bulletin de la Société préhistorique française*, t. 103, n° 4, p. 695-710.

JULIEN M., KARLIN C. (2007) – Variations saisonnières chez des Magdaléniens et des Sibériens. Approche ethnoarchéologique. In : BEYRIES B., VATÉ V. (eds.), *Les Civilisations du renne d'hier et d'aujourd'hui : approches ethnohistoriques, archéologiques et anthropologiques.* Actes des XXVIIe rencontres internationales d'archéologie et d'histoire d'Antibes (19-21 octobre 2006). Antibes, éditions APDCA, p. 163-184.

JULIEN M., AUDOUZE F., BAFFIER D., BODU P., COUDRET P., DAVID F., GAUCHER G., KARLIN C., LARRIERE M., MASSON P., OLIVE M., ORLIAC M., PIGEOT N., RIEU J.-L., SCHMIDER B., TABORIN Y. (1988) – Organisation de l'espace et fonction des habitats magdaléniens du Bassin parisien. In : OTTE M. (dir.), *De la Loire à l'Oder. Les civilisations du Paléolithique final dans le Nord-Ouest européen.* Actes du colloque (Union internationale des sciences préhistoriques et protohistoriques), Liège, 1985. Oxford : British Archaeological Reports International Series, 444. Liège : Études et recherches archéologiques de l'université de Liège, 25, vol. 1, p. 85-123.

JULIEN M., RIEU J.-L. (dir.) (1999) – *Occupations du Paléolithique supérieur dans le Sud-Est du Bassin parisien.* Paris : Éditions de la Maison des sciences de l'Homme (Documents d'archéologie française n° 78).

KEHOE A.B. (1 981) – *North American Indians. A Comprehensive Account.* New Jersey : Brentice-Hall.

KEIPER R.R. (1985) – *The Assateague Ponies.* Maryland : Tidewater

KELLY R.L. (1983) – Hunter-gatherer mobility strategies. *Journal of Archaeological Research*, vol. 39, n° 3, p. 277-304.

KLER J. (2001) – Tactique utilisée par les juments pour protéger leurs poulains des loups. *Anda*, n° 41, p. 33.

KLINGEL H. (1975) – Social organization and reproduction in equids. *Journal of Reproduction and Fertility*, supplement, 23, p. 7-11.

KLINGEL H. (1982) – Social organization of feral horses. *Journal of Reproduction and Fertility*, supplement, 32, p. 89-95.

KNECHT H. (1997) – Projectile points of bone, antler, and stone. In : KNECHT H. (ed.), *Projectile Technology.* New York : Plenum Press, p. 191-212.

KRUUK H. (1964) – Predators and anti-predator behaviour of the black-headed gull, Larus ridibundis L. *Behaviour*, supplement, 11.

KRUUK H. (1972) – *The Spotted Hyena. A Study of Predation and Social Behavior.* Chicago, Londres : University of Chicago Press.

LAM Y. M, CHEN X, MAREAN C.W., FREY C.J. (1998) – Bone density and long bone representation in archaeological faunas: Comparing results from CT and Photon Densitometry. *Journal of Archaeological Science,* 25, p. 559-570.

LAM Y.M, CHEN X., PEARSON O.M. (1999) – Intertaxonomic variability in patterns of bone density and the differential representation of bovid, cervid, and equid elements in the archaeological record. *American Antiquity*, 64(2), p. 343-362.

LANG L. (1998) – Marolles-sur-Seine : Le Tureau des Gardes. Vestiges d'implantations du Paléolithique supérieur. Document final de synthèse de diagnostique, Service régional de l'archéologie d'Île-de-France. Saint-Denis : AFAN.

LAWTON J.H., BROWN V.K. (1994) – Redundancy in Ecosystems. In : SCHULZE E.D., MOONEY H.A. (eds), *Biodiversity and Ecosystem Function*. New York : Springer-Verlag, p. 255-270.

LEESCH D. (1997) – *Hauterive-Champréveyres, 10. Un campement magdalénien au bord du lac de Neuchâtel : cadre chronologique et culturel, mobilier et structures (secteur 1).* Neuchâtel : Musée cantonal d'archéologie (Archéologie neuchâteloise n° 19).

LEHMAN S.J., KEIGWIN L.D. (1992) – Sudden changes in North Atlantic circulation during the last glaciation. *Nature*, 356, p. 757-762.

LEROI-GOURHAN A. (1964, rééd. 1991) – *Le Geste et la parole. II - La Mémoire et les rythmes.* Paris : Albin Michel.

LEROI-GOURHAN A., BRÉZILLON M. (1966) – L'Habitation magdalénienne n° 1 de Pincevent, près de Montereau (Seine-et-Marne). *Gallia Préhistoire*, t. 9, 2, p. 263-371.

LEROI-GOURHAN A., BRÉZILLON M. (1972) – *Fouilles de Pincevent : essai d'analyse ethnographique d'un habitat magdalénien (la section 36).* Paris : CNRS Éditions (VIIe supplément à *Gallia Préhistoire*).

LEROYER C. (1994) – Le paysage végétal au Tardiglaciaire : apport de la palynologie. In : TABORIN Y. (dir.), *Environnements et habitats magdaléniens dans le centre du Bassin parisien*. Paris : Éditions de la Maison des sciences de l'Homme (Documents d'archéologie française n° 43), p. 59-68.

LEROYER C., ALLENET G. (2001) – Évolution des végétations tardiglaciaires dans les fonds de vallées du Bassin parisien. In : JULIEN M., BODU P., VALENTIN B. (coord.), *Rapport 2001. Projet collectif de recherche « Habitats et Peuplements du Tardiglaciaire dans le Bassin parisien ».* Nanterre : Maison René-Ginouvès - Archéologie et ethnologie, p. 2-6.

LEROYER C., PASTRE J.-F., FONTUGNE M., LIMONDIN-LOZOUET N. (1997) – Le Tardiglaciaire et le début de l'Holocène dans le bassin aval de la Marne (Seine-et-Marne, France) : Chronostratigraphie et environnement des occupations humaines. In : FAGNART J.-P., THÉVENIN A., *Le Tardiglaciaire en Europe du Nord-Ouest.* Paris : Éditions du CTHS, p. 151-164.

LEROYER C., ALLENET G., CHAUSSÉ C. (2005) – Nouveaux éléments pour le séquençage tardiglaciaire du Bassin de Paris : l'exemple de Bazoches-lès-Bray (77). In : VALENTIN B., BODU P., JULIEN M. (dir.), *Projet collectif de recherche 2003-2005, « Habitats et peuplements tardiglaciaires du Bassin parisien »*, région Centre-Nord, SRA d'Île-de-France, p. 53-85.

LEVESQUE A.J., MAYLE F.E., WALKER I.R., CWYNAR L.C. (1993) – The amphi-Atlantic oscillation: a proposed Late-Glacial climatic event. A contribution to the North Atlantic Seaboard Programme of IGCP-253, Termination of the Pleistocene. *Quaternary Sciences Review*, 12, p. 629-643.

LEVINE M.A. (1979) – *Archaeo-zoological Analysis of some Upper Pleistocene Horse Bone Assemblages in Western Europe*. PhD. Thesis, University of Cambridge.

LEVINE M.A. (1982) – The use of crown height measurement and eruption-wear sequenses to age horse teeth. In : WILSON B., GRISON C., PAYNE S., *Ageing and Sexing Animal Bones from Archaeological Sites.* British Archaeological Reports International Series, 109, p. 223-250.

LEVINE M.A. (1983) – Mortality models and the interpretation of population horse structure. In : BAILEY G.N. (ed.), *Hunter-Gatherers Economy in Prehistory*. Cambridge : Cambridge University Press, p. 23-46.

LEVINE M.A. (1990) – Dereivka and the problem of horse domestication. *Antiquity*, 64, p. 727-740.

LEVINE M.A. (1999) – The origins of horse husbandry on the Eurasian Steppe. Late Prehistoric Exploitation of the Eurasian Steppe. In : LEVINE M.A., RASSAMAKIN Y.Y., KISLENKO A.M., TATARINTSEVA N.S. (eds), *Late Prehistoric Exploitation of the Eurasian Steppe*. Cambridge : McDonald Institute, p. 5-58.

LEVI-STRAUSS C. (1962, rééd. 1992) – *La Pensée sauvage*. Paris : Plon (Presses Pocket/Agora).

LIMONDIN-LOZOUET N. (1998) – *Successions malacologiques du Tardiglaciaire sur l'évolution des malacofaunes de fonds de vallées en Europe du Nord-Ouest*. Annales littéraires de l'université de France-Comté. Actes du colloque « Équilibres et ruptures dans les écosystèmes durant les vingt derniers millénaires », Besançon, 2000.

LIMONDIN-LOZOUET N., BRIDAULT A., LEROYER C., PONEL P., ANTOINE P., CHAUSSÉ C., MUNAUT A.-V., PASTRE J.-F. (2002) – Évolution des écosystèmes de fonds de vallée en France septentrionale au cours du Tardiglaciaire : l'apport des indicateurs biologiques. In : BRAVARD J.-P., MAGNY M. (dir.), *Les Fleuves ont une histoire. Paléo-environnement des rivières et des lacs français depuis 15 000 ans*. Paris : Éditions Errance, p. 45-62.

LISTER A.M. (1991) – Late glacial mammoths in Britain. In : BARTON N., ROBERTS A.J., ROE D.A. (eds.), *The Late Glacial in North-West Europe: Human Adaptation and Environmental Change at the End of the Pleistocene*. Oxford : Alden Press. CBA Research Report, no 77, p. 51-59.

LISTER A.M., SHER A.V. (2001) – The origin and evolution of the woolly mammoth. *Science*, vol. 294, p. 1094-1097.

LOWE J.-J., the NASP Members (1995) – Palaeoclimate of the North Atlantic seaboards during the Last Glacial-Interglacial transition. *Quaternary International*, vol. 28, p. 51-61.

LYMAN R.L. (1994) – *Vertebrate Taphonomy*. Cambridge : Cambridge University Press.

McNAUGHTON S.J. (1984) – Grazing lawns: animals in herbs, plant form and coevolution. *The American Naturalist*, vol. 124, n° 6, p. 863-886.

McNAUGHTON S.J. (1994) – Bioldiversity and function of grazing ecosystems. In : SCHULZE E.D., MOONEY H.A., *Biodiversity and Ecosystem Function*. New York : Springer-Verlag, p. 361-383.

McPHEE R.D.E., TIKHONOV A.N., MOL D., DE MARLIAVE C., VAN DER PLICHT H., GREENWOOD A.D., FLEMMING C., AGENBROAD L. (2002) – Radiocarbon chronologies and extinction dynamics of the late Quaternary mammalian megafauna of the taimyr Peninsula, Russian federation. *Journal of Archaeological Science*, n° 29, p. 1017-1042.

MAGNY M. (1995) – *Une histoire du climat, des derniers mammouths au siècle de l'automobile*. Paris : Édition Errance, coll. « Des Hespérides ».

MAJ E. (2003) – *Ethnoequid. Mission en Iakoutie*. Rapport scientifique, programme de recherche Institut Paul-Emile Victor, 2003-2004. Paris.

MAJ E. (2004) – *Ethnoequid. Mission en Iakoutie*. Rapport scientifique, programme de recherche Institut Paul-Emile Victor, campagne d'été 2004. Paris.

MARKOVA A. (2002) – Identification de la microfaune hors spermophilus. In : AUDOUZE F., ENLOE J.G., *Verberie. Le Buisson Campin (Oise)*. Rapport de fouilles programmées pluriannuel 2000-2002, p. 72bis.

MARTIN P.S., KLEIN R.G. (eds) (1984) – *Quaternary Extinctions. A Prehistoric Revolution*. Arizona : University of Arizona Press

MAUSS M., (1950, rééd. 1993) – *Sociologie et anthropologie*. Paris : Presses universitaires de France.

MERKT H., JACOBS K.O., KLUG E., AUKES E. (1979) – An analysis of stallion fertility rates (foals born alive) from the breeding documents of the landgestüt celle over a 158-Year period. *Journal of Reproduction and Fertility*, supplement, 27, p. 73-77.

MILLER R., DENNISTON R.H. (1979) – Interband dominance in feral horses. *Zeitschrift für tierpsychologie*, n° 51, p. 41-47.

MOEHLMAN P. (1974) – *Behavior and Ecology of Feral Asses* (Equus asinus). Ph.D. Diss., Madison, University of Wisconsin.

MOHR E. (1971) – *The Asiatic Wild Horse*. Londres : Allen and Co.

MONFORT S.L., ARTHUR N.P., WILDT D.E. (1994) – Reproduction in the Przewalski's horse. In : BOYD L., HOUPT K.A. (eds.), *Przewalski's horse. The History and Biology of an Endangered Species*. New York : University of New York Press, p. 173-194.

MONTANÉ L., BOURDELLE E., BRESSOU C. (1949) – *Anatomie régionale des animaux domestiques : équidés (cheval, âne, mulet). Fascicule* II, *Tête et encolure*. Paris : Baillière Éditions.

MOREL P., MULLER W. (1997) – *Hauterive-Champréveyres, 11. Un campement magdalénien au bord du lac de Neuchâtel : étude archéozoologique (secteur 1)*. Neuchâtel : Musée cantonal d'archéologie (Archéologie neuchâteloise, 23).

NAIMAN R.J. (1988) – Animal influences on ecosystem dynamics. *BioScience*, vol. 38, n° 11, p. 750-752.

OLIVE M. (1988) – *Une habitation magdalénienne d'Étiolles : l'unité P15*. Paris : SPF-CNRS, 2 vol.

OLIVE M., AUDOUZE F., JULIEN M. (2000) – Nouvelles données concernant les campements magdaléniens du Bassin parisien. In : VALENTIN B., BODU P., CHRISTENSEN M. (dir.), *L'Europe centrale et septentrionale au Tardiglaciaire*. Actes de la table ronde internationale de Nemours (14-16 mai 1997), mémoire du Musée de Préhistoire d'Île-de-France n° 7. Nemours : Éditions APRAIF, p. 289-304.

ORLIAC M. (1975) – Empreintes au latex des coupes du gisement de Pincevent, techniques et premiers résultats. *Bulletin de la Société préhistorique française*, 72, 9, p. 274-276.

ORLIAC M. (1994) – Le climat de Pincevent : données issues de l'observation des sédiments. In : TABORIN Y. (dir.), *Environnements et habitats magdaléniens dans le centre du Bassin parisien*. Paris : Éditions de la Maison des sciences de l'Homme (Documents d'archéologie française n° 43), p. 36-38.

ORLIAC M. (2006) – Chapitre I. Contextes - Banale ou singulière L'occupation du niveau IV-0 dans son contexte local et régional. In : BODU P., JULIEN J., VALENTIN V., DEBOUT G. (éd.), Un dernier hiver à Pincevent : les Magdaléniens du niveau IV-0. *Gallia Préhistoire*, t. 48, p. 6-15.

OSWALT W.H. (1976) – *An Anthropological Analysis of Food-Getting Technology*. New York : Wiley.

OTTE M. (dir.) (1988) – *De la Loire à l'Oder. Les civilisations du Paléolithique final dans le Nord-Ouest européen*. Colloque UISPP, Liège, 1985. Liège : Études et recherches archéologiques de l'université de Liège ; 25, British Archaeological Reports International Series, 444, 2 vol.

OTTE M. (1992) – Processus de diffusion à long terme au Magdalénien. In : RIGAUD J.-P., LAVILLE H., VANDERMEERSCH B. (dir.), *Le Peuplement magdalénien. Paléogéographie physique et humaine*. Actes du colloque de Chancelade, 1988. Paris : Éditions du CTHS, p. 399-416.

OTTE M. (1997) – Paléolithique final du Nord-Ouest, migration et saison. In : FAGNART J.-P., THÉVENIN A. (dir.), *Le Tardiglaciaire en Europe du Nord-Ouest*. Colloque du CTHS, Amiens, 1994. Paris : Éditions du CTHS, p. 353-366.

OTTE M. (2000) – L'adaptation aux plaines du Nord au Paléolithique final. In : PION G., *Le Paléolithique supérieur récent : nouvelles données sur le peuplement et l'environnement*. Actes de la table ronde de Chambéry, mémoire XXVIII. Paris : Société préhistorique française, p. 89-93.

OUTRAM A., ROWLEY-CONWY P. (1998) – Meat and marrow utility indices for horse (*Equus*). *Journal of Archaeological Science*, n° 25, p. 839-849.

OWEN-SMITH R.N. (1988) – *Megaherbivores. The Influence of very large Body Size on Ecology*. Cambridge : Cambridge University Press.

PARKER G.R. (1972) – *Biology of the Kaminuriak Population of Barren-Ground Caribou. Part 1. Total Numbers, Mortality, Recruitement, and Seasonal Distribution*. Ottawa : Canadian Wildlife Service (Canadian Wildlife Service Reports Series, 20), 95 p.

PASTRE J.-F., LEROYER C., LIMONDIN-LOZOUET N., CHAUSSÉ C., FONTUGNE M., GEBHARDT A., HATTE C., KRIER V. (2000) – Le Tardiglaciaire des fonds de vallée du Bassin parisien (France). *Quaternaire*, vol. 11, n° 2, p. 107-122.

PATOU-MATHIS M. (1994) – *Outillage peu élaboré en os et en bois de cervidés : taphonomie, bone modification*. Artefacts 9, VIe table ronde. Belgique : Éditions du Centre d'études et de documentation archéologiques.

PELEGRIN J. (2000) – Les techniques de débitage laminaire au Tardiglaciaire : critères de diagnose et quelques réflexions. In : VALENTIN B., BODU P., CHRISTENSEN M. (dir.), *L'Europe centrale et septentrionale au Tardiglaciaire*. Actes de la table ronde internationale de Nemours (14-15-16 mai 1997), mémoire du Musée de Préhistoire d'Île-de-France n° 7. Nemours : Éditions APRAIF, p. 73-86.

PENZHORN B.L. (1982) – Home range sizes of Cape mountain zebras (*Equus zebra zebra*) in the Mountain Zebra National Park. *Koedoe*, n° 25, p. 103-108.

PERELADOVA O.B., SEMPERE A.J., SOLDATOVA N.V., DUTOV V.U., FISENKO G., FLINT V.E. (1999) – Przewalski's horse - adaptation to semi-wild life in desert conditions. *Oryx*, vol. 33, n° 1, p. 47-58.

PETIT M. (1939) – *Anatomie des molaires des équidés : cheval et âne.* Thèse de doctorat, Toulouse : Université de Toulouse.

PIGEOT N. (1987) – *Magdaléniens d'Étiolles. Économie de débitage et organisation sociale (l'unité d'habitation U5).* Paris : CNRS Éditions (XXVe supplément à *Gallia Préhistoire*).

PIGEOT N. (2004) – *Les Derniers Magdaléniens d'Étiolles. Perspectives culturelles et paléohistoriques.* Paris : CNRS Éditions (XXXVIIe supplément à *Gallia Préhistoire*).

PIMM S.L. (1994) – Bioddiversity and the balance of nature. In : SCHULZE E.D., MOONEY H.A., *Biodiversity and Ecosystem Function.* New York : Springer-Verlag, p. 347-359.

PONEL P., COOPE G.R. (1990) – Lateglacial and early Flandrian Coleoptera from La Taphanel, Massif central, France: climatic and ecological implications. *Journal of Quaternary Sciences*, 5, 3, p. 235-249.

PONEL P., COOPE R., ANTOINE P., LIMONDIN-LOZOUET N., LEROYER C., MUNAUT A.V., PASTRE J.-F., GUITER F. (2005) – Lateglacial palaeoenvironments and palaeoclimates from Conty and Houdancourt, northern France, reconstructed from Beetle remains. *Quaternary Science Reviews*, 24, p. 2449-2465.

POPLIN F. (1976a) – Remarques théoriques et pratiques sur les unités utilisées dans les études d'ostéologie quantitative, particulièrement en archéologie préhistorique. *Section Méthodologie (problèmes d'interprétation ethnographique des vestiges osseux)* du IXe congrès UISPP, Nice, 1976, université de Nice, 16 p.

POPLIN F. (1976b) – À propos du nombre de restes et du nombre d'individus dans les échantillons d'ossements. *Cahiers du Centre de recherches préhistoriques*, n° 5, p. 61-74.

POPLIN F. (1992) – Les restes osseux animaux. In : SCHMIDER B., *Marsangy, un campement des derniers chasseurs magdaléniens sur les bords de l'Yonne.* Liège : Études et recherches archéologiques de l'université de Liège, 55, p. 37-44.

POPLIN F. (1994) – La faune d'Étiolles : milieu animal, milieu taphonomique, milieu humain. In : TABORIN Y., *Environnements des habitats magdaléniens dans le centre du Bassin parisien.* Paris : Édition de la Maison des sciences de l'Homme (Documents d'archéologie française n° 43), p. 94-104.

POZZI E. (2004) – *Les Magdaléniens. Art, civilisations, modes de vie, environnements.* Grenoble : Éditions Jérôme Million, coll. « L'Homme des origines ».

PUISSÉGUR J.-J. (1976) – *Mollusques continentaux quaternaires de Bourgogne. Significations stratigraphiques et climatiques. Rapports avec d'autres faunes boréales de France.* Paris : Doin.

REMMERT M. (1980) – *Arctic Animal Ecology.* Berlin : Springer-Verlag.

RENARD K. (1998) – Les Przewalski du Caucase. *Cheval Magazine*, n° 321, p. 61-65.

RIEU J.-L. (1999) – Les foyers et les pierres chauffées. In : JULIEN M., RIEU J.-L. (dir.), *Occupations du Paléolithique supérieur dans le Sud-Est du Bassin parisien.* Paris : Éditions de la Maison des sciences de l'Homme (Documents d'archéologie française n° 78), p. 95-102.

RIGAUD J.-P., LAVILLE H., VANDERMEERSCH B. (dir.) (1992) – *Le Peuplement magdalénien. Paléogéographie physique et humaine.* Actes du colloque de Chancelade, 1988. Paris : Éditions du CTHS.

ROBLIN-JOUVE A. (1994) – Le milieu physique. In : TABORIN Y. (dir.), *Environnements et habitats magdaléniens dans le centre du Bassin parisien.* Paris : Éditions de la Maison des sciences de l'Homme (Documents d'archéologie française n° 43), p. 12-35.

ROBLIN-JOUVE A., RODRIGUEZ P. (1997) – Paléogéographie des occupations humaines du centre du Bassin parisien à partir du Tardiglaciaire. In : FAGNART J.-P., THÉVENIN A., *Le Tardiglaciaire en Europe du Nord-Ouest.* Paris : Éditions du CTHS, p. 141-150.

RODRIGUEZ P. (1994) – La malacologie : contribution à la palécologie et la chronologie des habitats magdaléniens. In : TABORIN Y. (dir.), *Environnements et habitats magdaléniens dans le centre du Bassin parisien.* Paris : Éditions de la Maison des sciences de l'Homme (Documents d'archéologie française n° 43), p. 39-58.

ROUGHGARDEN J. (1983) – The theory of evolution. In : FUTUYMA D.J., SLATKIN M. (eds.), *Coevolution.* Massachusetts : Sinauer Associates, p. 33-64.

ROZOY J.-G. (1989) – La société des archers. Évolution et régionalisation. In : Mohen J.-P. (ed.), *Le Temps de la Préhistoire*. Paris : Société préhistorique française et Archeologia, p. 342-343.

SALTER R.E., HUDSON R.J. (1978) – Habitat utilization by feral horses in Western Alberta. *Naturaliste canadien*, 105, p. 309-321.

SCHALLER G.B. (1972) – *The Serengeti Lion: a Study of Predator-Prey Relations*. Chicago, Londres : University of Chicago Press.

SCHMIDER B. (1971) – *Les Industries lithiques du Paléolithique supérieur en Île-de-France*. Paris : Édition du CNRS, (xxie supplément à *Gallia Préhistoire*).

SCHMIDER B. (1992) – *Marsangy, un campement des derniers chasseurs magdaléniens sur les bords de l'Yonne*. Liège : Études et recherches archéologiques de l'université de Liège, 55.

SCHMIDER B. VALENTIN B., BAFFIER D., DAVID F., JULIEN M., LEROI-GOURHAN A., MOURER-CHAUVIRE C., POULAIN T., ROBLIN-JOUVE A., TABORIN Y. (1995) – L'abri du Lagopède (fouilles Leroi-Gourhan) et le Magdalénien des grottes de la Cure (Yonne). *Gallia Préhistoire*, n° 37, p. 55-114.

SIMPSON G.G. (1951) – *Horses*. New York : Oxford University Press.

SPETH J.-D. (1991) – Taphonomy and early hominid behavior: problems in distinguishing cultural and non-cultural agents. In : Stiner M.C. (ed.), *Human Predators & Prey Mortality*. Colorado : Westview Press, p. 31-40.

SQUIRES E.L., PICKETT B.W., AMANN R.P. (1979) – Effect of successive ejaculation on stallion seminal characteristics. *Journal of Reproduction and Fertility*, supplement, 27, p. 7-12.

STINER M.C. (1990) – The use of mortality patterns in archaeological studies of hominid predatory adaptations. *Journal of Anthropological Archaeology*, 9, p. 305-351.

STINER M.C. (1991) – Introduction: Actualistic and archaeological studies of prey mortality. In : Stiner M.C. (ed.), *Human Predators & Prey Mortality*. Colorado : Westview Press, p. 1-13.

STUIVER M., GROOTES P., BRAZIUMAS T. (1995) – The GISP2 _18O climate record of the past 16,500 years and the role of the sun, ocean, and volcanoes. *Quaternary research*. 44, p. 341-354.

TABORIN Y. (1992) – Les espaces d'acheminement de certains coquillages magdaléniens. In : Rigaud J.-P., Laville H., Vandermeersch B. (dir.), *Le Peuplement magdalénien. Paléogéographie physique et humaine*. Actes du colloque de Chancelade, 1988. Paris : Éditions du CTHS, p. 417-429.

TABORIN Y. (1993) – *La Parure en coquillage au Paléolithique*. Paris : CNRS Éditions (xxixe supplément à *Gallia Préhistoire*).

TABORIN Y. (1994) – *Environnements des habitats magdaléniens dans le centre du Bassin parisien*. Paris : Édition de la Maison des sciences de l'Homme (Documents d'archéologie française n° 43).

TABORIN Y., THIEBAULT S. (1994) – Burin busqué. In : Leroi-Gourhan A. (dir.), *Dictionnaire de la Préhistoire*. Paris : Presses universitaires de France, p. 176-177.

TABORIN Y., CHRISTINSEN M., OLIVE M., PIGEOT N., FRITZ C., TOSELLO G. (2001) – De l'art magdalénien figuratif à Étiolles (Essonne, Bassin parisien). *Bulletin de la Société préhistorique française*, t. 98, n° 1, p. 125-128.

TASHIRO H., SCHWARDT H.H. (1953) – *Biological studies of horse flies in New York*. Journal of Economic Entertainement, n° 46, p. 813-822.

THERAULAZ G., SPITZ F. (1997) – *Auto-organisation et comportement*. Paris : Hermès.

THÉVENIN A. (1997) – L'« Azilien » et les cultures à pointes à dos courbe : esquisse géographique et chronologique. *Bulletin de la Société préhistorique française*, 94, 3, p. 393-411.

TORRENCE R. (1983) – Time budgeting and hunter-gatherer technology. In : Bailey G., *Hunter-gatherer economy in Prehistory: an european perspective*. Cambridge : University of Cambridge Press, p. 11-22.

TRESSET A. (1996) – *Le Rôle des relations homme-animal dans l'évolution économique et culturelle des sociétés des ve et ive millénaires en Bassin parisien*. Thèse de doctorat en préhistoire, ethnologie, anthropologie. Paris : université Paris 1 Panthéon-Sorbonne.

TURNER E. (2002) – *Solutré. An Archaeological Analysis of the Magdalenian Horizon*. Bonn : Verlag des römisch-Germanischen zentralmuseums.

VALENTIN B. (1995) – *Les Groupes humains et leurs traditions au Tardiglaciare dans le Bassin parisien. Apports de la technologie comparée.* Thèse de doctorat en Préhistoire, ethnologie, anthropologie, université de Paris 1 Panthéon-Sorbonne, 3 vol.

VALENTIN B. (1999) – Techniques et cultures : les chasseurs-cueilleurs du Tardiglaciaire dans le Sud et l'Ouest du Bassin parisien. In : BINTZ P., THEVENIN A. (dir.), *L'Europe des derniers chasseurs. Épipaléolithique et Mésolithique.* Actes du Ve colloque international UISPP-Commision XII, Grenoble, 1995. Paris : Éditions du CTHS, p. 201-212.

VALENTIN B. (2000a) – Les groupes humains au Tardiglaciaire dans le Bassin parisien : diverses voies pour une approche régionale. In : PETERKIN G.L., PRICE H.A. (eds), *Regional Approaches to Adaptation in Late Pleistocene Western Europe.* Oxford : British Archaeological Reports International Series, 896, p. 93-107.

VALENTIN B. (2000b) – L'usage des percuteurs en pierre tendre pour le débitage des lames. In : PION G., *Le Paléolithique supérieur récent : nouvelles données sur le peuplement et l'environnement.* Actes de la table ronde de Chambéry, mémoire XXVIII. Paris : Société préhistorique française, p. 253-260.

VALENTIN B. (2006) – Chapitre II, Armature et outils en silex : un équipement abondant et usé conforme aux normes des niveaux récents de Pincevent. In : BODU P., JULIEN M., VALENTIN B., DEBOUT G. (dir.), Un dernier hiver à Pincevent : les Magdaléniens du niveau IV-0 (Pincevent, La Grande Paroisse, Seine-et-Marne). *Gallia Préhistoire*, t. 48, p. 65-79.

VALENTIN B., BODU P. (1999) – Le contexte archéologique régional et local. In : JULIEN M., RIEU J.-L. (dir.), *Occupations du Paléolithique supérieur dans le Sud-Est du Bassin parisien.* Paris : Éditions de la Maison des sciences de l'Homme (Documents d'archéologie française n° 78), p. 16- 18.

VALENTIN B., PIGEOT N. (2000) – Éléments pour une chronologie des occupations magdaléniennes dans le Bassin parisien. In : VALENTIN B., BODU P., CHRISTENSEN M. (dir.), *L'Europe centrale et septentrionale au Tardiglaciaire.* Actes de la table ronde internationale de Nemours (14-15-16 mai 1997), mémoire du Musée de préhistoire d'Île-de-France n° 7. Nemours : Éditions APRAIF, p. 129-138.

VIGNE J.-D. (1988) – *Les Mammifères Post-Glaciaire de Corse.* Paris : CNRS Éditions (XXVIe supplément à *Gallia Préhistoire*).

VIGNE J.-D. (1994) – Les rongeurs de la section 36 de Pincevent. In : TABORIN Y., *Environnements des habitats magdaléniens dans le centre du Bassin parisien.* Paris : Édition de la Maison des sciences de l'Homme (Documents d'archéologie française, n° 43), p. 111-119.

VIGNE J.-D. (1998) – Faciès culturels et sous-système technique de l'acquisition des ressources animales. Application au Néolithique ancien méditerranée. In : ANNA A., BINDER D. (eds.), *Production et identité culturelle.* Rencontres méridionales de Préhistoire récente, Arles, 1996. Antibes : Éditions APDCA, p. 27-45.

VOLLMAR A. (2001) – *Apports méthodologiques à l'estimation de l'âge des chevaux à partir du matériel dentaire et profils de mortalité : étude de deux sites paléolithique supérieur du massif central (Le Blot, protomagdalénien, Pont-de-Longues, magdalénien final).* Mémoire de DEA « Environnement et archéologie », université Paris 1 Panthéon-Sorbonne.

VOORHIES M.R. (1969) – *Taphonomy and Population Dynamics of an Early Pliocene Vertebrate Fauna, Knox County, Nebraska.* Contribution to geology, special paper n° 1. Laramie : University of Wyoming.

WALKER M.J.C. (1995) – Climatic changes in Europe during the Last Glacial/Interglacial transition. *Quaternary International*, vol. 28, p. 63-76.

WATTEZ J. (1994) – Micromorphologie des foyers d'Étiolles, de Pincevent et de Verberie. In : TABORIN Y. (dir), *Environnements des habitats magdaléniens dans le centre du Bassin parisien.* Paris : Édition de la Maison des sciences de l'Homme (Documents d'archéologie française, n° 43), p. 120-127.

WATTEZ J. (1998) – Analyse micromorphologique des structures de combustion du Closeau. In : BODU P., « Le Closeau ». Deux années de fouille sur un gisement azilien et belloisien en bord de Seine, Rueil-Malmaison (Hauts-de-Seine). Document final de synthèse de sauvetage urgent. Paris : Association pour les fouilles archéologiques nationales ; Saint-Denis : Service régional de l'archéologie d'Île-de-France, p. 140-165.

WEINSTOCK J. (1997) – Late Paleolithic reindeer populations in Central and Western Europe. In : KOKABI M., WAHL J. (eds), *Anthropozoologica*, n° 25-26. Actes du 7e colloque international d'archéozoologie (Konstanz, 26/09/1994-01/10/1994). Paris : HASRI, p. 383-388.

WEINSTOCK J. (2000) – *Late Pleistocene Reindeer Populations in Middle and Western Europe: an Osteometrical Study of* Rangifer tarandus. Ph D. Thesis, Tübingen of University, 307 p.

WELTÉ A.-C. (2000) – Le Magdalénien supérieur et les propulseurs dans la vallée de l'Aveyron : révision chronologique. In : PION G., *Le Paléolithique supérieur récent : nouvelles données sur le peuplement et l'environnement.* Actes de la table ronde de Chambéry, mémoire XXVIII. Paris : Société préhistorique française, p. 201-212.

WENIGER G.C. (1987) – Magdalenian settlement and subsistence in South-West Germany. *Proceedings of the Prehistoric Society*, n° 53, p. 293-307.

WENIGER G.C. (1989) – The Magdalenian in Western Central Europe: settlement pattern and regionality. *Journal of World Prehistory*, vol. 3, 3, p. 323-372.

WITTE H.J.L., COOPE G.R., LEMDAHL G., LOWE J.-J. (1998) – Regression coefficients of thermal gradients in Northwestern Europe during the last glacial-Holocene transition using beetle MCR data. *Journal of Quaternary Science*, vol. 13, n° 5, p. 435-445.

YOUNG A.G., CLARKE G.M. (2000) – Conclusions and future directions: what do we know about the genetic and demographic effects of habitat fragmentation and where do we go from here ? In : YOUNG A.G., CLARKE G.M. (eds.), *Genetics, Demography and Viability of Fragmented Populations.* Cambridge : Cambridge University Press, p. 361-366.

ZIMOV S.A., CHUPRYNIN V.I., ORESHKO A.P., CHAPIN III F.S., REYNOLDS J.F., CHAPIN M.C. (1995) – Steppe-Tundra transition: a herbivore-driven biome shift at the end of the Pléistocene. *The American Naturalist*, vol. 146, 5, p. 765-794.

www.ingramcontent.com/pod-product-compliance
Lightning Source LLC
LaVergne TN
LVHW072256300926
849160LV00018B/1680